“南充丝绸文化研究”（17YC460），
西华师范大学英才基金科研项目

“南充丝绸文化在成渝经济圈的创新与发展研究”（NC21A04），
南充市社科规划重点项目

西华师范大学资助出版

# 『一带一路』视野下西部丝绸文化研究

李仕桦 著

人民出版社

# 序　一

中华优秀传统文化积淀着五千余年的历史传承，凝聚着中华民族共同的价值追求，融汇成博大精深、源远流长的文化理念和道德传统，成为赋予华夏儿女文化自信的深厚历史底蕴，是当代中国最深厚的文化软实力，生生不息、代代相传。

近代以后，经历了积贫积弱的状况，见识了西方坚船利炮和工业技术的中国知识群体，一方面对中华文明有着持续发展的期望，另一方面又迫切希望师夷长技以自强，以期找到实现国富民强的救国良策。睁眼看世界，近代中国学界一段时间内出现了一种文化自卑倾向，甚至对自己的传统文化大加挞伐。百年沧桑，弹指一瞬，而今之中国走过了历史的峥嵘岁月，负重前行，以鲜明的大国形象和综合实力再次跻身世界先进行列，中华民族正以崭新姿态屹立于世界的东方。中华优秀传统文化是我们民族的"根"和"魂"，是中华民族始终屹立于世界民族之林的根本所在。

文化建设并非一蹴而就，文化自信也非一语可成，这往往要付出一代人甚至几代人的努力。面对这一状况，学界同仁都在为此努力前行，期待有所作为。我很欣悦地看到李仕桦教授所做出的成绩，一本厚重的专著《"一带一路"视野下西部丝绸文化研究》又摆在了我的案头。犹记得六年之前，我曾经为她的第一部专著《仪陇客家生态文化研究》作序以励之，而今笔耕不辍、不言懈怠的她，又数年磨一剑，奉献了这一部丝绸文化研究的专著，吾心甚感欣慰。

十四年前，仕桦离开巴蜀高校来到北京大学访学，从而成为我所指导的一名高级访问学者。聪慧内秀而又好学上进的她，尤为珍惜学习机会，多次师生畅谈学术，我深感她的勤奋和抱负。她另辟蹊径，想从文艺美学层面来收集整理弘扬传统文化、民俗文化等，为家乡作出一份贡献，令我印象深刻并勉励之。这些年里，仕桦教授步步脚印、滴滴汗水地诠释了什么叫初心坚韧。两本专著成为她初衷计划的阶段性成果，这份执着令人钦佩，这些成果令人振奋！

世尘喧嚣，现实中不乏蝇营狗苟，急功近利者有之，投机取巧者有之，当然社会上更多是默默付出者、勠力前行者、躬耕笃行者，而时代的发展进步正是因为这些人的一次次努力和付出。民族复兴，大浪淘沙，吾辈更当奋进、更当自强。于当代知识群体而言，继承中华优秀传统文化，坚定文化自信，在现代化进程中重塑文化力量，化作强国复兴的助推力，这应该是时代迫切需要解决的问题。我一直以来呼吁，提升中国文化软实力，构建中国文化话语体系，重塑中国文化的国际形象，增强东方大国的文化输出之力。

纵观中外文化交流史，古丝绸之路早已烙印在西方的历史记忆上，它不仅是亚欧大陆的古代商业贸易之路，也是著名的东方与西方文明交汇融通之路。蚕桑丝绸是中国人民的伟大发明，也是对世界文明的伟大贡献。中国人民在长期农耕蚕桑织绸的过程中，逐渐形成了中华民族共同的文化根基与核心观念，华美丝绸也成为中国古代的文化标志和鲜明符号之一。从汉代起，中国丝绸就蜚声中外，成为深受世界喜爱的闻名产品。在西方世界里，中国也因此被称为“丝国”。古丝绸之路不仅对中国历史进程和社会发展作出了巨大贡献，而且也开启了世界历史上第一次东西方大规模的经济文化交流。“丝绸之路”的响亮名声传唱千古，荡漾永久，彪炳史册，见证了东西方物质文明和精神文明的交流与汇通，对人类文明产生了巨大而深远的影响，以至于后人把古代中国与西方世界文化往来的通道都统称为“丝绸之路”。

千百年来，在这条古老的丝绸之路上，各国人民共同谱写出千古传诵的友好篇章。两千多年的交往历史证明，只要坚持团结互信、平等互利、包容互鉴、合作共赢，不同种族、不同信仰、不同文化背景的国家完全可以共享和平，共同发展。党的十八大以来，习近平总书记首倡“一带一路”，得到国际社会特别是沿线国家的积极响应。多年来，共建“一带一路”参与国家不断增多，内涵不断深化，外延进一步扩展。共建“一带一路”倡议及其核心理念已写入联合国、二十国集团、亚太经合组织以及其他区域组织等有关文件，成为属于全世界的发展倡议，高质量共建“一带一路”成绩斐然。2017 年 5 月 14 日，习近平总书记在“一带一路”国际合作高峰论坛开幕式上的演讲指出，古丝绸之路绵亘万里，延续千年，积淀了以和平合作、开放包容、互学互鉴、互利共赢为核心的丝路精神。这是古丝绸之路留给我们的宝贵启示。“一带一路”建设植根于丝绸之路的历史土壤，是连接世界的重要纽带，促进了文明的交流互鉴。文明交流互鉴，是推动人类文明进步和世界和平发展的重要动力。

同时，丝绸之路的历史遗迹和文化内涵是文化自信的重要组成部分，而丝路精神则是文化自信的重要内涵。因此，“一带一路”视野下的丝绸之路研究，对挖掘丝路文化内涵，彰显文化自信，有着重要的学术价值和现实意义。我欣喜地看到，仕桦教授一直埋头于中华优秀传统文化研究，从客家文化到丝绸文化，在弘扬中华优秀传统文化，传承文化自信方面，取得了不错的成绩。这本新著比较详细地梳理了中国西部丝绸历史与丝绸文化，站在历史与现实的双重维度上，基于“一带一路”视野来分析丝路文化交流、丝绸记忆与西部历史文化、西部丝绸文化内涵和美学价值以及发展遇到的挑战、机遇与西部新发展等等，进而在丝绸文化的传播与交流中塑造文化自信，付出了行之以诚的努力，作出了难能可贵的贡献。

我之前曾经说过：一种真正的思考，总是将自己的理论置于国际文化大视野中去思考中国文化身份等问题，并持续地关注现代中国的文化身份书写。丝绸文化在文化交流中彰显中国文化形象和身份，也塑造现代中国形象。毫无疑问，研究丝绸文化的历史价值内涵，有利于新时代我们对中华优秀传统文化的传承、弘扬和发展，有利于讲好中国故事。这本新著视野宏阔，衔接传统与现代，关注文化身份和大国形象，建构文化自信。书中提到丝绸中国与文化自信，认为只有高度的文化自信，才能热诚、坦荡地接受外来文化，而丝绸之路正是诠释了这种文化自信。文化自信是文化发展的动力，习近平总书记强调：“要坚定文化自信，推动中华优秀传统文化创造性转化、创新性发展，继承革命文化，发展社会主义先进文化，不断铸就中华文化新辉煌，建设社会主义文化强国。”①

---

① 《习近平谈治国理政》第三卷，外文出版社 2020 年版，第 409 页。

“一带一路”就像在不同民族和国家间架起桥梁，促进不同文化的交流与互通。文化交流互鉴是人类社会进步的标识。但是，如果没有打破文化中心主义思想的高度自觉和勇气胆识，这种交流必然会产生偏离，影响东西方的文化交流。在跨文化交际已成趋势的当今时代，偏离现象屡见不鲜，因为文化背景不同、传统不一样。我对此深有体会，曾在二十年前撰写出版《发现东方》一书，强调西方中心主义走向终结，努力向西方传播以中国为代表的东方文化声音。并在其后出版的《文化输出》《后东方主义与中国文化复兴》《大国文化复兴》《文化战略》等著作中提出，文化交流需要平等，中国需要有自己的文化立场，需要通过整体梳理中国当代文化，从而延续和发展自身传统。我们要让世界认识中国，理解中国，欣赏中国，学会去欣赏东方文化的精髓。

在东西方文化交流中，我深切感受到国外学界热切关注中国的发展进程，热衷于谈论中国和中国文化，渴望了解中国文化的基本价值，希望从中发现中国快速发展的奥秘，甚至视中国为世界的未来。中外对话与倾听的文化之旅已然到来，中国文化人理应在百年未有之大变局中创造中国当代文化自信和新发展，以应对世界文化复杂格局。在多元化全球语境中，文化自信和国家形象的构建，既不能走狭隘的民族主义和文化霸权之路，也不能一味迷失自我和“西化”抄袭。一方面必须坚持自身的传统文化，另一方面吸收他国文化的优秀成分，通过继承守正、参考借鉴、发展创新，走上独立自主的文化强国之路，从而推动世界多元文化自然生态和精神生态的和谐发展。

中国文化建设与和谐文化的全球化，可谓任重道远！我辈学人既务此业，便当勠力同心，奋楫笃行，履践致远，踵事增华。仕桦新著为文化自信、文化交流作出新的努力，必将在学术史上留下自己的足迹！

是为序。

**王岳川**

2021年9月于北京大学

# 序　二

丝绸是中国最古老的发明之一，渗透中华民族智慧。丝绸文化渗透中国文化传统，从宗教礼仪到汉字字源、从诗词歌赋到民俗民风。桑树在古代是自然崇拜的对象，太阳出扶桑的传说就表现了古人对桑树的崇敬。桑林是神圣所在，是祭祀的场所，常会举行求子、求雨等仪式。丝绸在甲骨文中早有刻写。汉语中有大量以“糸”为偏旁的汉字，如线、纱、绢、绫、纺、织、经、络、绣、绛、红、绿、纪、纲等。有关丝绸的成语或词语不计其数，如“锦上添花”“天机云锦”“抽丝剥茧”“作茧自缚”“丝丝入扣”“经天纬地”“满腹经纶”“千丝万缕”等。

从《诗经》开始，中国文学作品中有大量关于丝绸的篇章。“春日载阳，有鸣仓庚，女执懿筐，爰求柔桑”（《豳风·七月》），“桑之未落，其叶沃若”（《卫风·氓》），“十亩之间兮，桑者闲闲兮，行与子还兮”（《魏风·十亩之间》）……孟子曾说：“五亩之宅，树之以桑，五十者可以衣帛矣。”荀子专门写《蚕赋》，指出“蛹以为母，蛾以为父，三俯三起，事乃大已”，这是中国古人科学认知蚕桑生产技术的体现。陶渊明在《归园田居》中说“狗吠深巷中，鸡鸣桑树巅”，南北朝乐府民歌《子夜四时歌·夏歌》诵“田蚕事已毕，思妇犹苦身”。

唐代是丝绸生产历史的高峰，数千首描写桑茧丝绸的诗歌出现在《全唐诗》中，其中写桑的诗句近500首，写蚕的200多首，出现桑的750多首。国人最为熟悉的诗句莫过于李商隐的《无题》：“相见时难别亦难，东风无力百花残。春蚕到死丝方尽，蜡炬成灰泪始干。”中国雕塑、绘画中也有大量作品展现丝绸文化，如商代青铜器上有茧的纹饰，战国铜壶有采桑画面，汉唐的画像石、画像砖、壁画等。

作为中华文明发祥地重要组成的西部地区,其历史悠久、土地广袤、气候多样,孕育了多彩斑斓的地域和民族文化,承载着深厚的文明内涵。以三星堆为代表的巴蜀古国文明,其绚丽多姿在整个人类文明史上独树一帜。早在古巴蜀国,西部地区就出现了丝绸文化,这可以从其出土的大量文物得到验证,比如三星堆遗址的青铜树、成都百花潭出土的宴乐铜壶、四川南充出土的5000年前的巨大乌木等。三星堆的青铜扶桑树座,表现古人对桑树的崇拜,也显示桑树与人们生活的紧密联系。成都百花潭出土的宴乐铜壶,采桑场面镶嵌其上,着彩色服饰的妇女坐树上愉快地采摘桑叶,篮子吊挂在枝干上。而南充乌木,经考证是古桑树,证明远古时南充已有桑树栽种。"伏羲化蚕,嫘祖始蚕"的传说就起源于南充。

南充位于四川东北部,毗邻西部节点城市重庆、成都,是川东北区域的中心城市。古为蚕丛之地,其亚热带气候、丘陵地貌适宜栽桑养蚕。它有2000多年的建城史,是三国文化、红色文化、春节文化、丝绸文化、生态文化的故乡。据《华阳国志·巴志》(《华阳国志》为中国现存最早的地方志)记载,在3000年前的巴国时期,南充已广种良桑,西周初期,南充所产丝织品"帛"已为朝廷贡品。秦汉时生产的"黄润"以质地细薄闻名。因为产量多、质地好,在汉朝,南充丝绸通过蜀山古道运往印度,南充因此成为南方丝绸之路源点。汉唐时期,栽桑养蚕已经成为民间普遍的生产方式。明清时期技术不断改进,清光绪《蓬州志》中详细记载了早期南充"点桑""地桑""压桑"三道栽桑养蚕的工序。至清末南充已有蚕桑传习所、蚕务局等机构,蚕桑产业得以振兴。南充丝绸经历盛世唐宋的发展,元明清的曲折变迁,民国对外来机械、技术的引进,1949年以后出现了前所未有的兴盛,工厂林立,从业人员众多,规模生产效益突显。2005年4月,南充被中国丝绸协会授予"中国绸都",跻身中国七大绸都之一,更是西部唯一绸都。2016年5月,又获"丝绸源点"称号。这既是对南充丝绸辉煌历史的认同,更是对丝绸文化建设的鼓励与期待。

李仕桦教授为驻南充高校西华师范大学教师,师从北京大学著名文化研究专家王岳川教授,多年致力于地域文化民族文化的挖掘、整合、研究与传播。2017年,受邀到南充电视台主讲大型文化栏目《南充人话南充》,完成《丝风绸韵》(20 集)的撰稿、讲演，因观点独到、材料翔实、讲授精彩获得一致好评，该节目以后每年都在重播，让亲历者回味、观看者思考。后经过几年沉淀、提炼，李仕桦教授现完成专著《“一带一路”视野下西部丝绸文化研究》的撰写。全书视野广阔，聚焦中国广大西部，对陆上丝绸之路起点西安，商贸文化交流枢纽敦煌，西域重镇乌鲁木齐，西南陆上丝绸之路、海上丝绸之路、南方丝绸之路交会点成都，西部绸都南充，极边古镇南方丝路最后驿站腾冲，从历史、现实、未来三个时间维度，进行了详尽梳理和展望，探讨西部丝绸文化及西部地区在乡村振兴、民族复兴、构建人类命运共同体中的地位和发展方略。

综观全书，既可以为学术研究提供研究资料和思路，又可以为政府决策、企业运营提供借鉴和参考，还可以作为普及读物为大众接受。该书内容厚重，材料充实，框架合理，结构严密，不仅是文化研究的理论著述，也是文化传习的大众读物。我衷心希望该书的出版发行，能对西部丝绸文化建设、对区域经济发展、对南充知名度和美誉度提升都有较大的促进作用。

**中国丝绸协会常务理事**
**国际丝绸联盟副秘书长**
**四川省丝绸协会副会长**
**南充市茧丝绸协会会长　李伟**
2021 年 9 月于中国绸都南充

# 前　言

在经济全球化时代，各国贸易与投资需要适时调整，区域经济发展应以合作共赢为目的。中国积极做全球自由贸易的维护者，巩固开放型经济体系，2013 年，习近平总书记提出建设“一带一路”倡议，为全球治理体系及经济增长指明了发展路径及生态建设方式。“一带一路”有机联系全球跨度最大的经贸路线，可以有效消解全球化带来的政治生态失衡、资源配置不均、大国冲突加剧、区域争端不断的弊端。为推动“一带一路”建设，习近平总书记先后于 2016 年、2018 年、2021 年三次出席“一带一路”建设相关座谈会，推动共建“一带一路”向高质量发展，将这幅恢宏“大写意”细心绘制成精谨细腻的“工笔画”。经过十年的共建，“一带一路”建设实现了互利互惠、共荣共赢。尤其是在 2020 年以来，面对新冠肺炎疫情冲击，世界经济发展出现不稳定性与滞涨性，突显资源匮乏、社会动荡、民心恐慌的危机。我国加强与“一带一路”沿线各国通力合作，截至 2023 年 1 月，已经与 151 个国家和 32 个国际组织签署共建“一带一路”合作文件 200 多份，建立双边合作机制 90 多个，与 13 个沿线国家签署 7 个自由贸易协定，贸易总额为 10.4 万亿美元。2014 年，中国与哈萨克斯坦、吉尔吉斯斯坦跨国联合申报的“丝绸之路：长安—天山廊道的路网”项目，成功列入《世界遗产名录》，为研究丝绸文化注入活力成分。中欧班列逆势增长，中老铁路、中泰铁路等项目顺利进行，积极推动沿线国家和地区经济稳步发展。为应对疫情，我国向沿线国家提供医疗技术及医疗、生活物资援助，加大投入，研究、生产新冠肺炎疫苗，彰显大国担当。

文化是族群的精神符号。稻粟文化与蚕桑文化标志着东亚农耕文明的成熟,丝绸是华夏文明的最早书写。数千年来,丝绸之路向中亚、西亚、印度、地中海沿岸各国传播华夏文明,同时也输入他国的物质文明、精神文明成果。丝绸文化构建了中国各文化区的话语体系,滋养了特有的礼仪制度、风土民俗、文化艺术。其华丽彰显帝王权威;其绚烂标志百官等级;其丰韵激发艺术家创作意趣;其珍贵引领百姓生活追求。中国西部地形多样,气候多元,高原、沙漠、戈壁与草原、平地、河谷并重,热带、亚热带、温带共存;民族众多,汉、藏、蒙古、回、彝、维吾尔、哈萨克、羌、傣等族共居;文化圈层多元,地域色彩浓郁、民族气韵独特的多彩滇黔文化,灵秀巴蜀文化,伟岸高原文化,壮阔草原文化,厚重走廊文化,神秘藏文化,剽悍蒙古文化,秀丽羌文化等各显风姿。共同文化体现其传承性,异质文化彰显多样性。

西安、洛阳作为丝绸之路的起点,几千年来演绎着华夏欢歌,张骞、班固、玄奘拥抱华夏文脉巨柱,绘制斑斓图文;敦煌承接东西文化交流的枢纽,叙写河西走廊的历史传奇;乌鲁木齐承载商旅驿路悲欢,点染西域文化绚丽图景;成都是北方丝路、南方丝路、海上丝路的交会点,蚕丛鱼凫、三星金沙承载文明历史,蜀锦丝语传扬四海,左思《蜀都赋》描绘了蜀地丝业繁盛状貌;腾冲是南方丝绸之路的终端,演绎茶马古道治世清欢乱世离合,石头城堆砌历史记忆。西部绸都南充古为蚕丛之地,秦汉时所产丝绸为朝廷贡品。唐代产的红菱被誉为国宝,传入日本,被皇室珍藏。宋代已成为四川丝绸中心。民国时期,以张澜为代表的一批爱国人士主张实业救国,学习先进技术,引进优良设备,兴办学校、工厂,改良品种,革新技术,大力发展丝织业,取得可喜成绩。1949年以后,南充丝绸经历了20世纪六七十年代的稳步增长,八九十年代的盛况空前,也遭遇了21世纪初产能下降、企业改制、解体、人才流失、技术落后的困境。借力“一带一路”倡议,当地政府全力打造丝绸文化名片,建丝绸集镇,完善博物馆,打造产业园区,举办大型文旅博览会,既重产业效能,又突显人文色彩。民间集思广益,推陈出新,建工厂,开桑园,筑茶坊,多方联动,力求做大做强丝绸文化产业。

“和平”“开放”“友好”“繁荣”是古丝绸之路精神内核,见证沿线国家人民友好往来的历史。随着丝绸之路文化资源的不断发现,其价值的不断阐释,联合国教科文组织称丝绸之路为“对话之路”,强调其在东西文化交流中的媒介作用,促进丝绸之路学科建构。在中华民族伟大复兴的时代,因为丝绸之路与中华文明命运与共,其价值意义不断被挖掘并重释,探究其丰富的政治、经济、文化内蕴,可以为全球治理研究贡献“中国话语”,到 20 世纪后期,丝路研究成为国内外学术界关注的热点,发展成为专门学科。1905 年,梁启超认为张骞通西域,“实为东亚(西)两文明接触之导线”①,以现代人的视野肯定了张骞出使西域的历史价值。1991 年,季羡林认为“它(丝绸之路)实际上是在极其漫长的历史时期内东西文化交流的大动脉”②,强调其持续性、重要性。1997 年 8 月 28 日,丝路杂志社举办了影响较广的“‘丝绸之路学’理论研讨会”,开幕发言《丝绸之路研究呼唤学科理论建设》倡议建构丝绸之路学科。在专题论述中,明确提出了“丝绸之路学”概念,并界定其为综合性的学科。在后续的研究探讨中,得到学者们的广泛响应。“丝路学是一门 20 世纪才问世的新学问,也是一门涵盖了文化、历史、宗教、民族、考古等人文科学,以及地理、气象、地质、生物等自然科学的,汇聚了众多学科、综合研究多元文化的学问。”③据有关资料统计,100 多年来,以“丝绸之路”之名发表的相关文章及专著有 1 万余篇。《丝绸之路研究论文目录》收录了 20 世纪 80 年代初之后以丝绸之路为研究对象的论文共 13442 篇,按古代历史文化研究、当代经济社会研究两方面进行整理,涉及作者 1.1 万余人。④ 这表明学界对“丝绸之路学”研究普遍重视,范畴扩大,方法多样,成果丰硕。随着研究的深入及适应时代的需求,“丝绸之路学”的内涵必将不断被充实,覆盖面越来越大。

而且,由于我国历史上的重农传统,推动桑蚕、丝织技术以及丝绸生产不断发展,来自中国的制丝织绸技术,在丝绸之路上通过朝贡、贸易等方式传播至周边国家和地区,丝绸成为闻名世界的中国商品,因此使官方、农民、商人等都参与到丝绸生产、贸易和经济文化交往当中,同时,丝绸也成为文人墨客文

---

① 梁启超:《世界史上广东之位置》,《新民丛报》1905 年第 3 卷第 15 期。

② 季羡林:《丝绸之路贸易史研究·序》,李明伟:《丝绸之路贸易史研究》,甘肃人民出版社 1991 年版。

③ 沈福伟:《丝绸之路与丝路学研究》,周菁葆:《丝绸之路佛教文化研究·总序一》,新疆人民出版社 2009 年版。

④ 刘再聪:《“丝绸之路”得名依据及“丝绸之路学”体系构建》,《西北师大学报(社会科学版)》2020 年第 11 期。

学和艺术创作的重要源泉，出现了很多流传至今的作品。“一带一路”倡议，秉持古丝绸之路形成的以和平合作、开放包容、互学互鉴、互利共赢为核心的丝路精神，是超越古丝绸之路的新型国际合作，实现沿线国家与地区的互通互利、共享共赢，有助于挖掘丝绸文化宝藏、探求丝绸文化价值、弘扬中国优秀传统文化、提升文化自信，是实现中华民族伟大复兴的广阔之路。

当前，学界对丝绸之路的研究，关注的焦点既有传统的历史文化、交通地理、经济贸易、宗教信仰、民族民俗、社会文化等，也有政治文明、遗产保护、经济建设、民生发展、环境保护、文化安全等诸多方向，拓展了丝绸文化的研究领域。与丝绸之路关联的地域文化研究渐成显学，如敦煌学、龟兹学、西域学、吐鲁番学等自成体系，大多从历史考古、经济贸易、文化交流、旅游开发、交通运输、区域合作等方面进行研究，并已取得丰硕成果。其重心要么是对国家政策的解读，对丝绸文化的整体探究；要么是对个案的分析，如对某区域、某层面历史与现状的探讨、未来的设计与规划。缺乏对丝绸之路从历史和文化角度长时段的整体关照，尤其是对整个西部丝路的历史变迁、文化地理形成、丝绸的文化内涵与审美价值、现实困境及脱困方略少有涉及，这就使得本书进一步挖掘相关文献资料，拓展研究空间成为必要。

本书立足于“一带一路”视野下西部丝绸文化的存在价值、发展机遇等方面，在学界史料和史实研究的基础上，以大文化观关照历史、现实和未来，既注重学术性，又强调普及性，期待拓展丝绸之路学的广度和深度，从而传承和弘扬中华优秀传统文化，讲好中国故事特别是中国丝绸故事，让世界更好地认识中国。

我的家乡四川仪陇，使我自幼耳濡目染乡民种桑养蚕的艰辛与收获的快乐。我的工作单位位于西部绸都南充，令我见识了制丝织绸与这座城市的联系。我的家园，我的工作岗位就在这葳蕤的丝绸文化情境中，它促使我去关注、去发现、去创新丝绸文化。正是这种情结催生了我的思考。更期待我的研究能对西部地域文化建设、西部丝绸产业发展起到抛砖引玉的作用。

# 目　　录

# 绪　论

文化是人类社会最深层、影响最为深远、经久不衰的因素。中华文化传承5000多年，历久弥新。在新时代，中华优秀传统文化得到传承和弘扬，正在实现创造性转化和创新性发展。丝绸文化是中华优秀传统文化的代表之一，是中华民族的瑰宝，是中国对世界的重要贡献。古丝绸之路绵亘数万里，延续数千年，流动的丝绸成为联系中国和世界的纽带，积淀了以和平合作、开放包容、互学互鉴、互利共赢为核心的丝路精神。丝路精神秉承中国与世界交流的一贯理念，在“一带一路”视野下焕发出新的生机和活力，成为中国最深厚的文化软实力之一，亦成为涵养文化自信的重要源泉。

## 一、文化、文化软实力与中国丝绸

文化与精神生活息息相关，不仅是族群文明符号，也是国家尊严的表征。“文化”，英文为“culture”，拉丁文为“cultus”，原为耕作、开发、居住的意思，与物质生活关联较为密切。汉语中“文”通“纹”，指花纹、纹理，引申义为文采、文章。“化”指“变化”“转化”，引申为“教化”。《周易》所言“刚柔交错，天文也。文明以止，人文也。观乎天文，以察时变；观乎人文，以化成天下”①，意为观察自然规律的变化与用文明化育天下相辅相成。西汉刘向始将“文”“化”合用，丰富其内涵。《辞海》定义“文化”为“物质财富与精神财富的总和”。联合国教科文组织界定“文化”为“把行为模式，个人对他或她自身的看法，对

① 徐子宏译注：《周易全译》，贵州人民出版社1991年版，第122页。

社会的看法，对外部世界的看法都包括进来。从这一视角出发，一个社会的文化生活可以看成它通过它的生活和存在方式，通过它的感觉和自我感觉，它的行为方式、价值观念和信仰的自我表现”①。这种界定明确了文化的空间状态。英国学者泰勒认为文化应包括所有的信仰、知识、法律、道德、风俗及社会成员所掌握的才能、习惯。② 克利福德·格尔兹试图从符号学角度阐释文化，认为“文化不是一种力量，不是造成社会事件、行为、制度或过程的原因；它是一种这些社会现象可以在其中得到清晰描述的即深描的脉络”③。马克思指出：“文化上的每一个进步，都是迈向自由的一步。”④文化与社会发展、人类进步息息相关，人类在追逐个体及群体完善的路上，不断积攒文化因子。文化的积淀是一个历史性、民族化、全人类性的过程。

“文化是一个国家、一个民族的灵魂。”⑤中国是世界历史上文明史唯一没有断代的文明古国，经历了数千年族群内部及东西文化的交融互渗，21 世纪的中国文化更具有生长性、生态性、多样性、兼容性。伴随着中国社会经济的发展，文化复兴已经成为国家战略。党的十七届六中全会通过的《中共中央关于深化文化体制改革　推动社会主义文化大发展大繁荣若干重大问题的决定》指出：“文化是民族的血脉，是人民的精神家园。在我国五千多年文明发展历程中，各族人民共同创造出源远流长、博大精深的中华文化。”⑥习近平总书记指出：“一个国家、一个民族的强盛，总是以文化兴盛为支撑的，中华民族伟大复兴需要以中华文化发展繁荣为条件。”⑦中华文化既包括从思想方法、价值取向、理想信念到天文、地理等日常生活知识，同时又自成体系、传承久

---

① 联合国教科文组织：《世界文化发展十年实用指南（1988—1997）》，北京大学出版社 1989 年版，第 19 页。

② ［英］爱德华·泰勒：《原始文化》，连树声译，上海文艺出版社 1992 年版，第 11 页。

③ ［美］克利福德·格尔兹：《文化的解释》，纳日碧力戈译，上海人民出版社 1999 年版，第 16 页。

④ 《马克思恩格斯文集》第 9 卷，人民出版社 2009 年版，第 120 页。

⑤ 习近平：《在中国文联十大、中国作协九大开幕式上的讲话》，人民出版社 2016 年版，第 6 页。

⑥ 《中共中央关于深化文化体制改革　推动社会主义文化大发展大繁荣若干重大问题的决定》，人民出版社 2011 年版，第 2 页。

⑦ 《习近平关于社会主义文化建设论述摘编》，中央文献出版社 2017 年版，第 3—4 页。

远,被实践检验,具有“此岸性、积极性、精英性、美善性、亲民性”①。这些概括十分明确地突出了中华文化的内涵。以此为基础来观照,进入21世纪的中国文化则表现更为明显的生长性、生态性、多样性、兼容性。

简略回顾中国文化的历史,我们可以看出如下一些表现:以儒家文化为主流的文化形态,主张“入世”,以进取为要,为治世提供了精神源泉;道家文化则倡导“出世”,追求小国寡民、无为而治、逍遥游的理想境界,给身处乱世的心灵带来慰藉;法家强调以法理治国,能够充分调配国家人力物力,追求发展潜力的最大化,从而有利于大一统国家的建构与治理;墨家文化提倡的“兼爱”“互利”“非攻”,具有浓厚的人道主义色彩及和谐发展理念;等等。可以说,中国文化雅俗分明,追求立言的不朽使精英文化长盛不衰;关注民生、指导实践,则是中国文化深厚的基础。因此,中国文化打通了哲学、伦理学、政治学、心理学、文化地理学等之间的隔膜,既追求“杀身成仁”“舍生取义”“忠孝两全”的奉献、牺牲精神,又践行“穷则变,变则通,通则久”等思辨策略,促使中华文化不断推陈出新。而且,中国人民善于发现、融合、创新,一次次度过文化危机。尤其是五四新文化运动以来,人们不断反思总结,努力吸纳异质文化中的优秀因子,祛除传统文化血液中的糟粕,使中华文化时代化、本土化、大众化,从而赋予其新的生命活力。

文化软实力,已成为当今世界衡量国家综合实力的一个重要标准。在中华民族的复兴伟业中,文化是一面重要旗帜,既是标志也是引领。习近平总书记指出:“文化软实力集中体现了一个国家基于文化而具有的凝聚力和生命力,以及由此产生的吸引力和影响力。”②随着我国综合国力的提升、参与国际事务的增加,中国文化必然需要不断走向自信和自觉。习近平总书记强调,从历史的维度看,人类社会正处于一个大发展、大变革、大调整时代,“世界多极化、经济全球化、文化多样化、社会信息化、威胁多元化逐渐成为当前人类社会的鲜明特征”③。21世纪以来,中国持续发展国家经济,积极参与全球治理,

① 王蒙:《王蒙谈文化自信》,人民出版社2017年版,第7页。

② 《习近平关于社会主义文化建设论述摘编》,中央文献出版社2017年版,第3—4页。

③ 张奕、王小涛主编:《全球化视野下的“一带一路”研究:理论与实践》,科学出版社2019年版,第74页。

为中华文化的繁荣发展提供了良好契机，世界各国学习研究中华文化也成为热点。当前世界经济全球化与区域一体化两趋势同时增强，更需要将文化交流和对话作为消解意识形态对立的有效方式。

中国被古代西方人称为丝国，是世界上最早植桑饲养家蚕并缫丝织绸的国度，是丝绸文化的发源地。西方人对中国的最早称呼就是“赛里斯”，希腊语为“Seres”，即“丝绸”。公元 1 世纪，古罗马作家普林尼在《博物志》中写道：“赛里斯国以树林中出产细丝著名，灰色的丝生在枝上，他们用水浸湿后，由妇女加以梳理，再织成文绮，由那里运销世界各地。”①这段充满奇幻色彩的叙述，说明了丝绸的产地、生产过程、销售渠道，寄寓了古代西方人对遥远东方丝国的神奇想象。“丝绸”作为中国文化的显明标志，被镌刻进了早期中外交流的历史丰碑，成为一种古老的东方文明象征，而且穿越历史长河，在现代文明中仍然占据着一席重要地位。

远古中国，丝绸已经是重要的商品，其悠久历史与卓越贡献不亚于四大发明。“丝绸比中国四大发明要古老得多，而它对人类的贡献又绝不逊色于四大发明。”②丝绸虽然没有被列入四大发明，但它的历史、贡献、影响及承载的文化，堪称国之瑰宝。《现代汉语词典》将丝绸解释为“由含蚕丝纤维织成的纺织品的总称”。英文中的“silk”含义宽泛，包括了“蚕丝纤维”“丝线”“丝绸面料”及“蚕丝面料制成品”，是华夏文化宝库中的明珠。丝绸文化是以丝绸为载体，以文化为表征，蕴含社会历史、哲学审美、经济人文色调的多元成分，是人们在漫长的丝绸生产及丰富的生活实践中积淀而来的，反映在物质文明与精神文明领域，以多种形式呈现、最富中国特色的亚文化，是中华文化的有机组成，是世界文化宝库中最璀璨、最柔软、最生动的部分。

从历史遗迹及考古发现可知，丝绸历史悠久，成就显著，直接影响人们的物质生产及精神生活，其内涵丰富，种类繁多，纹饰精美，品质高雅华贵。从桑树栽培到养蚕制丝织绸等各环节，从机械的改良到印染技艺的提升，蕴含着丰富的科技含量和文化因素。因其极佳的触觉体验，斑斓的色彩、灿烂的花纹，

① 转引自徐德明《中华丝绸文化》，中华书局 2012 年版，第 1 页。

② 刘行光：《丝绸》，西南师范大学出版社 2014 年版，第 4 页。

可以产生强烈的美感效应，影响范围极为广泛。文物遗迹、历史记载、风俗礼仪、宗教信仰、神话传说、诗词歌赋、手工产品、绘画雕刻都是文化的载体和表征，不仅形塑了古老中华文明，更展示了现代中国精神。

中国丝绸的历史绵延7000多年。远古时期，留下了嫘祖教养民众栽桑养蚕的传说。宋代罗泌《路史》记载“元妃西陵氏，曰嫘祖。……以其始蚕，故又祀先蚕”，揭示了嫘祖的身份及功绩。汉代司马相如写下《喻巴蜀檄》：“陛下即位，存抚天下，辑安中国。然后兴师出兵，北征匈奴，单于怖骇，交臂受事，诎膝请和。康居西域，重译请朝，稽首来享。”[①]记录了汉代激战西域、击败匈奴、开疆拓土的丰功伟业。元代陈桱《通鉴续编》“西陵氏之女嫘祖为(黄)帝元妃，始教民育蚕治丝茧，以供衣服”，将传说载入史册。

从桑茧到丝绸，一方面是生产技艺的不断提升，另一方面是中华文化的世界传播，这既体现了中国古人的智慧，表达了历代人们的深挚情感，也为后世留下了美好的传说。桑树在古代是自然崇拜的对象，因其高大能与上天沟通，是托起太阳的吉祥物。桑林是神圣神秘所在，是祭祀的场所，常举行求子、求雨仪式。太阳出扶桑的传说，表现了古人对桑树的崇敬。扶桑也出现在大量文物中，如三星堆遗址的青铜树，南充出土的5000年前的巨大乌木，经考证为桑树，曾侯乙墓出土的漆箱有绘制的扶桑。茧又被称为“龙精”，因其变化奇妙，成为吉祥物，古人不仅通过将茧丝织成衣物，满足生活、审美需求，还从由卵到蚕到蛹的变化过程中，体悟到人的生命历程，尤其是由蚕蛹化蝶联想到人的终极归宿，寄寓人们羽化登仙的幻想。

丝绸也是文学描写的对象，《诗经》出现大量叙写丝绸生产过程、桑树繁茂姿态、采桑女美丽勤劳的篇章，后世文学作品铺陈丝绸华彩，展示文化才情。同时，在雕塑、绘画等艺术中有大量作品呈现丝绸风采，如商代青铜器上有茧的纹饰，战国铜壶有采桑画面，汉代画像石、画像砖，唐代壁画等多以桑茧丝为题材。丝绸也是汉字的源泉，不仅古老的甲骨文中已有刻写，今天的汉语词汇中更是有大量以“糸”为偏旁的汉字，很多的词汇、成语都与丝绸相关，可见丝绸对中国文化形成和传承的作用。古代丝绸还是财富与身份的象征，“遍身

① 《史记》卷117《司马相如列传》，中华书局1982年版，第3044页。

罗绮者,不是养蚕人”,丝绸是古代皇帝龙袍、百官官服的材料,用图案和色彩区分等级,如龙纹、黄色象征至高无上的皇权。秦尚黑,西汉武帝以后尚黄,东汉尚赤,色彩的时代性是历史与审美的结合。现代社会因生态美与生活美追求,使丝绸制品广受消费者青睐。经历数千年的发展,丝绸文化早已成为中华文化不可或缺的一部分。

## 二、“丝绸之路”与中国西部丝绸文化

纵观历史,文化多样性是人类社会的基本特征,也是人类文明进步的重要动力,是文化创新的重要基础。文化差异带来文化交流,文化交流是世界文化进步的一个重要条件。不同文化交流,会促进各自文化的发展,使各自文化能够相互借鉴,相互启发,更加完善。中国是丝绸的故乡,丝绸作为中华文明的重要标志之一,成为传递中国文化的最佳载体,也是中国文化走向世界最早的一张“名片”,其他国家和民族正是通过这一精美名片,了解华夏古国的文明。丝绸也将中国的文明传播到世界各地,无形中影响着人类文明的进程。古老的丝绸之路促进了古代亚洲、欧洲、非洲最早的经济文化交流。因为丝绸之路不仅是维系几千年华夏文明的纽带,而且也是连接印度、埃及、巴比伦、希腊、罗马等古代文明的桥梁。1993 年 3 月,《纽约时报》等多家媒体报道,奥地利科学家在古埃及女性木乃伊头发中发现一块来自中国的蜀地丝绸。《丝绸之路》1994 年第 1 期也有报道,四川丝绸在公元前 1000 年就已经到了古埃及,并惠及沿途国家如缅甸、土耳其、阿富汗、印度等,所以丝绸的痕迹出现在印度一些古城和古雕塑中。“中国内地的丝织品先传到云贵地区,后经滇缅通道传入印度”①,中国古丝绸出现在古代埃及、土耳其、印度等地的博物馆。据《人类文明编年纪经济生活分册》记载,埃及使者在公元前 1110 年为丝绸来到中国。说明 3000 多年前四川丝绸已经通过蜀身毒道被传到了西方。②

中国的陆地地理东临浩瀚无际的太平洋,南靠高耸巍峨的喜马拉雅山,西接苍茫孤寂的塔克拉玛干沙漠,北通荒凉苦寒的西伯利亚。这些自然条件曾

---

① 季羡林:《中印文化关系史论文集》,生活 · 读书 · 新知三联书店 1982 年版,第 76 页。

② 李后强:《中国丝绸从南充出发走向世界》,《中华文化论坛》2016 年第 8 期。

严重制约了中国与世界的交通。但丝绸之路改变了中国的空间条件，是“古代和中世纪从黄河流域和长江流域，经印度、中亚、西亚连接北非和欧洲，以丝绸贸易为主要媒介的文化交流之路”①。丝绸之路有广义、狭义之分，古代东西方商路统称为广义丝路；汉唐时期的沙漠绿洲丝路为狭义丝路，起源于公元前2世纪张骞两次西域探险。丝绸之路的价值在历史长河中不断被认识、阐释和创新。季羡林认为：“横亘欧亚大陆的丝绸之路，稍有历史知识的人没有不知道的。它实际上是在极其漫长的历史时期东西文化交流的大动脉，对沿途各国、对我们中国，在政治、经济、文化、艺术、宗教、哲学等等方面影响既广且深。”②

丝绸之路的历史正在被推论、考证、演绎。汉武帝于建元二年（前139）派张骞带着百余名随从从长安西行出使西域，开启“凿空”之旅，初衷是联络大月氏抵抗匈奴。他们栉风沐雨，披荆斩棘，后不幸被匈奴人所拘，被扣留了十年，但张骞不忘使命，设法逃脱，辗转到达大月氏，后终归故里。元狩四年（前119），他再率三百多人的使团带着上万头牛羊和大量丝绸出使西域，其副使分赴大宛、康居、大月氏、大夏、安息、身毒、于阗、扜弥等地，从此开通丝路，结束了游牧民族垄断丝路贸易的历史，形成了中原通往西方的基本走向。汉武帝又开河西四郡，筑河西长城，起亭障直至盐泽（罗布泊），与乌孙联姻，设使者校尉，移民屯田，驻兵戍守，加强了中央对西域的管理，改变了产业结构，繁荣了丝路经济，汉朝往来各国的使者、商人“相望于道”“相属不绝”，中亚、西亚的商人“不绝于时月，商胡贩客，日款于塞下”，出现“赂遗赠送，万里相奉，殊方异物，四面而至”的景象。东汉班超在永平十六年（73）出使西域，被任命为西域都护，他用30年时间苦心经营，加强了西域与内地的联系，曾派甘英出使大秦（罗马帝国），至条支（今伊拉克）遇西海（今波斯湾）而返，这是汉代中国官员沿丝路西行最远者。延熹九年（166），大秦使臣来到洛阳，开启了欧洲与中国的交流历史。隋唐时期（589—896），丝路空前繁荣，胡商云集，东都洛阳和西京长安，定居者数以万计。政治稳定、经济繁荣是民族团结、国运昌盛

① 林梅村：《丝绸之路考古十五讲》，北京大学出版社2006年版，第4页。

② 季羡林：《丝绸之路贸易史研究·序》，李明伟主编：《丝绸之路贸易史研究》，甘肃人民出版社1991年版。

的表征，是丝绸之路形成、发展及辉煌的条件，见证了盛世中华国富民强的历史。

经贸交流、文化借鉴是人类社会前行的重要助推力。尽管丝路沿线各地在经济水平、人口规模、资源禀赋等方面差异很大，但相互有着商品贸易、人文交流、人员交往的积极愿望，因而，丝绸之路既可以聚合沿线各地的产业、商贸、资源配置，又可以反推其思想观念、政策机制、社会组织与生产方式、商品结构、市场行为的良性互动。① 历史表明，丝绸之路不仅成为千百年来欧亚大陆之间商贸沟通、文化交流的道路，更成为东西方文明的连接纽带。依托这条道路，茶叶、丝绸、瓷器、铁器、金器、银器、镜子等精良的“中国制造”远达欧洲、南洋甚至非洲。尤其是丝绸，“游牧部落极为看重这种丝织品，因为它质地好、分量轻，铺床做衣都用得上”。丝绸同样是一种政治权力和社会地位的象征，它作为“一种奢侈品的同时，还成为一种国际货币”②，具有特殊的影响力。香料、土豆、葡萄、核桃、胡萝卜、胡椒、胡豆、菠菜、黄瓜、石榴等物产也逐渐进入中原地区，改善了人们的食品结构，丰富了物质生活。在文化交流方面，造纸术、印刷术、井渠技术等经丝绸之路由中国传向世界，佛教、伊斯兰教、基督教、摩尼教由西域传入中国，推动了世界历史发展进程。

“文明因交流而多彩，文明因互鉴而丰富。”③自古以来，丝绸之路开辟了东西方民族交流、文化传播、商贸往来的重要通道，将华夏文明、印度文明、罗马文明等紧密联系在一起，交流、融合、合作、共赢的价值体系推动了人类文明的进程，使中华民族以更加昂扬的姿态屹立于世界民族之林。英国学者彼得·弗兰科潘在分析丝绸之路对沿线民族和国家的作用时指出，丝绸文化蓬勃的生命力与丝绸之路的开拓、延展息息相关。没有丝绸之路，中国的物质文明与精神文明成果难以传入西方；没有丝绸之路，中国难以获得丰富的物质资源，难以养活众多的人口；没有丝绸之路，东西方文化难以交流融合，世界少了亮色；没有丝绸之路，中国西部的历史略显苍白、未来发展缺少支撑。显然，丝

---

① 李国强：《“一带一路”的历史逻辑》，《紫光阁》2016 年第 6 期。

② ［英］彼得·弗兰科潘：《丝绸之路：一部全新的世界史》，邵旭东、孙芳译，浙江大学出版社 2016 年版，第 53 页。

③ 《习近平谈治国理政》第一卷，外文出版社 2018 年版，第 258 页。

绸之路上的经济贸易、人员交往、文化传播，推动古代中国成为国际舞台上的重要角色。因此，考察丝绸之路的历史与文化，对于促进文明交流互鉴，传承和弘扬中华优秀传统文化，提升文化自信，都起到了极其重要的作用。

中国西部地区通常指黄河与秦岭相连一线以西，包括西北和西南的12个省（区、市），地域广袤，面积686万平方公里，约占全国总面积的72%，拥有12747公里的陆地边境线，是连接欧洲、中亚、西亚、南亚的交通要道。这里民族杂居，有50多个民族生活于其中，而且，“西部地区是中华民族重要的文化资源宝库，是当前中国文化建设回归传统的重要支点”①。在中国发展的战略棋盘中，西部地区极为重要。西部地区虽然资源丰富，但远离海洋，长期以来发展缓慢。2000年10月，党的十五届五中全会通过的《中共中央关于制定国民经济和社会发展第十个五年计划的建议》，把实施西部大开发、促进地区协调发展作为一项战略任务，强调：“实施西部大开发战略、加快中西部地区发展，关系经济发展、民族团结、社会稳定，关系地区协调发展和最终实现共同富裕，是实现第三步战略目标的重大举措。”通过组织保障、政策支持、措施跟进，大力发展能源、生态经济、数字经济、循环经济、飞地经济，着力筑牢国家生态安全屏障。西部大开发，是党中央面向新世纪作出的重大战略决策，是全面推进社会主义现代化建设的一个重大战略部署。而“一带一路”建设的实施，将为沿线中西部城市提供新的发展契机，从而推动中国经济的平衡发展。

西部是伏羲、嫘祖、蚕丛故里。古代陆上丝绸之路以西部地区为轴心，辐射欧亚大陆。著名考古学家苏秉琦先生从考古文化学角度将现今人口分布密集地区划分为六大区系，其中三个在西部；西部多为丘陵地带，四季气候分明，适宜栽桑养蚕；西部城市群起源较早，影响较大，以西安、兰州、敦煌、楼兰、乌鲁木齐、成都、南充、大理、腾冲为代表，不仅在古老的文明传承中作用很大，而且在当下的经济文化建设中地位独特；纵横交错的西部山岭河谷盆地是孕育繁荣原始文化的温床。五条文化走廊装点西部壮阔的土地，雄奇的燕山山脉联系广袤的华北平原与葳蕤的内蒙古大草原，是北京人和山顶洞人的栖息地。

① 肖怀德：《关于西部文化发展观的思考》，《西北师大学报（社会科学版）》2015年第2期。

富庶的渭河流域贯通肥沃的黄河中下游与大漠西北，是蓝田人、半坡遗址的故乡。汉水流域为华中地区与西部构建的通道，是发现郧县人、李家村遗址的所在。长江三峡连接沟通长江中下游与四川盆地，是巫山人和大溪遗址的发现地。险峻的珠江流域贯通奇秀的岭南地区与多彩的云贵红土高原，是腊玛古猿、元谋人的历史记忆。原始先民栉风沐雨，蹒跚而坚定地从西部高原走向东部平原，播撒文化的种子，点亮文明的火光，形成多元文化圈层，每一个文化圈都是传统文化与地域文明的有机契合。古朴厚重的黄土高原文化圈、自由奔放的草原文化圈、中西合璧的西域文化圈、神秘凝重的藏文化圈、深情精灵的巴蜀文化圈、豪侠韧性的滇黔文化圈，点染五彩纷呈的华夏文化，奠定丝绸文化的厚实基础。

西部是中国近现代革命的发祥地之一，拥有丰富的红色文化资源，孕育了三军总司令、共和国十大元帅之首朱德，改革开放的总设计师邓小平等伟人。延安、重庆、遵义承载无数英雄故事和革命历史。延安窑洞不灭的灯光，遵义会议对历史的抉择，歌乐山下英雄的歌唱，是一段段珍贵的记忆。红军二万五千里长征走出了中国革命的一座座丰碑。西部自然资源十分丰富，矿藏多样、水系发达、风力强劲，矿产储量 130 种，有占全国储备量 50%的钾盐、天然气、煤、油等 13 种矿产资源；铅矿、铜矿等 9 种矿产资源储量占全国的 30%—50%；是母亲河黄河、长江的发源地。风作为可再生的清洁能源，是最具潜力的电力来源，西部占有量居全国前列。20 余年的西部大开发，促进了西部的经济发展，“一带一路”打通沿海与内陆、国内与国际的关节，通过沿线的基础设施建设，带动西部的崛起，为打造人类利益共同体、责任共同体、命运共同体贡献了重要力量。面对这样的大背景，研究中国西部区域的丝绸文化及其交流影响，也正可对应西部当前的经济社会发展需求，对国家的战略发展规划产生积极的推动作用。

乌鲁木齐、兰州、敦煌、西安、张掖、成都、南充、昆明、大理、腾冲等西部城市犹如一颗颗明珠，镶嵌在中国丝绸的绚丽画卷中。因为西部经济相对滞后，丝绸文化在西部的挖掘和弘扬有得天独厚的优势，低附加值、高度集约化生产的丝绸产业可以吸附众多从业人员，以蜀锦为代表的丝绸是西部艺术的典范。西部丝绸文化以其生态性、多样性、生长性成为中华文化的重要组成部分。位于中国西部腹地的四川,因其独特的气候、地理特征,自古以来是丝绸生产的重要区域,不仅广泛栽桑养蚕制丝织绸,而且参与以中亚西域为主要商贸区域的陆上丝绸之路,以滇缅、印度为主的海上丝绸之路的运营,来自丝路的官宦、商旅、僧尼、文士等云集于此。四川所产的物品特别是蜀锦、蜀绣汇入丝绸之路的贸易往来系统中,通过丝路运往欧亚大陆、日本、南海诸国,处于四川盆地东北中心的南充市,自古以来将桑蚕业作为重要产业。早在《华阳国志》中就有南充丝绸作为贡品的记载。大量历史文献、考古发现、民间习俗、文学艺术等,都展示着南充有着深厚的丝绸文化积淀。因而,研究中国西部的丝绸文化,必然需要更为深入地研究四川盆地的表现,将南充市的丝绸文化历史、发展作为研究的一个重点。

被称为中国西部绸都的南充市,位于成渝经济圈,是四川东北区域中心城市。近年来,正在全力建设成渝第二城,打造成渝地区经济副中心、四川省经济副中心。该区域人杰地灵,古有出使西南夷的政治家、才情卓越的赋圣司马相如,首创《太初历》、恒定春节的落下闳,史照千秋的《三国志》作者史学家陈寿。今有共和国开国元勋朱德、民主革命家张澜、大将罗瑞卿、共产主义战士张思德。这里有被誉为“阆苑仙境”“巴蜀要冲”的风水古城阆中,纪念史学大家陈寿的万卷楼,有朱德故里、张澜故里、周子古镇、相如故城、金粟书岩、升钟湖、禹迹山、金城山、凌云山等风景区。阆中丝绸挂毯、百年六合丝绸系列、依格尔丝绸服饰、尚好桑茶、银海丝绵被是南充的一张张名片,传递着丝绸遗风雅韵。

## 三、“一带一路”视野下丝绸文化研究的意义关联

从地理空间及地形地貌看,相对于东部的冲积平原,西部更多是高山、草原、盆地、平坝、河谷;从历史看,西部是丝绸的发源地、古代文化的高地;从经济发展看,西部经历了历史上的繁荣,也遭遇现代性的冲击。假如没有丝绸之路,东西方的物质文明与精神文明成果的对外传播,必然会受到更多限制;没有丝绸之路,中国对世界物质资源与文化资源的获得,也必然会遭遇更多障碍;没有丝绸之路,东西方文化的交流融合必然会少了更多亮色,中国西部的未来发展也会失去一份有力的支撑。可以说,丝绸之路成为人类文明交流史

中的典范。

当今世界进入全球化时代,多元文化的并存趋势得到了更多体现,后现代主义所关注的边缘化、地域化、亚文化等也逐渐被推向了前台。从历史维度看,人类社会在高科技、高需求的刺激下,赢来了大发展、大变革的机会。但是,霸权主义、政治欺诈、军事恐吓、经济发展不平衡、文化断裂等问题,给人类的生存环境造成了恶劣的影响。"资本在全球范围更深层次的渗透和均质化,这些过程同时也产生了更进一步的文化碎裂、时空经验的改变以及经验主体性和文化的新形式。"①自然灾害的攻击、人类过度开发的困窘、食物链的断裂,尤其是近年来,埃博拉病毒、非典、禽流感、非洲猪瘟等带给人类深重的灾难严重影响人类的经济发展、生活样态。2020 年以来,新冠肺炎全球蔓延,成为全人类面临的共同挑战。一方面,大国博弈全面加剧,国际秩序面临着深刻变革,各种挑战不断涌现,国际关系的发展面临着前所未有的不确定性;另一方面,新的进步性变革因素,如科学技术的新发展、以中国为代表的发展中国家对西方发达国家的奋力赶超、经济全球化的加速推进等,也越来越突显其重要性,成为维护世界政治稳定的重要因素。② 随着中国经济地位的提升,在世界经济中分量的加重,尤其是改革开放 40 多年,中国实现了从农村土地承包到户带来的温饱社会,到社会主义市场经济地位确立后形成的巨大财富空间,再到脱贫攻坚、乡村振兴战略,提升了综合国力,也改变了世界格局。中国共产党和中国人民以英勇顽强的奋斗向世界庄严宣告,中华民族迎来了从站起来、富起来到强起来的伟大飞跃。

中国古老的易道理论、法自然哲学观念,催生了中国文化的生态传统。中国人的家国情怀、天下观成就了中国人的价值观念:修身养性、明心见性、以人为本、厚德载物。自 2013 年习近平总书记提出"一带一路"倡议以来,以"和平合作、开放包容、互学互鉴、互利共赢"的丝路精神为宗旨,我国倡导对话不对抗、结伴不结盟,成立亚投行、举办 G20 峰会,创新全球治理思想,"颠覆了西方长期以来以意识形态对立和排他性军事同盟为主要特征

① [美]道格拉斯·凯尔纳、斯蒂文·贝斯特:《后现代理论——批判性的质疑》,张志斌译,中央编译出版社 2007 年版,第 67 页。

② 戴长征:《全球治理中全球化与逆全球化的较量》,《国家治理》2020 年第 23 期。

的国际关系思想"①,彰显了中华文化的中和特质。

全球多元文化并存的时代,本土文化与异质文化在不断碰撞、融合。追溯世界大国的发展史,它们都是在尊重他者文化的差异,挖掘本土文化的生命特质基础上,从而获得发展契机。亨廷顿的"文明冲突论"、齐泽克的"文明差异论"都说明不同的文明冲突可能带来的严峻后果。20世纪以来,中国文化遭遇过西风东渐的挤压,面临失语的困境,也催生了文化觉醒的呐喊,带来文化自信的振奋。我们相信,随着"一带一路"从倡议到共识,丝绸文化产业也必将迎来新的发展,伴随着中国现代化发展,让世界见证中国传统与现代文明的力量,感受中国文化互利共赢的温暖。

综上所述,丝绸文化以丝绸为载体,以文化为表征,蕴含社会历史、哲学审美、经济人文色调的多元构成,是人们在漫长的丝绸生产及丰富的生活实践中积淀而来的,反映在物质文明与精神文明领域的以多种形式呈现、富有中国特色的亚文化,是中华文化的有机组成,是世界文明宝库中璀璨生动的明珠。西部丝绸文化,是以中国西部数千年的丝绸发展历史为历时向度,以中华传统文化为共时指归,具有地域性、时代性、传承性、多用性、同一性、变化性的文化类别。

中国的桑、茧、丝、绸及系列产品,内涵丰富、种类繁多、纹饰精美、品质高雅华贵,构建了物质层面上的文化体例,在历史发展中形成了丰富多彩的服饰制度,承载着丰富的政治观、道德观、宗教观、经济观、价值观、审美观②,其中的历史久远性、经济实用性、技术创新性、艺术审美性、范围广博性都值得我们去深入研究③。从相关的历史遗迹到当前的考古发现,从桑树栽培到养蚕制丝织绸等环节中的科技知识,从机械改良到印染技艺的提升,从强烈的美感效应到广泛的影响范围,与丝绸相关的文物遗迹、历史记载、风俗礼仪、宗教信仰、神话传说、诗词歌赋、手工产品、绘画雕刻等,都成为文化的载体和表征,不仅形塑了古老的中华文明,而且昭示了现代中国的一种特

---

① 林毅夫:《"一带一路"2.0:中国引领下的丝路新格局》,浙江大学出版社2018年版,第5页。

② 陈永昊、余连祥、张传峰:《中国丝绸文化》,浙江摄影出版社1995年版,第1页。

③ 赵翰生:《轻纨叠绮烂生光:文化丝绸》,海天出版社2012年版,第73页。

别的文化精神。

2011 年 10 月 18 日，党的十七届六中全会审议通过《中共中央关于深化文化体制改革　推动社会主义文化大发展大繁荣若干重大问题的决定》，明确提出了建设“文化强国”的长远战略。“文化强国”内涵，可以理解为“具有自觉的文化体系设计能力，树立社会共同体的核心价值观念，形成创造文化魅力的巨大活力，发挥创新驱动的强大能量，壮大推动文化交流和国际文化贸易的实力”①。党的十九届五中、六中全会都强调要繁荣发展文化事业、文化产业，提高国家文化软实力。《中共中央关于党的百年奋斗重大成就和历史经验的决议》指出，要推进文化事业和文化产业全面发展。以“和平合作、开放包容、互学互鉴、互利共赢”为主旨的丝路精神及智慧，对全球文明的创新发展有着积极的作用。包含于中国丝绸文化之中的易道理论、法自然哲学、生态理念，以及家国情怀、天下观、中国价值、修身养性、明心见性、以人为本、厚德载物等，在今天的世界仍然产生着重要影响，积极展示着中国声音、中国故事和中国色彩。

① 花建：《树立迈向世界文化强国的新文化观》，《探索与争鸣》2014 年第 4 期。

# 第一章　丝绸文化与丝路交流

以丝绸元素为代表的中华文化闻名世界，不仅彰显着中国身份，也充实了世界文化宝库。因交流而产生丝绸之路，历史上的丝路分陆上丝路、海上丝路，形成东西方交往的双渠道。数千年来，通过丝绸之路，实现中国与异域文化的交流互渗，既成就中华文化的博大精深，也推动世界文明发展进程。

## 一、中国桑蚕丝绸发展历程

丝绸是华夏民族的瑰宝，是中国灿烂文化的标志，文化地位举足轻重。自新石器发端，华夏大地浸润、弥漫桑蚕丝绸文化的光辉，历经夏商周的规范化，战国秦汉的规模化，唐宋的高峰，元明清的多向拓展，近现代的抛物线上升，成为最具特色的民族文化形态之一。在早期交往与交流中，丝绸是国之重器，不仅是本土民众获取生活资料的来源，还常作为馈赠友邻的珍贵礼品，同时因为贵重、轻便，长期作为交易的“货币”。许慎《说文解字·贝部》注解：“货，财也。”又《巾部》：“币，帛也。”币的本义即帛，这揭示了丝织品在商品流通中承担交换媒介的属性。先秦《管子》有丝绸换谷物的记载，西周中期青铜器曶鼎铭文中也有“匹马束丝”的刻写，南北朝时期的北齐实行的薪俸标准是“一分以帛，一分以粟，一分以钱”，以帛为先，体现其优越性。唐代，实行钱帛兼行政策，丝绸因昂贵及便于携带比银钱更利于贸易。丝绸的用途也与时俱进，从最初“敬鬼神”的祭祀品，到备受上流社会普遍青睐的商品，后来代替了货币成为交易中介，在当下因其生态环保特征成为社会各阶层的服饰追求及软装材料。中国是丝绸之乡，丝品畅销海内外，丝绸出口在历代商贸中占有重要份额。丝绸制品及工艺与中国的文明传承、民风民俗、礼仪制度、文化艺术等紧密联系。

丝绸历史悠久。1962 年,在河南舞阳县北舞渡镇西南的贾湖村,一座新石器时代前期重要遗址被考古发现,即“贾湖遗址”,距今 9000—7500 年。在 2013 年对其第八次发掘中,考古人员发现了中国最早丝绸的存在证据。在对贾湖两处墓葬人的遗骸腹部土壤样品进行科学化验后,确认检测到了蚕丝蛋白的残留物。据此,中国科学技术大学研究团队 2016 年底在国际学刊上发表了《8500 年前丝织品的分子生物学证据》一文,该文根据遗址中蚕丝蛋白的残留物和发现的编织工具和骨针等综合分析,认为贾湖居民可能已经掌握了基本的编织和缝纫技艺,并有意识地使用蚕丝纤维制作丝绸。从而将中国丝绸出现的考古学证据提前了近 4000 年,证实了中国距今约 8500 年前就有了丝绸生产,是首个发明蚕丝和利用蚕丝的国家。1926 年在山西省夏县的西阴村发掘出半枚蚕茧及带有色泽的丝织品,说明在距今五六千年前的仰韶文化时期,养蚕、取丝、织绸初具规模。由河姆渡遗址中纺织工具的出现,人们推断丝绸的使用至少不迟于良渚文化时期。大汶口文化时期的丝绸织品、阳澄湖南岸草鞋山遗址出土的葛布、骨制梭形器、陶制纺轮、木制绞纱棒等缝纫工具、纺织工具,说明早在五六千年前先民就制作了多种纺织工具,掌握了纺织技艺。在湖州钱山漾遗址中,细致光洁、丝缕清晰的丝织品的出现,证实江南先民在距今 5000 年前就完成了从认识野蚕属性、利用野蚕茧丝制作物品到驯服家蚕结茧缫丝进而完善缫丝织绸技术的漫长艰辛的历程。在吴江梅堰镇的新石器遗址中,发掘出土有扁平圆形纺轮 7 件、2 件蚕形纹饰陶器,经考证,距今有 4000 年以上。

夏朝的历史留下实证的不多,但商周文明有据可查。商代农业进一步发展,蚕桑业成为富国强民的重要产业,养蚕已成为获得经济收入、满足日常生活需求的重要组成部分,桑树栽培遍及黄河流域、长江流域,蚕桑业发展得以规范。纤维加工技术、织造工艺和染色技术都得到进一步提高。当时人民敬畏“鬼神”,在重要的节庆举办祭拜仪式,需要大量的丝绸作为祭祀品,从而推动了丝绸业的发展。在河南安阳殷墟大司空村的殷商王族墓葬中发现了几何图纹的提花织品“绮”,表明中国出现了早于西方使用提花织机几个世纪的复杂织机。高超的织造技术,使丝绸品类较多,出现了各种提花丝织物,有缯、帛、素、练、縠、缟、纱,绢、纨、绮、罗和锦等不同品种。石染、草染等技术的成熟,丰富了丝绸产品的色彩。纹样设计体现朴素简约的古风,以直线、折线组成的对称几何花纹为主。丝织品种类更多,绢、罗、绮、绣、缀、编、锦等各显魅力,流光溢彩,其中锦代表了当时丝绸工艺最高水平。甲骨文中亦出现许多与丝绸有关的文字,如蚕、丝、桑、帛、衣、巾等。而早期礼仪制度也在丰富的丝绸服装上得以体现。

西周时期,因政府设置专门机构管理农桑,出台落实奖励措施,推进了丝绸生产技术进步。东周时期基本确立了封建生产关系,男耕女织的小农家庭经济形式逐渐形成,男女根据体力及性别优势明确分工并沿袭到后代。春秋战国时期是中国历史的一个转折,多年离乱,人们忧患意识增强,发展农桑成为各国富国强民的基本国策,进而作为评判百官业绩的重要指标。周礼文化兴起,丝绸是显赫特权的外在符号,丝绸生产遍及全域,产量大幅增长,花色品种多样。战国时期,农户为社会的基本生产单位,从事农业和手工业。铁器的使用,农业、手工业生产分工的专业化,促进丝绸生产技术的提高,产量的增加。史载越王勾践卧薪尝胆,"奖励农桑"即为强国富民政策。在湖北江陵马山发掘的一号楚墓,出土了35件保存完好的衣衾,数十种技艺出色的织绣,被誉为中国古代丝绸宝库,显示出战国时期楚国丝绸技艺的高超水平。

秦汉时期,建立了中央集权的体制。面对秦末战乱后百废待兴的局面,汉初实行"与民休息"政策,为大力发展农业奠定了基础,蚕桑丝绸业也受到普遍重视。生产技术得到发展,生产工具多样,相继发明、使用斜织机、手提多综式提花机、卧机、多综多蹑机以及低花本提花机,丝织物的种类也不断增加。官营与民营都取得了很高成就,产区及规模得以扩展。植桑、养蚕、缫丝、织绸技术和工艺显著提高,绫、罗、纱、绢、绮、缟等品种更丰富,缫丝技艺高超。马王堆1号西汉墓出土的单衣,轻薄透明,仅重49克,图案由追求对称美向活泼、流动、变化、不对称美发展。经济的复兴、国力的强盛,统治者滋生了开疆拓土、实现边贸往来的宏愿。在汉朝国力强盛之际,汉武帝派大将军卫青、霍去病挥师北上,以智慧与勇敢大破匈奴后,控制了河西走廊,设立管理机构,打通去往西域的要地,并先后两次派遣张骞携带汉朝珍贵礼品出使西域,使者一次比一次多、交流物品丰盛,寻求与被迫西迁的大月氏国共同抗击匈奴,同时进行文化传播与物产贸易。既可以将汉朝文明传入西域各国,也将西域的葡萄、西瓜、胡桃等农业产品及音乐、舞蹈、绘画等艺术带回长安,从而开辟了东起长安、西到罗马的大陆通道,将遥远的东方和西方连接起来,形成了贯通欧亚大陆的丝绸之路。文化交融改变人们对待异质文明的防范心理,使他们开始尝试带着求知的渴望去了解对方。在张骞以后,一代代使者穿沙漠、走戈壁、越山岭、渡江河,寻求着东西方文明对峙中的互识互通与调和。东汉王朝在班超父子的努力下,对西域的控制范围跨越了葱岭。班超曾任东汉西域都护,班勇曾任东汉西域长史。班超在任期间,苦心经营10多年,击破焉耆国,翻越葱岭,使西域五十余国宾从汉王朝,“悉纳质内属”,影响力远及波斯湾。此后,中原物质产品及精神产品以丝绸之路为纽带源源不断地输往中亚、南亚、西亚并到达欧洲。后世丝路沿线出土了大量汉代丝绸织物,佐证了当时东西方交易的繁荣。

魏晋南北朝时期,虽战乱不已,丝路有所影响,但大量南迁的中原人口,为江南带去先进的蚕桑生产经验,推进了南方农桑生产,使黄河流域与长江流域的蚕桑文化得到了交流,并开启了上承秦汉、下接隋唐的文化历史阶段。在这期间,古丝绸之路由陆上南北两道增加了经天山以北的新道,并形成了海上丝路的雏形。

隋唐至明清漫长的历史时期,丝绸生产经过不断发展并与西方纺织文化互通互融,形成崭新的技术体系。唐朝“均田制”的实施,宋朝桑树嫁接技术的改良,元朝“劝农司”的设立,明朝商品经济的发展,清朝统治者对丝绸生产的高度重视,都使丝绸生产得以专业化、体系化、规模化发展。尤其是纺织机械改进,广泛使用束综提花机,丝绸品种增加,缎、绒等织物的出现,其设计水平的提升,图案风格从形意到写实,创造了中国丝绸文化的全新历史。丝绸业中心亦由黄河以北移至长江以南,专业化生产成为大趋势。陆上丝绸之路逐渐衰败,贸易的主要通道变为海上丝绸之路。

隋唐建构了中国封建社会发展的全盛时代,表征为国力雄厚、政权稳定、社会和谐、商业繁荣、文化多元、经济发达、民众富庶的景观,出现“路不拾遗、夜不闭户”的图景。文化上的开放,彰显雍容大度、兼蓄并包的艺术风格。一方面，统一了此前四百年混乱的各种文化；另一方面，对粟特文化、波斯文化、印度文化、日本文化等的吸纳、消化、改造，共同成就大唐气象。黄河流域、巴蜀地区、东南地区、长江流域成为蚕桑丝绸业重心，丝绸品种、产量、质量都达到鼎盛。陆上、海上、南方、草原“丝绸之路”贸易空前繁荣，形成兼收并蓄、气魄豪迈的大唐风度。隋代京杭大运河的开通，建构了南北交流的通道。杭州以水居江海之会，陆介两浙之间的特殊地理位置，逐渐发展成明耀、繁华的大都市。运河上，帆船林立，南来北往的船只络绎不绝，装载着向朝廷纳贡的物品，包括大量丝织品。唐朝丝绸，组织建构完善，分工明细，生产工具改良，生产技术进步，染色技术提升，图案丰富多样，并广泛使用纺车、素织机、水平双轴织机、束综提花机等。宫廷手工业、农村副业和独立手工业分庭抗礼，各显神通又通力合作，蚕丝产区的格局在这一时期基本奠定。丝织品的品种也更为多样，仅上供朝廷的丝织品的种类多达 10 多个，风格呈现中西合璧。唐锦以清新、富丽、华美著称，规模、效益远胜前代。同时，丝绸的对外贸易更为活跃，发展迅猛，丝绸技术传向世界各地，东起日本，西南至印度，西到欧洲。唐代的繁荣离不开丝绸的贡献，丝绸贸易的兴盛成就了大唐盛世。

宋元时期，随着蚕桑生产技术水平的提高和蚕桑技术的普及，丝绸品种得以增加，出现宋锦、丝和饰金织物等新类别。官营丝绸生产作坊呈现规模化、效益化、特色化。唐末农民起义带来分裂、割据的局面，硝烟四起、战火连绵阻塞了陆上的交通，让造船业逐渐发达，指南针的广泛使用，使得中国商船的远航能力也大为加强，海员拥有全面的航海技术，已经熟练地掌握洋流季风的规律。全国经济中心开始向南迁移，与东南沿海多数国家的良好关系，使海上丝绸之路成为对外交往的主要通道。稳定的政治环境，友好的睦邻关系，体型巨大、结构坚固的船只，先进丰富娴熟的航海技术，成就了商人们以豪迈的胸襟和坚实的步履打开异域之门，输出中华文明成果，传播儒道思想及民族工艺，带回远方的奇珍异品，促进经济的繁荣，丝绸业也获得了发展的有利时机。北宋前期黄河流域、四川地区、江南地区成为丝绸重要产区，江南地区为北宋中晚期生产重心。南宋时，浙江为“丝绸之府”，长江流域成为核心丝绸产区。宋朝丝绸管理机构健全，建立了专门的农业管理机构——司农司，负责督导农业生产。京城少府监属下设置绫锦院、文思院、文绣院、染院。丝织花色种类全,产业规模大,交易发达。据《蜀锦谱》记载,北宋时期蜀锦有 40 多种产品,南宋发展到百余种。精美、轻柔、空薄的纱罗织物成为时尚穿着。城市丝织作坊大量出现,与农村传统手工业互补,展现繁荣的生产局面。不断增长的民间织机户拥有量,亦催生丝绸产业的兴盛。因为战争、产业基地转移等原因,阻断了通行上千年的陆上丝绸之路,所以海上丝绸贸易得以大力发展,推进了生丝与丝绸产品向世界各地输出。少数民族统治的元朝,传统文化、民族文化、外来文化相互影响相互借鉴,曾经中断的古代陆上丝绸之路又被开通,海上丝绸之路在宋代基础上进一步畅通。剽悍的蒙古贵族在和平年代热衷使用和收藏贵重工艺品,特别是丝绸衣料,进一步刺激丝绸生产。元朝政府设置了大量官营作坊,有序组织管理生产,生产规模空前。同时作坊里云集的大批优秀工匠,提高了制作工艺,增多了丝绸纹样,以织金锦最负盛名。丝绸海外销量剧增,商铺林立,从业者众多,河海上帆影飘飘。以杭州为例,一半以上商贾从事丝绸贸易,装载绸缎的船只川流不息,远赴东南亚、印度洋、地中海岸。杭州被马可·波罗称为“世界上最美丽华贵的城市”,是“天城”,“人在其中,自信如置身天堂”。行业的兴盛,使科学研究成果突出,全国发行了历史上第一部官方编纂的农书《农桑辑要》。王祯《农书》系统总结元代蚕桑丝绸技术,薛景石《梓人遗制》保存了织机构造方面的许多珍贵资料,《多能鄙事》记述了元代丝绸染色工艺的情况。

明清时期,日渐明显的商品化趋势、发达的海外贸易促进了丝绸生产。丝织主要集中在江南,尤以杭州为盛,有“日出万绸,衣被天下”之誉。大街小巷遍布手工业及家庭小作坊。明代是中国历史上海域广开,经济迅猛发展的时期。这一时期结束了元朝的统治,战争造成的满目疮痍,激发了统治者及民众强国富民的热忱,推进了资本主义的萌芽与发展,农业、手工业和商业的恢复,也带动丝绸的生产与贸易。商品化生产方式与经营,进一步促使丝绸品类增加,新的纺织技法成熟,流行妆花、纳石失、库缎。海运的发达畅通,使海外贸易迅速发展,生丝与丝绸被大量销往日本、东南亚、欧洲。明代出现了苏州、湖州丝绸主产地,规模大、机构完整的官营织造走向成熟,有中央染织机构、地方织染局,保障宫廷和政府每年所需的绸缎。专业市镇纷纷涌现。明代中期以后渐趋奢靡的社会风气,进一步推动了丝绸生产及学术研究。一批有价值的学术著作出版，标志明代丝绸发展到了最活跃的时期。李时珍的《本草纲目》对桑品种进行科学分类；宋应星的《天工开物》对丝绸生产的环节作了全面介绍；徐光启的《农政全书》有专门的《蚕桑篇》，全面论述蚕桑生产。明初推行重农崇俭的基本国策，目的在于快速发展经济，蚕桑丝绸产区虽有所减少，但形成了江南丝绸密集生产区域，相继出现了五大丝绸重镇即苏州、杭州、嘉州、湖州、松州。经过数十年的励精图治，到明代中期以后，进一步发展完善了商品经济，以市场为风向标，优胜劣汰，专业分工不断细化、优化，推动了江南地区丝绸工商业的繁荣，带动经济的全面发展。张瀚在《松窗梦语》中说："虽秦、晋、燕、周大贾，不远数千里，而求罗绮者，必走浙之东也。"①明末连年的战争，使丝绸产业在清朝初年损失惨重。到康熙王朝以天下安定作为治国基本策略，朝廷设置专门机构管理，采取多项措施鼓励农桑，为丝绸生产与贸易获得发展的时间和空间。清代皇室及官员对丝绸面料的需求，刺激了生产水平的提高。清代官营织造规模与明代相较有所缩减，但杭州织造局、江宁织造局、苏州织造局等"江南三织造"名重天下。民间丝织业产能产值有所提升，分工更加明细，丝绸专业城镇相继涌现。产业领域进一步集中在珠江三角洲及环太湖地区，江南地区因为工艺水平先进、生产规模较大，取代传统丝绸产业区域成为新的丝绸业中心。织工不分昼夜，不惧寒暑勤劳工作，产品纹样富丽堂皇，风格多元。在造型设计、构图布局、润色晕染等方面吸纳了明代丝绸纹样的精髓，又推陈出新，纹饰更细腻华丽，图案更自由灵活，取材更广泛，山川花树、鸟兽虫鱼、林园亭榭、几何图形、人物故事都可选取。这昭示了江浙一带繁荣的丝绸生产与贸易状况。康熙在《桑赋序》中写道："朕巡浙西，桑树被野，天下丝绸之供，皆在东南，而蚕桑之盛，唯此一区。"②显示苏杭丝绸在国内外巨大的市场。土尔扈特部沿丝路东归清朝的盛事，是家国情怀、民族认同、历史文化、宗教信仰合力的结果。晚清时，中国丝绸业遭遇繁重捐税和洋绸入侵的双重打击，整个产业几乎瘫痪。

经历了鸦片战争带来的屈辱，清王朝的衰败，民国年间，丝绸有高峰，也有

① （明）张瀚：《松窗梦语》卷4《商贾纪》，盛冬铃点校，中华书局1985年版，第83—84页。

② （清）爱新觉罗·玄烨撰，（清）张玉书等编：《圣祖仁皇帝御制文》第三集卷44《桑赋（并序）》，景印文渊阁四库全书第1299册，台湾商务印书馆1986年版，第335页。

低谷。丝绸作为中国传统产业，被高度重视，一部分有识之士力推实业救国，主张并施行引进国外生产理念、技术和先进设备，开办学校，培养专门人才，改良桑叶品种、栽种方式，提高蚕种、丝织品质量。但内战纷扰，艰苦卓绝的抗日战争，加上日本侵略者对生丝的垄断、新的化纤衣料的出现，严重制约了中国丝业的发展。

新中国成立以后，结束了多年战乱，百废待兴，丝绸作为传统产业受到高度重视，成为出口创汇的重要产业。国家政权稳定，政府政策落实，民间积极性高涨。广栽桑树，增量蚕茧，大办丝绸厂、服装厂，因见效快、待遇好吸引了众多从业人员。从南到北、从东到西，丝绸生产领域广阔，“绸都”称号不断增多，品牌效应日趋突显。国营、民营企业各展英姿，佳绩连连。国力的强盛，人民生活水平的提升，生态理念的畅行，促进丝绸需求不断增长，尤其是“一带一路”倡议的提出，使丝绸文化成为国家名片之一。

源远流长、成果丰硕的桑蚕丝绸生产铸就了古代中国的富国梦，也丰茂了华夏文明，丝绸之路的开拓、延展，货物贸易的便捷、多样，东西方技术文化交流与传播孕育丝路文化，铸就丝路精神。

## 二、丝绸与中国传统文化

文化是一切群族社会现象与群族内在精神的既有、传承、创造和发展的总和。文化作为意识形态存在的反映，是“可以通过经验来确认的、与物质前提相联系的物质生活过程的必然升华物……不是意识决定生活，而是生活决定意识”①。“传统”“文化”合成传统文化概念，传统蕴含在历史传承发展过程中，是相对于现在的过去，表现为已经发生过、已经存在的文化习俗，现在、未来都会是“传统”内容。“传统是某一个地区在长期发展过程中不断发展形成的，具有相对稳定的要素，带有极其强烈的地方特色”②，具有时代性、地域性、民族性。不同的历史时代、不同的地域、不同的文化圈层，有不同的文化传统。中华优秀传统文化是中华文明延续、发展、创新的内驱力。“经过从汉到唐长

---

① 《马克思恩格斯文集》第1卷，人民出版社2009年版，第33页。

② 刘波、肖茜尹：《中华优秀传统文化与新时代高校青年学生文化自信》，四川大学出版社2019年版，第16页。

期的、连续的、有方向性的整合以后，才发展成为我们现在所说的传统文化。"①不同的地理环境、历史轨迹、社会土壤、经济结构生成不同的文化。农耕文明、以血缘为纽带的结构形成了5000多年源远流长、灿若星河的中华文明，绵延闪耀，和而不同，曾经在世界文化史上处于领先地位。在中国历史上，大多数古代王朝的统治者，都崇尚文化，主张施行仁政，尊重德行，古代圣贤也主张天下归仁，斯文济世，很大程度上保障了治国有序，也体现中国独有的文化特色。

中华传统文化凝聚了道德观念、文化理想、价值体系，经历了有巢氏、燧人氏、伏羲氏、神农氏、黄帝、尧、舜、禹等时代变迁与历史积淀，形成内容广博、百家争鸣、思想深邃，以儒、佛、道为主流的完整体系。"中国文化化育着生活、规范着社会，同时提供了高端理想。"②一系列重大的考古发现，如仰韶文化、红山文化、大汶口文化、龙口文化、良渚文化等，为中华文明起源提供了丰富的佐证。它是以华夏文明为基础，广泛吸收、充分整合各地域、各民族文化要素，形成独具魅力的体系，尤其是天人合一的哲学基础、中和的人格理想、仁者爱人的人文情怀、阴阳五行的世界观、厚德载物的天下观、自强不息的生命精神。中原文化为原初形式，考古发现的裴李岗文化、河北武安磁山遗址、河南舞阳贾湖文化，证明10000年前至7000年前中原地区已经进入原始氏族社会，以原始农业、畜禽业和手工业生产为主，以渔猎业为辅，标志着人类摆脱对大自然的依附，分散的社会组织得以聚集。除中原文化外，这一时期中国其他地区的原始文化也逐渐发展起来，距今六七千年的余姚河姆渡文化，发现大量人工栽培的稻作遗存。高邮龙虬庄文化、含山凌家滩文化、嘉兴马家浜文化、潜山薛家岗文化、巫山大溪文化、天门石家河文化、三星堆遗址发现的古蜀文明，都昭示古代中国灿烂的文明历史。先秦诸子百家奠定了中国文化的雏形，以孔孟为代表的儒家思想成为中国文化的主流形态，以老庄为代表的道家文化成为中国人的心理归宿，从西域进入的佛教文化在中土化过程中发展成中国文化的另一支柱，建构了"三教合流"的信仰体系，表征为"儒家治世、佛教治心、

① 熊铁基：《汉唐文化史》，湖南人民出版社1992年版，第39页。

② 王蒙：《王蒙谈文化自信》，人民出版社2017年版，第23页。

道教治身”的生存智慧。

“中国现代化必须从本民族高度向人类共同高度出发，坚持文化拿来输出中的自主创新。”①以异质文化为镜像，审视中华文化，归纳其特征：连续性、人文性、融合性、和谐性、务实性、伦理性、创新性。② 中华文化几千年连续传承，没有中断，有统一的文字，有固定的价值观念；以人为本，而不是以神为本，历代统治者“重民轻神”，王权高于神权，以个体生命的修养为要，注重立功、立德、立言，追求通过道德自觉来提升自我、约束自我、完善自我。融合性即兼收并蓄，求同存异。中华文化形成于相对独立的空间，中华民族在不断融合中成长壮大，注重族群内部的交流、融合，同时也广泛吸纳改造外来文化，形成独有的文化特色。早在尧舜时代就有和谐理念。《尚书》记述有“协和万邦”“燮和天下”，《周易》反复强调和谐：“乾道变化，各正性命，保合大和，乃利贞。”春秋时期，管仲提出“和合故能谐”。中国传统文化的和谐，体现在人与自然的调和、人与人的和顺、人与社会的和平。中国世俗文化以务实为王道，农耕文明奠定国人安土重迁、遵循自然规律、不违农时的观念，经世致用的人生理想。中国传统文化以“内圣外王”为伦理追求，孔子主张以道德手段治国安民，“治国以礼”“为政以德”，孟子告诫行王道、施仁政。在社会结构上，强调家国同构，以孝治天下。在人格完善上，追求修身、齐家、治国、平天下。创新是中国文化得以延续的基石，也是时代发展的必然。五四新文化运动以民主、科学为口号，激活了中国传统文化的一潭死水。新中国成立特别是改革开放以后，我们党把文化建设放在重要战略地位，坚持物质文明和精神文明两手抓、两手硬，推动社会主义文化繁荣发展，振奋了民族精神，凝聚了民族力量。党的十八大以来，以习近平同志为主要代表的中国共产党人，坚持把马克思主义基本原理同中国具体实际相结合、同中华优秀传统文化相结合，对于中国优秀传统文化要处理好继承和创造性发展的关系，重点做好创造性转化和创新性发展。习近平总书记指出：“要讲清楚中华优秀传统文化的历史渊源、发展脉络、基本走向，讲清楚中华文化的独特创造、价值理念、鲜明特色，增强文化自信和价

---

① 王岳川：《文化输出》，北京大学出版社 2011 年版，第 14 页。

② 龚贤：《中国文化导论》，九州出版社 2018 年版，第 13 页。

值观自信。”①

## 第一节　丝绸历史与古代传说

丝绸历史是基于高原、绿洲、草原、沙漠、游牧的自然环境和生产方式，体现包容、多样、共存、共赢的文化样态，能够融合、团结沿线不同民族、文明的文化型态。其追求中正平和、不走极端、崇尚自然的精神风貌，是独特的中国智慧。东方“丝国”的美誉意味着蚕桑生产方式在农耕文明中的重要地位。丝绸是流动的历史，文献记载、历史遗迹、风俗礼仪、文学作品、工艺美术等各个领域都反映了数千年形成的丝绸文化。“锦绣中华”是丝绸与中华文明的写照，华美的外表和隽永的内涵共存。锦绣常表示美好，如锦绣前程、锦心绣口、锦绣河山、锦天绣地等。以锦绣形容中华，从词语的衍生意义和物质文化的角度看，既是国人精神生活的表征，又是物质文明的见证，更为重要的是，从张骞出使西域的古丝绸之路到今天的“一带一路”，丝绸一直都是对外贸易的重要物资与媒介。丝绸是汉字字源之一，承载中华历史、文化，流淌深厚的民族情怀，积淀浓郁的文化底蕴，焕发亮丽的文化魅力。由栽桑养蚕、缫丝制衣、织锦刺绣等集聚形成的蚕丝业成为中国农耕文明的典型代表。丝绸是中华民族向世界文明宝库贡献的杰出文化遗产之一。缫丝刺绣的制作工艺，蚕桑起源的神话传说，“先蚕礼”“十二章”等祭祀礼仪，“锦心绣口”“锦绣文章”等独特的审美语言模式，其影响遍及中国历史经济、政治、外交、文学、艺术等诸多方面，由此形成了中国特有的蚕丝文化，与稻田文化合力成为东亚农耕文明的成熟的标志。

### 一、农耕文明与蚕桑文化

饮食与服饰在人的需要层级的底端，在中国传统习俗中，男耕女织是为典型的分工合作范例，“耕读传家”为最具特色的文化传承理念。以种植业和养殖业为主的中国传统农耕文化是稻田文化与蚕桑文化合流的产物。数千年

① 《习近平谈治国理政》第一卷，人民出版社 2018 年版，第 164 页。

来，影响中国历史及人类文明的蚕桑文化作为中华民族的文化标识之一，成为中华文化的主体文化，标志中国农耕文化进入文明阶段，不仅是百姓获取物质财富的重要生产方式，影响中国农耕观念及农业发展，也是改变生活观念、彰显审美意识的精神生活手段。先民日出而作，日落而息，耕织、农桑、田蚕并重。嫘祖始蚕缫丝，织成绫罗衣锦，结束早期人类“茹毛饮血，衣其羽毛”的蛮荒状态，进入锦衣绣服的文明时代。丝绸特有的细腻、滑爽、轻柔、飘逸形成了中国古人宽袍大袖、色彩缤纷、峨冠博带的服饰习俗。丝绸对中国艺术门类与特征影响巨大，如书法艺术、刺绣艺术、染整工艺等。桑麻也是最早的造纸原料。从考古发掘、民间文化传统到文献记载，显示远古时期的中华民族，以蚕桑为中心的史实记载、美好传说及图像符号，从一个侧面反映出古代中国农耕社会的原初面貌以及变迁发展。历代统治者“帝亲耕，后亲蚕”的习俗，积极“奖劝农桑，教民田蚕”，倡导并形成“一夫耕，一妇蚕”“农者，食之本；桑者，衣之源”“农事伤，饥之本”“女红害，寒之源”的传统，彰显农桑并重的治国政策。在中国古代文献中，有许多关于种桑养蚕的记录，在甲骨文中还有祭蚕神的卜辞，“贞，元示五牛，蚕示三牛。十三月”。《礼记·祭义》中记载：“古者天子诸侯，必有公桑、蚕室。近川而为之，筑宫仞有三尺，棘墙而外闭之。”①明确了桑、蚕从日常生活到祭祀礼仪与古人的密切联系。

蚕桑文化是农耕文明的重要支柱，蚕桑起源和发展与农耕文明进展程度一致。丝绸是蚕桑的高级成熟阶段，是中华民族智慧的结晶，不仅为人类提供了丰富多彩的生活物资，而且形成璀璨的文化形态，并渗透到宗教礼仪、民俗风情、文学艺术等方面。

## 二、蚕桑崇拜与祭祀风俗

从王建的《簇蚕辞》可见丝绸历史对民俗风情的影响：“蚕欲老，箔头作茧丝皓皓。场宽地高风日多，不向中庭爇蒿草。神蚕急作莫悠扬，年来为尔祭神桑。但得青天不下雨，上无苍蝇下无鼠。新妇拜簇愿茧稠，女洒桃浆男打鼓。

---

① 《礼记正义》卷48《祭义》，（清）阮元校刻：《十三经注疏》，中华书局2009年版，第3467页。

三日开箔雪团团，先将新茧送县官。已闻乡里催织作，去与谁人身上著。”①图腾崇拜是先民蒙昧混沌时的文化现象，在极度落后的科技条件下，他们把吉凶祸福寄托于神灵预示和保佑。世界上各个民族、各种文化都经历了自然崇拜，巫术霸权的时代。农耕文明的中国传统文化，其崇拜对象往往与农时生产对象、生命繁衍和终极归宿及对大地依赖有关，常见的鱼图腾是生殖崇拜，鸟图腾是超越崇拜，树图腾是土地崇拜。除此以外，在5000年的农桑传统文化中，“取蛹为食，抽蚕为丝，破茧成蝶”的蚕，不仅是物质生活的需要，其几起几眠、羽化成蝶寄寓了先民的生死观、归宿意识，被先民所敬仰、依赖，也进而成为图腾崇拜对象。蚕桑产业经久不衰，也极大地影响了中华文明进程和民族心理。桑是古老的植物崇拜对象，在众多神话传说中，桑崇拜元素丰富。《山海经》中出现桑的多种称谓：桑、三桑、空桑、扶桑、帝女之桑、梓桑等。传说女娲抟土造人以桑枝为人体支架。传说中的古圣人身世与桑有关。《吕氏春秋·顺民》：“昔者汤克夏而正天下，天大旱五年不收，汤乃以身祷于桑林。于是剪其发，磨其手，以身为牺牲，用祈福于上帝，民乃甚说（悦），雨乃大至。”②考古学及人类文化学成果昭示，在人类社会早期，氏族部落有可能祭祀“活蚕”或陶、石制作的“仿蚕”，后来可能演化成有专门的“图腾圣地”“图腾圣物”。据学者考证，三星堆青铜神树因融汇了中央建木、东方扶桑、西方若木的特征，被作为蚕的“图腾圣物”；从字源学看，在安阳小屯出土的商代甲骨文中，出现了以桑树为形的“桑”文字符号。甲骨文中的“龙”字像蚕形，许慎在《说文解字》中释龙：“能幽、能明、能细、能巨、能短、能长，春分而登天，秋分而潜渊”③，就带有一些蚕的习性。《辞源》解释扶桑：“神木名，传说日出其下。”《淮南子·天文训》中记载：“日出于旸谷，浴于咸池，拂于扶桑，是谓晨明。登于扶桑，爰始将行。”④从字源和词典证实了桑树栽培历史及对国计民生的意义。桑蚕是

---

① （清）彭定求等编：《全唐诗》卷298《王建·簇蚕辞》，中华书局1960年版，第3379页。

② （战国）吕不韦等撰，（汉）高诱注，（清）毕沅校正：《吕氏春秋》卷9《顺民》，余翔标点，上海古籍出版社1996年版，第134页。

③ （汉）许慎：《说文解字》卷11下，浙江古籍出版社2016年版，第390页。

④ （汉）刘安编，刘文典撰：《淮南鸿烈集解》卷3《天文训》，冯逸、乔华点校，中华书局2013年版，第108页。

龙的原型。伏羲、女娲部落是蛇崇拜,蛇与蚕体态相似。蚕的外形、习性、动作与龙相近;凸出的嘴,马头,尾部有毛并散开,成长过程颜色多变,扭动的身体,其外形被古人赋予神奇的想象。蚕桑丝绸塑造中华文化圈的服装饰品特征,成为文化标志。据历史文献记载,3000 多年前的周代统治者非常重视祭祀蚕神活动。干宝《搜神记》以神话形式追溯蚕的起源,认为与女子裹马皮所化有关。对蚕桑的原始信仰和崇拜,促使蚕桑生产风俗习惯的形成,这些风俗习惯表达人们的各种诉求,如祛除蚕桑病祟,祈祷、庆贺蚕桑丰收等。正因为丝绸在国家政治和社会生活中的重要地位,伴随着人们对蚕神的敬畏、期待与感激,使蚕桑在中国古人生活中也具有了崇高地位,并形成了各种有关蚕桑的国家制度和日常习俗,在中国广大地区普遍流行,延续数千年。先蚕制度是中国农耕文化的组成部分。《礼记》明示天子亲耕、皇后亲蚕,是敬神明、致诚信的祭祀方式。《隋书》记载了古人礼制中蚕崇拜的历史,“《周礼》王后蚕于北郊,而汉法皇后蚕于东郊。魏遵《周礼》,蚕于北郊。吴韦昭制《西蚕颂》,则孙氏亦有其礼矣。晋太康六年,武帝杨皇后蚕于西郊,依汉故事。江左至宋孝武大明四年,始于台城西白石里,为西蚕设兆域。置大殿七间,又立蚕观,自是有其礼。”①表明祭祀蚕神是历代朝廷的重要仪式,是礼的组成部分,表现为庄重、严肃;对“蚕”的尊称饱含对美好事物的热爱与歌颂:马头娘娘、蚕花娘娘、蚕女、蚕丝仙姑、马明菩萨等;封建社会各朝代都有专门的机构和特定的仪式祭祀蚕桑。皇帝皇后会亲临现场,为黎民百姓作出表率,皇帝亲自耕作,皇后着特制服饰采桑,祭祀先蚕,其规格与祭祀先农一致,标志着中国历代帝王劝民勤农的一致性、规约性。南宋偏安江南,蚕桑成为国家重要产业,官府更加重视,形成了以帝王名义组织相关人员临摹或修订耕织图。之后各个朝代,都在皇宫内设置先蚕坛,供奉蚕神,以供皇后亲蚕时虔诚祭祀,为民祈福。民间非常重视祭祀蚕神嫘祖,很多地方在养蚕前杀一头牛,召集民众以盛大仪式隆重对待。蚕神在各地有不同化身,除嫘祖外,各地的风俗有不同的祭祀崇拜对象,如“蚕花娘娘”“蚕花五圣”“蚕三姑”“青衣神”等。民间有专门祭祀蚕神的场所,有的地方建有专门的蚕王殿、蚕神庙,有的在菩萨像旁塑蚕神像,有的

① 《隋书》卷 7《礼仪二》,中华书局 1973 年版,第 145 页。

蚕农家在神龛供奉印有蚕神的画像。蚕神崇拜的历史,催生蚕乡各种祭祀活动的产生,如清明"轧蚕花"在江南一带以隆重著称。乡村养蚕户在蚕忙时,必祭拜蚕神马头娘。如古泽州人们信奉三个蚕神,俗称"三蚕娘娘",分别是养蚕神嫘祖、地桑神马皇后、天蚕神马头娘,涉及从种植桑到养蚕各阶段。在阳城每年农历三月三的蚕神节期间,蚕农们积极去到蚕姑庙上香祭拜蚕神。农历三、四月,气候温润,桑树枝繁叶茂,正是养蚕好时节,被定为蚕月。妇女们会清扫庭前屋后、濯洗消毒各种蚕具、沐浴清洗身体,为专心养蚕做好充分准备。在后世考古中,发现丝绸被广泛使用在祭祀礼仪中,如殷墟妇好墓中出土的青铜器包裹物为丝绸品,河南荥阳青台村出土的丝绸残片,证明丝织品作为陪葬品彰显墓主人身份的高贵,三星堆出土的祭祀坑中发现丝绸碎片,证明古人以丝绸为宝贝,其与黄金、象牙、玉石等值。儒家经典《周礼》记载:"凡祭祀,共黼画组就之物。丧纪,共其丝纩组文之物。凡饰邦器者,受文织丝组焉。岁终,则各以其物会之。"①强调蚕丝的祭祀作用。

蚕桑在农耕经济生活中地位重要,但当时的生产技术落后,人们未能掌握其习性与规律,只有借助非自然力,祈求蚕的保佑和支持。在希望神灵保佑的同时,产生各种风俗禁忌。我国劳动人民在长期栽桑养蚕制丝过程中形成方式、风格各异的蚕事风俗,不同地域表现相同的期待,留下珍贵的地方历史文化遗产。在不同地域,其禁忌与风俗有共同性及差异性。其共性表现在清扫消毒蚕室,忌淫词秽语,忌老人产妇入室,忌蚕室动土。金代《务本新书》载蚕之杂忌有:忌食热叶、湿叶。蚕初生时,忌屋内扫尘。忌煎鱼肉。忌敲击门、箔及有声之物。忌蚕屋内哭泣、叫唤。忌秽语淫辞等,祭祀蚕神,贴上表示吉祥美好的饰品,拒绝外人进入养蚕区域,在日常语言中,必须说吉利话。清朝《豳风广义》记载:"蚕室一切禁忌开列于后:蚕属气化,香能散气,臭能结气,故蚕闻香气则腐烂,闻臭气则结缩。凡一切麝、檀、零陵等诸香,并一切葱、韭、薤、蒜、阿魏等有臭气之物,皆不可入蚕室。忌西南风,忌灯火纸燃于室内,忌吹灭油烟之气,忌敲击门窗、箔槌及有声之物,忌夜间灯火射入蚕室窗孔,忌酒

① 《周礼注疏》卷8《典枲》,(清)阮元校刻:《十三经注疏》,中华书局2009年版,第1487页。

醋入室并带入喝酒之人，忌煎炒油肉，忌正热忽着猛风暴寒，忌饲冷露湿叶及干叶，忌沙燠不除。以上诸忌，须宜慎之，否则蚕不安箔，多游走而死。”①足见蚕事禁忌繁多，也反证蚕桑对百姓生活的重要性。徐春雷等在其所著《含山轧蚕花》一书中对含山这一地域的轧蚕花活动进行了详细刻画，指出举办这一活动的目的在于表达对蚕神的信仰，它是蚕桑重点区域的一种民间盛会，主要有上含山烧头灶香、请蚕花、背蚕种包和祭拜等一系列仪式，旨在通过这类活动祈求神灵庇佑来年养蚕取得好收成。含山的形成不仅有神鸟衔石堆积而成、地底长出、如来佛派大金刚搬运而来等传说，还存在有关蚕花的歌谣以及谚语等物品。②

根据学者的研究，震泽镇养蚕业极为发达，养蚕业所获收成远远高于农业耕作，养蚕成为农村生计头等大事，当地百姓都希望养蚕年年都能有好收成，因此形成了一系列风俗，其目的在于“趋利避害”，如“蚕神崇拜、养蚕禁忌、养蚕口彩、蚕室布置、蚕妇穿戴”等活动，还有新媳妇儿在村坊之中缫制新丝以及集体比试缫丝技能等活动。③

江南地区“两箱丝绸”的习俗，韵味独特深邃，即江南人家每逢生下女孩，便在家中庭院种下一棵香樟树，香樟树伴随女孩成长，到待嫁之时，媒婆在院子外面看见这棵香樟树，便知此户人家有待嫁女孩，即可上门提亲。到女孩出嫁时，家人便将这棵香樟树砍伐并打制成两口大箱子，并在箱子里装入丝绸作为女孩的嫁妆。“两箱丝绸”与“两相厮守”谐音，寄寓着对一对新人的美好祝愿。又如婚礼之时，新郎会用一条红色丝绸牵着新娘，并在红绸中间打上一个死结，寓意永结同心。同样，民国时期新人的结婚证书也写在精美的丝绸上，寓意两情相悦、白头偕老。④ 朝鲜族的一首民歌《采桑谣》也与蚕桑、丝绸密切相关。《采桑谣》这首民歌富含民族情调，采用男女对唱的形式寄托了采桑叶的女子与锄草男子间的纯真爱情。桑树林常与农作的田地相勾连，女子穿着

---

① 转引自何恩洁、杨舒宸、王琰《传统的蚕事风俗》，《蚕桑通报》2019年第4期。

② 徐春雷等：《含山轧蚕花》，浙江摄影出版社2014年版，第112—164页。

③ 徐耀新：《历史文化名城名镇名村系列——震泽镇》，江苏人民出版社2017年版，第79页。

④ 李建华：《话说丝绸——传奇篇：柔软的力量》，上海文化出版社2012年版，第66页。

“赤里高”，这是一种“短小、襟斜，无扣、以布带打结、袖筒长而窄的女短上衣”，下身着“契玛”——一种长至脚踝的裙子。此种打扮的女子持筐采桑叶，与在农田中劳作的男子相遇，二人能够借助歌谣抒发对彼此的爱慕。①“祭蚕神”活动是浙江杭嘉湖地区清明节前后进行的重要活动。因为此时农忙还未开始，大家有充足的时间保障。“接蚕花”的仪式在浙江桐乡传承久远，规模较大。养蚕前要“接蚕花”。蚕茧丰收后，还要“谢蚕花”，将“接蚕花”时收藏起来的蚕花娘娘像、蚕花纸虔诚供奉，以感谢蚕花娘娘一年的保佑。传说马头娘诞生在浙江义乌，此地保留浓厚的蚕礼习俗。在腊月十二蚕花娘娘生日之际，人们用泥或纸塑一匹威风凛凛的马，它兴高采烈地驮着盛装的蚕花娘娘，周围摆放以红、青、白三色米粉团做成桑叶、丝束形状的食品，举行隆重祭拜仪式，以示庆贺。祝愿蚕花娘娘过完快乐生日后，会在来年春天给人们带来好的收成。浙江湖州的“轧蚕花”是希望能在踏青时带回蚕花喜气，获得好收成。德清新市蚕花庙会、湖州含山蚕花节是蚕农们群体性的祭祀娱乐活动。每当此时，人群熙来攘往，共同庆祝、共同期待。阳城农历三月三的蚕神节，蚕农们在蚕姑庙里虔诚地上香拜蚕神，祈愿蚕事顺利，蚕业丰收。四川盐亭是传说中的嫘祖故里及埋骨之地，建有嫘祖坛、嫘祖陵、蚕丝山、丝织坪，至今人们虔诚敬祀嫘祖，香火旺盛。嫘祖陵周围竖立纪念嫘祖的石碑，碑文多歌颂嫘祖教民养蚕的功绩。供奉嫘祖雕塑的嫘祖宫高高矗立在盐亭四面山上。在当地出土大量桑蚕文物，如古桑化石、金蚕、石蚕等。在民间习俗中，农历正月初八为蚕过年，人们纷纷涌进嫘祖庙、蚕神庙、蚕神殿祭奠蚕神，挂红放炮、烧香点蜡，虔诚地祈求来年风调雨顺、人丁平安、六畜兴旺、蚕事顺遂。广东因气候条件及交通位置，蚕业发达，蚕农们积累了丰富的经验。顺德蚕谚有“种橙执金，种桑执银；种桑养蚕，银纸成箩；家种一亩桑，油盐唔使慌；春蚕不吃小满叶，夏蚕不吃小暑叶；小蚕吃薄叶，大蚕吃厚叶”等。南海蚕谚有“墙边地边好种桑，蚕要朝朝处沙，地要天天扫洒”等。广东其他地区蚕谚还有“莳田看秧，养蚕看桑；种竹十年利，种桑当年钱；三月三日晴，桑树挂银瓶；三月三日雨，桑叶无人取”等。“起眠逢日午，成熟遇天晴”是顺德龙江南坑村的蚕神庙牌位旁边的

① 朱传迪：《中国风俗民歌大观》，武汉测绘科技大学出版社1992年版，第184—185页。

对联,真实表达了蚕农期待天象气候能顺应蚕生长、带来最好收成的美好愿望。这些蚕俗谚语既是蚕农对养蚕技术的总结,也表达了当时人们在科技水平滞后状态下的朴素愿望,是古代劳动人民在桑蚕生产活动中的生产经验和集体智慧结晶。

## 三、蚕桑生产与神话传说

远古时代,人类在强大的自然力面前,既感自身渺小无能为力,又不甘命运安排。一方面臣服、依赖自然,另一方面尝试依托神秘的力量征服、改造自然。神话、传说即用幻想的形式,并按照自己的心理与愿望探究自然规律,追问人类起源。“男耕女织”是传统的分工模式,如管子所说“一农不耕,民有为之饥者;一女不织,民有为之寒者”①。农耕与蚕桑关乎先民的生存与发展,受到自上而下的普遍重视。丝绸是蚕桑的结晶,是农业社会的重要产业,满足了人们穿戴和贸易的需求,留下了大量神话和传说,它们是国家、民族意蕴深厚的精神财富,既是对古老生活事物的解释,也为后人积淀文化资源,既是文学创作的母题,又是研究先民的原始宗教、政治制度、经济状态、家庭结构等可资借鉴的资料。“在原始人的观念中,神并非是一种抽象的概念,一种幻想的东西,而是持有某种劳动工具的十分现实的人物。神是某种手艺的能手,是人们的师傅和同行。神是劳动成绩的艺术概括。”②高度概括原始神的产生原因及作用。“神权和王权合一的远古时代,蚕丛还担负着组织生产的重要职责。”③阐释远古时代的治理体系及蚕丛的价值。各地域因环境、气候、资源结构、文化传承、生产方式、民俗民风等差异滋生不同的神话传说,但社会生产生活是民俗现象产生的根源。有助于蚕桑兴旺的一切神灵都可谓蚕神,人们祭祀蚕神是保佑蚕茧丰产,获得经济效益。古代中国对蚕神的信仰源远流长,有关蚕神的传说,其故事梗概与人物、情节早在两晋之前就已经定型。我国最早关于蚕桑的记载见于《山海经·海外北经》:“欧丝之野在大踵东,有女子据树而欧

---

① 黎翔凤撰,梁运华整理:《管子校注》卷23《揆度》,中华书局2004年版,第1388页。
② [苏]高尔基:《论文学》,冰夷等译,人民文学出版社1978年版,第320—322页。
③ 彭元江:《试析“蚕丛”名号意涵的多元性》,《文史杂志》2014年第1期。

丝。"①从历史文献记载可知，先蚕并非特定神祇，而是始教民育蚕之神的总称。在民俗学材料及传世文献中常见的蚕神主要有嫘祖、马头娘、菀窳妇人、寓氏公主、蚕花娘娘、青衣神蚕丛等。在甲骨卜辞中记载有"贞，元示五牛，蚕示三牛"。②《周礼》中有"中春，诏后帅外内命妇始蚕于北郊。"③祭祀先蚕成为国家重要的祭祀仪式并延续下来，几千年不衰，成为传统文化的重要组成部分。

### （一）日出神木扶桑

作为多年生落叶乔木或灌木，桑树适宜栽种的地域广泛，亚热带温带是其主产区。桑树品种多，我国 15 个桑种，4 个变种，决定了我国成为蚕丝起源地的基本条件。它的作用广，既可以作生态防护林树种，也可以作经济林树种。桑树全身都是宝，从根、枝、叶到花、果、寄生真菌都可利用。桑叶是养育家蚕的饲料，桑树叶、果、皮、根都可入药。在中国文化史上，桑富有神性成分，从衣食住行到思想形态都渗透着浓郁的桑文化。在甲骨文中，出现六种"桑"的象形字，显示殷商时代桑树栽培的高超水平及对人们生活的影响。桑不仅为先民们提供丰富的物质生产原料，可以制衣、装饰、交易，而且构建了人类早期哲学思想即天地同一。它还是神奇的长寿树，中国各地数百年、上千年的桑树屡见不鲜，且树冠依然饱满，青枝绿叶，绝无秃顶枯梢之衰老之态，足见其内生命物质之强大，是具有系统的全价的抗衰老和抗氧化的生命物质群体。扶桑高耸入云，也称"扶木""榑桑"，是天地间沟通的途径，这在《山海经》《淮南子》《十洲记》《楚辞》《神异经》《玄中记》中都有记载。《山海经·大荒东经》载："大荒之中，有山名曰孽摇羝，上有扶木，柱三百里，其叶如芥。有谷曰温源谷。汤谷上有扶木，一日方至，一日方出，皆载于乌。"④传说扶桑神树连接人、神、魔三界，栖息太阳金乌。历代都留下关于桑树神话的记载，原始的祭祀、宗

---

① 袁珂校注：《山海经校注》卷 8《海外北经》，上海古籍出版社 1980 年版，第 242 页。

② 胡厚宣：《殷代的蚕桑和丝织》，《文物》1972 年第 11 期。

③ 《周礼注疏》卷 7《天官冢宰下》，（清）阮元校刻：《十三经注疏》，中华书局 2009 年版，第 1476 页。

④ 袁珂校注：《山海经校注》卷 14《大荒东经》，上海古籍出版社 1980 年版，第 354 页。

教、舞蹈等活动也以桑为原型。汉代东方朔《海内十洲记》:“扶桑,在东海之东岸,行登岸一万里,东复有碧海,广狭浩瀚,与东海等。扶桑在碧海之中,地多林木,叶皆如桑,长者数千丈,大二千余围。树两两同根偶生,更相依倚,是以名为扶桑。”①界定扶桑的位置、状貌,突出其高大、繁茂。《山海经·海外东经》:“汤谷上有扶桑,十日断浴,在黑齿北,居水中。有大木,九日居下枝,一日居一枝。”②《淮南子·天文训》:“日出于旸谷,浴于咸池,拂于扶桑,是谓晨明。登于扶桑,爰始将行,是谓聪明。”解释了“晨明”“聪明”与扶桑的联系,昭示人间光明与人类智慧受惠于扶桑。《楚辞·九歌·东君》:“暾将出兮东方,照吾槛兮扶桑。”③扶桑为太阳升起的依托。鲁迅《古小说钩沉》辑《玄中记》云:“天下之高者,有扶桑无枝木焉;上至于天,盘蜿而下屈,通三泉。”④言及扶桑的形状、性能。《艺文类聚》卷八八引《神异经》云:“东方有树焉,高八十丈,敷张自辅,叶长一丈,广六尺,名曰扶桑,有椹焉,长三尺五寸。”⑤明确界定扶桑的规格。扶桑代表华夏创世神话中的经典图腾形象。

### (二)成汤桑林祈雨

蚕四起四眠、吐丝结茧、羽化登仙,其神奇的一生成就了它赖以生存的桑树的神圣。先民将桑树、桑林封为圣坛,可以在此祈雨求子、施行巫术。传说中,桑林是蚕的生长之所,也是男女约会求子之地,还是祭天求雨之处。《诗经·鄘风·桑中》:“期我乎桑中,要我乎上宫。”《吕氏春秋·顺民》:“昔者汤克夏而正天下,天大旱,五年不收,汤乃以身祷于桑林。”⑥高诱注:“桑林者,桑山之林,能兴云作雨也。”桑林因繁茂吉利为传说中祈祷所在。成汤时代,桑林是神秘所在,关乎社稷民心。《淮南子·本经训》:“尧乃使羿……禽封豨于桑林。”⑦足见桑林的神性。又《主术训》:“汤之时,七年旱,以身祷于桑林之

① 江畬经:《历代小说笔记选 汉魏六朝唐》,上海书店出版社1983年版,第16页。
② 郑慧生注说:《山海经》,河南大学出版社2008年版,第179页。
③ (战国)屈原等著,陈书彬译注:《楚辞》,山西古籍出版社2003年版,第52页。
④ 鲁迅:《古小说钩沉(下)》,鲁迅全集出版社1947年版,第374页。
⑤ (唐)欧阳询:《宋本艺文类聚(下)》,上海古籍出版社2013年版,第2262页。
⑥ (战国)吕不韦编,(汉)高诱注:《吕氏春秋》,上海书店出版社1986年版,第86页。
⑦ (汉)刘安:《淮南子》,河南大学出版社2010年版,第195页。

际，而四海之云凑，千里之雨至。”桑林祈雨能顺心如愿，表达古人对桑的厚爱。《庄子·养生主》：“庖丁为文惠君解牛……合于《桑林》之舞。”①通过这些文献可以见出当时桑树种植已经普遍，可以给人们带来物质的、精神的收益，甚至与古老的巫术仪式相关，是早期自觉的文化行为。

### （三）伊尹生于空桑

在传统文化中，许多名人出身颇具传奇色彩，目的在于突显人物的神秘、故事的精彩。伊尹是与吕尚并称的贤者，辅佐成汤打败了夏桀，建立了商朝，成为商朝的第一任宰相，其生于空桑的传说赋予桑树品性以神奇、伊尹身份以神秘。中国古代曾有不少“空桑”神话，缘于桑树生命力旺盛，是自然界的一大奇迹，即使树干中间会枯死腐烂，但厚厚的桑树皮仍富于活力，给桑树供养水分，使其勃勃生长。《吕氏春秋·本味篇》载：“有侁氏女子采桑，得婴儿于空桑之中，献之其君。其君令烰人养之，察其所以然。曰：其母居伊水之上，孕，梦有神告之曰：‘臼出水而东走，毋顾。’明日，视臼出水，告其邻，东走十里而顾，其邑尽为水，身因化为空桑。故命之曰伊尹。”②伊尹母亲死后化为空桑并生下伊尹的故事，表现了古人对桑树生命力的赞扬，对母爱的歌颂，对伊尹身世的渲染。

### （四）伏羲化蚕为帛

蚕吐丝结茧，功成而身灭，已成为一种文化符号，代表温暖的情怀、不求回报的奉献精神。伏羲是华夏人文始祖，即太昊，是中国古籍中记载的最早的王，相传为保佑社稷之正神，外形为人首蛇身，与女娲兄妹相婚，造育人类。他仰观俯察，近取诸身，远取诸物，创立先天八卦，创造、传播中华文化。传说伏羲从天蚕吐丝结茧的现象中获得灵感，寻求到宇宙奥秘，教民化蚕为帛。《皇图要览》最早记载“伏羲化蚕，西陵氏始养蚕”，又载“（太昊伏羲氏）化蚕桑为穗帛”，是对丝绸来源的最早诠释，揭示了桑蚕历史与人类发展史的重合。

---

① （战国）庄子：《庄子》，山西古籍出版社2001年版，第34页。

② （战国）吕不韦编，（汉）高诱注：《吕氏春秋》，上海书店出版社1986年版，第139页。

### (五)嫘祖始蚕惠民

嫘祖为先蚕是影响最大、流传最广的传说。据《史记·五帝本纪》记载:"黄帝居轩辕之丘,娶于西陵之女,是为嫘祖。嫘祖为黄帝正妃。"①宋代罗泌的《路史》说:"元妃西陵氏,曰嫘祖。……以其始蚕,故又祀先蚕。"②传说上古时期,黄帝率领众部落打败蚩尤,完成了对黄河流域的统一,各部落首领大摆庆功宴,酒意酣畅,突然一个美丽的仙女手托一束洁白的蚕丝从天空飘来,并进献蚕丝为庆贺之物。黄帝欣然收下蚕丝并交给妻子嫘祖,嫘祖用这蚕丝织成丝绸,教会百姓养蚕缫丝。也有说是一次嫘祖在野桑林里喝水,树上有野蚕茧落下掉入了水碗中,待用树枝挑捞时挂出了蚕丝,而且愈抽愈长、连绵不断,嫘祖用它来纺线织衣,并开始驯育野蚕。最有代表性的传说是嫘祖发现桑树上的野生茧吐出又细又结实的丝,便开始驯化家养蚕,并在蜘蛛结网的启示下,将蚕丝织绸制衣,并将此方法教给人们,结束了古人以树叶兽皮为衣的时代。关于嫘祖故里有很多传说,目前学术界争议不断,但盐亭说更具代表性,有文献、文物、地名佐证。《山海经》《尚书》《华阳国志》《史记》等古籍也考证嫘祖故里为四川盐亭。嫘祖文化城邦遗址出土的大量蚕桑文物,轩辕坡、嫘轩宫、嫘轩殿、嫘祖庙、西陵山、西陵垭、西陵寺、蚕丝山、桑林坡、蚕姑庙、茧子山、丝源山、水丝山、抽丝台、丝织坪、三锅椿、织绢岭等众多与嫘祖、蚕桑业有关的地名,都是盐亭为嫘祖故里的佐证。

### (六)马头娘吐丝在桑

"马头娘"的故事最早见于《山海经》,《荀子·赋篇·蚕》:"此夫身女好而头马首者与。"定型于晋代干宝的《搜神记》:"太古之时,有大人远征,家无余人,唯有一女,牡马一匹,女亲养之。穷居幽处,思念其父,乃戏马曰:'尔能为我迎得父还,吾将嫁汝。'马既承此言,乃绝缰而去,径至父所。父见马,惊喜,因取而乘之。马望所自来,悲鸣不已。"③成熟于明代的《蜀中广记》,流传

① 《史记》卷1《五帝本纪》,中华书局1982年版,第10页。

② (宋)罗泌:《路史》卷29《国名纪六》,明万历刻本,第53页。

③ (晋)干宝:《搜神记》,胡怀深标点,商务印书馆1957年版,第104页。

于四川、江南蚕区。虽然情节不尽相同，但都具有马、姑娘、蚕三要素。传说很久以前，太湖边父女二人相依为命，一匹白马帮助劳作。父亲有事外出，许久未归。女儿很思念父亲，对马戏谑道："马儿啊，你要是能把我父亲叫回来，我就嫁给你。"言毕马飞奔而去，径直找到父亲。父亲见此惊异莫名，担心家里有事，立刻骑马回家。但到家后，这马不吃不喝，每见女儿，它就乱蹦乱跳。待父亲知晓缘由，将马射死，又把马皮剥下，晾在了院子里。几天后女儿被马皮裹住，直飞云端。父亲追了七天七夜，终于在西山脚下的一棵树上，找到了女儿。可是，雪白的马皮仍然紧贴其身，头型如马。女儿看见父亲，嘴里吐出一条白色的细丝，缠绕树枝。好奇的人们见她吐丝"缠"住自己，取谐音，称其为"蚕"。又因她丧命于树，名之为"桑树"。因其头形状如马，称其"马头娘""马头神""蚕花娘娘"。马头娘的传说解释了人与蚕的关系，表达人们渴望蚕茧丰收的期待，马头娘后被尊奉为丝绸业的祖师，人们建有专门的蚕花殿，岁岁祭祀供奉不断，祈愿蚕业丰收，也表达对姑娘的怀念。马头娘是蜀地民间信仰中"人格化的蚕神"的代表，体现蜀地蚕神信仰的坚实基础，昭示女性为蚕作出的贡献与牺牲。此传说战国时已具雏形，到两晋形成情节完整、形象生动的故事，并在许多地方广为流传，源于蚕与马外形尤其是头部的相似。

### （七）玉仙圣母的传奇

河南郑州，玉仙圣母传说流传久远。太上老君师妹道教仙女玉仙圣母为发明蚕绩的仙女，称太素元君，是她将蚕绩教给嫘祖传给人间，使人们告别了草根树皮蔽体的岁月，有了柔软的衣物。《史话巩义》载："当地传说中的玉仙圣母，乃远古时期的一个山姑，因心灵手巧，能采山上野蚕之茧抽丝织布，首创人类衣着，并协助黄帝妃西陵氏嫘祖教化天下百姓。"①在河南各地处处可寻奉祀玉仙圣母的宗教遗迹，有数十处精心修建的庙、宫、祠、观，每年的三月份举办盛大庙会庆贺玉仙圣母生日。甚至传说嫘祖是跟玉仙圣母学会的蚕绩。

### （八）青衣神教人养蚕

青衣神蚕丛，为四川一带流传的蚕神。从现有文献看，学者们从考古资

---

① 王振江、孙宪周、贺宝石：《史话巩义》，中州古籍出版社 2012 年版，第 207—208 页。

料、图腾信仰、字音字义、民族特色角度考证蚕丛名号，证实蚕丛为蜀地蚕神。传说蜀地先王蚕丛氏，初为蜀侯，后因统一巴蜀被称为蜀王。他常着一身青衣在郊野巡行，体察民情，考察民风，教会百姓懂得种桑养蚕，使蜀地经济发展，民众安居乐业，进而创建古蜀国，开启了古蜀国的灿烂历史，并留下厚重的文化底蕴。其主要活动区域被命名为青衣江。他身故后，葬于瓦屋山，乡人感其恩德，就立祠祀之，称其为“青衣神”，其出生地被命名为青神县。蚕丛是唯一的男性“会养蚕的神”，最具有蜀地特点，崇拜者众，大量出现在蜀地官方祭祀和民间祭祀中，四川由此被称为“蚕丛古国”。选择古蜀国的第一位蜀王蚕丛为蚕神，意味着蜀地蚕桑业地位的重要。现在瓦屋山下，青衣江蜿蜒流淌，江面波光潋滟，空中烟雾缭绕，仙气十足，游人到此，如梦如幻。

幅员辽阔的中国，不断扩大生产规模、变换生产范围的养蚕业，出现了各地信奉不同蚕神的情况。除蚕丛以外，各地关于蚕神还有很多说法，如天驷说，天驷为二十八星宿中的房宿，为蚕神；蚕三姑说，传说蚕神三姑中每年都有一人主管桑叶产量，江浙一带民间盛行占卜三姑问蚕事的风俗；道教认为蚕神为玄妙真人所化，以救济众生饥寒困苦；佛教有蚕神为马鸣菩萨的传说。《夷坚志》卷七《余干谭家蚕》载，蚕先变成马形，又变为佛像，似入定观音，蒙头趺坐。①

## 四、丝绸艺术与文艺历史

文字是历史的缩影，在已经发现的甲骨文中，目前可以被释读的单字有近2000个，其中以“糸”为偏旁的有100多个，近300个与丝绸有关，蚕、桑、丝、帛都包含其中。在许慎《说文解字》中，“糸”旁268字，“巾”旁75字，“衣”旁120多字，包括丝绸工艺、服饰、品种、织物色名等。到南北朝时期，丝绸艺术的繁荣使由纺织物衍生的文字增加，南朝梁顾野王《玉篇》收录“糸”部400字左右。宋代《玉篇》收录“糸”部459字，“巾”部172字，“衣”部294字。《康熙字典》收录“糸”部380字。在现存5000多个常用的汉字当中，带“纟”旁的

① 参见(宋)洪迈《夷坚支丁》卷7《余干谭家蚕》，何卓点校，中华书局2006年版，第1023页。

达200多个。有关丝绸的成语或词语不计其数，如“锦上添花”“天机云锦”“抽丝剥茧”“作茧自缚”“丝丝入扣”“经天纬地”“满腹经纶”“千丝万缕”等，其含义多与美好有关。很多常用词的原意关系丝绸，如组织，通常指各种人为的有机组合，原意为织物的经纬线交织的结构；机构，原意为织机组成构件，后泛指一切机械和组织的结构；综合，原是指众多的丝线穿过综眼而被有序地集合在一起；总统，原意为茧子没有经过加工不能成丝；纨绔，原意是富贵人家子弟穿的细绢裤。地理学上所用的“经度”“纬度”也来源于丝绸。说明丝绸对汉字寓意的影响深远，对政治、经济、文化意义重大。

桑树是中国古老的原生树种之一，《孟子》云“五亩之宅，树之以桑，五十者可以衣帛矣”①，《史记》载“齐带山海，膏壤千里，宜桑麻”“邹、鲁滨洙、泗，……颇有桑麻之业”②，展示黄河和长江流域桑树栽培，在战国时期已经普遍。《管子》是战国时各学派的言论汇编，后经西汉刘向整理，书中载“昔者桀之时，女乐三万人，晨噪于端门，乐闻于三衢，是无不服文绣衣裳者。伊尹以薄（亳）之游女工文绣纂组，一纯得粟百钟于桀之国”③。“桑梓”源自《诗经》“维桑与梓，必恭敬止”，“沧海桑田”源于东晋葛洪《神仙传》“接待以来，已见东海三为桑田”。刘向《说苑》中“纣为鹿台、糟丘、酒池、肉林，宫墙文画，雕琢刻镂，锦绣被堂，金玉珍玮，妇女优倡，钟鼓管弦，流漫不禁，而天下愈竭，故卒身死国亡，为天下戮。非惟锦绣絺纻之用耶”④，记载了商纣骄奢淫逸的腐朽生活，从一个侧面反映了殷商时期丝织业的兴盛。《周礼・天官》载“典妇功”“典丝”“缝人”“染人”等专门负责女功、丝织、缝制王室衣服、印染等工作的机构。《周礼・考工记》详细记载多种刺绣印染工艺并反映出对色彩的倾力追求。墨子亦非常重视印染，在《墨子・所染》中载有：“子墨子言见染丝者而叹曰：‘染于苍则苍，染于黄则黄，所入者变，其色亦变。五入必，而已则为五色矣。故染不可不慎也！’”⑤《史记・货殖列传》载武王灭商，太公吕尚分封

① （战国）孟轲著，杨伯峻、杨逢彬注译：《孟子》，岳麓书社2000年版，第5页。

② 《史记》卷129《货殖列传》，中华书局1982年版，第3266页。

③ 黎翔凤撰，梁运华整理：《管子校注》卷23《轻重甲》，中华书局2004年版，第1398页。

④ （汉）刘向撰，向宗鲁校证：《说苑校证》，中华书局1987年版，第515—516页。

⑤ （战国）墨子著，徐翠兰、王涛译注：《墨子》，山西古籍出版社2003年版，第12页。

营丘,始建齐国,太公大力发展丝织业和商业,“劝其女工,极技巧,通鱼盐,则人物归之,襁至而辐凑。故齐冠带衣履天下,海岱之间敛袂而往朝焉”①。《战国策·楚策》:“昔令尹子文,缁帛之衣以朝。”②《史记·滑稽列传》:“楚庄王之时,有所爱马,衣以文绣……”③大量的历史文献记载还原了丝绸广受历代各阶层人士的重视与喜爱。

在古代艺术中留下数量可观的关于桑茧与丝绸的记忆。如出土的新石器时代的陶质或玉质文物,有蛹形、蚕形、蛾形雕刻图案。河姆渡遗址发现刻在象牙上的蚕纹,材质美观,纹路清晰。仰韶文化的陶蛹,刻画了蚕蛹蜕变为蚕蛾的生命历程。商周的玉器有不少人首蛹身的形象,表达早期人类由蚕茧变化联想到生命过程。三星堆的青铜扶桑树座,曾侯乙墓中出土的一人站在扶桑下张弓射鸟,表现古人对桑树的崇拜,也显示桑树与人们生活的紧密联系。春秋战国时人们在青铜器上绘制逼真的桑树造型及人们欢快的采桑场面。马王堆帛画上的扶桑树,汉代的画像砖、画像石出现各种图形的桑树形象,成都百花潭出土的宴乐铜壶,其上镶嵌采桑场面,着彩色服饰的妇女坐树上愉快采摘桑叶,篮子吊挂在枝干上。在河南辉县出土的采桑纹铜壶,桑树高大,图案精致。山西出土的铜豆上铸有几个婀娜女子围绕着桑树采桑图,画面灵动,形象写意。丝绸不仅是书画家们泼墨的材料,如春秋战国的帛画帛书,唐宋的绢本书画,更是他们着墨的对象,先民用印花与彩绘结合的丝织品彰显身份、装点美丽。马王堆汉墓出土的棉袍,法门寺地宫的彩绘丝织品,耶律羽之墓中出土的笔墨流畅、技法高妙的手绘织品,显示古代艺术家以丝绸为媒介,呈现审美理想的方式。最具代表性的是唐代张萱表现精练丝绸环节的《捣练图》,人物生动,场面逼真,趣意盎然。南宋楼璹《耕织图诗》,是历代研究宋代农业生产技术的可信材料,用45幅图绘制了蚕桑、丝绸生产的具体环节,男耕女织,充满浓厚的生活情趣。清代《雍正像耕织图册》现藏于北京故宫博物院,艺术

---

① 李埏:《〈史记·货殖列传〉研究》,云南大学出版社2002年版,第200—201页。

② (清)姚鼐纂集,胡士明、李祚唐标校:《古文辞类纂》卷10,上海古籍出版社2016年版,第125页。

③ 赵子阳编著:《马·诗赋——马文化诗词曲赋笺释》,内蒙古人民出版社2019年版,第173页。

地记录了古人完整的耕织过程，表现古人对农桑的重视。

## 第二节　丝绸艺术的文学书写

桑蚕丝绸因为其价值的多元在历史上产生大量习俗禁忌，留下众多美好的传说，更成为艺术表现对象。文学作为人类诗意的存在方式，凝聚着世人对生活的体验、感悟，反映不同时期、不同文化圈人们的精神状貌及审美倾向，表现不同个体的价值观、伦理观，用或然律揭示社会历史，比历史更真实。文学与历史是一种互文性的存在。传统的农桑文化是历代作者的视像所及、情感所依，必然成为表达对象。语言文字的独特功能赋予文学以含蓄蕴藉，文学家们的匠心独运，最能反映丰富多彩的社会生活。蚕桑的物性与神性、蚕桑生产的艰辛、蚕女的勤劳美丽、丝绸的柔软华贵，都在作者笔下流淌出情境并茂的诗句，塑造出生动别致的各色人物形象。

### 一、种桑养蚕的文学呈现

历史上，有专门记载蚕业、织机技术、丝绸生产过程的学术著作，证明古代已经有了蚕丝行业的研究成果，也进一步印证行业的发达程度。成书约在战国时期的《山海经》被誉为旷世奇书，传递了远古时期人类艰难的生存环境及大量矿藏资源及动植物信息，简洁、神秘、含蓄的桑树描写不仅展示桑树斑斓神异的身世风采，也证实当时桑树资源的丰富，桑树被赋予多种名称。秦观《蚕书》以种变、时食、制居、化治、钱眼、锁星、梯、缫车、祷神和戎治等 10 个部分，叙述了养蚕到织丝的阶段，总结了宋代以前养蚕、缫丝的经验，为后世留下宝贵遗产。被收入《永乐大典》的《梓人遗制》为元代薛景石著，记述了华机子、立机子、布卧机子和罗机子四大类木织机以及整经、浆纱等工具的形制。明代宋应星著、被誉为“中国 17 世纪的工艺百科全书”的《天工开物》是我国古代直接记载蚕桑丝绸生产的科技专著，有专门章节记录蚕丝棉苎的纺织和染色技术。据初步统计我国古代有 260 余部专业性蚕书，如《豳风广义》《广蚕桑说》《蚕桑辑要》更为详尽地记述了各历史时期的蚕业技术和蚕文化现象。

“丝织锦绣代表着我国一种古老的文明,一种审美精神,一种集体无意识的审美原型心理。它对于古代文学审美观念、文学创作、文学话语和文学批评,都起到了潜移默化的作用。”①以丝绸为题材的文学作品样式多、质量高、影响大。《诗经》的“风”“雅”“颂”中出现大量以蚕桑生产为内容的作品。《豳风·七月》生动描绘了妇女们采桑育蚕、染布制衣的热闹场面,“春日载阳,有鸣仓庚。女执懿筐,遵彼懿行,爰求柔桑。”②再现当时蚕桑丝绸生产盛况。“桑之未落,其叶沃若”③是《卫风·氓》中对桑叶茂盛,桑女悠闲采桑的情境再现。《豳风·鸱鸮》“彻彼桑土”④,说明已经有专门的桑树基地;《魏风·十亩之间》展示桑园庞大、桑树繁茂、采桑女怡然自得,“十亩之间兮,桑者闲闲兮,行与子还兮”。⑤《郑风·将仲子》“将仲子兮,无逾我墙,无折我树桑”⑥,反映桑种植不仅在田野,也在家宅附近;《鄘风·定之方中》“星言夙驾,说于桑田”⑦,证明桑树已经广泛种植。《鄘风·桑中》“期我乎桑中,要我乎上宫,送我乎淇之上矣”,⑧呈现鄘国女子与卫国男子在桑树遍野的林中幽会场景。孟子:“五亩之宅,树之以桑,五十者可以衣帛矣。”⑨直言当时蚕桑种植范围广,蚕丝作用大。荀子的《蚕赋》以拟人手法,针砭时弊,“蛹以为母,蛾以为父,三俯三起,事乃大已”⑩,既普及科技知识,又展示文学才华,堪称上古时期先人科学认知蚕桑生产技术的里程碑。魏晋杨泉的《蚕赋》,以赋的形式用127个字叙述了养蚕的环节,分析了养蚕的各种要素,凸现1800年前的养蚕概貌,可见当时人们养蚕经验已经非常丰富。唐朝开放的政策、强盛的国力刺激农业经济发展。桑蚕生产得到政府重视。宪宗时《劝农桑诏》规定:“诸道州有田户无桑处,每约一亩种桑两根,勒县令专勾当,每至年终,委所在长吏

---

① 古风:《丝织锦绣与文学审美关系初探》,《文学评论》2007年第2期。
② 程俊英、蒋见元:《诗经注析》,中华书局1999年版,第409页。
③ 程俊英、蒋见元:《诗经注析》,中华书局1999年版,第173页。
④ 程俊英、蒋见元:《诗经注析》,中华书局1999年版,第418页。
⑤ 程俊英、蒋见元:《诗经注析》,中华书局1999年版,第299页。
⑥ 程俊英、蒋见元:《诗经注析》,中华书局1999年版,第223页。
⑦ 程俊英、蒋见元:《诗经注析》,中华书局1999年版,第139页。
⑧ 程俊英、蒋见元:《诗经注析》,中华书局1999年版,第131页。
⑨ (战国)孟轲:《孟子》,四部丛刊景宋大字本,第3页。
⑩ (战国)荀况:《荀子》,清抱经堂丛书本,第189页。

检察,量其功课具殿最闻奏。”[①]以诏书形式要求民间广植桑,官府随时巡查,且作为奖惩依据。

蚕丝生产及使用成为百姓生活的重要组成部分。蚕桑是陶渊明着力描写的对象,《归园田居》:“开荒南野际,守拙归园田。方宅十余亩,草屋八九间。榆柳荫后檐,桃李罗堂前。暧暧远人村,依依墟里烟。狗吠深巷中,鸡鸣桑树巅。”[②]宁静纯朴的农村生活画面跃然纸上。南北朝乐府民歌《子夜四时歌·夏歌》“田蚕事已毕,思妇犹苦身。当暑理絺服,持寄与行人。”[③]描述少妇在桑田里的劳作后,冒着酷热制作凉爽夏装,准备捎给远方的亲人,思妇的深情与辛劳扑面而来。“春倾桑叶尽,夏开蚕务毕。昼夜理机縳,知欲早成匹。”[④]生动展示桑茧生产的时节,生产者的繁忙。被誉为“中国近世的黎明”[⑤]的唐代,是丝绸生产历史的高峰,丝绸生产不仅提供物质保障,也成为文人创作主题。数千首描写桑茧丝绸的诗歌出现在《全唐诗》中,其中写桑的诗句近 500 首,写蚕的 200 多首,出现桑的 754 首。据检索,《全唐诗》中有 28 首直接以“采桑”为题材,占农事诗总数的三分之一以上。桑蚕题材具有独特的文化内涵及审美意蕴,并影响了闲适、恬淡、隽永、平和的田园诗风格的形成,如桑田、扶桑、神桑、桑柘、桑干等“桑”意象繁多。有的诗文以丝绸为材料,如张籍的《凉州词》、白居易的《红线毯》《缭绫》、王建的《织锦曲》、郑谷的《锦诗》、温庭筠的《捣衣曲》。同时诗意的表达形求于“趣”,如晚唐艳丽繁缛诗风出现的物质基础,取自丝绸的奢侈、繁华。王维《渭川田家》:“雉雊麦苗秀,蚕眠桑叶稀。田夫荷锄至,相见语依依。”[⑥]绘制了麦田葳蕤,桑树成行,农夫辛勤耕作的画面。李白《赠清漳明府侄聿》:“河堤绕绿水,桑柘连青云。赵女不冶容,提笼昼成群。缫丝鸣机杼,百里声相闻。”[⑦]桑树成林,百姓致力于丝绸生产。崔颢

① (宋)王溥:《唐会要》,清武英殿聚珍版丛书本,第 774 页。
② (晋)陶渊明、(宋)李公焕笺:《笺注陶渊明集》,四部丛刊景宋巾箱本,第 6 页。
③ (宋)郭茂倩:《乐府诗集》,四部丛刊景汲古阁本,第 323 页。
④ (宋)郭茂倩:《乐府诗集》,四部丛刊景汲古阁本,第 323 页。
⑤ 《明清史国际学术讨论会论文集》,天津人民出版社 1982 年版,第 123 页。
⑥ (唐)王维:《王摩诘文集》,宋蜀本,第 47 页。
⑦ (唐)李白:《李太白集》,宋刻本,第 51 页。

《赠轻车》:"幽冀桑始绿,洛阳蚕欲老。"[①]洛阳桑绿,蚕业兴旺跃然纸上。李颀《古塞下曲》:"袅袅汉宫柳,青青胡地桑"[②],将郁郁葱葱的桑树与娉娉婷婷的柳树相提并论,言其风姿绰约。孟浩然《过故人庄》"开轩面场圃,把酒话桑麻"[③],说明桑麻已经是人们的话题对象,在人们生活中占有极高地位。当然,茧贱伤农,因为自然气候的反复无常,也可能是市场供求关系的变化,蚕农生活并不只是悠闲自在的,也有困顿不堪之时。唐彦谦《采桑女》:"春风吹蚕细如蚁,桑芽才努青鸦嘴。侵晨探采谁家女,手挽长条泪如雨。"[④]邻家女子,清寒时节,面对满园桑条,眼含热泪,盈盈欲滴。这是对丰俭不由人的怨怼,还是对青春年华错付桑园的倾诉。白居易《杜陵叟》"典桑卖地纳官租,明年衣食将何如"[⑤],揭示了官府的高税收给百姓带来的深重灾难。李商隐《无题》:"相见时难别亦难,东风无力百花残。春蚕到死丝方尽,蜡炬成灰泪始干。"[⑥]以春蚕用生命吐丝结茧吟咏爱情的永恒,传唱千年。宋代海上丝绸之路的开拓,丝绸产能的提升,手工业生产作坊的出现,从业人员结构的变化,推进行业的兴旺。在文学作品中描写桑蚕业的屡见不鲜。赵子发《采桑子》"春蚕昨夜眠方起,闲了罗机。共采柔枝。桑柘阴阴三月时"[⑦],描写阳春三月,桑林繁茂,眠蚕方起,修整罗机,缫丝在即。刘克庄《戊辰即事》:"从此西湖休插柳,剩栽桑树养吴蚕。"[⑧]宋代蚕桑行业南移,江浙一带成为中心,西湖柳千古闻名,作者用广栽桑树替代西湖杨柳的设想,表达了当时蚕业给百姓带来的效益,及其在国家的经济地位。翁卷《东阳路傍蚕妇》:"两鬓樵风一面尘,采桑桑上露沾身。相逢却道空辛苦,抽得丝来还别人。"[⑨]表达劳动者的艰辛,但劳动果实却被别人享用的愤慨。《乡村四月》:"绿遍山原白满川,子规声里雨如

---

① (宋)李昉:《文苑英华》,明刻本,第1865页。
② (宋)李昉:《文苑英华》,明刻本,第1146页。
③ (明)高棅:《唐诗品汇》,清文渊阁四库全书本,第502页。
④ (清)彭定求等编:《全唐诗》卷671《唐彦谦·采桑女》,中华书局1960年版,第7680页。
⑤ (宋)郭茂倩:《乐府诗集》,四部丛刊景汲古阁本,第673页。
⑥ (唐)李商隐:《李义山诗集》,四部丛刊景明嘉靖本,第39页。
⑦ (宋)赵闻礼辑:《阳春白雪》,清嘉庆宛委别藏本,第79页。
⑧ (宋)刘克庄:《后村集》,四部丛刊景旧钞本,第8页。
⑨ (宋)翁卷:《苇碧轩集》,汲古阁景宋钞本,第11页。

烟。乡村四月闲人少，才了蚕桑又插田。”①用清新自然的白描手法，呈现农家四月农桑生产繁忙的景象。谢枋得的《蚕妇吟》“子规啼彻四更时，起视蚕稠怕叶稀。不信楼头杨柳月，玉人歌舞未曾归。”②对比“蚕妇”“玉人”一方辛劳一方享乐的生活状态。苏辙《蚕市》：“枯桑舒牙叶渐青，新蚕可浴日晴明。前年器用随手败，今春衣着及春营。”③描写春天枯萎的桑树，新叶初长出，叶色渐次青绿，新蚕沐浴春阳，与时间共成长，农人精心修理器具，为丝纺准备的情景，再现蚕农的辛劳、蚕税的繁重，表达对劳动者的同情。苏轼《浣溪沙》：“麻叶层层丝叶光，谁家煮茧一村香，隔篱娇语络丝娘。”④桑叶葱茏、茧香袅袅、缫丝姑娘浅笑娇语，画面清新朴素。“簌簌衣巾落枣花，村南村北响缫车，牛衣古柳卖黄瓜。”⑤辛弃疾《鹧鸪天》：“陌上柔桑破嫩芽，东邻蚕种已生些。”⑥陌上春桑吐蕊、邻居蚕种初放。无名氏的《九张机》，是生动描绘织锦女子在图案中织入相思之情的力作。“一张机。采桑陌上试春衣。风晴日暖慵无力。桃花枝上，啼莺言语，不肯放人归。两张机。行人立马意迟迟。深心未忍轻吩咐，回头一笑，花间归去，只恐被花知。三张机。吴蚕已老燕雏飞。东风宴罢长洲苑，轻绡催趁，馆娃宫女，要换舞时衣。四张机。咿哑声里暗颦眉。回梭织朵垂莲子。盘花易绾，愁心难整，脉脉乱如丝。五张机。横纹织就沈郎诗。中心一句无人会。不言愁恨，不言憔悴。只恁寄相思。六张机。行行都是耍花儿。花间更有双蝴蝶，停梭一晌，闲窗影里。独自看多时。七张机。鸳鸯织就又迟疑。只恐被人轻裁剪，分飞两处，一场离恨，何计再相随。八张机。回纹知是阿谁诗。织成一片凄凉意。行行读遍，厌厌无语，不忍更寻思。九张机。双花双叶又双枝。薄情自古多离别，从头到底。将心萦系。穿过一条丝。”⑦九个立于织机前的女子，将满腹的相思幽怨，满眼的莺飞蝶舞，满窗花红柳绿，以回文绘制成思妇闺怨图。明于谦的《采桑妇》：“低树采桑易，高树

---

① （宋）翁卷：《苇碧轩集》，汲古阁景宋钞本，第 12 页。
② （元）蒋易：《皇元风雅》，元建阳张氏梅溪书院刻本，第 145 页。
③ （宋）苏辙：《乐城集》，四部丛刊景明嘉靖蜀藩活字本，第 10 页。
④ （宋）苏轼：《东坡词》，明刻宋名家词本，第 4 页。
⑤ （清）沈辰垣：《历代诗余》，清文渊阁四库全书本，第 82 页。
⑥ （宋）辛弃疾：《稼轩长短句》，元大德三年刊本，第 56 页。
⑦ （宋）曾慥：《乐府雅词》，四部丛刊景钞本，第 6 页。

采桑难。日出采桑去，日暮采桑还。……但愿公家租赋给，一丝不望上侬身。”①饱含桑妇采桑的辛劳、对未来生活的美好期待。

## 二、染丝织绸的文学描绘

人类生活的世界五彩缤纷，有来自大自然的馈赠，也有人类创造的产物。染色作为古老的工艺，是人类智慧的结晶，即用染浴处理纺织材料，使染料物品发生反应。从出土文物来看，早在史前，我国和古代印度、埃及就已经用某些天然染料给物品染色。我国染织技术发达，古人很早就懂得利用植物的颜色染制物品，颜色多、色彩好、色度牢。考古发现，人类在距今 10 万到 5 万年前已经懂得使用染料。旧石器时代的山顶洞人用矿物质染制石项链，新石器时代懂得用赤铁矿粉或植物为纺织品着色。西周时期，设有专事印染的官吏。秦汉时染织技术比较成熟，植物染料品种增多，专门作坊问世。《诗经》中有大量描写植物色彩的诗作。唐宋染织技术成熟，色谱丰富。明清染织技术高度发达，作坊规模大，技术硬。古文献有大量关于染色的记载，如《吕氏春秋・贵信》：“百工不信，则器械苦伪，丹漆染色不贞。”《后汉书・皇后纪上・明德马皇后》“此缯特宜染色，故用之耳。”②说明古代染色技术的出现及发展。

从《诗经》开始，染织技术的成就出现在文学描写中。《郑风・出其东门》：“出其东门，有女如云。虽则如云，匪我思存。缟衣綦巾，聊乐我员。”③展示东门外多如云的游乐姑娘，其中白衣青巾的佳人最为我所爱。可见色彩多样，搭配巧妙，昭示古人成熟的染织技术与较高的审美水平。《邶风・绿衣》：“绿兮衣兮，绿衣黄里。心之忧矣，曷维其已！绿兮衣兮，绿衣黄裳。心之忧矣，曷维其亡！绿兮丝兮，女所治兮。我思古人，俾无訧兮！”④描摹了着绿衣黄裳的美丽女子制衣染色技艺的高超，可惜天妒红颜，早亡的女子让我心心念念，终难

---

① （明）于谦：《忠肃集》，清文渊阁四库全书补配清文津阁四库全书本，第 279 页。
② 《后汉书》卷 10 上《皇后纪上》，中华书局 1965 年版，第 409 页。
③ （周）卜商：《诗序》，明津逮秘书本，第 15 页。
④ （汉）毛亨：《毛诗注疏》，清嘉庆二十年南昌府学重刊宋本十三经注疏本，第 122 页。

忘怀。《卫风·氓》:“氓之蚩蚩,抱布贸丝。匪来贸丝,来即我谋。”①说明当时蚕丝贸易常见,遍及都市乡村。唐宋盛世政府设置专门管理机构,民间广植桑树,大兴蚕业,丝绸纺织与染色工艺先进,也是中国抒情文学发展到高峰的时代,两者相得益彰,诗人们吟诵丝绸纺织成就千古美文。白居易的《红线毯》最为著名:“择茧缫丝清水煮,拣丝练线红蓝染。染为红线红于蓝,织作披香殿上毯。披香殿广十丈馀,红线织成可殿铺。彩丝茸茸香拂拂,线软花虚不胜物。美人踏上歌舞来,罗袜绣鞋随步没。太原毯涩毳缕硬,蜀都褥薄锦花冷。不如此毯温且柔,年年十月来宣州。宣城太守加样织,自谓为臣能竭力。百夫同担进宫中,线厚丝多卷不得。宣城太守知不知,一丈毯,千两丝。地不知寒人要暖,少夺人衣作地衣。”②作者以红线毯丝织品为描写对象,用对比、衬托等手法,生动描绘红线毯的精美、华贵,表现其质地松软、色泽艳丽之美。宋徽宗赵佶《宴山亭·北行见杏花》:“裁剪冰绡,轻叠数重,淡着燕脂匀注。新样靓妆,艳溢香融,羞杀蕊珠宫女。易得凋零,更多少、无情风雨。愁苦。问院落凄凉,几番春暮。”③以丝绸比杏花,细腻地描绘杏花的清丽绝俗,但风雨无情,花开有季,落英缤纷中更见故园凄凉。语义双关,怜花自怜。李清照的“红藕香残玉簟秋。轻解罗裳,独上兰舟,云中谁寄锦书来。”④都以丝绸为意象,融情于景,抒写别样情怀。

## 三、锦衣罗裳的文学叙事

明清国力强盛,商品经济萌芽,丝路畅通,科技进步,丝绸产业兴旺,产区递增,品种繁多,规模效益显著。江南出现专事丝绸产业的城镇,既解决人口就业问题,又增加经济收入。城市文明的兴盛,分工的细化为小说的发展提供了土壤,丝绸的相关因素,如品种类别、行业状况、从业者的生活、对日常事务的影响都成为作品叙述对象。

文学成就很高的《金瓶梅》,作者妙笔生花,精彩呈现质地精美、色泽多

① (汉)毛亨:《毛诗注疏》,清嘉庆二十年南昌府学重刊宋本十三经注疏本,第214页。
② (唐)白居易:《白氏长庆集》,四部丛刊景日本翻宋大字本,第35页。
③ (宋)徽宗:《宋徽宗词》,民国疆村丛书本,第4页。
④ (宋)李清照:《漱玉词》,明崇祯诗词杂俎本,第1页。

样、款式新颖的丝绸服饰，描写西门庆以贩运丝绸致富，文中人物皆以着绫罗绸缎为美。冯梦龙的《醒世恒言》描绘了江南繁荣的商业贸易，叙述江南民风淳朴，多以蚕桑为业，市集丝绸牙行密布，买卖交易繁忙。塑造了丝商施复夫妇拾金不昧、逢凶化吉，最终兴业立家，显贵世代的人物形象，再现当时丝绸业的兴盛，也警示读者守住初心，不为眼前名利所引诱，终得好报。曹雪芹的《红楼梦》被誉为中国古典小说的最高成就，作者因出身江南望族，自幼锦衣玉食，批阅十载，增删五次叙写豪门恩怨，大观园众人物均着丝绸服饰。凤姐出场被历代文论家褒扬，除形神兼备、惟妙惟肖的动作、语言、肖像描写外，其独出心裁的穿戴也让人耳目一新。“裙边系着豆绿宫绦，双衡比目玫瑰佩，身上穿着缕金百蝶穿花大红洋缎窄褙袄，外罩五彩刻丝石青银鼠褂，下着翡翠撒花洋绉裙。”淋漓尽致地描绘了王熙凤的精美服饰，款式独特、色彩丰富、质地精良、描金绣银，突显其家世及地位。大观园的丫环也着锦缎服饰。袭人“穿着银红袄儿，青缎背心，白绫细折裙”。鸳鸯“穿着水红绫子袄儿，青缎子背心，束着白绉绸汗巾儿”。芳官“穿着一件玉色红青酡绒三色缎子斗的水田小夹袄”。既刻画了贾府盛况，也揭示了清代高超的丝绸技术及发达的服饰文化。

## 四、蚕妇织女的文学抒写

“耕织”是中国传统文化符号，牛郎织女的神话千古流传，是对坚贞爱情的歌唱，也是古老的性别身份言说。俗语“一夫不耕或受之饥，一女不织或受之寒”，说明妇女的纺织工作是家人生计的保障。汉班昭的《女诫》“专心纺织，不好戏笑，洁齐酒食，以奉宾客，是谓妇功”①，表明规约妇女的第一要务是从事纺织。栽桑养蚕制丝织绸需要勤劳的品德，吃苦的精神，灵活的手指，安静的心性为产业的支撑，中国妇女最具有这些才情。文人也以呈现蚕妇织女的外貌秀丽，技艺娴熟为妙。《诗经·大雅·瞻卬》：“妇无公事，休其蚕织。”标明从事蚕业为当时妇女的主要工作。回文诗传说是前秦才女苏蕙所创。她用五色丝线将回文诗织成八寸见方的锦缎，成为《璇玑图》，其精妙在于无论

① （明）陶宗仪等编：《说郛三种》卷70，上海古籍出版社1988年版，第53页。

正读、反读、斜读、横读、交互读,均可成诗。亚圣孟子的成就离不开母亲的教育有方,传说孟母以刀割断正在织的绸,教育孟子安心向学。浣纱溪边的西施是历代文人的描写对象。唐代宋之问"鸟惊入松萝,鱼畏沉荷花",描绘西施之美惊鸟沉鱼。唐彦谦的《采桑女》"愁听门外催里胥,官家二月收新丝",体味采桑女的生活感受,塑造朴素勤劳的女性形象。在唐诗中写明艳的少女"浣纱"者多,山水、纱、女子,画面清新,景色宜人。"捣衣""捣练"因需要付出更加艰辛的劳动,所以多与闺怨思妇联系。沈佺期《独不见》"九月寒砧催木叶",刻写少妇独守空闺的满腹幽怨。如白居易《缭绫》是"念女工之劳也",表达他的创作缘由是感悟女工劳作的艰辛。苏轼"欲把西湖比西子,淡妆浓抹总相宜",用西施之美比喻西湖,如诗如画,浓淡相宜。

以文学呈现蚕桑、丝绸生产的艰辛,贸易的繁忙,蚕妇劳动的愉悦,丝绸品质的高雅、华美,既展示蚕桑丝绸在古代人们生活中的重要地位,为研究丝绸文化留下史料,同时也昭示文学的魅力。正是细腻的文字、精彩的语言、深挚的情感、生动的描绘召唤读者对丝绸历史的追问,对丝绸文化的咀嚼,对中华传统文化的自信,对传承华夏文明的自觉,升华为浓厚的民族自豪感。

## 第三节 古代丝绸之路历史概况

先秦时期,先辈们就已经开始披荆斩棘地向外迁徙,秦以后发展更为迅速,汉武帝时期,张骞出使西域开辟了陆上丝绸之路。丝绸之路的诞生为中国历史乃至人类历史添上了浓墨重彩的一笔。

中国是丝绸的原产地,华美的丝绸成为历代商贸交流、馈赠赏赐的上好礼品。几千年来,人们开通了从中原连接西域各国直达地中海,曲折蜿蜒运送丝绸及各国特产的商贸之路,尽管沿途高山耸立、沙漠纵横、气候多变,自然条件十分恶劣,加上道路并不太平,但依托国家的有效治理,往来商人的辛勤经营,丝绸之路创造了欧亚大陆经济发展的奇迹,昭示中华民族的智慧和坚韧。关于丝绸贸易路线的称谓有很多,如"宝石之路""玉石之路""香料之路""佛教之路",但都不具有整体性、规范性,唯有"丝绸之路"最具代表性。最早使用"丝绸之路"这一名称的是德国地理地质学家费迪南·冯·李希霍芬

(Ferdinand von Richthofen)。李希霍芬于1877年在《中国——亲身旅行的成果和以之为依据的研究》中将中国联系土耳其、西北印度进行丝绸贸易的道路称为"Seiden Strassen",即"丝绸"与"道路"这两个德文词语的合称。① 之后瑞典探险家斯文·赫定(Sven Hedin)以丝绸之路为名的著作广为流传。陆上丝路历史悠久。"在张骞通西域以前,中国的丝绸、蜀布、邛竹等货物虽已销往大夏、印度等国,但中间都经过了许多国家和民族的转手贩运。"②并伴随中华民族的历史进程持续向西延展,连接亚欧大陆,形成丝路西段、丝路东段、丝路中段三个部分,不断推进民间贸易、朝贡贸易、互市贸易。人类是群体动物,因为孤独,渴望交流。存在主义哲学家认为,人是"被扔到这个世间来的生物","孤独无依,没有救助,没有躲避"③。情感思想需要交流,日用物品需要交换,道路是人们交流交换的依托。史书记载:黄帝"披山通道,未尝宁居"④。夏禹"开九州,通九道,陂九泽,度九山"⑤。显示古人对劈山开道的认知与实践。秦汉时期,因为战争及生产生活的需要,人们建通衢,兴官道,交通不断发达,直至今日,完善的交通网络仍是国家实力、民众幸福生活的重要参数。"人的所谓理性,就是一切人类力量的总和形式。"⑥正是理性驱使人类不断改造世界,改变生活。

驼铃声声,是商旅深情的吟唱,沙尘翻卷、风吹草低,是飞天曼妙的舞蹈。陆上丝绸之路,在瀚海蓝天、茶马古道、戈壁荒野间传颂华夏文明,叙写中国传奇。丝绸因其制作的繁复、色彩的艳丽、品质的高贵成为达官显贵的身份标志,也是中国古代外贸的主要产品。陆上丝绸之路通常是指汉唐间我国丝绸经中亚、伊朗西运至地中海东岸各地的交通路线,作为贸易与民族交流的通道,横跨欧亚大陆,绵延7000多公里,荟萃人类几种主要文化,包括罗马西欧文化、中国文化、印度文化、伊斯兰文化,被誉为"中西文化交流的大动脉""人类文明的运河",在历史风雨中,交换货物、传递信息、传承文化。

---

① 郑彭年:《丝绸之路全史》,天津人民出版社2016年版,第13—14页。

② 沈济时:《丝绸之路》,上海古籍出版社2011年版,第9页。

③ [法]让·华尔:《存在主义简史》,马清槐译,商务印书馆1962年版,第9页。

④ 《史记》卷1《五帝本纪》,中华书局1982年版,第3页。

⑤ 《史记》卷2《夏本纪》,中华书局1982年版,第51页。

⑥ [德]J.G. 赫尔德:《论语言的起源》,姚小平译,商务印书馆2011年版,第27页。

## 一、陆上丝绸之路的历史变迁

在宋代以前,陆上丝绸之路是中国与异域往来的主要通道。先秦时期,陆上丝绸之路上就有民间来往;汉代苦心经营,构建了其雏形;唐代不断拓展,形成以长安、洛阳为起点,经甘肃、宁夏、内蒙古、新疆,到中亚、西亚,通向地中海的陆上贸易通道。

西汉初年,经历秦末战乱,国力较弱,而北面匈奴幅员辽阔、实力雄厚,控制了北部广大地区,并经常侵扰汉朝。到汉武帝时,经过多年的经营,尤其是文景之治,国力逐渐强盛,具有雄才伟略的武帝一方面采用"罢黜百家,独尊儒术"实现思想的统一,大力发展生产,使国力雄厚;另一方面,派大将卫青、霍去病征战匈奴,巩固政权。派张骞出使西域,既建立联盟,又促进商贸往来与文化交流,开启了丝绸之路历史新纪元。公元前 138 年,汉武帝派张骞带 100 多名随员,携带丝绸、铁器等物资乘马队出使西域,试图联合大月氏共击匈奴,途中被匈奴所俘,蹉跎十年才逃出匈奴到达大月氏,希望完成使命,但大月氏已改变立场,张骞再次被俘,后趁匈奴内乱得以逃回长安。此次出使让汉朝与西域各国相互了解,并建立了联系,开凿了交往的通道。此后,西域使者、商人带着马、毛皮、玉石、葡萄等,中原人带着丝绸、玉器、漆器等从长安起身,过兰州穿河西走廊,经武威、张掖、酒泉到敦煌,奔走往来于途。公元前 119 年,张骞再次接受使命,率领 300 余名随员,携带"金币帛直数千钜万""牛羊以万数",继续从都城长安出发,经受风霜雨雪、崇山峻岭的考验,过河西走廊、焉耆、龟兹,越葱岭到达赤谷城与乌孙建立友好关系,又通过乌孙与大月氏、大夏、大宛、康居、安息、身毒等国确定了联系,前后与三十六个国家互通互联,建立了友好往来关系。公元前 60 年,西汉王朝设置管理西域的官方机构——西域都护府,迁移民众戍守屯田,保障了丝路畅通与食宿方便,为丝绸贸易提供了后方基地,向西进一步延伸形成丝路。《汉书・西域传》记载,汉朝丝路为南北两条路线。南道从敦煌出阳关经罗布泊到楼兰,再沿阿尔金山、昆仑山北麓向西,穿塔克拉玛干沙漠过且末、精绝、于阗、莎车、疏勒等枯寂荒凉之地,沿途沟壑林立、高山险阻、沙漠纵横,马队艰难前行;再越过虫蛇横行的葱岭,向西南到身毒,或向西到达大月氏、安息、条支,最远到达地中海东岸。

北道从敦煌向西，走玉门关，经车师前国，过天山南麓，塔克拉玛干沙漠北侧西行，克服阴晴不定的天气、猛兽出没的困难，经过龟兹、姑墨、疏勒等会合南道，越葱岭到大宛、康居，过安息、条支抵达大秦，用智慧、勇气、坚韧构建了一条东西陆上交通干线。

西汉末年的纷争及王莽新政的混乱，中断了西汉建立并维护的丝绸之路。东汉时期，丝路“三通三绝”。公元 73 年班超出使西域，疏通了陆上丝路的南北两道。公元 97 年，班超派遣甘英出使大秦，虽受安息人干扰而没有直接与大秦交往，但经中亚、西亚到达波斯湾，建立了与欧洲的直接贸易通道。后来历经三国、两晋、南北朝，因为战争、地域变化等原因，陆上丝路时断时续，也有所扩展。这条商道，驼铃声声、马蹄得得，中国特产的丝绸、火药、金器、铁器、漆器及先进物品被大量运往沿线国家和地区。西域的香料、宝石、玻璃器等物品及葡萄、胡萝卜、胡豆、胡瓜、菠菜、石榴等蔬菜水果，不断传入中国内地，改善了人们的膳食结构、优化了饮食品类。隋朝的统一，使原有的丝路得以恢复，加强对丝路的管理，派遣裴矩专驻张掖，掌管通商事宜，并形成了以敦煌为起点、通往地中海岸的三条主干线。公元 609 年，隋炀帝出巡张掖、武威，并接待西域 27 国国王和使者的到访，是古丝绸之路上盛大、热闹的“王国博览盛会”。

盛世唐王朝，进一步扩展丝路，并设置北庭都护府、安西都护府以保障丝路畅通，丝绸贸易达到了空前的水平。丝绸因物理性质优异、运输成本高昂被西方视为豪奢之物，与黄金同价。交易的方便、丰厚的回报，促使丝路的繁荣，东来西往的客商、运载物资的马队络绎不绝，沿线商铺众多，驿站、客店云集，出现了许多货物集散地。巨额的关税收入助力唐朝的强盛。据《唐六典》记载，长安、洛阳会聚来自欧洲、东南亚、中亚、西亚、南亚等地 10 万名“胡人”，与 300 多个国家和地区建立友好往来关系，商品种类繁多，涉及各种门类，野兽、家畜、香料、皮毛、颜料、器具、矿石、金银、珠宝、金属、武器、书籍、乐器，应有尽有，也带动服务行业的兴盛。长安成为国际大都市，唐王朝成为当时世界最强大的国家。

唐朝中后期，陆上丝路逐渐衰落，主要原因是战乱烽火不断，硝烟四起，丝绸生产停滞，陆上丝路被隔断。不断的战乱使百姓流离失所，商旅难以延续，阻隔了上游的生产、下游的消费，丝路的价值被消解。造船业的发达、航海技术的提升促进宋代以后政治经济中心的南移，海上丝路逐渐代替陆上丝路。自然环境的恶化如14世纪开始，西域地区降水大幅减少，气候日益干旱，河流的干涸、改道使大量土地沙漠化、盐碱化，过去水草丰茂的地域逐渐沦为荒漠。关税的增加，高昂的关税曾推进唐帝国的形成，但沿途各国层层加码，商业利润日渐减少。种种原因导致陆上丝路逐渐淡出历史舞台，尘封在历史记忆中。

## 二、陆上丝绸之路的路径

丝绸之路的路径，在不同历史时期，因为生产力水平的发展、地质地貌的改变、战争及匪祸波及，有不同程度的变化。在新疆按其路线分为南、中、北三道。李希霍芬书中所指的是“从公元前114年到公元127年，中国于河间地区以及中国与印度之间，以丝绸贸易为媒介的这条西域交通路线”。①

史学家把沟通中西方的商路统称为丝绸之路。因其时间跨度长，上下跨越2000多年的历史，所以按时间划分为先秦、汉唐、宋元、明清四个时期。另外，丝绸之路空间跨度大，区域涉及海洋与陆地，所以划分为“海上丝路”与“陆上丝路”。陆上丝路按地理走向又分为“北方丝路”与“南方丝路”。

### （一）北方丝路

黄河中下游通达西域的商路统称北方陆上丝绸之路，包括草原森林丝路和沙漠绿洲丝路。草原森林丝路存在于先秦时期，其从黄河中游向北直上，穿越蒙古高原和西伯利亚平原南部至中亚呈两个分支：一支由波斯向西行，另一支翻越拉尔山脉，穿过伏尔加河抵达黑海岸，最终会合于西亚，到达地中海沿岸。沙漠绿洲丝路是北方丝路的主干道，在汉唐时期迅速发展，沿途文物古迹繁多，已有一千多年的历史。其分东段、中段和西段。东段自长安至敦煌，长安、洛阳以西又分南、北、中三线。

南线由长安/洛阳，沿渭河过陇关、上邽（今天水）、狄道（今临洮）、枹罕（今临夏），由永靖渡黄河，穿西宁，越大斗拔谷（今偏都口）至张掖。

① 西域泛指古玉门关和古阳关以西至地中海沿岸的广大地区。

北线由长安/洛阳,沿渭河至虢县(今宝鸡),过汧县(今陇县),越六盘山固原和海原,沿祖厉河,在靖远渡黄河至姑臧(今武威)。

中线与南线在上邽分道,过陇山,至金城郡(今兰州),渡黄河,溯庄浪河,翻乌鞘岭至姑臧。

南北中三线会合后,由张掖经酒泉、瓜州至敦煌。

中段自玉门关、阳关出西域有两道:从鄯善,傍南山北,波河西行,至莎车为南道,南道西逾葱岭则出大月氏、安息。自车师前王庭(今吐鲁番),随北山,波河西行至疏勒(今喀什)为北道。北道西逾葱岭则出大宛、康居、奄蔡(黑海、咸海间)。北道上有两条重要岔道:一条是由焉耆西南行,穿塔克拉玛干沙漠至南道的于阗;另一条是从龟兹(今库车)西行过姑墨(阿克苏)、温宿(乌什),翻拔达岭(别垒里山口),经赤谷城(乌孙首府),西行至怛罗斯。

由于南北两道穿行在白龙堆、哈拉顺和塔克拉玛干大沙漠之间,条件恶劣,道路艰难。东汉时在北道之北另开一道,隋唐时成为一条重要通道,称新北道。原来的汉北道改称中道。新北道由敦煌西北行,经伊吾(哈密)、蒲类海(今巴里坤湖)、北庭(吉木萨尔)、轮台(半泉)、弓月城(霍城)、碎叶(托克玛克)至怛罗斯。西段由葱岭(或怛罗斯)至罗马。丝路西段涉及范围较广,包括中亚、南亚、西亚和欧洲,历史上的国家众多,民族关系复杂,因而路线常有变化,大体可分为南、中、北三道。

南道由葱岭西行,越兴都库什山至阿富汗喀布尔后分两路,一线西行至赫拉特,与经兰氏城而来的中道相会,再西行穿巴格达、大马士革,抵地中海东岸西顿或贝鲁特,由海路转至罗马;另一线从白沙瓦南下抵南亚。

中道(汉北道)越葱岭至兰氏城西北行,一条与南道会,另一条过德黑兰与南道会。

北新道也分两支,一支经钹汗(今费尔干纳)、康(今撒马尔罕)、安(今布哈拉)至木鹿与中道会西行;另一支经怛罗斯,沿锡尔河西北行,绕过咸海、里海北岸,至亚速海东岸的塔那,由水路转刻赤,抵君士坦丁堡(今伊斯坦布尔)。

### (二)南方丝路

南方陆上丝路即“蜀身毒道”,因穿行于横断山区,又称高山峡谷丝路。

大约公元前4世纪,中原群雄割据,蜀地(今川西平原)与身毒间开辟了一条丝路,延续两个多世纪尚未被中原人所知,所以有人称它为秘密丝路。直至张骞出使西域,在大夏发现蜀布、邛竹杖系由身毒转贩而来,他向汉武帝报告后,元狩元年(前122)汉武帝派张骞打通"蜀身毒道"。张骞先后从犍为(今宜宾)派人分5路寻迹:一路出駹(今茂汶),二路出徙(今天全),三路出莋(今汉源),四路出邛(今西昌),五路出僰(今宜宾西南)。使者分别在氐、莋、昆明受阻。汉武帝为征讨西南夷,在长安西南凿周长40里昆明池,习水军以征伐,后由郭昌率数万名巴蜀兵平定西南夷,并分土置郡县。

南方丝路由3条道组成,即灵关道、五尺道和永昌道。丝路从成都出发分东、西两支:东支沿岷江至僰道(今宜宾),过石门关,经朱提(今昭通)、汉阳(今赫章)、味(今曲靖)、滇(今昆明)至叶榆(今大理),是谓五尺道;西支由成都经临邛(今邛崃)、严关(今雅安)、莋(今汉源)、邛都(今西昌)、盐源、青岭(今大姚)、大勃弄(今祥云)至叶榆,称为灵关道。两线在叶榆会合,西南行过博南(今永平)、嶲唐(今保山)、滇越(今腾冲),经掸国(今缅甸)至身毒。在掸国境内,路线又分陆、海两路至身毒。

南方陆上丝路延续2000多年,特别是抗日战争期间,大后方出海通道被切断,沿丝路西南道开辟的滇缅公路、中印公路运输空前繁忙,成为支援后方的生命线。

## 三、陆上丝绸之路的意义

延续数千年的陆上丝绸之路,架起了东西方物质文明与精神文明交往的通道,为中华民族融合、发展作出了贡献,也推动了世界文明的历史进程。

从汉代开始,陆上丝绸之路一直是东西方经贸文化交往的必经通道,沿线形成了大小绿洲城郭,为商贾和其他人员提供了贸易联络与文化活动的场所,中原物产与异域特产通过陆上丝绸之路进行互通有无,西域乃至中亚、西亚的马、羊、牛等动物及核桃、石榴、哈密瓜、黄瓜、菠菜、葡萄、胡萝卜、胡豆、胡椒等蔬菜瓜果传入中原,极大地丰富了中原人们的物质生活,中原的丝织品、陶瓷、茶叶等也沿着丝绸之路进行传播,尤其是丝绸在古罗马帝国广受欢迎。而且由于丝绸贸易利润丰厚,招徕大批商人进行运输和经营。历史上东西方凭借丝绸之路进行贸易往来,最终达成了双赢的结果。

丝绸商路不仅传播物质文明,还推动了东西方文化交流。指南针、造纸术、火药、活字印刷术作为中国古代文明的重要标志,通过丝绸之路传向世界各地,影响人类文明的进程,如马克思指出,“火药把骑士的城堡炸得粉碎,指南针造成了地理大发现,印刷术变成新教的工具”(《机器、自然力和科学的应用》)。同时,丝绸之路还为欧洲、中亚传入先进的冶铁技术,提升了生产力水平。坎儿井和先进的水利灌溉技术改变了中亚的生产方式。中国医术与西方医学的会通催生了近代医学。西方的宗教、科学技术和艺术,也为中原文化注入了新鲜血液。佛教、基督教、摩尼教、祆教、琐罗亚斯德教沿丝绸之路逐步传入中国。公元399年,法显法师经西域进入天竺(印度),沿途经历各种坎坷,后由海路经师子国(斯里兰卡),再经耶婆提(印度尼西亚)回国,他途经陆海两条丝绸之路,为文化交流作出了贡献。唐代玄奘赴西天取经,带回佛教经书,不仅丰富了中国文化,而且推动了唐朝与西域印度的交流。由于阿拉伯帝国的崛起,伊斯兰教的影响逐步向东扩大。东罗马帝国、波斯帝国的数学、医药、制糖技术等方面对中国相关领域的发展产生了重要影响。[①] 依靠丝绸之路进行的科技交流常指向农业生产需要,指向农业工具升级与农业技术的更新,拥有充足的粮食才能有效应对多种天灾人祸,他国农业技术的传入有利于为本国培养技术人才提供技术支撑。西域艺术传入中原,丰富和发展了中原传统音乐、舞蹈、服饰、建筑、雕塑、绘画等艺术门类。

## 四、海上丝绸之路历史概况

海洋是生命的起点,是商品贸易、文化交流的通道。中国绵长的海岸线形成大量天然港口,广阔的海域提供丰富的海洋资源。古代中国人通过海洋了解外部世界,不断探索海外贸易路线,进行货物交易。

“海上丝绸之路是一条东西方之间交流的海上贸易通道,贸易和经济往来是其发展的基础,也是商品经济和市场需求发展的结果。”[②]海上丝绸之路

---

① 齐小艳:《丝绸之路历史文化研究》,煤炭工业出版社2018年版,第13页。

② 孟原召:《关于海上丝绸之路的几个问题》,《考古学研究》2019年第1期。

概念最早由法国汉学家爱德华·沙畹(Edouard Chavannes)提出。他在1903年著的《西突厥史料》认为:"丝绸之路有陆海两道。北道出康居,南道为通印度诸港之海道。"[①]日本学者三杉隆敏在探讨中国陶瓷的海上贸易路线时正式使用"海上丝绸之路"这一名称,是指古代东西方海上交通贸易路线,立论于古代东西方之间的陶瓷贸易与文化交流,其形成于汉武帝之时,从中国出发。1963年法国学者布尔努瓦在《丝绸之路》中指出:"研究丝路史,几乎可以说是研究整部世界史,既涉及欧亚大陆,也涉及北非和东非。如果再考虑到中国瓷器和茶叶的外销以及鹰洋(墨西哥银圆)流入中国,那么它还可以包括美洲大陆。它在时间上已持续了近25个世纪。"[②]明确丝绸之路包括了海上贸易。1974年,中国香港学者饶宗颐在《蜀布与Cinapatta——论早期中、印、缅之交通》一文后的《附论:海道之丝路与昆仑舶》中专门论述了"海道之丝路与昆仑舶",指出了六朝时候罗马与中东国家"特别开辟海道作为丝路运输的航线"[③]。北京大学陈炎相继在1989年、1996年出版《陆上和海上丝绸之路》《海上丝绸之路与中外文化交流》,以翔实的材料及严谨的逻辑诠释了海路外传中国丝绸的历程及在政治管理、宗教传播、生活方式、文化发展、艺术创新等方面的影响,其名称逐渐被学界使用。20世纪60年代以前,中外学者对海上丝路的研究集中在对南海史地考证,如日本的藤田丰八、桑原骘藏,中国的冯承钧、向达,法国的伯希和、费琅。这些研究仍属于传统史学考证,主题仍称为海上交通、海外贸易,多是从史地考证角度来研究中外海上交通史和贸易史。随着水下发现古代陶瓷,20世纪60年代以后,受日本"丝绸之路"研究热的影响,"海上丝绸之路"概念应运而生。"海上丝绸之路"一词在20世纪80年代以来,作为"丝绸之路"概念在海上的延伸被广泛接受,研究方向由史地考证逐渐转向海外贸易的发展。1990年,多国学者乘船实地考察,深入探讨,取得了可喜的成果。海上丝绸之路研究在21世纪开启崭新阶段,研究领域从实物遗存上升到中外文化交流,并被纳入早期全球化贸易体系之中。"一带一路"

---

① [法]爱德华·沙畹著,冯承钧译:《西突厥史料》,中华书局2014年版,第5页。

② 孟原召:《关于海上丝绸之路的几个问题》,《考古学研究》2019年第1期。

③ 饶宗颐:《蜀布与Cinapatta——论早期中、印、缅之交通》,《"中研院"历史语言研究所集刊》第45本第4分册,1974年版,第561—584页。

倡议的提出,掀起海上丝绸之路学术研究的热潮,涉及领域不断延展,相关研究机构纷至沓来,研究项目递增,出版物层出不穷,推动海上丝绸之路研究逐渐成为学术热点。

### (一)海上丝绸之路的历史

海上丝绸之路是历史上中国以丝绸、陶瓷、茶叶等为贸易对象构建并不断完善的经济、文化海上通道,也称“陶瓷之路”“香料之路”。海上贸易路线历史悠久、不断延伸,在不同历史时期有着不同特征。

大量考古发现证明,远古时期已经存在内陆与海外的经贸交流。19000年前的山顶洞人遗址发现小孔的海蚶壳,是最早与海滨联系的证明。殷墟出土刻写甲骨文的大型龟板,经古生物学家鉴定,是来自南海的亚洲大海龟;殷商时代以犀牛为形象的青铜器,江苏盱眙江都王陵出土的青铜犀牛、大象,其原型是南方的犀牛、大象,只能是通过海运送达。

远古中国人发现浮力原理,并懂得水可以承载中空的木头,开始制作木筏木舟,并用桨改变方向及速度。河姆渡遗址出土的6支独木舟桨及舟形陶器,是距今约7000年前的文物。钱山漾遗址出土了约4500年前的木浆。殷商与西周时期,人们已学会制造帆利用风力航行,是造船史上的突破性进展。甲骨文中用“凡”指“帆”,说明殷人已经开始用帆行船,但多用于江河的航行。春秋战国已经有了早期的海上贸易,主要发生在内海及江河一带。春秋时期,会稽港(绍兴)、句章港(宁波)、琅琊港(胶南)、碣石港(秦皇岛)、芝罘港(烟台),被称为中国古代海港的鼻祖。这一时期,人们对海洋的认识逐步加深,出土的战国铜钺有风帆图案,如今的渤海、黄海、东海就是那时的北海、东海、南海。在航海的过程中,人们不仅认识到“海纳百川”的规律,还认识了风,丰富了大量自然地理知识,促进了航海活动的兴盛。

先秦时期,造船技术水平较高,有了以船舶作战的水师。人们认识风的同时,还对云雨气象、海洋水文有了一定的了解。如《尚书·洪范》“月之从星,则以风雨”,是人们在航行中已经学会根据天象来预测天气变化。此外,《尚书·禹贡》“朝夕迎之,则遂行而上”,说明当时人们已经发现涨潮的规律,学会利用涨潮航行,顺流而下。秦汉时期的远洋航海,人们已开始自觉使用季风航海,天文学的发展为海上航行准备了科学方法,可以“观星定海”。两汉时期,人们利用季风远洋航行,那时中国人已经掌握了西太平洋与北印度洋的季风规律,并出现可以随风向和航向转动的帆,广泛应用于航海活动。汉武帝建立了庞大的水师,说明造船业已经成熟。出口海外的以丝绸、黄金为主。

秦始皇统一六国后,高度重视经略海洋,还在宫里修建海的模型,在秦都咸阳引“渭水为池,筑蓬、瀛,刻石为鲸”①。《史记》记载始皇帝去世后,“以水银为百川江河大海”,证实秦始皇明晰的海洋观念、浓厚的海洋情结。秦汉时的海上丝绸之路主要有两条,一条被称为“东海丝路”,从山东半岛出发,经辽东半岛、朝鲜半岛抵达日本列岛。据《史记·秦始皇本纪》记载,秦始皇多次在渤海之滨举行盛大的祭祀大海活动,为寻求长生药,派徐福率船队携带粮食、农具、丝织品、生活用品及三千童男童女从琅琊出发东渡日本,开创了中国海上丝绸之路的东方航线。另一条为“南海丝路”。秦始皇派兵修灵渠,经营岭南,戍守屯田,通过南越人造船航海,促进了秦王朝与南海区域的贸易。

西汉时期,经济迅速发展,较为先进的海上技术及发达的造船业促使其开发海洋活动的加强。西汉时期开辟两条海上航线,山东省沿海口岸→黄海→朝鲜半岛→日本列岛为东线,广东省徐闻、广西合浦港口→南海(向西)→印度半岛→印度→斯里兰卡为南线,致力于经贸往来与文化交流。向东到达朝鲜半岛和日本列岛的东海航线,在海上丝绸之路中占次要地位。关于汉代丝绸之路的南海航线,《汉书·地理志》记载汉武帝派遣的使者和应募的商人出海贸易的航程说:自日南(今越南中部)或徐闻(今属广东)、合浦(今属广西)乘船出海,顺中南半岛东岸南行,经五个月抵达湄公河三角洲的都元(今越南南部的迪石)。复沿中南半岛的西岸北行,经四个月航抵湄南河口的邑卢(今泰国之佛统)。自此南下沿马来半岛东岸,经二十余日驶抵湛离(今泰国之巴蜀),在此弃船登岸,横越地峡,步行十余日,抵达夫首都卢(今缅甸之丹那沙林)。再登船向西航行于印度洋,经两个多月到达黄支国(今印度东南海岸之康契普腊姆)。回国时,由黄支南下至已不程国(今斯里兰卡),然后向东直航,经八个月驶抵马六甲海峡,泊于皮宗(今新加坡西面之皮散岛),最后再航

① 《史记》卷6《秦始皇本纪》,中华书局1982年版,第251页。

行两个多月，由皮宗驶达日南郡的象林县境（治所在今越南维川县南的茶荞）。《汉书·地理志》并记载黄门设“译长”，“与应募者俱入海市明珠、璧流离、奇石异物，赍黄金杂缯而往”①。从雷州半岛起航途经今越南、泰国、马来半岛和缅甸到达印度，以丝绸、黄金换取宝石、珍珠，从斯里兰卡返航。可见，丝绸是海上贸易的重要商品，也是其重要象征。

三国时代，为争夺土地与财富，战争不断。为了满足物质需求，需要水陆交通畅达。长江以南的东吴政权控制的区域河湖密布，敦促其重视造船航运业及海上航运技术的训练，保障了三国时期海上丝绸之路的稳定发展，发达的丝织业为贸易提供了充足的物产。东晋及南朝时，与北方政权的对立，阻断了对外陆路交通，从朝廷到地方，不得不重视海上贸易，由于政府政策的刺激，内陆经济积极发展，推动了海上丝路的延伸、航线的扩张。这一时期开通并经营的主要航线为广州→海南岛→南海→马六甲海峡→红海、印度洋、波斯湾沿海各国及通往日本列岛和朝鲜半岛的东海道。

经历了五胡乱华的离乱、南北朝的凋敝，隋唐完成了统一大业，一系列利国利民政策的实施、稳定的社会格局、开放的文明体系形成政治清明、军事强盛、文化繁荣、经济发达、科技领先的国家形象，引发海外诸国对盛世王朝的仰慕与交流的欲望。公元607年，隋炀帝派屯田主事常骏、虞部主事王君政携带赏赐给国王的丝绸5000匹，出使赤土国（在今马来半岛），他们受到国王的隆重礼待，开启了中国历史上首次“丝绸外交”。

唐代开始，经东南亚到印度洋各岛国分为“东洋”“西洋”。从福建广东出发沿西太平洋一路向南到婆罗洲为“东洋”，从沿海出发沿大陆海岸南行过印度支那半岛，途径之地为“西洋”，出现了泉州、广州、宁波等贸易活跃的港口。从东南沿海出发，通过海洋运输，中国产的丝绸、瓷器、茶叶、书籍、艺术品运销海外，到达东南亚及印度、非洲等；海外的香料、药物、象牙、犀角、金银器皿、玻璃等传入中国。唐朝重视福州、泉州、扬州、广州等地的海外贸易，强调“接以恩仁”“以示绥怀”，制定专项政策，加强海外贸易管理，完善税收制度，在广州专门设立市舶司，有专门官员管理，促使海外贸易发达、海上航线发展，有世界

① 《汉书》卷28下《地理志下》，中华书局1962年版，第1671页。

最长的远洋航线,广州成为中国的第一大港。据唐文宗《太和八年疾愈德音》(834)上谕曰:"南海蕃舶,本以慕化而来,固在接以恩仁,使其感悦。如闻比年长吏多务征求,嗟怨之声达于殊俗。况朕方宝勤俭,岂爱遐琛,深虑远人未安,率税犹重,思有矜恤,以示绥怀。其岭南、福建及扬州蕃客宜委节度观察使常加存问。除舶脚收市进奉外,任其来往通流自为交易,不得重加率税。"①大约成书于9世纪中叶的《道里邦国志》"通向中国之路"中记有在海外地区所见"中国丝绸、中国的优质陶瓷"。写于9世纪中叶至10世纪初的《中国印度见闻录》也载有中国有"锦缎和丝绸"。

开放的态度、包容的精神、积极主动的外交策略,引导宋元时期海上丝绸之路的繁盛。陆路丝绸之路因为战争、道路、成本的制约,出现阻隔。丝织品主要通过海上贸易输出,据《宋会要辑稿·职官四四之一》记载,"市舶司掌市易南蕃诸国物货航舶,……以金银、缗钱、铅锡、杂色帛、精粗瓷器市易香药、犀象、珊瑚、琥珀、珠琲、镔铁、鼊皮、瑇瑁、玛瑙、车渠、水精、蕃布、乌樠、苏木等物"②。赵汝适《诸蕃志》载渤泥国等有"生丝""锦绫""缬绢""五色绢""皂绫"等中国丝织品。③ 同时,统治者重视发展海外贸易,开宝四年(971),宋太祖首先在广州设立市舶司,后在各地设市舶司。大观元年(1107),宋廷将各处管理外贸的机构改称"提举市舶司",而将各港口的市舶司改称市舶务。这一时期的航线仍为南线即泉州、广州口岸→南海→东南亚各个国家→马六甲海峡→印度洋→斯里兰卡→印度→波斯湾,东线扬州或宁波口岸→东部海岸→朝鲜和日本列岛。元朝大力拓展航线,首次开辟了从南海通往大西洋的航线,马可·波罗盛赞泉州为"东方第一大港",船帆川流不息,商人步履匆匆。海路贸易逐渐取代陆路贸易。元代汪大渊《岛夷志略》记载海上丝绸之路贸易的物品有"诸色绫罗匹帛""五色缎""色绢""青缎"等。④

1405年6月15日,明朝大臣郑和率领2.7万余人、62艘海船组成的庞大

---

① (清)董诰等编:《全唐文》卷75《文宗七·太和八年疾愈德音》,中华书局1983年版,第785页。

② (清)徐松辑:《宋会要辑稿·职官四四之一》,中华书局1957年影印版,第3364页。

③ (宋)赵汝适撰,杨博文校释:《诸蕃志校释》,中华书局2000年版。

④ (元)汪大渊撰,苏继庼校释:《岛夷志略校释》,中华书局1981年版。

远洋舰队,从泉州港扬帆出发,满载中国丝绸锦缎、茶叶、瓷器、纸张及名家绘画、四书五经等中国物产出使西洋,拉开了海上丝绸之路的序幕。自永乐三年(1405)至宣德六年(1433),郑和率商贸舰队先后七次下西洋,历时 28 年,进行了史无前例的远洋航行,先后到达南洋、印度洋等 30 多个国家,远达波斯湾、红海及非洲东海岸。郑和下西洋,传播中华文明,开展商品贸易,推进社会和平安定,体现“和顺万邦”“共事天下”的政治理想及“四海一家、广示无外”的人文情怀,开启了海上丝绸之路的巅峰时期。明代费信《星槎胜览》所记贸易商品有“五彩布绢”“锦缎”“色缎”“丝布”“色绢”等。① 但欧洲人的全球性海上扩张,开始了海洋经济繁荣时代,也结束了和平的海上贸易阶段,改变了明清海外贸易态度,海禁时废时兴,港口兴衰起伏。尤其是清朝,为截断东南沿海的抗清势力,断绝与台湾郑氏家族的联系,巩固统治,清朝皇帝三番五次的迁海令、禁海令,几乎停滞了海外贸易。由于西方大规模的开放扩张,鸦片战争后,国力衰退,海权彻底沦丧。海上丝绸之路逐渐边缘化,最后被完全停用。

但至清代末年,虽然列强肆意掠夺,海路充满血腥,海外市场危机重重,但丝织品仍为中国重要出口商品,据清代钱恂所制《光绪通商综核表目》“出口货价类列表 · 综八”统计,在光绪元年出口货类中,“丝总价二千四百八十九万四千九十二两,茶总价三千三百六十九万七千五百十二两,杂货总价七百三十二万一千三百二十五两。”②在出口货物中,丝绸品种繁多,包括湖土生丝、野粗丝、乱头丝、绸缎、蚕苗、丝线带子丝等,总价占比超过 37. 7%。可见,自秦汉以来,中国丝绸、瓷器等经海洋通道运往世界各地,既为国家创收,为民间积富,为世界文明发展作出中国贡献,又向海外传播中华文化,实现文化的交流,也借鉴异质文明。

由此可见,依托统治阶级的政策支持,航海技术和造船业的日渐发达,中

---

① (明)费信著,冯承钧校注:《星槎胜览校注》,中华书局 1954 年版。

② (清)钱恂制:《中外交涉类要表 · 光绪通商综核表目》,光绪二十年(1894)刊本,收入沈云龙《近代中国史料丛刊续编(第四十八辑)》,文海出版社 1977 年版,第 106 页;参阅(清)杨楷制《光绪通商列表》,光绪十三年(1887)刊本,收入沈云龙《近代中国史料丛刊续编(第四十八辑)》,第 61 页。

国海上丝绸之路有着辉煌的发展历程。

### （二）海上丝绸之路的意义

海上丝绸之路的开辟有着重要意义，既要认识到其对经济、文化等方面的积极影响，也应看到其对海洋资源的开发利用和航海事业的重大贡献。

**1. 促进了东西方经济文化交流**

海上丝绸之路的开辟为中国与世界其他国家之间的经济、文化交流搭建了重要平台，为东西方经济往来、文化交流创造了条件，有利于密切中国与其他国家之间的经济、文化联系。一方面，我国的四大发明、丝绸、茶叶、瓷器、中草药等产品借助海上丝绸之路传至海外；另一方面，海外的宝石、香料、珍珠等珍贵物产和经济作物等也传入了中国。

世界上 50 多个国家养蚕技术的兴起，都与中国蚕种养殖技术的传播密切相关。周武王封箕子管理朝鲜，并教民田蚕织作。日本的蚕种、桑种及丝绸技术经由中国传入，其民族服装和服即吴服。而三国时期康泰等人在与扶南的贸易交流中，为扶南百姓带来了丝绸衣物，从此，扶南百姓服饰习俗被改变，其文明程度大大提高。同时，中国瓷器在中外贸易交往中，有利于转变其他国家百姓的生活饮食习惯，瓷器餐具的使用在国外百姓饮食结构转变方面起着重要作用。①

从生产技术发展来看，如中国养蚕、织布技术的外流，有利于促进其他国家手工业、纺织业的发展。海外的农业生产技术以及商品物产的传入，有利于加强东西方的经济文化沟通，为中国古代的农业经济发展提供了充足动力，促进了相关行业的发展和繁荣，还把中国产品引向世界，让中国制造扬名海外；也有利于提高生产环节的效率，催生生产技术的不断革新。同时，海外贸易为国内产品的销售提供了强大的消费市场。而且，在海外贸易交往中，商品与劳动力的输出为其他国家工业、农业生产提供了便利条件。尤其是中国劳动力资源的输出，有利于为其他国家经济建设提供智力、劳力支持。

海上丝绸之路是一条连接亚洲、欧洲、非洲、美洲的纽带，这条纽带把世界

---

① 王忠强编著：《海上丝绸之路》，吉林出版集团有限责任公司 2011 年版，第 131—133 页。

各国围绕成一个密不可分的整体。同时，中国与其他国家的海外贸易也不仅是经济交往的简单连接，它也有利于中国与其他国家之间进行文化领域的友好交流。中华文化历史悠久，在文化交流中，既能了解其他国家的灿烂文化，也能将中华文化传播到世界各地，从而加强文化之间的交流与理解。中国的制瓷、绘画、礼仪和思想文化等传播到海外，西方的多种艺术如舞蹈、音乐、雕塑，宗教文化和先进的科技知识也传入中国。佛教僧人早在西汉就渡海东来，菩提达摩始经海路传教于广州，后北上到达少林寺。海外僧人传教的同时，将中国的哲学、医药、艺术、文学带回自己的国家。东西方古代文明的交流，促进了各国友好往来与世界各族人民的文化发展。

可见，海上丝绸之路的开辟有利于加强东西方文化互鉴，促进农业、手工业技术的交流，推动东西方进行友好往来，并建立深厚友谊。

**2. 促进了航海技术和航海事业的发展**

海上丝绸之路的发展并不是一帆风顺的，航海事业的发展常依靠货船载货量、船体密封性能、货船行驶速度等方面的革新。航海技术的发展为海洋贸易提供了便利，海洋贸易又反向要求航海技术不断进步。

隋唐时期中国海船采用了钉榫结构，有利于增强船体的稳固性，同时水密舱这一结构的运用，不但扩大了海船装载物体的空间，并且强化了船体的抗压能力，有利于帮助海船在大海中抵抗风暴，同时宋元时期的多桅设计也有利于为船提供更好的动力（风力）。而水浮法指南针的运用，对货船辨别航向也起了非常重要的作用。①

海上丝绸之路造就了中国航海业全面繁荣。隋唐五代到宋元时期，中国先于西方进入“定量航海”时期，这得益于当时以罗盘导航为主的航海技术发展与统治阶级积极的航海贸易政策。明代永乐至宣德年间，郑和率领船队开启了海上远航活动，他先后七次下西洋，到访了多个国家和地区，途经西太平洋和印度洋，最远到达红海。郑和下西洋是无与伦比的航海活动，其船队规模大、船只数量多、航海范围广、航海技术高、航程历时长。此外，海上丝绸之路也促成了诸多海上航线的开通，形成了全面交错的路线图。

---

① 刘金同等：《中国传统文化》，天津大学出版社 2009 年版，第 134—135 页。

海上丝绸之路的辉煌终止于明清海禁。从海事的兴衰史中，人们可以看到中国古代航海事业的杰出成就，也能看到其与国家兴衰荣辱相伴的经验教训。“以史为镜，可以知兴替”，从海上丝绸之路演变史中，我们可以看到航海贸易发展程度牵动着国家文明兴衰，可以看到国家政策与商业力量的相互作用，还可以看到各种商业力量在国际竞争中的积极作用，这些对建设21世纪海上丝绸之路都具有重大启示作用。

2013年9月和10月，习近平总书记分别在哈萨克斯坦和印度尼西亚国会发表重要演讲，明确提出共同建设“丝绸之路经济带”和“21世纪海上丝绸之路”的倡议，制定了中国未来发展蓝图，彰显中国牵手沿线国家和地区，共创人类美好未来的大国担当。

“一带一路”是对古丝绸之路的传承和提升，2017年5月14日，习近平总书记在“一带一路”国际合作高峰论坛开幕式的主旨演讲中指出：“古丝绸之路绵亘数万里，延续数千年，积淀了以和平合作、开放包容、互学互鉴、互利共赢为核心的丝路精神。这是人类文明的宝贵遗产。”①古丝绸之路所维系的不仅是丝绸、瓷器、农作物等物产的贸易流通，同时，在经济交往中，如造纸术、印刷术、指南针、火药等对新航路的开辟，思想解放、文艺复兴、启蒙运动起到了重要作用，对推动世界文明进程和人类社会进步有重要的意义。

因此，我们在“一带一路”视野下对古丝绸之路进行研究，既要回顾历史，对古代东西方贸易往来、文明交流和互鉴进行梳理，探索丝绸之路形成的奥秘，客观评价其蕴含的历史价值；又要观照当下，理解我们建设“一带一路”，形成全方位对外开放新格局至关重要；还要远观未来，让“一带一路”深化沿线国家和地区之间的互利共赢、互联互通，从而为西部丝绸文化传承与发展，贡献自己的力量。

① 《习近平谈治国理政》第二卷，外文出版社2017年版，第506页。

# 第二章 “一带一路”与西部丝路新发展

梳理丝绸之路的历史，挖掘丝绸文化的深厚底蕴，可以为“一带一路”视域下中西部的发展尤其是西部丝绸文化的创新寻求学术支撑。“一带一路”是对古代陆上丝路、海上丝路的守正创新，为西部大开发、西部新发展提供了政策支持、资金扶持、文化加持。

“一带一路”倡议作为新的历史条件下对外开放的举措，秉承包容、均衡、普惠的理念，为西部发展提供了契机，为构建人类命运共同体夯筑了坚实平台。经历2008年国际金融危机后，各国面临严峻的社会、经济问题，民粹主义盛行，“贸易保护主义”频现，动荡因素加剧，经济复苏缓慢，发展严重不平衡。2013年9月7日，习近平总书记在哈萨克斯坦纳扎尔巴耶夫大学发表《弘扬人民友谊，共创美好未来》演讲时强调：“为了使我们欧亚各国经济联系更加紧密、相互合作更加深入、发展空间更加广阔，我们可以用创新的合作模式，共同建设‘丝绸之路经济带’。”①2013年10月3日，习近平总书记在印度尼西亚国会发表演讲，提出共同建设21世纪“海上丝绸之路”。“丝绸之路经济带”和“21世纪海上丝绸之路”合称“一带一路”，它以古丝绸之路为依托、以西部为坐标，辐射欧亚大陆，涵盖中国大陆、西亚、北亚、中亚、南亚，联通印度洋沿岸及地中海沿岸各国，远达南美洲、非洲的广大地区。其基本内涵“可以概括为在经济、人文、全球治理层面的充分‘互联互通’，其意义可以归纳为：

---

① 《习近平谈“一带一路”》，中央文献出版社2018年版，第4页。

提振世界经济的重要举措，深化人文交流的重要平台，参与全球治理的创新实践”①。

从地理区划上看，“一带”的目的是推进区域经济发展，主张共同投资建设新亚欧大陆桥，规划、完善区域内各国间国际产业和贸易走廊；“一路”是依托沿线区域经济体港口，进一步畅通向西向南海上贸易之路，构建海上商贸流动大通道。从发展目标看，“一带一路”是全球化时代中国全方位对外开放的必然选择，给沿线各国家带来市场一体化，并形成共享消费需求、就业需求，共荣投资需求的局面。同时充分发挥各国潜能和优势，独立自主发展优势产业，创新合作模式，促进可持续发展。从交流对话看，“一带一路”可以概括为，以互联互通为基本模式，拓展新路径，以广泛合作为契机，完善交流平台，夯实贸易伙伴关系，以互利共赢为目标，构建国际关系新格局，以优势互补为方略，实现社会共同繁荣与进步。“一切划时代的体系的真正的内容都是由于产生这些体系的那个时期的需要而形成起来的。”②时代特征是各种生产方式及经济体系产生的基础。

“一带一路”强调“共商、共建、共享”，在于勾画国际合作框架、打通国际经济大通道，把中国的各区域连接成互利共赢的整体，使中国经济顺利融入全球发展的大循环。中国自倡议建设“一带一路”以来，受到很多国家和地区的关注与支持。特别是在影响全球的“后疫情时代”，各国经济下行严重，经济发展形势严峻，以“一带一路”为契机，通过调整产业结构，优化合作方式，强调双循环机制，有利于沿线国家及地区的相互促进。习近平总书记在“一带一路”国际合作高级别视频会议发表书面致辞强调：“中国始终坚持和平发展、坚持互利共赢。我们愿同合作伙伴一道，把‘一带一路’打造成团结应对挑战的合作之路、维护人民健康安全的健康之路、促进经济社会恢复的复苏之路、释放发展潜力的增长之路。通过高质量共建‘一带一路’，携手推动构建人类命运共同体。”③这种“天人合一”的思维模式注重整体、坚持平等，聚焦

① 赵磊：《“一带一路”：一位中国学者的丝路观察》，人民出版社 2019 年版，第 59 页。

② 《马克思恩格斯全集》第 3 卷，人民出版社 1960 年版，第 544 页。

③ 《习近平向“一带一路”国际合作高级别视频会议发表书面致辞》，《人民日报》2020 年 6 月 19 日。

构建人类命运共同体，迥异于人类中心主义的思维模式，获得国际社会的关注与支持，不仅推动我国与亚非欧各国的经济合作，也促进中国文化与异质文化的对话、融合。“一带一路”注重国别化、复杂化、精细化，不仅对中国的经济发展、文化繁荣前景产生深远影响，还有利于中华民族伟大复兴中国梦的早日实现。十年来，我国的开放空间从沿江、沿海拓展到了沿边、内陆，形成了海陆一体、东西勾连的格局，实现贸易投资自由化、便利化水平大幅提升，与相关国家的货物贸易额度不断增加，为当地创造更多的就业机会。尤其在 2020 年新冠疫情暴发，全球经济严重下滑的背景下，中国与“一带一路”沿线国家货物贸易额达 1.35 万亿美元，同比增长 0.7%，非金融类直接投资额达 177.9 亿美元，同比增长 18.3%。2021 年以来，习近平总书记在多个场合不断为“一带一路”指明方向，提出建设互联互通、绿色发展、卫生合作、开放包容的新型伙伴关系。2021 年，我国与沿线国家货物贸易额为 11.6 万亿元，创八年来新高，同比增长 23.6%，占我国外贸总额的比重达到 29.7%。截至 2023 年 1 月，中国与 151 个国家 32 个国际组织签署共建“一带一路”合作文件 200 多份，建立双边合作机制 90 多个。“中欧班列”以独特的优势承担中外货物运输重责。北斗卫星为沿线国家提供便捷的导航服务。落地大批合作项目，深化沿线国家基础设施联通，提升国际互联水平。可见“一带一路”在拉动全球经济，促进世界和平中发挥了巨大的作用。从十年的合作历史及对未来的展望来看，“‘一带一路’将成为世界新的贸易轴心和产业协作、共同发展的国际大平台，也会成为推进国际大循环的最重要战略平台”①。“一带一路”不仅为沿线国家和地区提供发展契机，也为全球化时代国际经济合作、文化交流构建重要平台。

西部地区“天苍苍，野茫茫，风吹草低见牛羊”荒凉苍茫的自然景致与“千里冰封、万里雪飘”雄浑豪放的人文景观相映成趣。西部丰富的能源储备彰显其地理价值。西部覆盖西北（陕西、甘肃、青海、新疆、宁夏）及西南（四川、云南、贵州、西藏、重庆）和内蒙古、广西共 12 个省市及自治区。西部的天空

① 傅京燕、程芳芳：《“一带一路”倡议对中国沿线省份产业结构升级的影响研究》，《经济经纬》2021 年第 2 期。

辽阔、深邃、幽远、清澈，是栖息心灵、放飞理想所在；西部的原野广袤，盛产石油、天然气等各种矿藏；西部是一幅色彩斑斓的油画，是一曲高亢嘹亮的战歌。西部文化资源极其丰富，国家级文物保护单位、文化遗产数量领先全国。特殊的气候条件及交通方式使西部文化保存良好。气候干燥，文物不易损毁，地方偏僻、交通不便，较少遭遇战火焚毁及现代文明冲击，使传统文化资源保存完整，为中华优秀传统文化的传承与创新提供了丰富的基因库。西部是长江、黄河的源头，是华夏文明发祥地，原始文化孕育成长在西部的河谷盆地，这里是原始文化最发达最繁荣的地区之一。华夏先祖筚路蓝缕，正是由西部走向中东部。西北关陇地区也是华夏始祖炎帝、黄帝兴起之地。《国语・晋语》云："昔少典娶有蟜氏，生黄帝、炎帝。黄帝以姬水成，炎帝以姜水成。"[①]炎黄部族沿渭水向黄河中游一带共同建构了中华文明史。

中国西部广大的国土既有辽阔雄浑之壮美，也有小桥流水之秀美，是边塞诗和田园诗的诞生地。中华民族多元一体格局的核心在西部雄浑的高原和富饶的盆地形成，中华远古文化起源于江河的源头及其上游。准噶尔盆地与塔里木盆地以丰富的石油储备闻名，是西域文化的源头；关中盆地居高临下，据函谷关、三门峡之险，拥黄土高原和内蒙古高原之要，形成雄奇豪放的西北文化；四川盆地位于长江上游，青藏高原、云贵高原是其天然屏障，有夔门、三峡的阻隔，形成俊秀绮丽的大西南水文化。西北与西南都通过丝绸之路与世界交流，体现交融性、多样性、会聚性、渐变性、创新性、生长性。

西部文化形态多样。在这里，华夏文化起源，多民族文化交汇融合，东西方文化交流互鉴，见证历史的都城文化熠熠生辉。五条文化走廊异彩纷呈：燕山山脉的长城沟通内蒙古大草原和华北平原，渭河流域沟通大西北与黄河中下游地区，汉水流域贯通西部与华中地区，长江三峡沟通四川盆地和长江中下游，珠江流域沟通云贵红土高原和岭南地区。东西贯通的文化走廊，连接了原始先民由西部高原走向东部平原的通道，文明的火种在东西部大地上广泛播撒。文化圈层多元丰富。在漫长的历史文化积淀和演变过程中，这里逐步形

① （清）徐元诰集解：《国语集解・晋语四》，王树民、沈长云点校，中华书局 2002 年版，第 337 页。

成了颇具地域特征与思想观念的文化圈，从北到南分别是独具异域风情的新疆文化圈，神秘虔诚的青藏文化圈，悠久深厚的秦陇文化圈，剽悍、苍茫、广阔的蒙宁文化圈，钟灵毓秀的巴蜀文化圈，神奇隽永的滇黔桂文化圈等六大地域文化圈层。这些地域文化既彰显原始文化、农耕文化、游牧文化对传统西部文化的影响与推力，又折射出地中海文化、印度文化、波斯文化、蒙古文化、中原文化在西部的传播、交流与融合。[①] 西部的山脉是中华民族的脊梁，河流是民族的血脉，沃野、草原、沙漠、戈壁是民族的骨肉。改革开放40多年以来，中国取得了举世瞩目的伟大成就，国际地位大幅提升，经济总量位列全球第二，人民幸福指数飙升。但因历史的、地理的、文化观念的差异，出现东西部发展不平衡的局面，体现为东快西慢、海强陆弱，西部中心城市吸附效应突出，辐射作用微弱，城市兴盛、乡村衰落，给中国经济带来了很多问题。“西部大开发”聚焦文化底蕴深厚、自然资源丰富的西部，期待通过转变观念、改善交通，依托欧亚大陆桥、长江水道、西南出海通道等交通干线，加深加快与其他国家和地区的联系，构建以西安、重庆、成都、昆明为节点的西四角经济带，发挥中心城市引领作用，逐步形成陇海兰新线、兰渝线、南(宁)、成昆(明)等跨区域经济带。“丝绸之路经济带”继西部大开发之后，为西部地区经济社会实现跨越式发展提供了重要契机。

## 第一节 “一带一路”的内涵与意义

“一带一路”继承“丝绸之路”历史传统与符号价值，目的在于以古老的文化记忆凝聚沿线国家的向心力，推进区域经济合作，加强不同文明的对话，造福人类。“一带一路”提出的国际国内背景是，全球化的深入发展、全球治理体系变革的需求、各国追求发展的愿望。[②] 综合国力的复兴、改革开放寻找新机遇、平衡中西部经济发展水平、激发区域合作潜力、能源安全多元化保障，使“一带一路”契合了国际国内发展的需要。

---

① 彭岚嘉:《西部文化生态保护与文化资源开发的关系》,《新华文摘》2012年第2期。

② 任浩:《“一带一路”倡议》,人民日报出版社2020年版,第21页。

自古以来，海陆两条丝绸之路上商贾云集，促进了东西方经济文化繁荣。虽然近代中国因国力衰弱，丝绸之路风光不再，但在新时代民族复兴的征程中，在经济全球化时代，丝绸之路又被赋予新的生命与内涵：推动中华传统文明向海洋文明、工业信息文明的转型，体现中华文化的包容性、发展性，展示欧亚大陆的现实价值，通过搭建太平洋与大西洋之间的经济链接，实现东西文化的交流互鉴。①

## 一、“一带一路”的内涵

在强大的自然面前，人类是利害共担的一体，没有种族、国别的分野。“一带一路”跨越中华、波斯—阿拉伯、印度、希腊—罗马四大古代文明圈，着力依托中国与周边国家的多边机制，凭借已形成的区域合作平台，以发展为目的，以古丝绸之路为文化向导，建立与沿线国家的友好协作关系，不仅是经济互利共荣的召唤，更是文化梳理与传播的期待。通过文明交流对话，向世界传扬中华优秀传统文化，融入其他民族文明成果，构建人类命运共同体。

### （一）“一带一路”的含义

“一带一路”是丝绸之路经济带和21世纪海上丝绸之路的总称。其中的“一带”是丝绸之路经济带，面向欧洲和西亚、中亚等地，承担着中国经济向西开放的作用；而“一路”则指21世纪海上丝绸之路，辐射沿海广大地区，打通海上通道。“一带一路”内涵非常丰富，作为建设性合作倡议，期待以开放包容的姿态、多边合作的模式带动共商、共建、共享的局面形成，最终通过经济领域合作、资源信息互联互通及文化艺术的交流，共同推进“政策沟通、道路联通、贸易畅通、货币流通、民心相通”，实现循序渐进、共同发展、互利共赢的目标。其以互利合作为前提，加快经济转型升级，营造和平的国际环境，通过人文交流“促进不同国家、不同民族、不同文化之间的相互理解、相互尊重、相互信任，为实现人类文明的共同繁荣发展创造有利条件”②。

---

① 王义桅：《“一带一路”机遇与挑战》，人民出版社2015年版，第6页。

② 蔡春玲、李海樱、徐绍华：《“一带一路”研究综述》，《昆明理工大学学报（社会科学版）》2015年第6期。

“一带一路”倡议不仅为全球经济注入了一针强心剂，关联东、西方，融通发达国家与发展中国家，助力国际经济发展，而且也为国内的新一轮对外开放拓展了国际视野，注入了新的发展内容并增强了新的活力，为内陆地区与沿海经济的发展与开放指明了更加宏伟的发展目标与合作方向。

这一倡议的提出，不仅成为新时代我国重大经济发展规划和开放方式，也关系到多边贸易与产业转型升级，并在日益复杂的国际外交领域中建构、展示负责任的大国形象。“一带一路”是在经济发展轴和经济发展带的综合作用下建构国际化的合作框架、国际性的经济通道。在东西方国际区域和次区域的深度合作中，结合中国的全方位开放，从整体上把我国的东、中、西部地区与沿海经济带进行有机整合，使它们抱团发展，将国内与国际经济发展紧密联系起来，促进共同发展、互惠互利、合作共赢。这必将对中国未来经济社会发展带来深刻而巨大的影响和价值，有利于国计民生、文化自信、民族复兴、社会进步。

### （二）“一带一路”区域开发与开放倡议的内涵

首先，“一带一路”的区域开发开放倡议关系我国积极参与国际区域分工协作的重大发展举措。全球化时代，国际的地缘经济分工合作发展趋势明显，经济一体化逐渐成为发展趋势，但不可否认经济分化也同时存在。从世界经济总体格局和发展趋势来看，通过跨国、跨区域性的资源要素整合或流动来实现资源配置最优化、发展一体化逐渐成为经济主流，这也导致有的国家成为资源输出国，有的成为资本输出国，经济分化分工也不可避免。从我国经济的开放角度来看，国际性经济联系还远远不够，未来需要更多层次的、立体的、综合的、全方位的对外开放。“一带”除了巩固发展已有的区域经济外，未来还将重点扩展到我国对外开放以来比较薄弱的中亚、西亚和东欧等国家和地区；“一路”是在新的海洋经济背景下，对我国沿海开放的深化和扩展，构建我国以300多万平方公里海域、53200公里长的海岸线为界面的大面积开放平台。与以往不同的是，“一带一路”是一种冲破传统的开放观念，它同时提出对内和对外不同层次的开放，让国内资源从层级、层次上进一步充分整合，实现大范围、跨区域资源配置的最优化，大空间中实现资本资源国际化大流动，进行更高层次的开发、开放利用与配置。这一倡议的提出,无疑有利于统筹国内外众多资源和资本,使中国积极主动参与新的世界分工协作大格局。总之,建设丝绸之路经济带可以通过陆路打通到波罗的海的经济通道,提升欧亚大陆区域大合作水平,海上丝绸之路经济带有利于保护海洋,维护我国水上安全,实现经济文化的南向交流与发展。

其次,“一带一路”的区域开发开放倡议也是进一步提升我国经济全面开放的新决策。世界经济发展证明,地区竞争是否有优势往往同时取决于区域内部的资源状况和与之相应的开发利用技术。光有资源没有技术只能守着金饭碗讨饭,有技术没资源也只能等米下锅、靠天吃饭。不过,具备了这两个条件之后同时还需要有吸引外部资本的实力,要有引来金凤凰的能力。所以,助推区域经济增长往往需要生产要素自由流动。

为了谋求西部地区的迅速发展,国内曾经先后提出过“沿海沿江开放”“T型大开放”“长江沿海弓箭开放”等政策,但这往往是个别省市的雄心壮志,还没有上升到政府的决策层面,所以不具有影响性和持续性,或者说沿江开发与沿海开放没有形成对等层面。目前我国经济发展重点依然是在珠三角、长三角和京津冀地区,这种发展格局不利于未来经济的持续、稳定、快速发展。因为占全国总面积70%的西部是我国资源丰富的地区,常住人口4亿多,而40多年的改革开放没有使这个区域形成一个相对集聚的大增长极,这不利于我国形成区域协调发展的格局。横贯东西的长江经济发展带覆盖11个省市区,其沿江经济总量基本上占到全国的40%左右,将之整合发展并提升到国家重大战略层面通盘考虑,几乎可以盘活国内经济发展新局面,能够立体化、多层次、综合性地探索、发展我国改革开放的不同层次、各种要素、丰富形态等,助推形成经济发展的新高地。

## 二、“一带一路”的政策保障与设计实施

“一带一路”倡议在实施过程中,需要通力协作,既有顶层精心设计,也需要地方政府有效对接,积极创造条件推进“一带一路”顺利实施。从倡议提出以来,十年的时间里,习近平总书记反复阐明建设方针、目标意义,从中央到地方,各级政府相继出台配套政策,落实具体措施。

2013年10月，习近平总书记在APEC会议上提出，写好互通互联文章是亚太经合组织顺应潮流的表现。李克强总理在中国—东盟博览会上强调以面向东盟的海上丝绸之路带动内陆发展。同月，周边外交工作专项会议召开，习近平总书记明确指出：“要同有关国家共同努力，加快基础设施互联互通，建设丝绸之路经济带、21世纪海上丝绸之路。”①明确海上丝绸之路的目标、措施。同年11月，《中共中央关于全面深化改革若干重大问题的决定》强调：“建立开发性金融，加快同周边国家和区域基础设施互联互通建设，推进丝绸之路经济带、海上丝绸之路建设，形成全方位开放新格局。”②阐明丝路建设需要依托的方式、建设路径及终极目标，强化丝路建设与深化改革的联系。

2014年，李克强总理在政府工作报告中进一步强调通过规划建设“丝绸之路经济带”“21世纪海上丝绸之路”，“推进孟中印缅、中巴经济走廊建设，推出一批重大支撑项目，加快基础设施互联互通，拓展国际经济技术合作新空间”。③ 2014年3月，习近平总书记在联合国教科文组织总部发表主题演讲，概括了文明多彩、平等、包容的特征，强调中华文明是与其他文明交流互鉴的结晶。④ 5月21日，习近平总书记在亚信峰会上提出，中国将与各国共建“一带一路”，深化合作、推进发展。6月，习近平总书记在中阿合作论坛第六届部长级会议上总结道：“千百年来，丝绸之路承载的和平合作、开放包容、互学互鉴、互利共赢精神薪火相传。”⑤11月，在中央财经领导小组第八次会议上，习近平总书记强调“一带一路”契合时代发展要求及各国理念，历史底蕴、人文情怀丰厚，平台坚实，利益共享。⑥

---

① 《习近平在周边外交工作座谈会上发表重要讲话强调 为我国发展争取良好周边环境 推动我国发展更多惠及周边国家》，《人民日报》2013年10月26日。

② 《中共中央关于全面深化改革若干重大问题的决定》，人民出版社2013年版，第28页。

③ 李克强：《政府工作报告——2014年3月5日在第十二届全国人民代表大会第二次会议上》，人民出版社2014年版，第19页。

④ 习近平：《在联合国教科文组织总部的演讲》，《人民日报》2014年3月28日。

⑤ 习近平：《弘扬丝路精神　深化中阿合作——在中阿合作论坛第六届部长级会议开幕式上的讲话》，《人民日报》2014年6月6日。

⑥ 《习近平主持召开中央财经领导小组第八次会议强调 加快推进丝绸之路经济带和二十一世纪海上丝绸之路建设》，《人民日报》2014年11月7日。

2015年政府工作报告提出，“一带一路”建设与区域开发开放结合起来，加强新亚欧大陆桥、陆海口岸支点建设。[①] 2015年3月，国家发改委、外交部、商务部制定了《推动共建丝绸之路经济带和21世纪海上丝绸之路的愿景与行动》，分析了“一带一路”倡议的背景：顺应时代潮流、推动区域合作，“共同打造开放、包容、均衡、普惠的区域经济合作架构”，目的在于“致力于亚欧非大陆及附近海洋的互联互通，建立和加强沿线各国互联互通伙伴关系，构建全方位、多层次、复合型的互联互通网络，实现沿线各国多元、自主、平衡、可持续的发展”，明确了开放合作、和谐包容、市场运作、互利共赢的共建原则。搭建了框架思路，明确了合作机制，彰显中国各地方开放态势。[②] 同年7月，新亚欧大陆桥、中蒙欧、中国—中亚—西亚、中国—中南半岛、中巴、孟中印缅在“一带一路”建设推进工作会议上被正式定位为六大国际经济走廊。同月，当时的国土资源部中国地质调查局组织编制了《“一带一路”能源和其他重要矿产资源图集》，交通运输部制定了《落实“一带一路”战略规划实施方案》。同年10月，推进“一带一路”建设工作领导小组办公室发布《标准联通“一带一路”行动计划（2015—2017）》。

2016年，在各种场合及会议上，习近平总书记多次强调“一带一路”是沿线各国共同的事业，目的是造福沿线各国人民。同年，“一带一路”被《中华人民共和国国民经济和社会发展第十三个五年规划纲要》列为“十三五”期间的重要任务。[③] 2017年5月，“一带一路”国际合作高峰论坛在北京召开，分享已经取得的成就，昭示丰硕成果。同年10月，“一带一路”建设与实施被写入党章。

2018年8月，习近平总书记在“一带一路”建设5周年座谈会上提出以“一带一路”造福沿线国家和人民，推动构建人类命运共同体。

---

① 李克强：《政府工作报告——2015年3月5日在第十二届全国人民代表大会第三次会议上》，人民出版社2015年版，第26页。

② 《推动共建丝绸之路经济带和21世纪海上丝绸之路的愿景与行动》，《人民日报》2015年3月29日。

③ 《中华人民共和国国民经济和社会发展第十三个五年规划纲要》，《人民日报》2016年3月18日。

2019年4月,“一带一路”建设工作领导小组办公室发表《共建“一带一路”倡议:进展、贡献与展望》报告,梳理共建成果、提出发展规划。① 同月,在第二届“一带一路”国际合作高峰论坛上,形成了来自150多个国家和90多个国际组织的盛会,聚集了37个国家的元首和政府首脑。习近平总书记作了《齐心开创共建“一带一路”美好未来》的主旨演讲,全面总结了“一带一路”取得的成果,明确未来发展方向,呼吁各国人民携手共进,创造幸福美好的未来。国家发改委制定了《关于加快装备走出去的指导意见》。

2020年5月,中共中央、国务院发布《关于新时代推进西部大开发形成新格局的指导意见》,强调以共建“一带一路”为引领,加大西部开放力度。同年6月,在北京举行“一带一路”国际合作高级别视频会议,习近平总书记寄予了“一带一路”倡议新期待:我们愿同合作伙伴一道,把“一带一路”打造成团结应对挑战的合作之路、维护人民健康安全的健康之路、促进经济社会恢复的复苏之路、释放发展潜力的增长之路。通过高质量共建“一带一路”,携手推动构建人类命运共同体。

在2021年4月20日的博鳌亚洲论坛上,习近平总书记以视频方式发表了题为《同舟共济克时艰,命运与共创未来》的主旨演讲,强调“共同参与、共同合作、共同受益。共建‘一带一路’追求的是发展,崇尚的是共赢,传递的是希望”②。7月1日,在庆祝中国共产党成立100周年大会上,习近平总书记重申“坚持走和平发展道路,推动建设新型国际关系,推动构建人类命运共同体,推动共建‘一带一路’高质量发展,以中国的新发展为世界提供新机遇。”“十四五”规划和2035年远景目标纲要明确提出,推动共建“一带一路”高质量发展,以及加强发展战略和政策对接、推进基础设施互联互通、深化经贸投资务实合作和架设文明互学互鉴桥梁四方面发展要求。11月19日,习近平总书记在第三次“一带一路”建设座谈会上强调,要完整、准确、全面贯彻新发展理念,以高标准、可持续、惠民生为目标,巩固互联互通合作基础,拓展国际

① 推进“一带一路”建设工作领导小组办公室:《共建“一带一路”倡议:进展、贡献与展望》,《人民日报》2019年4月23日。

② 习近平:《同舟共济克时艰,命运与共创未来——在博鳌亚洲论坛2021年年会开幕式上的视频主旨演讲》,《人民日报》2021年4月21日。

合作新空间，扎牢风险防控网络，努力实现更高合作水平、更高投入效益、更高供给质量、更高发展韧性，推动共建“一带一路”高质量发展不断取得新成效。

2020 年以来，各地方政府将“一带一路”作为提升经济发展水平、加强对外开放的抓手。相关部门为政策落地制定了相应措施，2020 年 9 月，商务部国际贸易经济合作研究院发布《中国“一带一路”贸易投资发展报告 2020》，重点展示了中国与“一带一路”相关国家在经贸合作领域取得的丰硕成果，全面总结了“一带一路”经贸合作的新变化、新成就和新方向。海关总署推出 16 条、国家税务局制定 10 条服务“一带一路”的举措。丝路沿线各省区市如四川、重庆、新疆、甘肃、宁夏、湖北、云南、福建等也制定相关政策，为“一带一路”畅通开路护航。宁夏回族自治区制订《推进“一带一路”和内陆开放型经济试验区建设 2020 年工作计划》，强调完善开放载体、畅通开放渠道、优化开放环境、发展开放经济。陕西省制定《西安丝绸之路金融中心发展规划》，并强化行动规划，从推动商贸交通物流优化升级、深化拓展国际产能合作中心、提高科技教育影响力、做强做优国际旅游文化中心、创新发展丝绸之路金融中心等方面着力，加强示范引领，强化服务保障。四川省印发《四川省推进“一带一路”建设标准化工作实施方案》，强调深化国际合作，推动技术与人才交流，提高“四川造”的影响力，并建立“一带一路”重大项目建设协同推进机制。2013 年和 2018 年，习近平总书记两次到四川视察，关注四川的发展，关心人民生活幸福指数的提升。2020 年 6 月，时任四川省委副书记、省长尹力主持召开全省推进“一带一路”建设工作领导小组会议，学习贯彻习近平总书记向“一带一路”国际合作高级别视频会议书面致辞精神，听取有关部门汇报四川省参与“一带一路”建设项目及国际国内情况，安排部署重点工作。云南省印发《云南省参与中缅经济走廊建设实施方案（2020—2030 年）》，确定了共商共建，成果共享；政府引导市场运作；项目带动，重点突破；生态优先，持续发展的四项原则。甘肃省发布《关于建立更加有效的区域协调发展新机制的实施意见》，提出，深度融入“一带一路”建设，抢占文化、枢纽、技术、信息、生态“五个制高点”，加快推进以国际陆海贸易新通道和欧亚路桥综合运输通道为主骨架的重大基础设施互联互通，提升重要节点城镇、空港陆港、开发区等平台支撑能力，扩大与“一带一路”沿线国家地区的经济文化交流，拓展全省经济增长新空间。

尽管受新冠疫情影响，全球产能下降，但我国与“一带一路”沿线国家和地区的投资不断增长。2021年上半年，中国对“一带一路”沿线国家进出口总值5.35万亿元，同比增长27.5%，占我国外贸进出口总值的29.6%。2021年1—8月，我国企业在“一带一路”沿线对56个国家非金融类直接投资834.4亿元人民币，同比增长0.8%（折合128.9亿美元，同比增长9.2%），占同期总额的18.1%，较上年同期上升0.9个百分点。2021年在博鳌亚洲论坛年会举行的“可持续融资助力高质量共建‘一带一路’”圆桌会上，中国商务部副部长钱克明介绍说，自2013年中国提出“一带一路”倡议以来，中国与“一带一路”沿线国家货物贸易额累计达9.2万亿美元。同时，“一带一路”沿线国家8年来在华设立企业约2.7万家，累计实际投资599亿美元。2020年沿线国家在华投资企业4294家，同比下降23.2%；2021年一季度沿线国家在华新设企业1241家，同比大幅上涨44%，实际投资32.5亿美元，同比增长64.6%。2021年，中国与埃及、沙特、阿联酋、卡塔尔等顺利签署输电线路、隧道、体育场馆建设等协议。2022年，“一带一路”合作稳步推进，中国同“一带一路”合作伙伴贸易额逆势增长20.4%，中欧班列开行数量和发送货物标箱分别同比增长了10%和11%。一大批标志性项目落地开花，东盟第一条高速铁路试验运行，柬埔寨第一条高速公路正式通车，克罗地亚佩列沙茨大桥、巴基斯坦卡洛特水电站投入运营。

“一带一路”倡议从酝酿到提出到发展到深化，习近平总书记向全世界人民申明其价值，倡导携手共建的方式，阐释合作共赢的精神。各地方政府不断推出建设规划，落实建设措施，主导建设进程。十年建设实践，中国与沿线国家投资贸易大幅增长，彰显中国的诚意、担当，带动沿线国家经济的发展，享受“一带一路”的红利。沿线国家满意中国的政策支持、安全环境、市场空间，在华投资规模不断上涨，充分体现互利共赢的“一带一路”建设初衷。

## 三、“一带一路”倡议的意义

“从现实维度看，我们正处在一个挑战频发的世界。世界经济增长需要新动力，发展需要更加普惠均衡，贫富差距鸿沟有待弥合。地区热点持续动荡，恐怖主义蔓延肆虐。和平赤字、发展赤字、治理赤字，是摆在全人类面前的严峻挑战。”[①]在经济全球化、世界多极化、文化多元化的当今世界，我们既要应对海洋文明的诉求，也要发展大陆文明，内陆虽然是中国对外开放的薄弱环节，但仍然存在巨大潜力。“一带一路”对当代中国的现实意义，首先表现在助力国富民强、人民幸福、民族振兴的中国梦的实现，同时有利于克服内陆开放的弊端，开拓宽领域、全方位、高层次的开放新格局。西部地区资源优势因受到理念、地缘、基础设施等限制，尚未得到有效开发并转化为实际生产力。“一带一路”倡议不仅为西部打开了与世界古文明发祥地相对接、实现多元文明群体复兴的机会之窗，还使西部成为中国全方位开放新格局的前沿，为西部更好融入世界市场和生产网络提供了历史机遇。

“一带一路”建设有利于改革的全面深化。40 多年的改革开放，中国取得了举世瞩目的成就，继东部发展、西部开发、中部崛起、东北振兴后，“一带一路”倡议注重内引外联，有利于东部、中部和西部地区的协调发展，进一步深化改革；长江流经东、中、西部，理论运能可与十二三条铁路的总运能相匹配，但实际运能仅达三条铁路的水平，潜力有待挖掘。与铁路和公路相比，水运成本最低。发挥长江黄金水道的运输功能，不仅可以带动沿线经济发展，还能促进东中西部协调发展；“一带一路”涉及海外十多个国家，覆盖国内十余个省份，连接亚洲和欧洲两个主要经济圈，并形成了一个拥有 30 亿人口的巨大市场；挖掘、发挥形成全面开放格局，从东、南、西、北多点开花；在全球经济流通、亚欧走廊崛起、多边贸易施行的新世界格局下，重现丝绸之路的辉煌已成为沿线国家和人民的共同愿望。“一带一路”建设也为航运事业创造了新的平台和机遇。欧亚大陆桥以渝新欧铁路为依托，新丝绸之路与长江黄金水道相通直达东部沿海，形成无缝连接，开辟了东西方经贸往来的新格局；以中国智慧变革全球治理体系，形成包容、平等的时代；构建和平友好、人民幸福的命运共同体。

丝绸之路经济带处于西安、成都、重庆、昆明四个城市的“交界处”，覆盖

① 习近平：《携手推进“一带一路”建设——在“一带一路”国际合作高峰论坛开幕式上的演讲》，人民出版社 2017 年版，第 4 页。

“西四角”经济区。沟通古今,涵盖广阔。长江经济带、21世纪海上丝绸之路、南方丝绸之路经济带构成了弓箭形状,以上海、孟加拉湾和东盟为“弓背”,以“西四角”经济区为发力点,发射方向朝东南亚地区,太平洋和印度洋受张力辐射。从中国地图上看,“一带一路”的“心脏”正是“西四角”经济区,也就是过去我们所称的“西部天眼”。成都、重庆是两个核心,恰似两个磁极,由此带来的极化效应为“一带一路”提供源源不断的动力,如西电东送、西气东输工程。近年来,陕西、四川、重庆、云南等地为了进一步加强合作,实现资源共享、区域联动、优势互补,互相签署了战略合作框架协议,中国“西四角”格局初具雏形。“西四角”经济区有五大要素——资源要素、交通要素、市场要素、文化要素、产业要素;五大力量——要素整合力、资源转化力、产业凝聚力、区域驱动力、战略凝聚力;五大效应——聚宝盆效应、透镜放大效应、翅膀经济效应、对角交互效应、欧亚联边支撑臂效应。充分发挥“西四角”经济带的凝聚力、能动性、辐射性,可以为中国经济带来“蝴蝶效应”,影响其他经济圈的发展壮大。

作为少数民族集聚地的西部广大地区,民族地区的稳定和发展是社会稳定和民族地区各项事业发展进步的前提和保证。以建设长江经济带为龙头,带动“西四角”经济区的全面发展,进而稳定新疆、西藏,推动其和谐发展历程,不仅整体提升民众的幸福指数,而且可以进一步辐射欧亚大陆及东南亚。

丝绸之路经济带以西以南,资源丰富、边境线漫长,中亚地区的能源,东南亚大湄公河次区域都为中国建设拓展了合作领域,有效推进中国—东盟自由贸易区建设,为提速西部基础设施建设及调整产业结构提供了良好机遇。

基础设施的改进,推动产业结构调整,淘汰低效高耗的落后企业,大力发展低碳绿色生态产业、健康环保高科技产业,增加大量工作岗位,调整消费模式,将发展重心转向低能耗、高附加值产业,有利于进一步优化区域经济布局,推动重大基础设施建设,探索科学发展新路径,加强区域互动合作,推动形成一体化发展新格局。

## 第二节　“一带一路”与丝绸历史文化

丝绸之路是“从古代开始形成,遍及欧亚大陆甚至包括北非和东非在内的长途商业贸易和文化交流线路的总称”①。“一带一路”倡议沿用历史上“丝绸之路”的符号，拓展传统领域，传承了以和平合作、开放包容、互学互鉴、互利共赢为核心的丝路精神，是古老丝绸文化的现代演绎与重构。丝路的旷远艰辛、丝路运输的繁忙、丝路经济的活跃激发文人的创作激情，也成为文学描写对象。

## 一、“一带一路”与丝绸文化

文化是一个宽泛的概念，是人类智慧的集中呈现，包括显性的物质文化和隐性的制度文化、心理文化，综合并传承、发展族群内在精神社会现象。丝绸文化是人们在漫长的丝绸生产与丰富的丝绸生活中创造的物质财富和精神财富的总和，体现为文学、绘画、雕塑、建筑、音乐等艺术形式，内化为中华民族不畏艰辛、勇于开拓、创新发展的精神与开放包容、心忧天下的情怀。丝路文化是建设“一带一路”的底蕴，包括文化创新、文化传播、文化交流。“具有自觉的文化体系设计能力，树立社会共同体的核心价值观念，形成创造文化魅力的巨大活力，发挥创新驱动的强大能量，壮大推动文化交流和国际文化贸易的实力。”②西部历史悠久、地理环境多样，见证了民族交往与文化融合的历史，具有蕴含丰富、特色鲜明的文化资源，被称为华夏文明的“基因库”，也是艺术创作的源泉。历史上，以丝绸之路为创作对象的艺术品甚多，文学最负盛名。迷迭香、石榴是西域的产物，古代文人留下大量吟咏佳作。最具代表性的是王粲的《迷迭赋》：“惟遐方之珍草兮，产昆仑之极幽。受中和之正气兮，承阴阳之灵休。扬丰馨于西裔兮，布和种于中州。去原野之侧陋兮，植高宇之外庭。布萋萋之茂叶兮，挺苒苒之柔茎。色光润而采发兮，以孔翠之扬精。”追溯迷迭的源头，描绘其绰约风姿。张协的《安石榴赋》：“考草木于方志，览华实于园畴，穷陆产于苞贡，差英奇于若榴，耀灵葩于三春，缀霜滋于九秋，尔乃飞龙启节，扬飏扇埃含和泽以滋生，郁敷萌以挺栽，倾柯远擢，沈根下盘，繁茎条密，丰干林攒，挥长枝以扬绿，披翠叶以吐丹，流晖俯散，回葩仰照，烂若百枝并燃，赫

① 刘卫东、田锦尘、欧晓理：《“一带一路”战略研究》，商务印书馆2017年版，第4页。

② 花建：《树立迈向世界文化强国的新文化观》，《探索与争鸣》2014年第4期。

如烽燧俱燎，如朝日，晃若龙烛，绛采于扶桑，接朱光于若木，尔乃萼挺蒂，金牙承蕤，荫佳人之玄髻，发窈窕之素姿，游女一顾倾城，无盐化为南威，于是天汉西流，辰角南倾，芳实垒落，月满亏盈，爰采爰收，乃剖乃拆，素粒红液，金房缃隔，内怜幽以含紫，外滴沥以霞赤，柔肤冰洁，凝光玉莹，如冰碎，泫若珠迸，含清冷之温润，信和神以理性”。展示石榴的生产季节、美妙姿态、采摘盛况、多重作用。盛唐丝路的繁荣、经济的强大、文化的多元催发了诗人的激情。“大漠孤烟直，长河落日圆”，王维以雄浑境界展示塞外壮美景观。“边城暮雨雁飞低，芦笋出生渐欲齐。无数铃声遥过碛，应驮白练到安西”，张籍生动再现边城风景、丝绸运输繁忙的壮观。“汉家海内承平久，万国戎王皆稽首。天马常衔苜宿花，胡人岁献葡萄酒”，鲍防铺陈通过丝绸之路西域各国进献宝物的场面。“幕下人无事，军中政已成。座参殊俗语，乐杂异方声。醉里东楼月，偏能照列卿”，岑参细腻描写异域各族共享明月，同饮美酒的画面。

“一带一路”与古老丝绸之路的行驶路径、开放格局、精神指归一脉相承，丝绸文化也成为文明传承的载体，源头文化诉说华夏文明的历史，交流文化彰显东西方的联系沟通，交汇文化见证民族交融的路径，彰显文化建设与“一带一路”的紧密联系。2016 年，为贯彻落实《推动共建丝绸之路经济带和 21 世纪海上丝绸之路的愿景与行动》，加强与沿线国家和地区的文明互鉴与民心相通，切实推动文化交流、文化传播、文化贸易创新发展，文化部（今文化和旅游部）编制了《“一带一路”文化发展行动计划（2016—2020 年）》，目的在于加强与“一带一路”沿线国家和地区的文明互鉴与民心相通，切实推动文化交流、文化传播、文化贸易创新发展。明确了指导思想、基本原则，规划了发展目标，布置了具体任务。强调健全文化交流机制、完善文化交流平台、打造文化产业品牌、推动产业发展、促进贸易合作。

海上丝绸之路延续 2000 多年，既是创造财富之路，也是传播文明之路。民间歌谣《徐闻谚》：“欲拔贫，诣徐闻。”显示作为古代海上丝绸之路起点的徐闻在脱贫致富路上的价值。颜延之《应诏燕曲水作诗》“航琛越水，辇赆逾嶂”描绘六朝时大船满载宝越海而来、运宝的车子逾岭北上的盛景。唐韦应物《送冯著受李广州署为录事》“百国共臻奏，珍奇献京师”，展示大唐万国来朝、珍宝集聚京师的盛世画卷。屈大均《广州竹枝词》“五丝八丝广缎好，银钱堆满十三行”再现广州丝绸品种众多,经济富庶繁荣的景象。海上丝路的美丽景况在诗人笔下呈现。张说在《入海》中绘制海天茫茫、云山隐现的景况,“乘桴入南海,海旷不可临。茫茫失方面,混混如凝阴。云山相出没,天地互浮沉。万里无涯际,云何测广深。”清代屈大均《观海》“始知元气大,为水竟包天。一片洋船落,微茫在暮烟”,描绘出大海烟波浩渺、雾气迷茫的景象。

除文学外,建筑、雕塑、绘画、织物染缬及服饰、乐舞、陶瓷、工艺等艺术领域都展示丝路沿线国家和地区文化相互交流、融合并创新、发展的良性循环。敦煌莫高窟壁画、大雁塔建筑、三星堆青铜像等承载东西文化融合历史风貌。

## 二、“一带一路”与西部丝绸文化复兴

西部是中华文明的摇篮,是古丝路的丝绸源点和区域所在。陆上丝绸之路以西安、洛阳为出发点,经过河西走廊、祁连山脉,进入西域,并到达中亚、西亚及欧洲。丝绸不仅是重要的贸易商品,也因便于携带、价格昂贵而承担货币角色。成都是南方丝绸之路的源头。成都丝绸通过上缅甸、东印度阿萨姆地区传播到古印度和中亚、西亚以至地中海地区,这条国际贸易线路便是南方丝绸之路。古丝绸之路见证了东西方经济文化交流的历史,承载了蚕丝起源、生产及交易的记忆,也是“一带一路”建设的主要合作区域。

但因为战乱及经济原因,西部丝绸之路在历史上遭遇多次冲击。尤其是海上丝绸之路开通以后,丝绸生产重心东移,江浙地区丝绸产业得到极大发展。目前,我国被命名为“中国绸都”的城市共 7 个,其中江南占了 6 个,西部仅有 1 个。在高科技、快节奏时代,丝绸产业因为设施陈旧,技术更新缓慢,从业人员减少,造成高投入、低产出,加速了丝绸行业的衰退,甚至被视为“夕阳产业”。丝绸文化也逐渐被边缘化。

“一带一路”倡议惠及全国,但西部地区最为受益。在 2015 年 3 月 28 日,国家发展改革委、外交部、商务部联合发布了《推动共建丝绸之路经济带和 21 世纪海上丝绸之路的愿景与行动》,明确了西北西南的区域作用,如新疆的窗口优势,陕西、甘肃、宁夏的人文价值,云南的辐射地位,成渝城市圈的开放型经济高地作用。其基础框架“中蒙俄经济走廊”“新亚欧大陆桥经济走廊”“中

国—中亚—西亚经济走廊”“中巴经济走廊”“孟中印缅经济走廊”等,不仅联系周边国家和地区,更将西部发展推向前台。其开放态势集中在西部,有利于充分调动各区域的地理、人文、资源等优势,推进向西、向北、向南的开放与合作,打造丝绸之路经济高地与文化景观。

## 第三节　丝绸之路与文化交融

丝绸之路的历史就是文化交流史、文明传播史。丝绸之路是东西方商贸往来及文化交流通道,在张骞出使西域之前,业已存在。但张骞的“凿空”之旅,将汉朝与西域以西的广大区域联系起来,各种物产、技术、工具等在这条路线上传播。魏晋时期发展出三条丝路:西北丝绸之路、西南丝绸之路、海上丝绸之路,在传承经贸交流外,深入发展文化交流,促进了佛教的兴盛。大一统的隋唐采用各种措施经营“丝绸之路”,以开放的态度兼收并蓄异质文化。一方面,华夏文明传播至邻近国家和地区,鉴真东渡、玄奘西行,影响广泛;另一方面,大量吸收异质文化,长安成为多种文化荟萃之地。宋元高超的造船技术及较发达的航海技术,推进了“海上丝绸之路”的兴盛,弥补了陆上丝绸之路受战乱影响中断的遗憾,同时拓展了中国与东南沿海及非洲、欧洲、美洲的贸易往来空间和内容。尤其是明代郑和率舰队远达亚非 30 多个国家和地区,开创了人类探险大洋的历史,为传播华夏文明,发展中国与亚非国家经济和文化上的友好关系,作出了巨大贡献。

### 一、丝绸之路与东西方文化交流

文化具体呈现为物质文化、科技文化、精神文化、制度文化等。丝绸之路作为商贸往来的纽带,也承担了文化传播的重任。东西方科技也通过丝路交流,影响世界发展。中国的四大发明及蚕丝技艺、陶瓷工艺、冶铁炼丹、建桥凿井、医药烹饪、数学天文等技术都相继外传。数学、天文历算、医药技术相继从印度、阿拉伯、欧洲传入中国。最具中国文化特色的青花瓷是中外文化融合的产物,其质地体现华夏农耕文明风貌,其色彩、花纹是外来文化的载体。丝绸之路更是一条文化融合之路,各种宗教观念、哲学思想、文化艺术在此碰撞、融汇、衍生，推进自身文明不断发展，推动世界文明进程。中国的儒学、汉字、艺术、服饰、生活方式等相继传入西域、日本、朝鲜半岛及东南亚的许多国家，形成了儒家文化圈。16世纪以后，通过传教士和旅行家的推介，中国的思想文化传到欧洲，掀起“中国热”，各阶层人士以拥有中国器物、模仿中国文化为荣，其思想观念直接影响艺术创作，在园林设计、建筑风格、家具样式等体现中国元素。中国的思想文化影响欧洲启蒙运动，中国的人文精神、世俗化生活态度开拓了思想家们的眼界，坚定了他们对王权和蒙昧的反对，实现政教分离，告别中世纪，走向科学、自由的文明时代。中国的文学、史学、经学传入欧洲后，受到广泛关注。元曲《赵氏孤儿》被译为法文，并且收录进《中华帝国全志》《今古奇观》《诗经》中的部分篇章也入选其中。1755年在巴黎上演并引发轰动效应的伏尔泰《中国孤儿》，是根据《赵氏孤儿》的译本修改的。《赵氏孤儿》还被译为德文版、葡萄牙文版，影响了歌德、席勒的创作。意大利传教士卫匡国撰写的《中国史十卷》，记载了上起盘古开天辟地，下迄西汉哀帝元寿二年（公元前1年）的中国古代历史，史料丰富、见解独到。《鞑靼战纪》记载了清朝入关前后的历史，为西方人了解中国、中国人研究历史提供重要资料。法国传教士冯秉正在1777—1783年花费大量心血，编译出版了13卷本的《中国通史》，卷叠浩繁、史料充分。“经学”对于欧洲影响更深入、持久。利玛窦是欧洲第一位研究并传播儒学之人。“五经”被金尼阁译成拉丁文，扩大了影响力。《易经》《书经》《诗经》《论语》《大学》《中庸》相继被翻译出版，1688年，法国出版了法国人弗朗索瓦·贝尼耶的《论语导读》，让欧洲人认识到中国广博、深邃的哲学思想。

通过丝绸之路，西方的宗教、哲学也传入中国，影响中国的思想观念、行为方式、艺术创造。佛教自印度传入以后，不断与中国本土文化融合，影响语言、文学、建筑、音乐、雕塑，最终与儒教、道教合流，成为主流传统文化。南北朝以后，袄教、摩尼教、犹太教、景教、伊斯兰教等相继传入中国，丰富了中国文化，显示兼收并蓄的风度。在敦煌藏经洞出土的6万多件文书，荟萃了吐蕃文、粟特文、叙利亚文、突厥文、回鹘文、梵文等古文字资料，见证民族间文化汇聚、友好往来的历史。

中国是世界上较早就建立并逐步完善大一统中央集权制度的国家，极大影响周边的政治实体。日本、朝鲜半岛、越南等近邻受中国制度文化的影响,多次派遣使者赴中国学习中国文化,推动了其社会发展。波斯学习中国的军政制度,带来帝国的强盛。中国科举考试选拔人才的方式,影响了西方的文官制度,打破了世袭制,为受过教育的中下层人士打通了上升空间,也为国家建设提供了新鲜血液。

正是通过丝绸之路,中外文化实现了不断交流、融合、创新、发展,丰富人类精神家园,推动世界文明进程。

## 二、“一带一路”为文化融合与建设带来的机遇

历史上通过丝绸之路进行的文化交流与融合,对于中华文化产品的输出、文化符号的创设、文化归属感的提升、文化制度的完善有着重要的价值;同时,对世界文化也产生积极影响,既充实世界文化宝库,也为人类文明史提供资源。

国内学术界对中华文化对外传播的研究成果颇丰。如王一川在《中国文化软实力发展战略综论》中深入研究当代中华文化制度、文化符号、文化创新、文化价值,系统阐述了中国文化软实力建设的理论基础与实施方略。[①] 来有为、张晓路主张通过对文化企业的大力扶持,文化产品与品牌的生产打造,提升文化竞争力。[②] 隗斌贤呼吁转变文化理念,扩大对外宣传力度。[③] 许多学者从理念转变、人才培养、发展方式探讨中国当代文化建设与文化传播的实施路径。国外学者也认识到中国软实力建设对于世界文化的正向作用。美国的戈登·霍尔顿(Gordon Houlden)与希瑟·施特(Heather Schmidt)在《对中国软实力的再思考》(*Rethinking China's Soft Power*)一文中指出:“中国的领导人有意向着力培养国家的软实力,随着中国全球媒体网络的扩大、孔子学院在世界各地的开设、中国大众文化的日益普及与硬实力配置的不断完善,中华

① 王一川:《中国文化软实力发展战略综论》,商务印书馆 2015 年版,第 500 页。

② 来有为、张晓路:《全球化条件下引导和支持中国文化产业“走出去”》,《中国发展观察》2016 年第 4 期。

③ 隗斌贤:《“一带一路”背景下文化传播与交流合作战略及其对策》,《浙江学刊》2016 年第 2 期。

文化在全球范围内的吸引力和影响力得以不断增强”①，肯定了中华文化的外在影响。有的学者对比中美、中印等大国的文化建设，试图探讨中国文化的独有价值，但受制于文化传统、价值观念、族际期待，他们的探讨体现局限性、个体性。科技革命、产业变革、疫情防控、气候恶化带来世界百年未有之大变局，但经济全球化、文化多元化是不变的主旋律。“一带一路”倡议为新时代的中外文化交流融合提供了新机遇、新路径、新目标，以文化先行获得世界的认同感。正是文化相互交流，促进区域通力合作，人民和平友好，世界共同发展。2021 年 11 月 19 日，习近平总书记在第三次“一带一路”建设座谈会上总结 8 年共建成绩时指出：“通过共建‘一带一路’，提高了国内各区域开放水平，拓展了对外开放领域，推动了制度型开放，构建了广泛的朋友圈，探索了促进共同发展的新路子，实现了同共建国家互利共赢。”②“一带一路”倡议的顺利推进，不仅需要政策落实、设施完善、金融先行、贸易多边、民心相向的合力，更离不开文化传播与交流合作，实现沿线各国文明的有效沟通。“一带一路”为文化融合提供了可资依托的平台，构建具有中国特色的话语体系，健全产业机制，培训专门人才，打造文化品牌，讲好中国故事，传递华夏声音，将优秀传统文化与现代先进文化与他者文化有机融合，以文明互鉴代替文明冲突。

“一带一路”倡议为传播中华文化、融合他者文化提供有利契机。中国文化的历史就是一部交流史、融合史，正是同质文化之间、同质文化与异质文化的不断融合，成就了中华民族文明的璀璨，在世界民族文化之林中也绰约多姿。

## 第四节 “一带一路”与西部丝路发展新契机

海洋文明昌明时代，拉开了内陆与沿海的距离。东部是改革开放的前沿阵地，人才资源、技术优势、资金投入加快了东南沿海的迅速腾飞。长三角、珠

① Gordon Houlden, Heather Schmidt, “Rethinking China’s Soft Power”, *New Global Studies*, Vol. 8, No. 3(March 2014), pp. 213-221.

② 《习近平在第三次“一带一路”建设座谈会上强调 以高标准可持续惠民生为目标 继续推动共建“一带一路”高质量发展》，《人民日报》2021 年 11 月 20 日。

江三角洲、北部湾成为聚宝盆。一线城市集聚东部,经济总量遥遥领先。中国广大西部位居大陆内部,受地域、气候、交通、信息技术的限制,人才外流,技术落后,产业规模小、品种少、效益差,发展相对滞后。据统计,全国百强县集中在江浙沿海地区,贫困县多属西部,多年来,“老少边穷”是西部的标签,人口逐年减少。在“一带一路”倡议下,国际国内两个市场、两种资源可以为西部地区统筹利用,从而形成连接南北、横贯东中西的经济走廊,通过加强区域间的开放与合作,调整产业结构,优化经济发展格局,推进西部持续发展。

“一带一路”是对古丝绸之路的传承、超越、创新,以互联互通为基础,以共享共赢为目标,发挥了古丝绸之路的商业贸易、文化交流、民族团结等作用,在空间上拓展了古丝路的区域,超越了古代单一的贸易方式,以“经济走廊”涵盖广大地区。运输工具由马队、骆驼、木船变为汽车、火车、轮船、飞机。贸易产品由丝绸、茶叶、瓷器、香料等物产,变为各种高科技工业产品。丝绸之路经济带力求畅通中国经中亚到欧洲,经中亚、西亚到地中海,到东南亚、南亚、印度洋,构建产能互通网络,谋求协调发展。“21 世纪海上丝绸之路”是搭建沿海港口到南海各国、印度洋到欧洲到南太平洋,实现亚非欧经济贸易一体化的目标。

西部地区地处黄河与秦岭相连一线以西,包括 12 个省、市、自治区,拥有 686. 7 万平方公里国土面积,土地面积为 690 万平方公里,约占全国国土总面积的 72%;人口约 3. 9 亿,占全国总人口的 29%。西部地区区域广阔,地缘优势突显,有长达 1. 8 万余公里陆地边境线,接壤 12 个国家,是通往中亚、西亚、南亚、东南亚以及蒙古国、俄罗斯的枢纽。陆上丝绸之路经济带贯通西北、西南与东、中部,并西进直达欧洲。土地资源、人力资源丰富。气候温和,能源成本低,集聚清洁能源——风能、水能、生物能、太阳能、地热能等,具有可持续性、生态性。西部地区盛产石油、天然气,矿产特别是稀有资源如稀土、钨、锌等储量丰富,为国家建设提供了大量物资。三线建设、西部大开发推进配套产业的合理布局。西部资源丰富、区域面积大,为生产、消费提供了市场,成为对外开放的桥头堡,因受制于相对封闭的地理位置,相对落后的基础设施,相对滞后的发展理念和文化层次,人口的大量流失,造成基础较弱,但与东部优势互补机会多,提升空间大。

“一带一路”建设的核心区域位于西部,有序布局有助于提升西部的价值。西部周边接壤多国,交通地理位置十分重要,但自然环境相对复杂,全面对外开放的时间较晚,产业支撑不足,“一带一路”则为西部快速发展提供了前所未有的契机。“中巴经济走廊”联通新疆经巴基斯坦到南亚的合作路径。“中蒙俄经济走廊”构建西部与北部国家的联系。“孟中印经济走廊”连接南亚及东南亚地区。各经济走廊以西部为节点,向西向北向南辐射。这既能突显西部的地位,可以有效改善东强西弱的局面,又为西部与世界的经济文化开放合作提供了保障和支持,带动与周边经济文化的合作,打造利益共同体,从政策制定、发展理念、产业格局、开放环境各环节为西部加速向西、向南、向北开放、发展带来机遇。

数十年来,通过政策沟通、民心相通、贸易畅通、设施联通、金融融通等举措,大力改善西部的交通状况,新建大量高速公路、高等级铁路、民航支线机场,构建立体的多元交通网络,实现村村通、户户通。完善了产业结构,不仅保证了传统产业的稳步增长,也发展了高科技、生态产业,“中国智造”、互联网+、云服务、数字经济逐渐展示价值。改善了基础设施,呈现网格化、链状化、枢纽化的道路、河流、航空格局。规范了公共服务体系,医疗、教育、卫生、休闲设施不断更新、水平大力提升。提高了城镇化水平,城市人口占比高速上涨,城乡差距逐渐缩小。环保的严格要求,退耕还林的政策实施,优化了生态环境。通过欧亚大陆桥、中缅公路等融进了国际经贸网络。积极参与沿线国家基础设施建设,逐步夯实企业实力。西部地形多样,民族众多,旅游资源丰富,第三产业发展势头迅猛、收效显著。成渝城市群与关中平原城市群的形成,有助于聚集资源、激活消费,带动周边经济的发展。

# 第三章　丝绸记忆与西部历史文化

从丝绸之路看中国历史，中华文明源远流长，博大精深又经久不衰。立足西部历史文化与丝路精神，以小见大，以深入了解中华丝绸文化和丝绸记忆，同时与东部的苏杭湖等进行比较，让我们重新认识西部的丝路文化，有助于寻求历史资源与理论支撑，探讨新的发展途径。

历时层面上大一统的格局，政治、经济的统一，滋生了中国文化的普遍性、共通性，有相同的民族情感、道德伦理、信仰体系，使用共同的语言、文字。共时层面上幅员辽阔的国土，多民族的社会结构，产生了中国文化的丰富性、多样性。中国西部蕴含厚重的华夏民族文化资源，是文化建设回归传统的重要支点，包括有巍峨高原、广阔草原、冲积平原的西北；有山脉纵横的丘陵，一马平川的盆地、坝子的西南。黄河流域形成的冲积平原是我国农业文明发祥地之一，昔秦皇汉武、唐宗宋祖泼染辉煌西北，蚕丛、鱼凫、庄蹻着墨西南画卷。先民在西部的辽阔土地纵马扬鞭，开疆拓土，男耕女织，休养生息。中国西部疆域辽阔，海岸线陆地边境线占比很高。西部地区地形复杂，民族众多，高原、冰川、沙漠与平原、草原、丘陵并存，汉、藏、维吾尔、回、蒙古、彝、苗等多民族共生。因地质特征、民族风貌的差异，西部形成了多元的文化圈层，高原文化、草原文化、盆地文化平分秋色；藏文化、西域文化、蒙文化、巴蜀文化、滇黔文化各显风采；自外传入的佛教、伊斯兰教与传统儒道文化包容并举。

世界上很多国家西部为高山、沙漠、峡谷，西部文化也具有类型化特征，以山地或高原文化为主，主要表征为冒险、开拓、自由、剽悍。如美国西部是冒险家的乐园，牛仔们在马背上开拓西部，播撒文明。中国西部疆域辽阔，民族众多，文化资源丰富，是诗歌的故乡、礼乐文化的源头。《诗经》中 31 篇《周颂》都涉及西部地区，《诗经·关雎》“河之洲”据考证为陕西合阳。

丝绸，源于中国，以桑蚕丝为主，杂以柞蚕丝、木薯蚕丝。黄帝元妃嫘祖被视为蚕神。“西陵氏之女嫘祖为帝元妃，始教民养蚕，治丝蚕以供衣服。”①四川省盐亭县现存有香火旺盛的嫘祖陵，记述和歌颂嫘祖教民养蚕的碑林，镌刻着人们的崇敬与纪念。嫘祖宫矗立于四面山上，嫘祖雕塑栩栩如生。还有大量的民间传说和神奇故事，如彩凤投怀生嫘祖、天虫家养织丝绢、蜘蛛织网、含茧化丝、蜀女化蚕马头娘等广为传颂。此外因出土古桑化石、金蚕、石蚕等文物，盐亭被多数学者认同为嫘祖故里。嫘祖因此成为盐亭、四川甚至中国西部的一张文化名片，每年的嫘祖祭奠活动迎来海内外民众云集盐亭，促进了文化交流及经济发展。三星堆祭祀坑的丝绸遗迹、南充的古乌木佐证四川盆地的桑蚕历史。仰韶文化遗址中发现了半枚蚕茧及纺轮，从而推断早在五六千年前人们已经开始栽桑、养蚕、纺织。浙江钱山漾遗址、河南荥阳青台遗址中发现了 5000 多年前的丝织品，证明中国是世界上最早制造出丝绸的国家。在陆上丝绸之路、南方丝绸之路上，一座座西部城市就是一个个节点，记录历史，承传文明。

## 第一节　丝绸艺术与西部地名文化

人类文明在多方面得以呈现，地名是历代民众对地理实体的专称，是不同文化的符号标识，是地域文化的载体，是乡土情怀的承继。它与文化共生共荣，地域特征、历史事件的追忆、人物掌故、人们的美好愿望都可以从地名反映出来，当然也可能因朝代更替、国家形态、城乡变迁而更改。《周礼》是中国关于地名的最早记录，班固《汉书·地理志》阐释了地域命名的基本原则，郦道元《水经注》、唐李吉甫《元和郡县志》提出命名、改名的原则，明代郭子章《郡县释名》是中国第一部专门阐释地名的专著。清《嘉庆重修一统志》是关于地名知识、制度的集大成者，诠释历代地名的严格定位。研究地名有助于探究社

① （清）傅恒等监修：《历代通鉴辑览》（第一册），台湾商务印书馆 1972 年版，第 7 页。

会历史发展、自然风貌变化、经济文化形成。西部丝路上的地名承载丝绸文化,不仅见证了东西方物质文明的融合,也传播精神文化,渗透各时期深厚的文化底蕴,蕴含丰富的历史、人文价值。从汉代"凿空",唐宋时期活跃的陆上丝绸之路,汇聚、交流、消化、融合各种文明,称谓各异的地名,见证东西、中原与边塞文明交流历史,再现历史场景,昭示多元化文明互融互渗的特色。穿越历史瀚海,追溯古老的明月星辰,古人开拓丝路、经营边疆的壮观场面历历在目,走进现代文明艺苑,感受地名的文化积淀,人类砥砺前行、共谋发展的愿景,遥遥在望。在西部广大地区,因丝绸生产、运输、交易等留下众多与丝绸有关的地名,有的存续时间较短,载入史册,有的保留至今,佐证西部丝绸文化的历史久远,从业者众,影响力大。

## 一、新疆——西部门户的汇通

新疆是历史上中国对外交流的重要通道,是丝绸之路的西段门户,其许多地名成为传统文明与丝绸文化的载体。

新石器时代,乌鲁木齐就留下了人类繁衍生息的遗迹。"乌鲁木齐"称谓早在公元925年的《使河西记》中已有记载,在蒙古语是"优美的牧场",在回族语是"格斗",在古塞语是"柳树林"。不同的语言指向共同的生活环境和生产方式。新疆不仅是丝绸贸易通道,也是蚕桑、丝绸生产的基地,在地名中有所呈现。玉麦,维吾尔语"玉吉买",即"桑树",表明此地古代为桑树种植之所。阿瓦提地区,维吾尔语是"繁荣",是因临近丝绸之路上的莎车城而人旺地丰而得名。桑株,地名可以看出与丝绸的联系。启浪,维吾尔语为"浸湿",因古代商人路过此地,货物掉入水中被浸湿得名。和田,以出产美玉著称,回族语为"黑台",原意为汉人,藏语为"玉石城",表明汉人开发玉石的历史。吐鲁番,回语为"蓄水"之意,维吾尔语是"富庶丰饶的地方""都会",突厥语为"瓜果"或"绿洲",昭示此地富饶美丽,绿洲成片、瓜果满园但炎热缺水。丝绸之路必经吐鲁番市的鲁克沁,回族语为"瞭望台",突厥语为"有沙漠的地方",历史上曾被称为柳城、柳中、鲁古尘。这些都反映了丝绸之路上各民族文化的交流与融合。库车,古称龟兹,维吾尔语意为悠久、长久,是中原文化与西域文化交汇之地,陆上丝路的中道要冲。有的地名是西域古国名称,是地缘历史的见证，如轮台县得名于古轮台国，莎车县得名于古莎车国，若羌县得名于古婼羌国。当地经济发展水平和特色也会影响丝绸之路的地名。高昌是经济对地名产生影响的例证。《魏书》："地势高敞，人庶昌盛，因云'高昌'。"①依干，维吾尔语是"鞋匠"，据说因鞋匠开设制作马鞍的作坊而得名，可以想见当年走马贩丝，人丁兴旺的盛景。夏特瓦哈纳，维吾尔语是"织土布房子"，提拉阔其斯为"黄金街道"，伊底克买里斯是"丝绸村"，呈现当时当地制作丝绸的村庄富庶、住宅密集，揭示丝绸贸易的繁荣。为顺利进行丝绸贸易，为过往行人提供食宿服务及安全保障的驿站应运而生。格热木锡伯语是"驿站"的意思，洪纳海突厥语中是"驿站、站口"的意思。兰干乡在维吾尔语中为"驿站"的意思，色帕巴依在柯尔克孜语中意为"交通要道"，这些地名都承载奔走于丝绸之路上的商旅贸易的历史。关山万里，关隘重重，铁门关是古人进入塔里木盆地必经之地，晋代在此设关，因其险固而得名。

丝绸之路在新疆的线路最长，涉及的地域更广阔，影响更大。很多古老的地名虽然消失在历史的长河中，但其遗迹与影响力犹存，丝路上一个个闪光的名字，是丝绸贸易的缩影。

高昌始建于公元前 1 世纪，存在历史长达 1300 余年，初称"高昌壁"，历经高昌郡、高昌王国、西州、回鹘高昌、火洲等名称变迁，是丝绸商路中段的交通枢纽。东来西往的商人聚集于此交换货物，使城镇逐渐增多，人口大量增加，城市不断繁荣。

焉耆位于高昌城以西，原属西域古国，扼天山南北要道，土地肥沃、物产多样，是古代丝绸商路上的重镇。历代王朝非常重视对焉耆的经营管理与开发利用，充分发挥其贸易功能，保障交通、交流的顺利。丝路的畅通也为过往的商贾和使者提供补给和修整。西汉于公元前 53 年在此屯田，优化生产方式。北魏时设镇，唐代设都督府，清代设厅、府，这些专门的管理机构加强了对边疆的管理。

于阗又称于遁、于寘，以出产于阗美玉著称。公元前 3 世纪已经建国，是西域地区最早建立的城邦国家之一，《大唐西域记》称瞿萨旦那，元代名忽炭、

---

① 《魏书》卷 101《高昌传》，中华书局 1974 年版，第 2243 页。

五端、斡端等，在丝绸之路上有举足轻重的地位。早在东汉，已为西域最强大的国家之一，控制范围广泛。直到班超出使西域，计杀匈奴使者，迫使于阗王归顺，并以于阗为中心，逐渐控制西域地区。唐代将于阗置为安西四镇之一，设毗沙都督府，使其成为西域丝路重要商镇，往来商人在此交易丝绸、珠宝、玉石等物产，获得丰厚的回报，民众因此获得生活的方便。

龟兹，又称丘慈、邱兹、丘兹，位于焉耆和姑墨州之间，是西域古国之一，以出产铁器闻名，是西域丝路一大商镇。唐代为安西四镇之一，是安西都护府所在，成为政治、经济和军事中心，使者、商旅络绎不绝，货物贸易繁忙、文化交流活跃，开创了前所未有的兴盛局面。

疏勒又名佉沙，为丝绸之路西端的一个商镇，以盛产“疏勒锦”驰名。唐太宗设疏勒都督府，为安西四镇之一。唐玄宗封疏勒王。这里是中原王朝与西域及中亚、西亚进行贸易的重要商镇。

楼兰古城位于罗布泊地区，是丝绸之路上的重要枢纽，后经历几度兴衰，约公元 376 年，城址湮没于浩瀚风沙中。如今，楼兰古城虽然为风沙淹没，但历史文献及诗文中记载了那些流光溢彩的岁月。司马迁在《史记》第一次记载，“楼兰、姑师，邑有城郭，临盐泽”①，显示其历史悠久、经济繁荣。这里街道整齐，佛寺、宝塔雄壮巍峨，商旅云集，贸易繁忙。汉代，楼兰依附匈奴，与中原为敌，劫掠商人，攻杀汉朝使者。汉武帝发兵征伐，俘楼兰王，迫使其归顺，但楼兰王之后又多次反叛。直到汉昭帝元凤四年（前 77），霍光派人设计杀死了楼兰王尝归，南迁都城，重新立王，改国名为鄯善，设都护、置军候、开井渠、屯田积谷，大力加强对楼兰的管理，行使中央集权责任，促使其成为丝绸之路贸易重镇。中原与西域的各种特产商品在此以物物交换或金属货币的形式进行交易，主要有生丝、丝绸制品、棉织品、漆器、铜器、畜牧产品、毛织品、珠宝、玻璃器皿等，楼兰成为中国与古代亚、非、欧各国贸易往来、文化交流的必经之地。这里保留的大量历史遗迹，是研究古代民族、历史、气候、地理的重要文化遗迹。

纵观新疆地名，从古代到现代，它们与蚕桑生产、丝绸之路商业贸易、文化

---

① 《史记》卷 123《大宛列传》，中华书局 1982 年版，第 3160 页。

交流都有着千丝万缕的联系，见证中华民族开放包容的胸襟、治理边疆的智慧、友好往来的风度。

## 二、甘肃——文化交流的殿堂

甘肃古称“甘州”，河西走廊因其处于黄河以西，夹在祁连山与合黎山之间得名。甘肃是陆上丝绸之路的通行要道，各历史时期政府对丝路进行有效的管理，其地名体现丝路运输的繁忙，充分展示丝绸文化传承的魅力。位于甘肃境内的武威、敦煌、张掖、酒泉四大重镇见证了汉王朝开拓丝路、经营西域、强盛国家的辉煌。

武威，位于河西走廊最东部，古称凉州，周为雍州之地，春秋以前西戎占据此地，秦时月氏驻牧于此。武威扼丝路之要冲，地理位置险要，“通一线于广漠，控五郡之咽喉”，是“丝绸商路”的重要关隘，一直为中原与西域交流交往的要道，曾经是北方的佛教中心。武威郡为河西四郡之一，始设于汉武帝时期，郡治为姑臧。武威，应该与霍去病击破匈奴，建立赫赫军功有关，是汉武帝表彰霍去病的“武功军威”。汉朝设武威郡于原休屠王领地，昭示其实力强劲，范围直达河西。后历代王朝在此设置郡府或建都，武威成为贯通中西的咽喉，民族文化融合的大熔炉，丝绸商路的重要中继站，河西政治、经济、文化、军事的中心。

张掖，古称甘州，为河西走廊咽喉，是张汉朝之臂断匈奴之掖，以通西域的意思。《水经注》解读为：“张掖，言张国臂掖，以威羌狄。”①位于甘肃省西北部，河西走廊中段，西接酒泉通嘉峪关，东邻武威连金昌，是丝绸商路上的国际贸易都市。汉武帝元鼎六年置张掖郡。北朝西魏改为甘州。商品贸易以丝绸为主，以张掖为中转站运往西域，远销安息、大夏、大秦及地中海沿岸地区，是丝绸商路上的重要枢纽。隋朝时期，此地民族贸易活跃，为经营西域、治理河西的大本营。公元609年，隋炀帝带领大量队伍西巡各地，并在张掖主持盛大的“互市”，“互市”参加人数众多，有来自西域27国的使臣、商贾，堪称历史最早规格最高的商品博览会。经济繁荣的唐代，这里是中国与西域诸部落互市

① （北魏）郦道元著，陈桥驿注：《水经注》，浙江古籍出版社2013年版，第14页。

集贸中心，胡商云集，货物种类繁多，贸易繁荣。

酒泉为汉代河西四郡之一，辖原匈奴浑邪王、休屠王领地，是河西四郡中最早设立的郡，因据河西走廊西北之险要，城下有泉，泉水清冽甘醇若酒而得名。民间盛行的说法是：“汉武帝元狩二年（前 121），骠骑将军霍去病击败匈奴，武帝赠御酒一坛，犒赏有功将士，酒少人多，霍去病倾酒于泉中，与众共饮，故谓此泉为酒泉。”①这则看似荒谬的说法，与《汉书·西域传》中“骠骑将军击破匈奴右地，置酒泉郡”的记载相互印证，蕴含了酒泉地名与丝路历史的关系。公元前 121 年，霍去病击败浑邪王，逐匈奴残部于玉门关外，迁中原几十万人于此耕作居住，以农耕文明代替游牧文化。酒泉自古是中原通往西域的交通要塞，丝绸商路的重镇。

敦煌是丝路进出阳关、玉门关的咽喉，丝绸商路东段的终点。敦煌置郡，体现了汉武帝在稳定了河西走廊的局势后，广开西域、大拓丝绸之路的宏伟志愿。敦煌地名有“河西盛大、辉煌”之意，《汉书·地理志》敦煌郡条注曰：“敦，大也；煌，盛也。”其境内龙勒泉的地名也与此密切相关，据敦煌市博物馆藏的晋天福十年（945）写本《寿昌县地境》载：“龙勒泉，县南一百八十里。按《西域传》云：汉贰师将军李广利西伐大宛，得骏马，愍而放之。既至此泉，饮水鸣喷，辔衔落地，因以为名。”敦煌是中西交通门户及商贸集散地，会集并分流长安、武威、张掖运来中华商品及西域胡商转运的特产。

另外，汉朝在开通丝绸之路后，为保证丝绸之路安全，加强对西域地区的控制，不断到河西走廊屯田移民，屯田开荒、戍边建驿馆的历史，在地名中也有所体现，如“尉犁城”“南河城”“南城”“员渠城”“安置寨”“渠犁城”“发放亭”“移庆湾”“西移村”“移民庄”“高家屯庄”“东坝屯庄”“北屯村”“沙滩屯庄”“屯升”等。有的地名就与当时的驿站名称相关，如张掖有三十里店、二十里堡、八里堡等地，武威有四十里乡、四十里堡、二十里堡、十三里堡、七里乡。

陆上丝路众多关隘地名见证了东西交通要道的历史变迁。西北丝路上的三关：玉门关、嘉峪关、阳关，天下闻名。玉门关与阳关是在汉武帝征伐西域时

① 孙振民：《历史变迁视角下陆上丝绸之路地名文化研究》，《兵团党校学报》2019 年第 2 期。

设置，能有效保证丝绸之路的畅通与安全，也昭示丝路的兴衰。玉门关意为“西域特别是和田等地的美玉皆从此过关”，阳关得名是因为其位于玉门关之南，嘉峪关得名于嘉峪山。除了雄关之外，丝绸之路上的许多道路的名字也非常有特色，大部分道路以所经的核心城市为名，但也有不少反映其地形特点的名称。高台县得名于境内筑有军事要地高台。永昌是南北朝以前通向西南丝绸之路的重要口岸，各种民族和文化聚集荟萃，四方货物会集，车来人往，喧哗一时。

## 三、川滇——南方丝路的回望

世人皆言蜀道难，但高山峻岭未能阻挡川人对外交流的步履，古蜀地是陆上丝绸之路、南方丝绸之路、海上丝绸之路的会聚地。成都是南方丝绸之路的起点，盛产蜀锦，别称“锦官城”“锦城”“锦里”，佐证了古老辉煌的丝绸历史文化。西南丝绸之路，关山险阻，昼行夜伏，需要驿站提供休憩之所。双流二江驿、新津三江驿、雅州百丈驿、荥经南道驿、名山顺阳驿等承继商旅的行走与休憩。五尺道（位于四川、云南境内）因其宽仅为五尺而得名，从地名可以窥见此路的艰难险陡程度。清溪关，反映唐与南诏的关系，据《读史方舆纪要》记载：“韦皋凿清溪关以通好南诏，自此出邛部经姚州而入云南，谓之‘南路’，为唐重镇。盖清溪关已没于南诏，皋收复之也。”[①]灵关道（零关道）是西南丝绸之路繁荣的古代商贸之道，《史记·司马相如列传》称其“通零关道，桥孙水，以通邛都”[②]。嫘祖故里盐亭至今的地形是一片桑叶形状。“梓江”，蜿蜒曲折，是桑叶的主脉，两岸桑林茂密。还有桑林坝、桑林坡、桑树垭、丝姑山等与桑蚕有关的地名。云南宾川县也得名于古时宾客来往不绝，商贾云集，大量考古文物也证明了商旅络绎不绝地往返于这条道路上。《云南宾川县地志资料》记有：“查宾川县治之南，有宾居荡，商贾云集，为宾客来往之地。明弘治七年置州，即名宾川。”云南腾冲曾称“藤充”，意为藤多的地方。《徐霞客游

---

① （清）顾祖禹：《读史方舆纪要》卷66《四川一》，贺次君、施和金点校，中华书局2005年版，第3126—3127页。

② 《史记》卷117《司马相如列传》，中华书局1982年版，第3047页。

记》:"以地多藤,元名藤州。"①《腾越州志》记载:"藤则细者可为绳,大者为杖,凡百器皿皆可以为,而腾越所独名州,则以此焉。"②因地多藤,同时又处滇西门户及交通要冲,故得名腾冲。镇雄县也寓"镇守雄关"之意。

## 第二节 丝绸文化与西北丝路要津

丝路贸易与文化交流在西北西南形成了众多节点城市。这些城市的历史昭示丝绸之路的线路更迭状况、贸易通衢形态、文化传播程度。当然,每一座城市不仅承载区域文明历史,更彰显西部丝绸文化的形成过程与表现特征。

西北是古代陆上丝绸之路的主要途径所在,虽然岁月更迭,许多遗迹模糊甚至消失在历史长河中,但那些重要的节点城市铭刻着丝绸文化的记忆。

### 一、古都西安——丝路起点

陕西在中国地图上处于几何中心,地理位置独特,南北连接,承东启西,是重要的交通枢纽。自然环境差异明显,南北跨度大,地势南北高、中间低,高原、山地、平原和盆地构成多样的地貌形态。温带与亚热带气候使其四季分明。

#### (一)汇聚古代文明,传承多元文化

陕西是华夏文明发源地之一,史前文化遗存如星火燎原,蓝田人大荔人曾驻足这里,以姜寨、半坡为代表的仰韶文化是华夏文明的雏形,以康家文化、省庄文化为代表的龙山文化昭示古老文明的进步等。炎黄部族开启中华文明的源头,全球华人在陕西寻根祭祖。黄土是其身份标志,黄帝陵演绎中华民族的源起,黄河流淌华夏文化的颂歌。陕西文化遗产具有丰厚性、完整性、唯一性和世界性。其丰厚性表现为源远流长的历史文化,周、秦、汉、唐等 13 个王朝建都于此,西安、咸阳、汉中拥有 7 处世界文化遗产,在西北五省丝绸之路沿线

---

① (明)徐宏祖:《徐霞客游记》,上海古籍出版社 2007 年版,第 442 页。

② (清)屠述濂修:《云南腾越州志 点校》卷 3《山水》,云南美术出版社 2006 年版,第 55 页。

国家级历史文化名城的城市评选中，6 个属于陕西，占比近 40%，留下了众多的历史遗存。汉长安城未央宫为当时最大的国际都市，是陆上丝绸之路的起点，展示早期西汉的强盛和文明。唐长安城大明宫，见证丝绸之路的鼎盛。大雁塔是保存佛像经书及玄奘法师传扬佛法所在，张骞墓是丝绸之路上唯一以人名命名的遗址。雄奇壮美的山水自然文化。黄土高原沧桑古朴，塞外风光一览无余，秦岭山川沃野千里，西岳华山巍峨险峻，壶口瀑布翻腾奔卷。光辉灿烂的革命文化。延安是中国革命圣地，共产党人在延安战斗生活的 13 个春秋，留下可歌可泣的红色文化遗产。特色鲜明的民俗文化。关中秦腔、西安鼓乐、陕南道情、陕北剪纸、皮影、农民画、泥塑、花鼓、花灯社火，民歌、腰鼓等风采叠现。鲜明的地域特色、开放活跃的现代文化以及深受海内外关注的宗教文化。西安大雁塔、宝鸡法门寺、周至楼观台、陕北波罗古堡等是宗教文化的标志。陕西历史文化遗产的完整性表现在：一是成为中华文明的重要源头，几千年没有断裂；二是黄河流域少经战乱，在此建都朝代甚多；三是气候干燥，不易损毁，其文化保存很好。大雁塔、陕西历史博物馆承载厚重的陕西历史文化，半坡文化代表原始社会时期的陕西文化，秦文化是封建时期陕西文化的奠基。黄河文化的源远流长，黄土高原的淳朴厚重，具有无可替代的唯一性。陕西文化在融汇本土文化的基础上，接受、消化外来文化因素，丰富了文化内涵，扩展了文化外延，彰显勃勃生机。同时，陕西文化跨越时空，充分展示资源共享。陕西拥有占整个丝路遗存四分之一的 12 处丝路遗存，出土了占全国总数 35%的东罗马金币 14 枚，诉说着丝路起点和东西文化交流的历史。这种吸纳的勇气、融合的气度、包容的心态，绘制出陕西文化色彩斑斓、意象纷呈、意蕴丰富的精美画卷。

### （二）天然历史博物馆

渭河平原，是华夏文明的源头之一。西安位于陕西省中部，渭河和沣河交汇处，是与罗马、雅典、开罗齐名的世界历史名城。古都西安拥有 3000 年建城史、1000 多年建都史，被誉为中国第一大古都和世界四大古都之一。它是中国唯一建都超过千年的城市，是中华民族的发祥地之一，是古丝绸之路最早起点，也是丝绸之路经济带的新起点，连接着新欧亚大陆桥。西安拥有厚重的丝绸之路文化遗产和多元文明交往经验，是天然历史博物馆。不仅以中国文化符号的形象,被镌刻在丝路沿线不同地域、不同族群的历史档案中,还见证了秦皇汉武、唐宗宋祖盛世传奇。唐代著名诗人张籍在《凉州词》中所描绘的"无数铃声遥过碛,应驮白练到安西",生动描绘了唐代丝绸贸易盛况。自汉代以来,西安一直是中国与世界各国进行经济、文化交流的重要城市,是与丝路休戚相关、兴衰相应的命运共同体,既是行客来往中国、中亚、西亚、阿拉伯的重要交通集散地,也是多样民族和宗教共存的文化纽带。丝路文化遗产是西安文化魅力和国际影响力的关键,也是西安建设国际化大都市的历史基础和现实资源。陆上丝绸之路有三条分线:西北丝绸之路、青海丝绸之路、南方丝绸之路,其中西北丝绸之路以西汉都城长安为起点。秦朝在中国历史上第一次实现大一统后,定都于现西安西北一带。汉朝取代秦朝后,开始建设长安城。汉代皇帝们大幅扩建都城,大量建造新宫殿,长安人口达 50 多万,面积 36 平方公里,使节众多、商旅云集、文化繁荣,是国际商贸大都市。隋朝建立后,隋文帝迁都至原长安城南即今西安。在中国历史上,大量引入外来商品和文化以唐朝最为闻名。唐朝首都长安占地面积约 84 平方公里,人口约 100 万,发展进入鼎盛时期。长安城内西市万商云集,人口川流不息。长安还是重要的宗教中心,佛教、道教发扬光大,祆教、基督教、摩尼教和平共存。在宝鸡茹家庄出土的西周墓有玉茧及丝织品印痕,法门寺地宫出土了织金锦。建于公元 652 年的大雁塔,专门收藏玄奘从西天取经带回的图书资料,佐证了唐代佛教的兴盛。丝路沉浮与汉唐长安的发展历程、繁荣程度休戚与共,息息相关。一方面,只有中央政府统一强盛才有精力关注丝路的运行,才有能力保障丝路通畅、沿线社会和平、民众安居乐业。一旦政局动荡,矛盾转移,中央政府主要精力在于平息战乱,无暇自顾,对外联系的通道存在与否无足轻重;另一方面,丝路的兴衰直接影响汉唐长安的政治稳定、经济发展、文化繁荣与否。

长安是陆上丝绸之路起点,也见证了丝路贸易及文化交流的历史。公元前 10 世纪左右,周穆王派兵两次西征犬戎后,为了解异域、结交异邦,带领大队人马携带包括丝绸在内的多种物品从周都宗周丰镐(今西安西南)出发,风餐露宿、披荆斩棘一路西行,经河西走廊、过黄河,到达新疆,开启了中原与西域的交通联系,为后来的商贸开辟通道。秦帝国完成统一六国大业后,以秦都咸阳为中心构建了体系完善的交通网络,修长城、守函谷关、征巴蜀、驻岭南,保障了秦帝国的统治，实现多种文明的交流、融合。汉张骞两次出使西域，使者互派，不仅促进了东西贸易发展，也打通了丝绸之路东段和中段，促使陆上丝绸之路的全线贯通。十六国至北朝时期，虽屡经战乱，但多个政权曾建都长安，使其丝路贸易交往地位不变。隋代中央集权的建立，奠定了丝绸之路的繁荣基础。规划严整、规模宏大的大兴城，是当时世界第一大城市。唐代对外开拓西北疆域，对内营建大明宫、改建长安城，丝绸文明走上繁荣。一方面广泛吸收外来文明，另一方面大力传播中华文化。正是这种不断的交流融合形成并升华了唐长安独特的文化特质、积极进取的时代精神。唐长安的政治格局、经济模式、文化风度对形成中华民族自强不息的民族精神与兼容并包的文化传统作用巨大。宋代尤其是南宋以后，随着人口的南迁，经济中心逐渐南移，政权中心东移，加上军事力量的衰减弱化对西北的管辖，导致西北民族政权分立，世界贸易通道逐渐从陆地转向海洋，虽一定程度上制约了陆上丝绸之路的畅通，但影响犹存。

历史进入 21 世纪，在民族复兴、文化自信的场域中，镶嵌着秦砖汉瓦的古都迎来了发展的机遇。2015 年 2 月 15 日，习近平总书记走进这座历史文化名城，注目隋唐长安城模型、观西安都城变迁图、阅青铜器及汉唐金银器文物展、看汉唐代表性雕塑与唐三彩文物展，并听取了专家学者对长安历史文化及古丝绸之路的介绍，强调传承祖先的成就和光荣、增强民族自尊和自信。西安成为“一带一路”的枢纽城市、内陆型改革开放新高地。

## 二、锦绣敦煌——丝路明珠

甘肃是华夏文明的发祥地之一，从考古资源看，具有约 8000 年的文明史，文化资源拥有量居全国第五位。甘肃有 17000 余处远古时代以来的遗址遗迹，7 处世界文化遗产，131 家国家重点文物保护单位，467 家省级文物保护单位，27000 余种非物质文化遗产；43 万件馆藏文物，11 万件珍贵文物，其中 3240 件国家一级文物，30 件国宝，名列全国世界文化遗产大省前茅。[①] 绚丽

① 禄永鹏：《“一带一路”背景下甘肃黄金段地域文化资源与发展战略选择》，《甘肃高师学报》2018 年第 4 期。

多姿的石窟文化是世界宗教、文化、艺术交流整合的结晶,见证丝绸之路曲折、辉煌的历史;6 万多枚简牍成就河西走廊“汉简之都”的美誉。地势高低起伏、错落有致,高原、草原、走廊各具特色。境内多民族聚居,有 44 个少数民族,占总人口的 9.38%,各民族有自己的传统文化。

### (一)甘肃承载古老文明

独特的地理优势及甘肃文化源头性、综合性、流通性的特点,造就了“丝绸之路”甘肃段丰厚的文化资源。省会兰州又名金城,寓意“金城汤池”,因地形多样,地理位置独特,被称为“锁钥之地”。西汉时,张骞出使西域,开辟丝绸之路,以长安为起点,有三条线路途经兰州渡黄河、经河西走廊、过敦煌一路向西至新疆、中亚、西亚、欧洲。丝绸之路的黄金路段在甘肃境内,绵延 1600 多公里,秦长城、汉长城、明长城蜿蜒其中。“天下第一雄关”嘉峪关,雄视天下。黄河穿城而过,遍布黄河两岸的马兰成全兰州之名。黄河文化是瓜果之城、牛肉面之城兰州的旅游品牌形象;敦煌文化闻名于世,长城文化博大精深,大黄山文化异彩纷呈,武威铜奔马气势昂扬,装点河西走廊;厚重深邃的石窟艺术文化;展示氏族部落建筑奇迹的大地湾文化;彰显华夏始祖智慧的伏羲文化;战将云集、风云变化的三国古战场文化,扮靓天水。甘肃文化具有源头性、流变性、多样性特征。伏羲、黄帝在这里起源,黄河流淌几千年。流水不腐,户枢不蠹,甘肃文化的流变性不仅使自身生机勃发,辉煌的古代文明也在这里生根发芽。甘肃特殊的地理位置,决定这里是西域文化与中原文化交流的窗口,双向交流是甘肃在东西方文化交流过程中的重要特征。穆天子西征,汉张骞、班超出使西域,法显、玄奘西行取经往返,甘肃都是必经之道。敦煌汇流古代中国、印度、希腊、伊斯兰世界四大文化体系。隋炀帝在焉支山于公元 609 年举行二十七国交易会,这是中国历史上最早的博览会,见证了民族交流与融合。通过丝绸之路,相继从西域传入的丰富的物产及歌舞、音乐、绘画等各种艺术,改变了人们的思想理念、生活方式,影响了中国历史。大量文化名人经甘肃前往边疆,其著作中留下描绘甘肃的一页,甘肃故事出现在《聊斋志异》中。多样性是指甘肃文化资源多,质量高。自然景观方面,阳关、玉门关古老雄浑,鸣沙山、月牙泉令人叹为观止,奔流不息的黄河,浩瀚苍茫的大漠,广袤无垠的草原,雪山逶迤,冰川沧桑以及色彩斑斓的张掖丹霞地貌、金塔胡杨林等,奇特瑰丽、交相辉映。人文景观方面,石窟艺术成果丰硕、闻名遐迩,敦煌莫高窟石像众多、天水麦积山造型古朴以及炳灵寺石窟塑像威严;马家窑文化代表古老彩陶艺术的历史奇观;还有厚重的长城文化、沧桑的简牍文化、极具传奇色彩的丝路文化、大浪淘沙英雄辈出的三国文化、融合多样的宗教文化、缤纷的少数民族风情文化、凝聚鲜血与奋斗的红色文化等。各种文化"既为陇右文化源源不断地注入新鲜血液和异质养料,又在域外文化本土化进程中不断上演着陇右地域文化的重塑与改造"①。

### (二)敦煌与丝路文明

被誉为"华戎所交,一大都会"的敦煌,因其丰富的遗书和石窟艺术,被称为丝绸之路上的明珠,是中国古代与西方交流的枢纽,曾经是中国北方最大的商贸、文化中心,在政治、经济、军事、文化、宗教等方面留下大量的遗迹。自1900年藏经洞的开启,敦煌学也悄然发展成为一门国际显学。敦煌古称"三危"沙洲,西临新疆,东接中原,夹在北山山脉与祁连山脉之间,是丝绸之路的咽喉。其北道出玉门关,沿沙漠天山北麓西行,直到地中海;其南道出阳关,沿天山南麓西行,到阿富汗。其名称最早见于《史记·大宛列传》,在汉武帝派霍去病征西前,为羌、戎居住地,当地居民以游牧业为生。汉武帝开启丝绸之路后,开始了人口大规模迁徙,据出土的居延汉简、敦煌汉简等记载,早期移民来自中原地区,其生产方式也以屯垦为主。大量移民的到来,改变了人口结构,丰富了文化圈层,促进了生产发展。为加强中央统治,汉设立河西四郡,即武威、张掖、酒泉、敦煌,并修建玉门关、阳关,以扼守西域进入中原的要道,设置西域都护府,加强监督管理,使敦煌成为中原与西域往来的桥梁。使者、商人携带丝绸、瓷器经此一路西行,西域各国也过敦煌通往长安。魏晋南北朝时期,战乱不断,民不聊生,但敦煌一带远离战火,相对太平。史书记载,"天下方乱,避难之国,其唯凉土耳"②。敦煌先后归属于曹魏、西晋、前凉、前秦、后

① 雍际春:《陇右文化的基本特点及其地域特征》,《西北师大学报(社会科学版)》2006年第5期。

② 《晋书》卷51《挚虞传》,中华书局1974年版,第1427页。

凉、西凉、北凉、北魏、西魏。魏晋时期开石窟传播佛教，莫高窟诞生。北周治下西凉政权则曾经在敦煌建都五年之久，敦煌第一次成为“国都”。因为交流、交通的需要，中原各时期重视对敦煌的开发、治理，敦煌到隋代开始繁荣。隋炀帝时，令裴矩率团出使西域，《隋书·裴矩传》收录了裴矩所写的《西域图记》一书的序，记述了当时丝绸之路出了敦煌之后的三条道路。唐朝贞观七年去“西”字，为沙州。贞观十三年（639），唐朝派侯君集为交河道行军总管征高昌，设西州，打通了丝绸之路。唐初中原王朝对西域的经营确保了丝绸之路的畅通。唐高宗显庆年间，先后平定了北部西突厥和龟兹的叛乱，当时西域地区处于唐王朝安西四镇的有力统治之下，敦煌则成了中央政府西去的重要门户，与中央保持着密切的关系。贞观十八年，玄奘法师从印度归国，唐太宗命令敦煌官员出城至流沙迎接。继太宗之后，高宗、武后时期是敦煌和佛教发展的一个重要时期，武则天为巩固政权的需要，热衷祥瑞，敦煌文献记载不少武周时期敦煌现祥瑞的故事。设置河西节度，加强对敦煌的管理。元代建立后，在敦煌设立沙州路总管府，并以瓜州作为其属州。元代敦煌以蒙古、汉、党项等构成主要族属，回族人、畏兀儿人以少量人口云集。元代敦煌的农业、畜牧业、手工业均有所发展。元代在敦煌设立有屯储万户总管府、河渠司等机构，专门从事农业生产。因为地处枢纽位置，这里各种宗教信仰并存，佛教、伊斯兰教、景教、道教等各显风姿。元代藏传佛教进一步在敦煌传播，从敦煌石窟中发现较多造型各异具有典型藏传佛教风格的作品。莫高窟成为各地佛教徒及游客巡礼所在。明代划嘉峪关分而治之，为加强管理，先后在敦煌设立罕东左卫、沙州卫，对嘉峪关以西广大少数民族地区实行统而不治的羁縻政策，通过任命少数民族头目担任官职展示了中央政府的边关政策，有利于实施边民治边，以体现治理效益的最大化。明末清初，因战乱原因，朝廷疏于对敦煌的管控，直到康熙击败准噶尔部的噶尔丹部族，方才恢复了中原政权对于敦煌的治理，雍正元年（1723），清政府正式设立沙州所，到雍正四年升格为沙州卫，并于乾隆二十五年（1760）改沙州卫为敦煌县，以加强中央对敦煌的管辖，开始逐步经营管理关西地区。沙州卫为行政机构，设一员卫守备，从人力上保证政令畅通；沙州协为军事机构，设一员副将，从军事管理上强化。数年的经营，带来边地的稳定发展。沙州卫改为敦煌县意味着行政机构的完善，知县代替卫守备标志管理权限的扩大;沙州营改为沙州协,参将改副将,显示治理区域的拓展。管理机构的健全、机制的灵活,促进敦煌社会文化的繁荣。

丝绸之路成就了敦煌。敦煌既是经西域来中原的僧侣、使节、商人的最初落脚点,也是西去僧侣、使臣和商人告别故国的所在。在汉代,凡是罢都护、废屯田之时,政府派人迎接吏士,“出敦煌,迎入塞”,就算完成了使命。对当时的旅行者来说,“西出阳关”意味着凄凉的离别,“生还玉门”象征着幸福的重聚。在东西方交流中,各国的大量书籍文献传入敦煌,滋生了被誉为“古代学术的海洋”、世界文化宝贵遗产的敦煌文化,体现中华民族的文化胸怀、文化精神,蕴含了丰富的哲学思想、价值理念、人文精神、道德规范。多元化、开放性、融合性、创新性的敦煌文化,以中华文化为母本,相继融入中亚、西亚、印度异域文化,也吸收了藏、蒙、回、羌等民族文化的营养。目前存世的敦煌文书中保存了大量以我国古代少数民族文字书写的写本,包括吐蕃文、梵文、粟特文、于阗文、回鹘文、突厥文、婆罗迷字母等,也有梵文、佉卢文、希腊文等异域文字的文本。人们在莫高窟北区还发现蒙古文、西夏文、八思巴文、叙利亚文等文字的文书,可谓文类繁多。① 这些文献大多为世所罕见的新资料,它们为考证丝路上的商贸往来、文化交流及民族关系提供了可靠资源,昭示敦煌在东西方文化交流中的重要地位。历史上丝绸之路不断变化,但敦煌作为东西文明交汇枢纽,在整合东西方文化资源、创新文化智慧上具有独特优势,对传入中国的西方文化进行“本土化”吸收、创新,并通过交流向西方传播华夏文明。

人类文明史上有一个永恒的主题:文化交流。正是依托不同区域间的文化传播与交流,人类才摆脱愚昧,走向文明。“古代中国文明同来自古印度、古希腊、古波斯等不同国家和地区的思想、宗教、艺术、文化在这里汇聚交融。中华文明以海纳百川、开放包容的广阔胸襟,不断吸收借鉴域外优秀文明成果,造就了独具特色的敦煌文化和丝路精神。”②如“胡文化”中的赛袄胡俗、乐舞胡风、服饰胡风、婚丧胡风、饮食胡风对敦煌文化的影响。建袄庙,贡袄

① 荣新江:《敦煌学十八讲》,北京大学出版社 2001 年版,第 280—282 页。

② 习近平:《在敦煌研究院座谈时的讲话》,《求是》2020 年第 3 期。

神，表现外来宗教对敦煌的渗透；敦煌饮食文化也充分体现对异域文化的吸收，敦煌遗书中出现的食物品种，大多源于“胡食”，如胡饼、饩饼、炊饼、炉饼、饸饼、诃梨勒酒等。至今仍是藏族、蒙古族的主要食物的糌粑和灌肠面，源自吐蕃，又经过改造，成为民间美食。敦煌艺术品类众多，大多受“胡风”影响。史实表明，敦煌作为佛教进入我国内地的第一站，成为佛教本土化的创新之地，形成了佛经翻译、传播中心；敦煌石窟艺术创造了人类历史上的辉煌，以飞天形象最负盛名。在中华民族传统文化中，高远神秘的天不仅是人们敬畏的偶像，也是人们征服的对象，早期的神话传说如嫦娥奔月、后羿射日、吴刚折桂等，都表现了古人渴望起飞上天的理想。敦煌飞天身姿轻盈，容貌俊美，彩带萦绕，舞姿翩跹，虽然没有羽毛、翅膀，却娉娉婷婷，袅袅欲飞，昭示了中华民族伟大的飞天梦想。李白在《古风·其十九》中深情吟咏：“素手把芙蓉，虚步蹑太清。霓裳曳广带，飘拂升天行。”充分展示了飞天形象的形态美、动作美、服饰美。“敦煌飞天不是印度飞天的翻版，也不是中国羽人的完全继承。以歌伎为蓝本，大胆吸收外来艺术营养，促进传统艺术的变化，创造出的表达中国思想意识、风土人情和审美思想的中国飞天，充分展现了新的民族风格。”①早期洞窟的飞天，保留印度石雕飞天的较多痕迹，姿势笨拙，形体僵硬，或戴五珠宝冠，或头束圆髻，上体半裸，双脚上翘，作飞舞状。北魏时期中西合璧，既有域外风格，也展示中土风貌，体态壮硕成刚健之势，没有飞动感。西魏到隋代，飞天被改造为完全中国化的艺术形象。如西魏285窟飞天形象，鼻挺目秀，含情微笑，彩带披肩，项链挂脖，腰系长裙，手持乐器凌空飞舞，显出身姿轻盈、心身欢乐之状。隋朝飞天艺术不断吸收、模仿中外伎乐、百戏、舞蹈等精华，一扫笨拙、拘谨、呆板的姿态，呈现流畅、轻盈、灵动的风姿，完成了民族化、世俗化、歌舞化、女性化的历程。政治稳定、经济繁荣、文化璀璨的唐代，是敦煌飞天艺术发展的顶峰，不同时代的政治风貌、精神追求、价值取向在飞天形象中得到很好诠释。初唐时政治开明、国力强劲、奋发进取的时代风气表现为飞天的轻盈潇洒、千姿百态、自由奔放。盛唐天下太平、四方来朝，飞天形象圆润丰满、

① 段文杰：《飞天——干闼婆与紧那罗》，载《段文杰敦煌艺术论文集》，甘肃人民出版社1994年版，第438页。

灵动活跃，是轻松自如又昂扬向上的时代风貌的真实写照；音乐、舞蹈、绘画也充分体现文化的互融互渗。如舞蹈，其动作、神情、姿态，是外来文化与中土文化的合璧，著名舞蹈艺术家王克芬研究员认为，唐代频繁的乐舞交流为创作新的舞蹈作品提供了取之不竭的素材，唐代舞蹈在传统舞蹈语汇基础上，广泛吸纳、有机融合许多国家、地区和民族的舞蹈艺术精髓，撷取菁华，融会再创，成为当时舞蹈发展的主流，开创中国古代舞蹈艺术的一代新风，取得辉煌成就。其中，许多舞蹈就是以中原乐舞为基础，广泛吸取中外各民族民间乐舞的菁华创作而成的。① 绘画与音乐也是如此。

敦煌文献及图像资料有大量古代丝织物的呈现，品种齐、花色多，大部分与佛教有关，"伞盖、帷幔以及大量完整的幡可以说明敦煌作为中国大型佛教朝拜胜地之一所占有的重要地位"②。在生活区出土了一些丝绸服饰。藏经洞里发现了在绢或者麻布上的佛教题材的绘画。另外各种形状各异的织物残片也佐证敦煌与丝绸的渊源。

由此可见，敦煌是中华优秀传统文化的聚宝盆、基因库，是历史、文化传承的枢纽，是西部丝绸文化的荟萃传扬之地，具有人类亲和力、民族凝聚力、文化张力。"中西文化在这里交流、融合、异变。敦煌文化是一种在中原传统文化主导下的多元开放文化，敦煌文化中融入了不少来自中亚、西亚、印度和我国西域、青藏、蒙古等地的民族文化成分和营养，呈现'你中有我、我中有你、各美其美、美美与共'的文化融合发展的亮丽底色与崭新格局，绽放出一种开放性、多元性、浑融性、创新性的斑斓色彩"。③ 阐释了敦煌文化的多元性、兼容性、创造性。

敦煌见证丝绸之路的文化交流与融合，其写本文献、图像资料、历史文物是丝绸之路的最好注释。虽然在清末民国时期，遭遇列强环视、异族蚕食，但那些文化瑰宝是中华民族的智慧结晶，它的散失，更激发我们奋进的动力。"敦煌不仅是丝绸之路明珠，更是丝绸之路奇迹；敦煌也是今天传播丝绸之路

---

① 王克芬：《天上人间舞蹁跹》，上海人民出版社 2007 年版，第 75—83 页。

② 茅惠伟：《丝路之绸》，山东画报出版社 2018 年版，第 80 页。

③ 李并成：《丝绸之路：东西方文明交流融汇的创新之路——以敦煌文化的创新发展为中心》，《石河子大学学报（哲学社会科学版）》2020 年第 4 期。

文化、弘扬传统文化最具说服力的文化宝库”。① 敦煌,大写的名字,荣耀在世界东方。

## 三、乌鲁木齐——丝路门户

孙中山先生主张建都新疆,认为得新疆者得天下,缘于其地理位置独特。新疆地处亚欧大陆腹地,行政面积占全国土地总面积的17.06%,与周边8个国家接壤,边境线长达5600多公里,占中国陆地边境线的四分之一,拥有17个通商口岸。新疆古称西域。广义的西域指中原王朝西部边界以西的广大地区,包括西亚、南亚、北欧及欧洲;狭义的西域指昆仑山以北,天山以南,玉门以西,葱岭以东的区域。新疆是沟通亚洲、欧洲、非洲文明的必由之路,丝绸之路的北道、中道、南道会集在新疆,这三条通道为丝绸之路经济带新疆段发展主轴,进而向周边及全境辐射,形成全线连通、全面覆盖、全境通过、全面作用的开放新格局,更是“一带一路”枢纽所在。吐鲁番、楼兰、和田等地留下了丰富的文化资源,是古代陆地丝路的要塞,是现代丝路经济带核心区域,古往今来多种文化交融荟萃于此。同时新疆是古丝绸之路的中转站,丝路沿线的市集、驿馆为东往西来的使节、商人、馆员、僧侣提供了歇息、交易的处所。新疆有丰富的文化艺术资源,三大英雄史诗《玛纳斯》《格萨尔》《江格尔》享誉世界,《阿凡提》的故事广为流传,雕刻、绘画、舞蹈、音乐等艺术形式充分展示文化融合的成果。

首府乌鲁木齐,位于新疆中北部,是全疆政治、经济、文化中心,也是离我国内地最远的省会级边疆城市。北接壮阔雄伟的天山山脉,南临苍凉古朴的准噶尔盆地,西部和东部与昌吉回族自治州接壤,南部毗邻巴音郭楞蒙古自治州,东南部与吐鲁番交界,是新疆东西南北的交通枢纽,亚洲大陆的地理中心,被称为“丝路枢纽、亚心之都”。农耕文化与草原文化在这里交汇,佛教文化、伊斯兰教文化、基督教文化在这里碰撞。40多个民族在这里繁衍生息,这里历史悠久,留下许多动人的传说和故事。新疆以2400余公里的距离守望北

---

① 沙武田:《丝路成就敦煌 敦煌提升丝路——敦煌与丝绸之路关系的理论认识》,《丝绸之路》2019年第1期。

京，以3200余公里远隔上海，距离较近的西安、成都也超过2000公里。内联西北五省，外接中亚五国，特殊的地理位置使其成为中亚国际运输通道的节点城市及国家中部东西向综合运输大通道的末端中心城市。乌鲁木齐市历史悠久，考古发现，在新石器时代人类就在此繁衍生息。据记载，战国时姑师入住此地，西汉有“十三国之地”之称，即十几个部落游牧民聚居于此。汉朝初年，在乌鲁木齐附近的金满（吉木萨尔）派兵设营戍边屯田，有效保障并维护丝路北道的运行安全。魏晋以后，中原王朝势力衰退，严重影响对边关的治理。公元640年，强盛的唐王朝设置庭州于天山北麓，管辖4县，后来这一带被民间称为轮台县。因为地理位置重要，轮台为古时兵家必争之地，边塞诗人岑参曾在轮台生活过三年，写下了“戍楼西望烟尘黑，汉兵屯在轮台北”的诗句。乌鲁木齐城市文化底蕴深厚。中华文化与古希腊文化、古印度文化、波斯文化汇流于此；世界三大语系汉藏语系、阿尔泰语系、印欧语系在这里共存，各领风骚。多民族和平共居，多宗教兼容并包，多景观魅力呈现，形成丰富、深厚的文化遗产。“和平合作、开放包容、互学互鉴、互利共赢”的丝路精神传承千年，在与沿线各国文化经贸交流合作中推动人类文明进步。

新疆同时是东西方文化相互传播、影响、融合之地，各种宗教、文化在这里沟通、融合，高僧云集、经文留存众多。现在存留的大量佛教石窟，如龟兹的克孜尔、喀什的三仙洞、吐鲁番的柏孜克里克、焉耆的锡克沁等，是东西文化荟萃的结晶。公元前1世纪，佛教开始传入新疆，影响力逐渐增大。到公元10世纪，在漫长的历史发展阶段中，景教、祆教、摩尼教、道教等通过丝路先后传入新疆，各种宗教的多元化交汇创造了新疆灿烂的宗教文明。千佛洞群像美名远播，经典呈现新疆丰富多样的宗教文化。新疆的宗教场所众多，现有2.48万座，其中伊斯兰教清真寺2.44万座。清真寺在比例、数目、规模上远大于基督教教堂及藏传佛教寺庙。探究其根本原因，在于新疆信奉人数最多的是被不断本土化的伊斯兰教。其中维吾尔族、哈萨克族、回族、东乡族、柯尔克孜族、保安族等10个少数民族以该宗教为信仰，占新疆总人口的58.3%。蒙古族、锡伯族、达斡尔族等以佛教为信仰，少部分汉族人信仰基督教、天主教。祆教、摩尼教虽然在新疆历史上留下痕迹，但最终遗失在岁月长河中。

2015年3月28日，国家发改委、外交部、商务部联合发布《推动共建丝绸之路经济带和21世纪海上丝绸之路的愿景与行动》倡议,意味着丝路经济从顶层开始设计。该倡议明确定位了中国各区域的功能,强调了在“一带一路”实施环节新疆的职责:充分发挥新疆得天独厚的区位优势,打造向西开放的重要窗口,进一步深化与中亚、西亚、南亚及欧洲的国际交流与合作,完成丝绸之路经济带交通枢纽的建设、物流商贸中心的搭建及科教文化中心的形塑,形成丝绸之路经济带交通、商贸、物流等核心区域。2016年召开的新疆第九次党代会,提出以社会稳定、人们富庶、国家长治久安为总体目标,更好更快推动经济全面发展。统筹布局,加快建设基础设施。尽快实现交通、通讯立体网络的互通互联,推进铁路、民航、公路体系完善。2020年9月,习近平总书记在第三次中央新疆工作座谈会上强调,要发挥新疆区位优势,以推进丝绸之路经济带核心区建设为驱动,把新疆自身的区域性开放战略纳入国家向西开放的总体布局中,丰富对外开放载体,提升对外开放层次,创新开放型经济体制,打造内陆开放和沿边开放的高地。① 快速提升新疆通达能力。新疆乌鲁木齐从地理位置来讲,正是亚洲的中心,而新疆则是“一带一路”规划中丝绸之路的经济带核心区,也是丝绸之路商贸物流和文化科教中心,更是丝绸之路向北向西的窗口。古丝绸之路作为古代中国经中亚通往南亚、西亚、北非直达欧洲的陆上贸易通道,不可能绕开新疆。近年来,亚欧大陆桥的贯通,尤其是新亚欧大陆桥及国际铁路快线的连接,使陆上东西方贸易通道使用频率更高、效益更好。

## 第三节　丝绸文化与西南丝路枢纽

西部丝绸文化在西北部历史脉络清晰,成果丰硕,留下的考古资料、文献史料、艺术成就具有原发性、承继性、创新性。西南丝绸文化更多体现为模糊性、地域性、差异性。丝绸之路的线路走向,丝绸文化的传播轨迹、表现形态都有不同的解读,尤其是三星堆遗址、金沙遗址出土的文物昭示许多未解之谜。

① 《习近平在第三次中央新疆工作座谈会上强调 坚持依法治疆团结稳疆文化润疆富民兴疆长期建疆 努力建设新时代中国特色社会主义新疆》,《人民日报》2020年9月27日。

## 一、广汉三星堆——丝绸记忆

2021年3月,在全球新冠疫情占据媒体主要界面的时段,关于三星堆祭祀坑的新发现成为一连多日社交媒体的"热搜",以"文博顶流"不断刷屏,种类繁多、造型诡异的物品引发人们广泛关注与多种解读,甚至有学者断言,此次出土文物填补了夏代历史的空白。线上的热炒,助推线下参观的热潮。据报道,新的祭祀坑发掘出土,激发民众对三星堆博物馆参观的热情,并带动四川省内其他几家重要博物馆客流量的飙升。因为大量文物的再出现,原有场馆难以满足文物存放及人员参观的需求,三星堆博物馆闭馆整修。

地球上的北纬30°是神秘奇异区域,就在距离此处±5°的不大范围内,自然奇观密布,这里矗立着高耸巍峨的"世界屋脊"青藏高原,珠穆朗玛峰以物性的海拔最高及神性的不可知存在吸引世人瞩目;"地球肚脐"陷落成世界上海拔最低的湖泊——死海,因其水中的高盐分导致水中无生物存在,岸边荒芜一片死寂;马里亚纳海沟——世界最低的海底世界留下千古之谜;被称为"魔鬼三角海域"的神秘的百慕大三角延续恐怖传说;这里是地震、海难、空难、火山等自然灾害的常发地。灿烂文明生辉。中国、古埃及、古巴比伦、古印度四大文明古国,埃及神秘金字塔、具有多重象征意味的狮身人面像、巴比伦呈现古老文明风采的"空中花园"、神奇瑰丽的玛雅文明等最古老灿烂的文明汇集于此。在考古界神秘璀璨的三星堆文明被称为二十世纪最伟大的发现,被誉为世界第九大奇迹,更为这个区域增加了无尽魅力,它是中国目前规模最大、保存最完好、器物最多样的殷商古城遗址,许多器物填补了考古史上的空白。关于其成因,自遗址发现之日开始,就成为学术界探究的对象,留下很多解答,如外星人建造说、战争说、蜀王大典说、盟誓说等。从碳14测定可见,三星堆文明历程在距今4100—3100年之间,处在新石器时代晚期与文明初期,是传说中的蜀王柏灌至鱼凫时期,还是一个政教合一、巫术弥漫、神权至上的时代。自第一次文物出土以来,90多年时光洗礼,三星堆遗址文化不断被诠释,一方面,为少有文字记载的古蜀文化研究提供了丰富的资料;另一方面,拓展了蜀文化研究的空间,留下许多未解的空白。

## (一)三星堆的考古发掘与古蜀文明辉煌历史

资阳人采集狩猎文化、鲤鱼桥文化、富林文化证明了旧石器时代,蜀地有了人类活动的痕迹,三星堆遗址营构神秘的青铜文明,营盘梁遗址展示古老的农耕文明图景,它们用无声的语言、有形的遗迹诠释新石器时期古蜀国的文明内蕴。李白吟哦:“蜀道难,难于上青天!蚕丛及鱼凫,开国何茫然!尔来四万八千岁,不与秦塞通人烟。”诗人吁叹蜀道之难,追问蜀国历史,引发后世人们对古蜀国文明的不断探求。但古蜀文明因为考古成果及历史文献的相对缺失,地理环境的封闭,一直保留着神秘面纱,在历史烟云中显得虚无缥缈,留下许多难解之谜。汉代著名辞赋家扬雄撰写的《蜀王本纪》中称:“蜀王之先,名蚕丛,后代名日柏濩,后者名鱼凫。此三代各数百岁,皆神化不死,其民亦颇随王化去。王猎至湔山,便仙去。今庙祀之于湔。”①以神话传说演绎蜀王的变迁及美好归宿。“扬氏所录固多不经之言,而皆为蜀地真实之神话、传说。常氏书雅驯矣,然其事既非民间之口说,亦非旧史之笔录,乃学士文人就神话、传说之素地而加以渲染粉饰者。”②东晋蜀地史学家常璩的《华阳国志》,最早记录了上起远古下至东晋永和三年千年间巴蜀地区的地理、风俗、历史、文化、物产等情况,是后世了解古代西南地区的原始文献。《蜀志》有言:“有蜀侯蚕丛,其目纵,始称王。”③叙述了第一代蜀王的名称、描绘了眼睛向外凸出的外貌特征,并记载了蜀王死后以石棺椁埋葬,后人效仿的历史,“故俗以石棺椁为纵目人冢也”。传说教民育蚕的蚕丛,之后是柏濩,柏濩之后是曾在湔山一带游猎的鱼凫,鱼凫之后是让蜀地由游猎转向农耕的杜宇,杜宇鼓励农耕,死后化为杜鹃鸟,声声啼叫,呼唤春耕,受到后世的祭祀与敬仰。第五代蜀王治水能手鳖灵号丛帝,取代了杜宇,建立开明王朝。此后古蜀国随着生产力水平的提升,国力不断增强,多次打败秦国。到了战国时代,古蜀国构建了“东接

---

① (宋)李昉等:《太平御览》卷888《妖异部四·变化下》,影印文渊阁四库全书本。

② 顾颉刚:《论巴蜀与中原的关系》,四川人民出版社1981年版,第78页。

③ (明)曹学佺:《蜀中广记》卷1《名胜记第一·川西道》引《蜀王本纪》,景印文渊阁四库全书本,台湾商务印书馆1986年版,第1页。

于巴，南接于越，北与秦分，西奄峨嶓”①的广大疆域，号为西南之长。传说中的一系列先祖名号都与动植物图腾有关，说明当时的蜀人仍然处于蒙昧野蛮时期。《华阳国志》开列的蜀王世系及所讲述的蜀王故事，固然有真实的成分，但经历岁月的洗礼，真假难辨。三星堆遗址的发现，以及成都平原一系列考古遗址的发现，使我们看到了这些虚无缥缈的神话传说背后透视出的古蜀国文明的真实面貌。

三星堆其名，最早源于清代嘉庆年间撰写的《汉州志》记载：“广汉名区，雒城旧壤……其东则涌泉万斛，其西则伴月三星。”②该遗址群位于成都平原的广汉市三星堆镇，规模宏大、占地面积广阔、涉及范围多样，三星堆古城为核心区域，是四川盆地目前发现的夏商时期中心遗址中等级最高、规模最大、文物最多、制作最精美、表意最神秘的一个。三星堆遗址群“东起回龙村，西至大堰村，南迄米花村，北抵鸭子河，总面积约 12 平方公里。分布最集中，堆积最丰富”③。主要包括祭祀坑及城墙、居住区，出土了大量呈现鲜明地方文化特征的金器、青铜器、玉器、象牙、贝、陶器、石器等，堪称高度浓缩的古蜀文化信息数据库，以金器为最稀有珍贵、青铜器体量最大造型最神秘、象牙最难解读、贝的来源最多义。传说早在 1929 年就因出现大量玉石器坑而被当地村民偶然发现。“民国二十年（1931）春，居民燕道诚因溪流淤塞，溉田不便，乃将溪水车干以淘竣，忽于溪底发现璧形石环数十，大小不一，叠置如笋，横卧泥中，疑其下藏有金银珠宝，乃待至深夜始率众匆匆前往掘取，除获完整石璧若干外，闻复拾得石圭、石璧、石琮、玉圈、石珠，各若干。”④客观叙述了三星堆初次发现文物的时间、人物、类别。1934 年春，考古学家、华西大学博物馆馆长美籍传教士葛维汉与助理林名钧在具有文物保护意识的广汉县罗雨仓县长主持下组成考古队，对发现玉石器原址附近进行了有针对性为期十天的发掘工作，有比较丰富的收获，并编写了历史上第一份有关三星堆的科学报告《汉州

---

① （晋）常璩撰，刘琳校注：《华阳国志校注》，巴蜀书社 1984 年版，第 175 页。

② 中国地方志集成编委会编：《嘉庆汉州志 同治续汉州志》，《中国地方志集成 四川府县志辑新编 9》，巴蜀书社 2017 年版，第 30 页。

③ 屈小强、李殿元、段渝主编：《三星堆文化》，四川人民出版社 1993 年版，第 112 页。

④ 郑德坤：《四川古代文化史》，华西大学博物馆 1946 年版，第 31 页。

发掘简报》。但因为时局动乱，1949 年前，三星堆遗址发掘工作长期停滞。1949 年以来，四川省文物部门曾多次组织开展对三星堆遗址的考古发掘工作，相继发现了城墙、墓葬、房址、“祭祀坑”、窑址等重要遗迹，先后出土了大批珍贵文物。20 世纪 80 年代初，四川省考古所在对三星堆遗址的发掘中，新发现了 18 座房屋基址，4 座残缺墓葬，3 个有大量碎骨渣的灰坑，出土一批有考古价值的石器、玉器、陶器，因为是根据对应天上三颗星星的三个土堆开始考古的，故命名为“三星堆文化”，并考证出此类文化遗迹广泛分布于成都平原。考古人员经过分析研究，在发掘报告《广汉三星堆遗址》中将此遗址界定为“一种在四川地区分布较广、具有鲜明特征，有别于其他任何考古学文化的一种文化”①。两个神奇祭祀坑在 1986 年的再次大规模发掘中出现，出土几千件文物，惊艳了世人。“此次发掘也是文化层堆积最厚、底层叠压关系明确、出土文物最丰富的一次。”②坑内出土了高达 2.62 米的大型青铜神像，是目前全世界发掘的最完整、最高大的青铜立人像；有着众多树枝及果实的巨型青铜神树；近乎千里眼的青铜纵目面具；珍贵的黄金面罩；代表王权与威严的黄金权杖；精雕细刻的玉器、象牙、海贝等。这些文物年代久远、铸造精美、造型奇特，蕴含极为丰富的历史价值与象征意义，再现古蜀文明的璀璨，更为人们了解神秘的古蜀文明提供了珍贵的史料。因为这是中国考古发掘首见，震撼了国内外学术界，引发媒体狂欢，香港《文艺报》以“沉睡三千年，一醒惊天下”为标题报道此次发掘。

2021 年 3 月 20 日，在“考古中国”重大项目进展工作会上，专家们向全社会正式公布了近年来在四川广汉三星堆遗址的考古发现，并分享研究成果。新发现的 6 个有大量珍贵文物的“祭祀坑”出现，500 余件文物重见天日，包括重达 300 克、造型独特的面部方形、鼻梁三角、耳朵宽大、大眼镂空的黄金面具残片，据分析其完整件为目前中国早期文明考古中发现的最大金面具；鸟形金饰片的出现，表达古蜀人渴望超越的鸟崇拜意识，反映了古蜀太阳崇拜的载体就是太阳鸟；金箔反映古蜀人较为高超的炼金技术；青铜神树、眼部有彩绘的

① 朱丹丹：《三星堆——文明的侧脸》，巴蜀书社 2016 年版。

② 黄剑华：《古蜀的辉煌》，巴蜀书社 2002 年版，第 16 页。

铜头像、巨型青铜面具体现青铜时代蜀地文化与中原文化的融合；象牙、精美牙雕残件表明先民狩猎水平及雕刻工艺的先进；玉琮、玉石器彰显古蜀人认识到玉的价值；丝绸残片印证蜀地丝绸历史的悠久。

有专家认为，目前三星堆遗址发现的这8个“祭祀坑”整体构成的祭祀区，是古蜀王国专门用来祭祀天地、祖先，祈求国泰民安的场所。当中，3号“祭祀坑”内铺满了象牙和青铜器，包括青铜尊、青铜罍及独具风格的青铜人像、大面具等。而这个坑内成功提取出土的一件青铜尊高度达到70多厘米，是迄今三星堆出土的青铜尊的“王者”。在修复师的努力下，如今它已初露尊容，整体修复预计需要半年时间。占地仅3.5平方米的5号“祭祀坑”则一片金光闪闪。此次发布会上最受大众关注的新发现之一金面具就是出自5号坑。3月23日，考古人员在5号坑还成功提取了一枚椭圆形玉器。其较为扁平、玉质上佳，是何用途还有待进一步的考证。与此同时，考古队员已从5号坑理出多件金器和60余枚带孔圆形黄金饰片、数量众多的玉质管珠和象牙饰品。经专家初步判断，这些有规律的金片和玉器，与黄金面具形成缀合，推测为古蜀国王举行盛大祭祀仪式时所用。8号坑面积更大，现在已经开始揭露灰烬层，部分位置已经暴露出器物。8号坑灰烬含层有大量的炭屑、烧骨渣、红烧土碎片，有一些小件铜渣、玉石屑等。据考古人员推测，灰烬层可能是当时三星堆人在祭祀的时候，把一些祭祀用品倒入坑中，再将火烧过的灰烬倒入坑内而形成的。至于为何要烧成灰烬，需要进一步考证。

三星堆遗址出土的器物数量众多、制作精美。1986年一号、二号两个祭祀坑的发现，横空出世的1000多件品类繁多、独特风貌的器物，震惊了全世界，尤以青铜神树、青铜大立人、黄金手杖最具价值。2021年3月宣布的新发现的6个祭祀坑，黄金面具残片、大口青铜尊、鸟形金饰片让人们再次追寻历史遗迹，推测古蜀人的文明。这些以青铜、黄金、玉石、海贝、陶为材质的器物，代表古蜀国高度昌明的青铜文化，见证其物质财富与精神财富的丰富程度。所发现的文物实属珍贵，绝大部分不为蜀地所产，需要从遥远的南部沿海或西部江河中采取原材料，再经过精细的加工作为宗教祭祀礼物，说明古蜀人已经拥有较为完善的采购、运输通道，高超的加工技术，进一步阐释古蜀国的存在不是传说，是有据可考的真实。

## （二）三星堆文物的宗教意识与审美价值

三星堆文物集中在已发掘的8个祭祀坑中，出土了以青铜神树、人面像、各种凤鸟为代表的礼器、神器，标明古蜀人明确的宗教意识，祖先崇拜、泛灵崇拜的历史。从外观可以推测，三星堆文化的器物没有实用性，参照殷商文化历史，可见这些器物是具有系统性的宗教法器、礼器，表明严密、完整的礼仪形式、祭祀制度在三星堆文化中已经形成，并呈现宏大规模。“一号祭祀坑是巴蜀文化首次发现的祭祀坑。”①古老先民有着浓厚的巫术意识，三星堆文化器物造型的根本原因在于对“神”的顶礼膜拜，它是古老人类在强大的自然力压抑下的自发反应。正是依托虔诚的宗教意识，先民们远赴边疆、越高山、涉江河、驱蛇兽，克服各种艰难险阻，动用巨大的人力、物力、财力、精力，以虔诚的姿态、执着的信念、先进的技术创造器物，以表达对神的敬畏。

造器在中原文化史上留下明确的轨迹。《左传·宣公三年》载：“昔夏之方有德也，远方图物，贡金九牧，铸鼎象物，百物而为之备，使民知神、奸。故民入川泽、山林，不逢不若。螭魅罔两，莫能逢之。用能协于上下，以承天休。”②三星堆出土文物为祭祀品得到学术界的普遍认同，从文物质地精美、造型夸张到摆放位置、器物形状都可见古蜀人的神灵崇拜意识。在中国古老习俗中，面具是神灵的代表，或是与神灵对话的媒介。“黄金面罩质地永远黄亮，光彩夺目，这能使祖先魂灵降生人间时不受邪气干扰，含有驱鬼辟邪的功能。后世的巫师服饰和作法器具大多是黄色，原因可能即在于此。”③解释了浓厚神秘意味的黄金面罩的巫术作用。面具本是神灵的代表，以神、鬼的外形体现人的精神。据专家推测，三星堆面具可能是古蜀国巫祝、神权、王权、神灵的象征；“方座可能是巫师做法时专用的法坛，整个人物造型均显示作法的形状。”④阐明青铜立人造型的意图；通天神树象征人与神的交往互通，扶桑、建木、若木是

---

① 黄剑华：《古蜀的辉煌》，巴蜀书社2002年版，第32页。

② 杨伯峻：《春秋左传注》，中华书局1981年版，第669—671页。

③ 邱登成：《三星堆与巴蜀文化》，巴蜀书社1993年版，第195页。

④ 陈显丹：《三星堆一、二号坑几个问题的研究》，《四川文物》1989年“广汉三星堆遗址研究专辑”，第17页。

文化史上沟通宇宙的媒介、日月出没的所在，昭示古蜀人神树崇拜的精神世界。在先民的世界里，存在天圆地方的宇宙观，需要高大丰茂的神树连接天上人间，这种观念遍布世界各地的宗教仪式与民间信仰中。“世界各地的宇宙树，都以其高大无比、通天入地为重要特征；但是，它们另一个或许更为重要的特征，则几乎都位于世界的中央，以及几乎毫无例外地位于高峻的山上。”①三星堆神树是古蜀人世界观念的艺术呈现，人面鸟身像是古蜀人太阳崇拜的展示。鱼米之乡的成都平原，阳光雨露是农耕渔猎生产生活的基本保障。因此，太阳神为古蜀先民的崇拜对象，鸟崇拜与蜀国历史息息相关，据史料记载，早期的蜀族首领柏灌、鱼凫、杜宇均以鸟为名，更留下杜宇魂魄化为杜鹃的凄美传说。反映太阳崇拜的主题涵盖了三星堆出土的大量青铜器、金器的意蕴，如青铜纵目太阳神面具、太阳青铜神树、太阳纹金箔。同时古蜀先民还以此为基础，将太阳神动物化为空中的飞鸟与水中的游鱼。玉石因其资源极度稀缺、开采极为艰难、质地尤其坚硬、琢磨特别不易，一直以来作为稀世珍宝被用于宗教祭祀、赏赐大臣、馈赠友人的上好物品，也是制作祭祀器、礼器及佩饰的材料，又因其色泽晶莹透彻、肌理缜密有致、触手细腻温润成为中华文明重要的象征符号，并被赋予神化的、人格化的内涵。《周礼·春官·大宗伯》：“以玉作六器，以礼天地四方：以苍璧礼天，以黄琮礼地，以青圭礼东方，以赤璋礼南方，以白琥礼西方，以玄璜礼北方。”②金杖的稀有材质，人头图案，鱼、鸟纹饰是宗教与权力、财富的象征。正是古蜀人盛大的祭祀场面、丰富的祭祀品，虽然没有文字记载，却以实物言说古蜀国发达的青铜文明、多元化的祭祀对象、完整的礼仪制度、高超的加工工艺、对世界宇宙的广阔认识。它们是古老的神灵崇拜与原始巫术的结合。

古蜀人的原始虔诚宗教活动是人类早期审美活动的发生发展的源泉，他们正是以器物为媒介，以造型艺术的审美化实现敬神、娱神、贿神的目的，以求得“祸灾不至，求用不匮”的心理慰藉。从威武的青铜器到黄金制品到海贝、象牙、玉，大多脱离了实用功利，进入审美的自由王国。

---

① 芮传明、余太山：《中西纹饰比较》：上海古籍出版社 1995 年版，第 239 页。

② 《周礼注疏》卷 18《大宗伯》，（清）阮元校刻：《十三经注疏》，中华书局 2009 年版，第 1644 页。

**1. 以具象写实的风格再现古蜀地物质生活风貌**

三星堆青铜造型不管是人物还是动植物都表现早期人类社会具象思维模式,艺术形象与现实形象叠合。其人物形象取材于现实生活中的祭祀、王族形象,面具既是祭祀中增添神秘感的宗教形象,也是现实中展示威严感的王族形象。动植物造型如鸟、蛇、树木、花果模仿现实生活,产生鲜活灵动的审美效应。灵巧生动的各种鸟造型最富神韵,如立于小青铜神树枝头的鸟,三枝花蕊状的冠羽昂扬地列于鸟头上,双翅后扬,鸟尾巨大,铜鸟弯喙衔一虫蛇,生活气息扑面而来。

**2. 以夸张变异的造型表现古蜀人的浪漫主义追求**

出土的三星堆文物以夸张变异的造型实现现实物象与艺术形象的“隔”,表现古蜀人的理想,如异化人物、动物的眼部,常见的方式有:一类将眼角上提直达耳侧,显示眼睛硕大,眼球极度夸张,以柱状形式向外凸出达 16 厘米,并通过一条棱线连接两边眼角,象征古蜀人对外部世界的深情凝望。蜀国四周被高山阻隔,通往外部世界的道路崎岖,但难以隔断古蜀人对外部奇异世界的向往。另一类被学者称为“纵目”的人像,表现为眼角向额部上提,近似后来的古装剧造型,但瞳仁以柱状形式从眼球中央向外凸出,既再现古蜀人的外观,也象征他们探索世界的艰辛。大量出现的鸟类眼睛外观也以变异的手法表达古蜀人的理想。可见,青铜人像、动物造型的共同表征为夸大眼部比例,追求形状的变异。集合多种动物外观的龙是华夏民族的图腾对象,三星堆数次出现龙的造型,既表现古蜀文化与中原文化的联系,又蕴含蜀地先民想象力的丰富。青铜神树上的龙,鼻上生出角,缘树干龙身蜿蜒游弋,或者盘旋在龙柱形器上,前探头部,是探求与希冀,外翻犄角,是勇武与魅力,龙身紧贴柱壁,是对根的怀念,飘逸上卷扬起的龙尾,是腾飞的雏形。与中原龙形象是多种动物集合体比较一致,三星堆的龙糅进了蛇、鹿、蜥蜴等动物的形象,充分体现三星堆先民以浪漫主义精神组合变异各种动物造型元素,以表达他们的理想。

**3. 以高大威严的造型展示古蜀人的审美趣味**

三星堆器物以重、拙为美,表现古人崇尚质朴浑厚的审美观念,充分展示“高贵的单纯、静穆的伟大”。各种青铜像体型高大,青铜大立人像为我国商周时代最大的青铜人像,高 2. 62 米,重 180 多公斤。青铜神树高 384 厘米,枝叶繁茂、硕果累累，神鸟栖息其上。青铜纵目面具堪称面具之王，高66厘米，宽138厘米。黄金面具残片以大体量震撼世人。青铜大鸟头高40.3厘米，纵径38.8厘米，一方面是古蜀人鸟崇拜的艺术呈现，另一方面以形体的巨大增加宗教神秘感与艺术张力。各种青铜形象造型奇特，眼球凸出或成圆柱体，鼻梁高耸，耳朵宽厚，既体现神权时代通过重型物质对人产生的精神压力展示至高无上的权威性、神秘感，又表现古蜀人追求外形高大的审美趣味，昭示人类在强大的自然力面前渴望以伟力抗衡，也可能因古蜀人本身身材矮小，希望以幻想的方式实现心理期待。

**4. 精美的纹饰展示古蜀人艺术技艺的高超**

青铜是红铜与锡、铅的合金，具有延展性好，硬度、强度高的特点。三星堆青铜器以其精美的纹饰创造青铜器历史的辉煌，展示古蜀人高超的炼铜技术和艺术创造才能。“在商的晚期和西周早期，青铜的冶铸业作为生产力发展的标志而达到高峰。在当时的亚洲大陆上，商周的青铜冶铸业所产生的青铜艺术，是一颗光彩夺目的明珠。”①三星堆青铜器纹饰别致复杂，不仅借鉴中原的云纹、雷纹、兽面纹，还创造性地出现了太阳纹、歧羽纹、衣物纹等，采用刻镂。镶嵌金银丝、浮雕、镀锡等以描摹直观对象、表现主观情感。用像生纹饰、波浪纹细腻呈现动植物的质感、情态。以抽象纹饰表达象征意蕴。同时，展示高度发达的工艺。三星堆青铜造像及器物以陶范制作，在外范精心雕刻各种花纹，有的使用浑铸法一次成型，如小型铜人、铜面具、铜车等，有的使用分铸法，分段、多次浇注，然后打磨痕迹，采用热补、焊铆等先进技艺修补缺陷，使其外观浑然一体，线条疏朗有致。“面对三星堆出土的那些创作于三千数百年前的青铜人物造型，谁能不承认它们具有非凡的艺术魅力？劲健的线条，鲜明的轮廓，夸张的容貌，巨大的体量，金属的光泽，组合成神奇瑰丽又古朴粗犷的艺术造型，散发着诱人的异彩，形成如此浑厚粗犷的美感。”②纹饰是三星堆出土文物最能体现古蜀人审美观念的表征，标志着古蜀人审美意识的明确、审美趣味的形成。

---

① 马承源主编：《中国青铜器》，上海古籍出版社1988年版，第3页。

② 杨泓、孙机：《寻常的精致》，辽宁教育出版社1996年版，第66页。

### (三)三星堆与异质文明交流展示

古老先民尽管身居内陆,但执着于对外部世界的探索。三星堆文明展示东、西方文明及与中原文明、长江中游文明相互融合的特质,是早期异质文明交流的结晶。其人像及面具造型线条粗犷、鼻梁高耸、眼部凹陷、棱角分明,具有欧洲或西亚人种特征。其青铜器的原料来源成谜,因为蜀地不出产铜,铜可能来源于金沙江。贝、象牙来自遥远的南部海边和热带雨林。其造型体现苏美尔文明、埃及文明、印度文明的特征,甚至暗合现代航天飞船外观。其"铸鼎象物"的写实风格标志殷商时期中原青铜文明,其高大威严的青铜人像、大量使用贵重黄金制品,很可能与"宇宙树""太阳神"的苏美尔文明有联系,其造型风格与长江中游地区出土的青铜相似。象牙、贝更彰显内陆地区对南方及海洋产品的珍爱与崇拜。

成都平原虽然处于"华夏边缘"地带,但是北方丝路、南方丝路、海上丝路的会聚地,青铜时代的巴蜀已经通过交通线路与外部世界建立了密切联系,以开放、包容的态度,以智慧与勇敢获取远方的珍宝,学习他者的先进技艺,使三星堆文明不仅是民族的更是世界的。"在黄河中游伴随着集团间的兼并战争而诞生了夏王朝,长江中下游的文化很快被中原文化冲断,尤其是长江中游,二里头文化之后,紧接着是强大的商文化占据了这一区域,而成都平原却在吸纳中原文化的同时,发展形成独具特色的三星堆文化。"① 三星堆不仅向我们展示了一个高度发达的青铜文明,更承载古蜀文明因为开放而熠熠生辉的历史。"广汉玉石器的出土,说明蜀国的统治者早在西周时代已经有了与中原相似的礼器、衡量制度和装饰品,这除了对于研究蜀国的历史有重要价值,而且再一次雄辩地证明了四川地区与中原悠久而紧密的历史联系。"②三星堆文化首先是在古蜀文明这块特殊土壤里生根、发芽、生长而绽放的奇花异朵;同时这朵奇葩在成长的过程中,还充分吸收了中原文化与荆楚文化的阳光雨露,并因此而显得格外璀璨耀眼。三星堆文

---

① 章江华、李明斌:《古国寻踪》,巴蜀书社 2002 年版,第 86 页。

② 冯汉骥、童恩正:《广汉三星堆遗址发掘概况、初步分期——兼论"早蜀文化"的特征及其发展》,《四川大学学报》1979 年第 1 期。

化的地方主体性,及其与周边文化的交融,再次表明了中华文明是多样性、丰富性与融合性、统一性的辩证关系。因此,多元一体是中华文化的总特征。

### (四)三星堆与蜀地古丝绸文化

丝绸在古代因为原料来源少、制作成本高、清洁保存难度大,一直被作为珍贵物品。后世在出土文物中发现丝绸一般是三种情况:展示宗教信仰的祭祀坑,作为敬神乐神的存在;体现丧葬习俗的墓葬,应该与蚕化茧为蝶暗示墓主人的永生;表现世俗生活的遗址,反映古老的丝绸加工艺术。2 号坑出土的青铜神树据专家分析应该是传说的神木扶桑,蚕纹在青铜兵器上出现,采桑图出现在一些青铜壶上,是蜀地远古时期已经栽种桑树饲养蚕的佐证。青铜大立人像头戴花冠,身着有各种花纹及龙纹的长襟,从其飘逸的姿态看应是丝绸。在近期发掘中,考古专家在 6 个祭祀坑中发现了两种丝绸,一种是在祭祀坑的灰烬层里发现大量丝绸痕迹,说明丝绸一开始并非用于制作日常衣物,而是用在隆重场合;另一种是在青铜器的周边发现了丝绸包裹的痕迹。出土的青铜神树上面有桑树,青铜兵器上可以看到蚕纹,一些青铜壶上也有采桑图,这一切都支持了在三星堆发现丝绸的合理性。证明早在商代,古蜀国的先民已经从事蚕桑丝织业了,而这种生产传统应该起源很早。

古蜀国最具影响力的是丝绸。传说第一位蜀王蚕丛长着凸出的眼睛,着青衣巡行,教民蚕桑,缔造了古蜀国的富庶。蚕吃桑叶吐丝,可以为人制丝成衣,蚕产卵、成蛹、化茧、最后又自藏的过程,与人类生殖、养育、成长、去世的过程类似。在巫术互渗观念的支配下,古蜀先民崇拜蚕桑,相信蚕虫能够沟通天地神灵,保护人类命运,因而他们将本部族的起源始祖,神化为"蚕丛"图腾。

在传统的学术观念中,以青铜礼器为核心的青铜文明是夏、商、周文明典范,中国文化是以"礼"为基础,以"文"为对象,建构起的完整的礼仪制度,鼎作为礼器,其大小多少彰显国家权力大小及远古森严的等级秩序。中原"列鼎"制度大体上可分为五等,即天子九鼎八簋;卿大夫七鼎六簋;大夫五鼎四簋;士三鼎或一鼎;士以下不得用鼎。考古发现证明,作为早期文明标志的青铜铸造有时代性、地域性。三星堆的考古发现,证明其受中原地区礼器制度的影响，以大小形状纹饰各异的青铜彰显礼仪等级。而黄金“权杖”、黄金面具是埃及文明中显示王权的标志。三星堆考古证明，3000 多年前的古蜀人已经掌握黄金开采、加工技术。黄金因质地的延展性、开采量极度稀少而价值高昂，黄金权杖纹饰精美、图案内容丰富、工艺独特，被普遍认为代表神权、王权的威严，具有巫术的性质。“对于这柄金杖，学者们多认为是权杖，是古蜀国王或巫师象征王权或神权的权杖（法杖）——这从金杖上所绘人、鱼、鸟图案可以获得证实。”①从其使用情境及材质、纹饰图案可以见出对近东西亚文化的借鉴与改造。三星堆的黄金面具不同于埃及或希腊模拟死者面部特征罩在部落首领或国王脸上，而是以整块金叶子在模具上打制而成，供大型祭祀活动中巫师或部落首领所用，以灿烂金光显示神明或权贵的神秘力量，与丧葬无关。

三星堆考古发现举世瞩目，是民族历史、文化的载体，智慧的结晶，是人类文明的一座丰碑。不仅揭开了古蜀王国遥远而又神秘的面纱，还历史传说为器物诠释，展示古蜀文明多元借鉴又保持地域特征的文化体例，而且彰显古老东方文明的恒久魅力。

## 二、天府成都——锦城蜀韵

俗语云：少不入蜀，老不出川。四川盆地被周边绵延的群山分隔，气候温和，物产丰富，远离战乱，民众和乐，孕育了几千年没有间断的农耕文明，形成“士多自闲，聚会宴饮，尤足意钱之戏”②的遗风，以闲暇、美食独步天下。古蜀国在史前及先秦已经积淀了厚重的文明，现存的宝墩遗址、三星堆遗址、金沙遗址佐证其民众富庶、商贸繁荣的景象。2020 年，在对三星堆的重新发掘的过程中，新发现 6 个祭祀坑，出土了极为罕见的青铜立人像、黄金面具、大量象牙，佐证 5000 年前古蜀国的繁荣富庶。同时出土的丝绸残片不仅昭示蜀地丝绸的历史悠久、技艺先进，也为西南丝绸之路研究提供了论证资源。古蜀国为周秦王朝提供品种丰富的物资供应。卢求《成都记 · 序》：“今之推名镇为天

---

① 屈小强：《三星伴明月——古蜀文明探源》，四川教育出版社 1996 年版，第 44 页。

② 《隋书》卷 29《地理志》，中华书局 1973 年版，第 830 页。

下第一者，曰扬、益”，又说蜀地“江山之秀，罗锦之丽，管弦歌舞之多，伎巧百工之富……扬不足以侔其半”[①]。讴歌了蜀山秀丽，蜀锦绚丽，歌舞艺术繁荣，百姓富庶的盛景。“锦绫专为蜀有”，天府四川因独特的自然、人文条件与蚕丝渊源深厚，既是蚕桑生产基地，又是“丝绸之路”货源地。四川丝绸品种多样，工艺独具地域特色，是丝绸文明起源和形成的摇篮。

### （一）成都文明与蜀汉风流

成都位于四川盆地，是西南地区的交通枢纽、金融中心、科创领头羊，有“蓉城”“锦官城”“益州”等别称。蜀锦、蜀绣、变脸、茶馆文化遐迩闻名，都江堰、青城山、杜甫草堂、文殊院、武侯祠、浣花溪、宽窄巷子等独具魅力。成都地名来源说法较多，一种观点认为是源自“周太王从梁山止岐山，一年成邑，二年成都，因名之曰‘成都’”[②]。还有观点认为“一年而所居成聚，二年成邑，三年成都”[③]。成都地处北纬30度，平均海拔500米左右，属于亚热带季风气候，四季分明，温润多雨，河网密布，水量丰沛，土地肥沃，人民富庶。成都有悠久的历史，璀璨的文明：古蜀文明华光萃采；都江堰文化惠及平原，文人墨客吟哦数千年；三国文化别具匠心；宗教文化和谐共荣；熊猫文化独步天下；美食文化吸引四方宾客。成都是历史上早期的国家形式，是中华文明发祥地之一。

在距今4500年至3000年间，成都平原早期建有若干个宏大的古城，出土于三星堆遗址的大量青铜器，造型别致美观，体态威猛有力，形式丰富多样，不仅彰显当时高度发达的物质文明，也体现丰富的精神文化内蕴。金沙遗址出土的上万件珠宝、玉器、象牙、金器，见证古蜀国内向发展与外向开拓的文明。有关两大遗址的大量资料证明，商周时期，成都平原的古蜀国与中原地区的经济文化保持密切联系。同时，三星堆遗址出土了包括环纹贝和虎斑纹贝在内的4600枚海贝，金沙遗址出土的部分玉器与越南出土的同时期的玉器相似处较多，佐证了成都平原青铜文化与东南亚及南海的贸易联系。成都有得天独厚的地理位置，是中国西部内陆城市的地理中心，是古代长江经济带、南方丝

---

① （清）董诰等编：《全唐文》卷744《卢求·成都记序》，中华书局1983年版，第7702页。

② （宋）乐史：《太平寰宇记》卷72《剑南西道一》。

③ 《史记》卷1《五帝本纪》，中华书局1982年版，第34页。

绸之路和北方丝绸之路三大经济文化带的交会点，成为古代中国对内对外开放的枢纽。城址千年不移，城名千年不改；成都是文化底蕴深厚的城市，因为深居内陆，少有战乱，拥有丰饶的物产、闲适的生活方式、灿烂的文化；成都是丝绸之路的重要节点，既是南方丝绸之路的起点，又是北方丝绸之路与海上丝绸之路的交会点。向南经由云南到缅甸、印度，也可由夜郎到岭南连接海上丝绸之路。北上经蜀道、金牛道、米仓道、荔枝道等联通北方丝绸之路。向西北走关中、过河套地区、越蒙古高原通向草原丝绸之路。汉唐时期，商人、僧侣、文人、官宦等通过丝路往来四川与长安，融汇中原文明与巴蜀文明；成都是创新、开放的城市。成都开采天然气最早，修建自流灌溉水利工程（都江堰）最早，创建官办地方学校最早，编纂地方志（《华阳国志》）最早，使用纸币（交子）最早。几千年的开拓创新，成就了成都的富庶繁荣。[①] 蜀道难，但没有阻止川人外向拓展的步履，丝绸之路是成都的历史书写。

成都因“水旱从人，不知饥馑”，被称为“天府之国”，蜀地依托丝绸之路与西域及东南亚、西亚各国进行商贸往来、文化交流，历史上的多次民族融合，改变优化了四川的文化格局。在秦一统天下的伟业中，蜀地为其征战之所，灭蜀后，为了巩固统治，向蜀地移民成千上万家，《史记》有大量秦移民蜀地的记载。移民潮带来了秦文化与蜀地的融合、同化，促进蜀地融入华夏文化圈。“凌、绢和锦等丝织品还可用作交换货物的媒介”，“和金钱同时流通”[②]。随着汉丝绸之路的开启，东汉魏晋之后，西域文化渗透进巴山蜀水，商人、僧侣、官宦互通来往。考古资料证明，这一时期后，胡人俑出现在四川地区的墓葬。《三国志·蜀书·后主传》裴注引《诸葛亮集》载蜀汉后主刘禅诏：“凉州诸国王各遣月支、康居胡侯支富、康植等二十余人诣受节度，大军北出，便欲率将兵马，奋戈先驱。”[③]可见传世文献对西域胡人参加诸葛亮北伐的记载。不仅如此，西安发现的北周《安伽墓志》昭示了丝路沿线与天府之国的官员也经常交流轮换，安氏家族出自凉州粟特，后迁入长安，但是安伽的父亲安突建曾经任

① 何一民、王毅主编：《成都简史》，四川人民出版社 2018 年版，第 3 页。

② 季羡林：《中国蚕丝输入印度问题的初步研究》，《历史研究》1955 年第 4 期。

③ 《三国志》卷 33《蜀书三·后主传》，中华书局 1982 年版，第 895 页。

眉州刺史，“君讳伽，字大伽，姑藏昌松人，父突建，冠军将军，眉州刺史”①。据专家考证，安突建担任的应该是眉州刺史，时间应该在西魏废帝二年。唐代张彦远在介绍益州行台官窦师纶所造蜀锦时高度赞扬：“窦师纶，字希言，纳言陈国公抗之子。初为太宗秦王府谘议，相国录事参军，封陵阳公。性巧绝，……凡创瑞锦宫绫，章彩奇丽，蜀人至今谓之‘陵阳公样’。……高祖、太宗时内库瑞锦、对雉、斗羊、翔凤、游麟之状，创自师纶，至今传之。”②窦师纶设计的祥瑞之锦，提高并丰富了蜀锦蜀绣的制作技艺，对雉、斗羊、翔凤、游麟等图案多样，纹饰生动，是蜀锦蜀绣高超水平制作技艺的代表。由此可见东西方商贸往来历史悠久。

### （二）丝绸辉煌铸就巴蜀历史

丝绸的生产与销售在成都历史悠久，蜀锦与宋锦、云锦并重，称“中国三锦”，蜀绣与湘绣、苏绣、粤绣并称中国“四大名绣”，名扬海内外。蜀绣绣品题材丰富，山水、人物、花鸟、虫鱼等皆可入景，中国元素、传统文化濡染其中。表现手法推陈出新，在层次、空间、色彩、针法等方面颇有创意。特别是“十字绣”成为蜀绣的经典。蚕，最初是原始部族的食品，人类在进化过程中逐渐发现蚕丝可以制作绳索、网具等生产和生活用具。岷江流域的蚕丛氏，是蜀地第一个栽桑养蚕的原始部落。历史上的古蜀国，曾先后出现蚕丛、柏灌、鱼凫、鳖灵和开明等时代。“蚕丛”即蚕聚集成堆意。嫘祖子孙与蜀山氏部落的联姻，把嫘祖养蚕织丝制衣的技术传播到了蜀地的蚕丛部落，促进部落间的交流，推动人类进化。从历史传说看：相传黄帝与嫘祖生子昌意，昌意娶蜀山氏之女生子高阳，是为颛顼；从字源学上考察：“蜀”字最早见于甲骨文，“蜀”的象形字为“蚕”。东汉许慎《说文解字》：“蜀，葵中蚕也”。《淮南子·说林训》：“蚕之与蠋，状相类而爱憎异”。

从考古发掘来看：成都在先秦就有了丝绸生产，在西汉有规模化的丝绸生产工具与先进的生产工艺，盛唐时期大量丝绸上供朝廷。金沙遗址出土的玉

① 陕西省考古研究所：《西安北周安伽墓》，文物出版社2003年版，第60—62页。
② （唐）张彦远：《历代名画记》卷10，京华出版社2000年版，第77—78页。

琮是良渚文化的产物。在三星堆遗址中发现了前所未有的青铜雕像群,青铜立人高达2.62米,青铜面具宽1.4米,青铜神树高约4米。青铜立人外衣就其形状、纹饰可以判定为丝绸,说明青铜时代蜀地丝绸制作技艺已经达到较高水平。百花潭出土的战国铜壶,上面有采桑图。数十年来,在新疆和北方丝绸之路沿线多个地区的考古发掘中发现了数量较多的成都所产织锦等丝绸实物,河西边塞出土以“广汉”指示蜀地纺织业产品“广汉八緵布”的简文,在新疆吐鲁番阿斯塔那—哈拉和卓古墓群先后出土了大批精美的丝织品,经过研究考证这些丝织品被确认为是产自蜀地的蜀锦。另外考古人员在今青海海西自治州都兰县热水乡、夏日哈乡唐代吐蕃(含吐谷浑遗族)墓葬中也出土了大批精美的丝织品,其中以蜀锦为主,其考古年代从北朝后期至盛唐时期。2012年在成都天回镇老官山墓地,出土了完整的四部竹木制成的提花机的原型——织机模型,据考证此为西汉墓地。同时出土的还有纺织工人模型及16具刺绣木偶。十二桥船棺葬中发现了丝绸服饰。

从文字记载看:晋常璩《华阳国志》:“始,文翁立文学精舍、讲堂,作石室。……其道西城,故锦官也。”①“其道西城故锦官也,锦江织工濯其中则鲜明,濯他江则不如。”②东晋李膺《益州记》:“锦城在益州南,笮桥东,流江南岸,昔蜀时故锦官处也,号锦里,城墉犹在。”③《太平御览》引《诸葛亮集》:“今民贫国虚,决敌之资,惟仰锦耳。”④说明蜀锦的经济支柱地位。三国蜀人谯周《益州志》云:“织锦既成,濯于江水,其文分明,胜于初成。”⑤阐明用府南河水濯洗出的蜀锦,品质优良、色彩艳丽。显示当时的成都,已经有非常成熟的织锦、漂洗技术。“甘肃东部、陕西中部和四川北部这几个地区,它们组成了我将要提到的一个文化‘流域’的概念,这个概念是从众多的敦煌文书中得出

---

① (晋)常璩原著,刘琳校注:《华阳国志校注》卷3《蜀志》,巴蜀书社1984年版,第227页。

② (晋)常璩原著,刘琳校注:《华阳国志校注》卷3《蜀志》,巴蜀书社1984年版,第226页。

③ (晋)李膺:《益州记》,《说郛》卷61上,景印文渊阁四库全书本。

④ (宋)李昉等:《太平御览》卷815《布帛部二·锦》,中华书局2000年版,第3624页。

⑤ (南北朝)萧统编,(唐)李善等注:《六臣注文选》卷4《蜀都赋》注引谯周《益州志》,中华书局1981年版,第79页。

的。”[①]可以见出丝绸不仅成就了蜀文化，而且使蜀文化融入华夏文明大家族；从文学描写中看，扬雄《蜀都赋》“尔乃其人，自造奇锦。……发文扬彩，转代无穷”[②]，歌颂了蜀锦的纹理精致、色彩纷呈、传之遥远。《西京杂记》载司马相如论及辞赋之精妙，“合綦以成文，列锦绣而为质。一经一纬，一宫一商，此赋之迹也”[③]。西晋文学家左思《蜀都赋》：“栋宇相望，桑梓接连。……百室离房，机杼相和。贝锦斐成，濯色江波。黄润比筒，籝金所过。”[④]详细记载巴蜀的山川、物产、民俗，生动描绘了蜀都丝绸生产的火热场面，赞美丝绸的价值。唐代成都丝绸生产与销售都呈现高效益大规模样态，杜甫诗云：“晓看红湿处，花重锦官城”“丞相祠堂何处寻，锦官城外柏森森”，描绘成都花团锦簇、林荫宜人的自然环境。刘禹锡吟唱：“濯锦江边两岸花，春风吹浪正淘沙。女郎剪下鸳鸯锦，将向中流匹晚霞。”生动呈现织锦女子的技艺高超。这些书写标志天府丝绸文明在秦汉时已经达到很高水平，到唐宋走向鼎盛。元明以后，随着海上丝绸之路的兴盛、贸易种类的增加，丝绸外贸份额有所下降，但影响力犹存。通过丝路销往西域各国的丝织品以蜀锦为多。1995 年，在新疆发掘的东汉墓葬尼雅遗址，出土了采用经线提花织造而成，长 18.5 厘米，宽 12.5 厘米的织锦护臂，使用秦汉以来发展广泛的植物染料：绛红、草绿、宝蓝、明黄和白等五组色，精心织出斑斓纹饰，云纹、星纹、仙鹤、孔雀、辟邪、虎纹跃然其上。一件绣有“五星出东方利中国”，还有一件刺有“五星出东方，讨南疆”的文字锦帛。该织锦色彩鲜明、图案多样、纹路明晰，既彰显蜀锦在外贸交往中的历史与价值，也代表汉代织锦的最高水平。

早在先秦，蜀地是南方丝绸之路的源头。蜀道是关中进出蜀地的通道，贯通渭水流域、汉水流域、长江三峡三大文化走廊，辐射华北、云贵南北文化走廊，连接草原之路、北丝绸之路、南丝绸之路，形成从西部通向欧亚大陆腹地和

---

① （美）梅维恒：《唐代变文——佛教对中国白话小说及戏曲产生的贡献之研究》，中华书局 2011 年版，第 11 页。

② （清）严可均编：《全汉文》卷 51，中华书局 1958 年版，第 804 页。

③ 向新阳等：《西京杂记校注》，上海古籍出版社 1991 年版，第 91 页。

④ （明）杨慎原：《全蜀艺文志》卷 1《赋一 · 蜀都赋》，刘琳等点校，线装书局 2003 年版，第 10 页。

西方世界的交流网络开放体系。现代考古发现充分证明,中华原始文化繁荣发展的基地在蜀道沿线及其南北地区。蒙文通、袁珂通过对《山海经》的深入研究,认为古巴人作《山经》,古蜀人辑《海经》。《战国策·秦策》载有苏秦对蜀地的赞美:"沃野千里、蓄积饶多、地势形便。"蜀道形成较早,在《三国志·蜀书》就有记载,春秋战国时期,铁器的使用,开拓了大量栈道。秦国派兵沿蜀道南下攻取汉中,占领四川盆地,保证了物资供应。刘邦以巴蜀、汉中为基地,蜀道沿线成为后方基地,蜀道经济文化成就了西汉的强盛。中国僧人在西晋通过川黔"牂牁道"赴印度求法。因关中盆地、汉中盆地、四川盆地物产丰饶形势险要,隋唐帝国丰功伟业,是以蜀道沿线为基地控制西部,由西部走向世界。高僧玄奘经成都走向西域、南亚,研习佛法,取得真经。大慈寺开山祖师新罗国王子以无相禅师身份入蜀求法,结下佛缘。四川是西南地区丝绸之路的重点,陆上丝绸之路与青海道路线以成都为起点,沿岷江河谷经茂县、松潘,走茶马古道越青海道、羌中道与传统丝路会合;南方丝绸之路经云南到缅甸、印度从而抵达中亚、西亚、地中海,被称为"滇缅道";南方丝绸之路向东经广州或越南北部出海,连接海上丝绸之路。由此可见,成都直接联系着古丝路,是丝绸之路青海道、滇缅道和南方丝路出海口的源头,是北方丝绸之路的货源地。现保存较好的簇桥古镇,始建于三国,是古成都南接滇缅、西通康藏的交通要道,不仅演绎岁月静好的商路欢喜,也承载烽火战乱的人世悲愁,成为南方丝绸之路的第一个驿站。

张骞出使西域,在大夏发现了当地已经有蜀布和邛竹杖,说明在汉以前已经有通往印度、阿富汗等地的商道。据古梵文文献相关记载,印度教大神以中国丝绸为美,特别是黄色蜀锦更受青睐。汉代,蜀锦因其制作精良、色泽艳丽、花纹多样,作为朝廷贡品,不仅皇室乐用,也用以赏赐百官,上流社会也以此作为财富的象征,广泛的需求促进蜀锦扩大制作规模、完善制作技艺。"锦官城""锦城""锦里"为专门的管理机构。蜀锦通过蜀道运抵长安,再经西北丝路转至西域、欧洲。唐代前期的鼎盛及安史之乱后皇室避祸四川,推进了四川经济的发展。四川盆地打通了几条从成都出发经中国云南或贵州到缅甸、越南、印度、中亚、西亚的商贸大道。同时,以成都为起点,有两条通道紧密联系海上丝绸之路。一条通过南方丝路经广东、广西港口出海,另一条沿长江一路东下直抵南京、宁波等地出海。成都所产丝绸占据全国重要份额。安史之乱前，唐朝国力强盛，丝路畅通，巴蜀丝绸生产达到高峰。安史之乱后，因为特殊的地理位置及稳定的政治环境、丰饶的物产，唐代以成都为南京，其成为帝王将相的避难所，"唐衣冠之族，多避难在蜀"①。人才及资本的进入，促进了文化的融合与繁荣。"从南北朝到隋乃至唐初，在全国范围内能提供织锦作为贸易商品的，只有成都地区。"②元以后因战乱成都经济逐渐衰落。明清以后，海上丝绸之路的繁荣带动成都进入内陆与沿海的大循环。

### （三）丝绸之路与古蜀文化交流

古丝绸之路不仅促进商贸的活跃、民族的融合，也推进文化的多元、繁荣，这在文学、宗教、雕塑、音乐、舞蹈中都有体现。《山海经·中山经》再现古蜀地桑林郁郁葱葱，"又东北三百里曰隅阳之山，其上多金玉，其下多青雘，其木多梓桑。……又东南四十里曰鸡山，其上多美梓，多桑，其草多韭。……又东五十五里曰宣山，沦水出焉，东南流注于视水，其中多蛟。其上有桑焉，大五十尺，其枝四衢，其叶大尺余，赤理黄华青柎，曰帝女之桑。"汉魏时司马相如、扬雄、左思的文学成就与丝绸艺术有着千丝万缕的联系，丝绸成为他们描绘的重要对象。唐代文学艺术中呈现丝路文化在巴蜀的繁盛，如陈子昂、李白、杜甫、刘禹锡的诗篇咏歌等。李白在《上皇西巡南京歌十首》中高歌："胡尘轻拂建章台，圣主西巡蜀道来。剑壁门高五千尺，石为楼阁九天开。九天开出一成都，万户千门入画图。……谁道君王行路难，六龙西幸万人欢。地转锦江成渭水，天回玉垒作长安。万国同风共一时，锦江何谢曲江池。"诗风豪放飘逸，尽情渲染蜀道的艰险、蜀水蜿蜒、蜀地繁华。杜甫在《成都府》中吟唱："翳翳桑榆日，照我征衣裳。我行山川异，忽在天一方。但逢新人民，未卜见故乡。大江东流去，游子去日长。曾城填华屋，季冬树木苍。喧然名都会，吹箫间笙簧。信美无与适，侧身望川梁。鸟雀夜各归，中原杳茫茫。初月出不高，众星尚争

① （清）吴任臣：《十国春秋》卷35《前蜀一·高祖本纪上》，中华书局1983年版，第501页。
② 武敏：《吐鲁番出土蜀锦的研究》，《文物》1984年第6期。

光。自古有羁旅,我何苦哀伤。”诗风沉郁顿挫,昭示成都在离乱时的阴凄,同时抒发旅人的孤寂:故乡茫茫,游子归期难以计量。北宋仁宗庆历年间益州知州田况有诗再现蚕市景象:“齐民聚百货,贸鬻贵及时。乘此耕桑前,以助农绩资。物品何其夥,碎琐皆不遗。”①描写农人在耕桑前的农闲时光,聚集街巷,购买各种货物。张仲殊词《蚕市》:“成都好,蚕市趁遨游。夜放笙歌喧紫陌,春邀灯火上红楼,车马溢瀛洲。人散后,茧馆喜绸缪。柳叶已饶烟黛细,桑条何似玉纤柔,立马看风流。”②描绘蚕市期间灯火通明、歌舞升平、车马云集的盛况。“西域文明在巴蜀地区汇集,通过诗歌、宫廷乐舞、变文、说唱等文学艺术形式传播开来。”③兴起于唐代的说唱文学——变文,脱胎于巴蜀,“变文与蜀地关系最为密切。据《太平广记》引《谭宾录》的材料,唐代安史之乱以前‘转变’(转唱变文)就已在蜀地民间广为流行,成为广大民众喜好的娱乐活动。又据《高力士外传》记载,唐玄宗从蜀地回到长安,就以从蜀地带回的‘转变’作为娱乐的形式之一。现存唐诗中关于‘转变’的作品,几乎都和蜀地、蜀女有关”④。这种集论辩、争奇于一体的艺术形式是巴蜀文化、中原文化、西域文化交流的产物,创造并传唱丝绸之路的故事。流行唐代的宫廷乐舞因吸收西域乐舞之精华异彩纷呈,极富异域特色的“软舞”“健舞”广为流行,模仿宫廷乐舞的规模和唐代宫廷雅乐建制雕刻而成的前蜀皇帝王建墓室棺壁上的二十四伎乐石刻图像是有力佐证。神话、巫术与古蜀文化关系密切。随着丝绸之路的畅通,佛教、祆教入蜀对本土文化产生很大影响,蜀地石刻与敦煌千佛洞民间壁画相似度很高。

在西部大开发的背景下,成都迅速崛起,现已跃升为新一线城市第一名,其各项指标远超新一线城市第二名杭州。借力蓉欧快铁、沪蓉高速、京昆高速,成都西接欧洲、东连大海、南通东南亚。在《推动共建丝绸之路经济带和21世纪海上丝绸之路的愿景与行动》的顶层规划中,成都作为内陆7个重要节点城市之一被普遍关注。借力“一带一路”建设大背景,成都实现华丽转

---

① (明)曹学佺:《蜀中广记》卷55,上海古籍出版社1993年版。

② (宋)陈元亮:《岁时广记》卷1,景印文渊阁四库全书本。

③ 苏宁:《唐诗中的丝绸之路与天府之国》,《文学评论》2017年第4期。

④ 伏俊琏:《敦煌学与巴蜀》,《光明日报》2016年8月1日。

身，由传统的内陆二线城市转变为对外开放的新一线城市，站到了经济文化新高地。成都交通便捷，航空、铁路、陆路畅通。成都机场吞吐量与日俱增，天府国际机场的投入使用奠定国际航空枢纽地位。覆盖国内外多座城市的“蓉欧+”国际班列，连接起中国和欧亚地区经济带的黄金国际通道，为成都的新一轮发展奠定了坚实基础。

成都古为蜀文化中心，受盆地周围高山峡谷的制约，一方面影响与其他地域文化交流传播的速度和力度，另一方面文化传统更体现为本土化、有序性。古蜀人以坚毅开拓的精神力量、创新发展智慧向北向南向东向西开掘出一条条与外部世界的连接之路，并以高度发达的丝绸文明闻名于世。

## 三、多彩腾冲——博南古道

云贵高原是中国西部乐章的组曲，其地势西高东低，地表崎岖，喀斯特地貌突出，石灰岩广布，少数民族分布于各个区域，矿产、旅游资源丰富。司马迁在《史记·西南夷列传》中最早记载了云南，用较长篇幅叙述了其形成历史、民族成分及生活习惯，考证了庄蹻王滇的历史。班固《汉书》沿袭《史记》，有所增加。后世的文献典籍相继对滇的存在时间、滇王降汉的过程、汉族进入滇国的历史都有考证。云南是中国唯一一个既有高原又有热带雨林的省份，是人类的主要发祥地之一，百万年前旧石器时代的 30 多个遗址是云南文化的见证，又是古代几大族群迁徙流转之地，形成了丰富多彩的风俗民情，是一个活的历史博物馆。白族文化、东巴文化、贝玛文化、贝叶文化，是高原上的一幅幅炫彩油画。火把节、木鼓节、泼水节、插花节、三月街、刀杆节，是坝上的盛装舞会。神话、史诗、歌舞、绘画、戏曲、古乐，是民族艺术的精美呈现。

云南区位优势独特，面向“三亚”、肩挑“两洋”，是中国唯一可以同时从陆上沟通东南亚、南亚、西亚，连接欧洲、非洲的省份。特殊的地理位置使云南成为中国通向东南亚和南亚的陆路门户，东经贵州、广西通往海上，西出腾冲过缅甸接印度通往南亚，南与海上丝绸之路相连，北与丝绸之路经济带连接，是南方丝绸之路和海上丝绸之路的交会点。南方丝绸之路的西线为从四川成都经云南至缅甸、印度并进一步通往中亚、西亚和欧洲地中海地区的茶马古道。据《史记·西南夷列传》载:"及元狩元年,博望侯张骞使大夏来,言居大夏时见蜀布、邛竹、杖,使问所从来,曰'从东南身毒国,可数千里,得蜀贾人市'。"①可见张骞出使西域前,开始了经由蜀身毒道的货物贸易。彩云之南享有独特的地理风貌,高原、山谷、河滩、平地共存;特殊的气候状况,热带、亚热带、温带共享;多彩的民族风情,25个少数民族铸就奇特的风俗习惯,产生了许多不同于其他地方的奇异现象。昭通、曲靖、大理、丽江、保山、腾冲是南方丝绸之路的一个个节点,是云南边贸历史的一组组符号。

滇西部腾冲又名"腾越",依托"母亲山"高黎贡山,据横断山脉之险要,因植物种类繁多被誉为世界物种基因库,因景观壮丽被称为世界自然博物馆。它是滇西南的一颗明珠,与缅甸、印度接壤,因地理位置特殊,历来为兵家必争之地,又因民风淳朴、生活节奏缓慢、侨乡文化、马帮文化独特、地热资源丰富、气候宜人、美食多样,曾被评为"最适宜人类居住的地方之一"。小城回响天南海北人们探寻的脚步声,融合各地美食,在"一带一路"建设的历史进程中,腾冲的地理、经济地位得以彰显,成为内外循环的纽带,既进入周边国家国际经济外循环网络,又是内循环的节点,成为国家扩大内外开放的战略要地。二者相互作用,构建发展新格局。司马迁的《史记·大宛列传》中写道:"乘象国,又曰滇越",被称为"文献名邦""极边第一城""云南第一侨乡"。汉时,腾冲被称"哀牢国",也称滇越,属傣族先民建立的联盟国家"勐达光",东汉属永昌郡。三国时,腾冲属盘越国。隋唐时,腾冲属藤越国。宋时,大理国设立腾冲府。元时,有藤越州、腾越府、腾越县,甚至也曾被蔑称为"软化府"。明朝时,腾冲军民指挥使司依托强大的实力管辖到西双版纳、老挝。清时设腾越卫、腾越州、腾越厅。民国以后设腾冲县。

腾冲面积5845平方公里,长达148.075公里的边境线与缅甸接壤,是一座文化之城、英雄之城、魅力之城,是著名的翡翠集散地。这里生活着汉、傣、傈僳、回、白、佤、阿昌7个世居民族,是南方丝绸之路中国境内最后一站,是中国通向南亚、东南亚的重要门户和节点。茶马古道的马铃声声,承载着中国古

① 《史记》卷116《西南夷列传》,中华书局1982年版,第2995页。

代商贸历史，“今商客之贾于腾越者，上则珠宝，次则棉花，宝以璞来，棉以包载，骡驮马运，充路塞道”①，叙述了古代商人贸易的物质产品及运输工具。这里地理位置重要，被誉为“小上海”，历代都派重兵驻守，明代建造了坚固耐用、规模宏大、冠绝云南诸州的石头城。它东进大理，南出缅甸，地理位置特殊，古为南诏节度使管辖，是滇西南最大的马帮物流集散中心。这里常有成千上万的马帮往返于此运输进出口物资，靠马帮引领并不断拓展逐渐形成经贸文化交流大通道。近代以前，高山峡谷密林阻碍交通，唯有“山地之舟”马帮披荆斩棘穿行其间，驮运物资，成就了腾冲“一个马帮驮来的城市”。在民国丝路贸易鼎盛时期，以腾冲为坐标，七八千头骡马奔走其间。“在滇缅公路未通车前，每年通过腾冲转运的商品年平均为六七万驮。”②腾冲一时成为一座闻名遐迩的商埠，被称为“极边第一城”；这里是中国远征军英勇战斗的红土地，无数中华儿女经此远征缅甸抗日，经浴血奋战127天，于1944年9月14日收复腾冲。国殇墓园埋葬着无数抗日英烈的躯体，弘扬着伟大的爱国主义精神，传唱无数中华儿女用鲜血写成的抗战史诗；这里是中国大陆唯一的火山地热并存地区，民谚“好个腾越州，十山九无头”，极言其地貌神奇。规模大、类型齐、集中分布、完整保存的90多座火山傲视苍穹，80余处温泉润泽人间，温泉泉眼数以万计，以规模宏大、景观神奇，为世所罕见，被誉为“天然火山地质博物馆”。

西南丝绸之路，起点为四川成都，经蜀身毒道，走“灵关道”“朱提道”“夜郎道”三路，进入云南，在楚雄会合，并入“博南古道”，跨过澜沧江，再经“永昌道”“腾冲道”，在德宏进入缅甸、印度。这是最早开放的多元文化之路。在深山峡谷、悬崖绝壁间开凿的险途，寄寓着古人的生存智慧，流淌着古人奋进的血汗，中国的丝绸、茶叶、竹杖、漆器等运向东南亚、印度。腾冲是其中国境内最后一站，“这条古丝路跨越时空，见证了腾冲的过去和现在，是腾冲走向世界的希望之路”③。多少人在这里回望旅程艰辛、故乡远离，多少人在这里踯

① （清）屠述濂纂修：《云南腾越州志　点校》卷3《山水》，云南美术出版社2006年版，第60页。

② 马兆铭等：《腾冲——西南丝路重镇》，腾冲文史出版社1991年版，第3页。

③ 余炳武：《“六种文化”读腾冲》，《人民论坛》2020年第5期。

蹰前行，写下如许期待与梦想。

300多年前，明代地理学家、文学家徐霞客倾其一生，跨大江大河、越崇山峻岭，游地无数，写下千古流芳的游记，有关腾冲的就有3万多字，他用大量篇幅赞美其繁华、富庶、美丽，感慨其“迤西所无”，称其为“极边之城”。据传腾冲是他一生到过的西部最远的地方，也是他旅游生涯的终结篇。2020年1月19日，习近平总书记走进腾冲走进和顺，了解西南丝绸古道形成发展、和顺古镇历史文化传承等情况。西南丝绸之路，形成于遥远的汉代，通过著名的博南古道，从成都出发，经云南昆明、大理、保山，在腾冲口岸转向缅甸、印度、巴基斯坦、阿富汗，进而通向中亚的塔什干。这是一条全球化贸易、文化通衢，蜿蜒于高山密林、深谷幽涧中，是联系中印文明古国最早的纽带。历史上，腾冲因为特殊的地理位置，是西南丝绸之路的重要枢纽，工商云集、货运繁忙。1945年扩建整修古丝绸道成中印公路，直通印度的加尔各答。从此，腾冲成为通往东南亚、南亚的重要口岸。

紧邻腾冲市城西南3公里处的和顺古镇古名“阳温墩”，因境内有小河蜿蜒而过得名“河顺”，后因契合当地土和民顺的民风，雅名为“和顺”。其境内景色秀丽，闲适静怡，人杰地灵，是著名的侨乡。民国元老李根源描绘为“远山茫苍苍，近水河悠扬，万家坡坨下，绝胜小苏杭”①，展示其山苍水远，百姓安居乐业的图景。古镇以华侨出国历史长、侨属多而著名，曾被评为中国十大魅力名镇之首，是中国古代川、滇、缅、印南方陆上丝绸之路的必经之地，保存了比较完整的明清古建筑群，2019年荣膺“云南省特色小镇”。和顺自古就有崇文尚教、耕读传家、重视家风家训的传统。和顺图书馆是全国建馆历史最长、藏书最丰富的乡村图书馆，至今已有90多年的历史，它的存续，是书香和顺、人文和顺的真实写照。

腾冲被称为“一本遗落边地的汉书”，以和谐为特征的传统文化，体现了汉文化与异域文化及边地少数民族文化的有机融合。腾冲人以“知书达理”为追求，有深厚的文化底蕴，生态文化、旅游文化、丝路文化、马帮文化、抗战文

① 转引自田祥平《格物致知：一位中学校长给青少年的三门人生课》，重庆大学出版社2020年版，第114页。

化等熠熠生辉。中原汉文化与少数民族文化、边疆文化、异域文化在两千多年的交流、碰撞中相互融合，形成以和顺、和谐、和乐、和平为核心内涵，以开放性、包容性、创新性为基本特征的腾冲文化。极具特色的建筑星罗棋布，各种美食遍布大街小巷，不仅丰富当地人的物质生活，也成为吸引远方游客的金字招牌。这里有色彩斑斓、趣味横生的古法造纸、藤编器、油纸伞、皮影、土陶等，和顺图书馆书香四溢。文化是腾冲千年积淀的底色，也是新时代傲视群芳的名片。“一带一路”倡议的提出与实施，促使西南丝绸之路重回视野，为欠发达地区经济、文化开发、开放提供了条件，腾冲再写辉煌有了保障。

# 第四章　西部绸都南充与古今丝路

中国绸都南充是西部丝绸、西部丝路的重要节点城市，是丝绸文化的高度浓缩，作为西部重要的丝绸工业城市，从古至今都为世界书写多姿多彩的丝绸华章。

中国素有"丝国"之称，是世界上桑蚕、丝绸的原产地。经过数千年的发展，丝绸以其独特的花色、精美的品质以及丰富的文化内涵而蜚声中外、驰名世界。中国丝绸既是中国传统古老文化的标志，也是中国人民勤劳、智慧的象征，历史悠久的丝绸业也为中华民族文化织绣了光辉耀眼的乐章，促进了人类文明的发展，可谓贡献卓著，不可磨灭。

据《四川省志·丝绸志》记载，四川丝绸历史有 6000 多年，为"蚕丛之地"。南充，古属巴国，汉代设安汉县、充国县，东汉更名南充县。嘉陵江的流觞曲流，西山的曲径通幽，成就了南充的物华天宝、地灵人杰。南充是三国文化、丝绸文化、春节文化的发祥地，漫长的桑蚕丝绸历史，中国绸都的身份证明，丝绸源点的地理坐标，更加彰显南充在"一带一路"倡议中的重要地位。南充土地肥沃，江河众多，地形以丘陵与冲积平原为主，适宜栽桑养蚕。据《华阳国志·巴志》记载，在 3000 年前的巴国时期，南充已广种良桑。西周时，所产蚕丝成为贡品。秦汉以后，中央集权的统治推进巴蜀经济发展，蚕桑生产逐渐规模化。到唐代，所产丝绸亦成为朝廷重要贡品。早在秦汉时，便有"巴蜀人文胜地，秦汉丝锦名邦"之美称；唐宋时期，南充丝绸称冠全国，人称"胜苏杭品质之优，享天宝物华之誉"；近代以来，更是呈现一番"无地不见有桑，无户不事养蚕"的盛况。悠久的传统，深厚的历史积淀和坚实的产业基础，催生南充丝绸历史辉煌。自 1915 年开始，南充丝绸多次获得巴拿马万国博览会金奖，享誉海内外。从 20 世纪 80 年代中期到 90 年代初期，南充就被确定为全国四大蚕桑生产基地之一，以及国内 15 大丝绸生产出口基地和 20 个丝绸工业重点城市之一。经改革开放以后多年的发展，2005 年南充被中国丝绸协会授予“中国绸都”称号，成为南充响亮的城市名片。2012 年，南充丝绸获得了国家地理标志产品保护。2016 年，中国丝绸协会先后授予南充“中国优质茧丝生产基地”和“丝绸源点”称号。2017 年、2018 年、2019 年南充分别获得“中国桑茶之乡”“中国蚕丝被之乡”“中国蚕丝被研发基地”“中国杰出纺织集群”称号，成功注册“南充丝绸”地理标志。近年来，在落实工信部等六部委《蚕桑丝绸产业高质量发展行动计划》的过程中，全市重品牌、强效益，即使在新冠疫情肆虐的 2020 年，全市规模以上丝纺服装企业实现工业总产值达 586 亿元，优质蚕桑基地 40 余万亩。西部“中国绸都”在中国经济发展的版图上熠熠生辉。

## 第一节　南充与西部丝绸历史

“万家灯火春风陌，十里绮罗明月天。”这一诗句出自宋代诗人邵伯温所写的名篇《元夕》中，他曾任果州知事，诗句中可以看到万家灯火、春风轻拂的果城之夜，十里丝绸市场人头攒动，交易繁忙，与月色媲美的绮罗扮靓了果城的夜晚。这就是南充丝绸的历史写照，是千年之前的丝绸之城所呈现的绮丽风光。

南充丝绸历史源深流长，3000 多年的丝绸历史，成就丝绸之乡的美称。早在西周时期，南充蚕丝已成为贡品，缫丝织绸业遍布城乡。我国很多历史学家和文学家，对南充丝绸抱有浓厚的兴趣，不少的史书、诗词对南充丝绸均有记载，描绘南充蚕丝盛况。

依托丝绸之路经济带、21 世纪海上丝绸之路及长江经济带的地域优势，以及“一带一路”沿线国家、地区的地缘优势，为促进四川更好融入国家统筹内陆、沿江、沿边开放的总体战略，2015 年 5 月，四川省政府制订并出台了“一带一路”倡议“251 三年行动计划”具体实施方案，从政府层面鼓励南充发挥丝绸产业传统优势，做大做强丝绸经济。“251计划”指出，支持川丝抱团“出海”，鼓励南充等川东北地区发挥具体优势，放眼世界，利用丝绸外向型产业的优势，积极打造区域经济开放合作示范区，让传统产业焕发新春，从顶层规划设计了南充丝绸发展新未来。

南充是“渝新欧”中欧国际班列兰渝段的第三站，交通地理条件优越，水、陆、空运便利，水运则可通过嘉陵江直达重庆和上海，完全有条件搭接“渝新欧”国际铁路货运大通道和“嘉陵江—长江—上海”沿江大通道，从而推动南充向东向南向西向北多向发展。南充的传统优势急需要新的平台和新的契机，着眼世界，面向未来，抓住机遇，充分利用这两大经济大通道，积极融入国家“一带一路”和长江经济带的战略布局，以南方丝绸之路起点这一响亮名牌来推动南充丝绸、文旅产业链、商贸物流、优势制造业产品走出国门，以特色地域经济融入东南亚及南亚，以及中东、欧亚等经济圈，提升南充知名度和美誉度。

同时以此为契机，大力开发南充茧丝绸悠久的历史文化资源，结合丝绸工业文化与蚕桑农业观光的旅游资源，积极建设南充丝绸精品体验与购物中心、仿古丝绸步行街，努力开发多层次旅游特色产品。以“中国绸都丝绸博物馆”为窗口，以“一港一廊三山三园”为重点，整合市辖三区旅游特色资源，壮大丝绸文化旅游项目，多举措建设集购物休闲、文化体验、传统民俗、商务会展、观光度假于一体的中国优秀旅游目的地，努力提升中国绸都形象和知名度。坚持规划引领，把短期规划与长远规划相结合，总体规划与专项规划相结合，全市统一规划与部门多规合一相结合，突出重点，统筹协调，分步实施。一是高起点编制南充市打造中国绸都·南充丝绸文化，建设中国丝绸文化名城的总体方案，聘请高规格编制单位及专业人才，确定发展指导思想、目标任务、工作重点和举措，绘制新的蓝图。二是高水平编制打造中国绸都·南充丝绸文化，建设中国丝绸文化名城详规。高坪区、嘉陵区、顺庆区、阆中市、仪陇县、蓬安县等组织专业规划单位，深挖丝绸文化资源，合理布局，高点定位，规划出蚕桑丝纺产业与文化重大项目，实现产业、城市、景观、生态融合发展。三是高质量编制打造中国绸都·南充丝绸文化，建设中国丝绸文化名城专业规划。市级相关部门和重点县市区编制蚕桑基地+丝绸工业+文化旅游特色线路和产业发展规划，在品牌创新、技术改造、产品开发、基地建设、文化旅游、生态绿色等方面提档升级。

## 一、丝绸与巴蜀历史

四川号称“蚕丛古国”，栽桑养蚕历史悠久，源远流长。四川是我国最古老的蚕区之一，在距今1万年至4000年前的新石器时代遗址中，在四川地区发现了较多的陶纺轮，因此，四川蚕桑业大致能推断至新石器时代晚期。传说轩辕帝时期开始养蚕。据《华阳国志·巴志》记载，3000年前，蚕事已成习俗，种桑、养蚕和缫丝、织绸生产技术在古代已达到了相当水平。《史记》记载，春秋时期，已开辟蜀地与秦的通商路径，以蚕丝精细织成的“帛”畅销秦都雍。① 西汉时，大户人家雇用人工规模化种植桑园，普通农家“环庐树桑”，充分利用房前屋后的空地种桑以增加经济收入。《史记·大宛列传》记载，张骞出使西域在大夏（今阿富汗）见到蜀布和邛杖，说明在陆上丝路开通前已经有通往西亚的商道。台湾学者桑秀云考证了蜀布邛竹传至大夏的路径，其观点为：蜀布在四川中部生产并聚集，通过嘉陵江运至川江，逆流航行至川南，再取道僰道，至滇国，西至昆明（大理），过滇西纵谷，到达缅甸，再向西至孟加拉国。邛竹杖运输在四川西南，或经过越辒郡至滇西纵谷，或者取道僰道，和蜀布的路径相同，蜀人的足迹止于孟加拉国，而蜀布邛竹或许被印度人带到印度，被大夏人买去，或许由大夏人直接在孟加拉国购买。② 《西京杂记》叙写了司马相如以织锦技术比喻作赋技巧的故事。远在战国时期，蜀锦技艺已经成熟，并且成为与周围各部族交换的重要商品。③ 许慎《说文解字》解释“蜀”为“葵中蚕”，《尔雅释义》解读为桑，在《玉篇》《释文》被解读为“桑中虫”。④ 说明蜀地起源与蚕有着密切联系。东汉时期，蜀地蚕丝制品产量大，品种多样。唐代四川蚕业兴盛，栽桑养蚕制丝织绸蔚然成风，官营民营作坊众多，技术高超，造型完

① 《蜀锦史话》编写组编：《蜀锦史话》，四川人民出版社1979年版，第8页。

② 桑秀云：《蜀布邛竹传至大夏路径的蠡测》，伍加伦、江玉祥主编：《古代西南丝绸之路研究》，四川大学出版社1990年版，第194—198页。

③ 《四川省志·丝绸志》，四川科技出版社1998年版，第2页。

④ 《蜀锦史话》编写组编：《蜀锦史话》，四川人民出版社1979年版，第2页。

美、构图严谨的蜀锦雍容华贵，名满天下，是古代丝织艺术的杰出代表。宋代，四川成为重要的织造中心，蜀锦种类繁多，格调高雅，人们以丝绸装裱书画，提高书画品质。南宋词人翁卷的《乡村四月》“绿遍山原白满川，子规声里雨如烟，乡村四月闲人少，才了蚕桑又插田”，描绘了乡村四月，景观风景如画，但农人忙于桑蚕，无暇欣赏风光的情景。元代的奖励政策、市场需求发展了四川蚕业。明代因为战乱及蚕丝中心的南移，四川蚕业遭遇从业人员流失，作坊毁弃的局面，清代蚕业由于各级政府的重视得以恢复。南方丝绸之路为华夏民族打通了通往世界的文明之路。民间有关蚕的故事传说很多，西周出土的蚕纹铜戈，嵌有采桑图画的战国铜壶，汉墓中出现织锦机、桑园画像石，历代文人墨客描绘丝绸的诗、书、赋、画、歌舞以及织锦、刺绣艺术的发现，打开了四川丝绸历史文化绚丽多彩的一页。

### （一）巴蜀丝绸起源的传说与历史渊源

伏羲是中华民族之源，传说出生在南充阆中，并教民养蚕织丝，“伏羲的母亲华胥生活在华胥水边，因好奇踩了雷神的大脚印而怀了伏羲，12 年后在仇夷生下伏羲”①。留下关于人类养蚕织造历史在南充的最早记忆，反映了先民在新石器时代经历渔猎与农耕生产分离，进入农耕定居时代，服饰的需求刺激蚕桑织造以满足基本生活需要。

蚕女马头娘娘的传说从古代“人兽同体”的观念出发，解释并构拟了蜀地蚕、桑起源的历史，积淀了浓郁的丝绸文化传统，反映了有关养蚕的生产知识和生产习俗，在蜀地产生了广泛深刻的历史影响。与之相关的有蝶仙的传说，其雕塑立于“千年绸都第一坊”，上身为女子形态，明媚动人，中段为蚕形，雪白的蚕茧包裹下半身，两只斑斓的蝶翼在身后。

青衣神的传说揭示了古蜀国养蚕的历史，解释了蚕丛与蚕丝发展的联系。

巴蜀是中国蚕桑、丝绸的早期起源地之一。据古文献查证，早在黄帝时代（即考古学上的龙山时代），岷江上游蜀山氏与嫘祖氏族相结合使蜀山氏由驯养桑蚕转变为饲养家蚕。正是这一转变，促成了丝绸在巴蜀大地上深深扎根，

---

① 王献唐：《炎黄氏族文化考》，齐鲁书社 1985 年版，第 453—455 页。

绵延不绝。《山海经》所载："西南有巴国。太皞生咸鸟，咸鸟生乘厘，乘厘生后照，后照是始为巴人。"①《皇图要览》记载了"伏羲化蚕、西陵氏始养蚕。"②《说文解字》市玉切"（蜀），葵中蚕也。从虫，上目象蜀头形，中象其身蜎蜎"③。《诗》曰："蜎蜎者蜀。"由此可见，巴蜀与蚕桑关联密切。

### （二）巴蜀丝绸起源的相关证据

《太平寰宇记》载："蜀山，《史记》'黄帝子昌意娶蜀山氏女'，盖此山也。"④阐明蜀山的来源。南朝成书的《益州记》记载："岷山禹庙西有姜维城，又有蜀山氏女居，昌意妃也。"《路史·前纪四》说："蜀之为国，肇于人皇，其始蚕丛、柏灌、鱼凫，各数百岁，号蜀山氏，盖作于蜀。"⑤其《国名纪》说："蜀山（今本无'山'字，蒙文通先生据《全蜀艺文志》引补）今成都，见扬子云《蜀记》等书，然蜀山氏女乃在茂。"⑥又说："蜀山，昌意娶蜀山氏，益土也。"蜀山氏所居之地，又被命名为叠溪。充分说明了当黄帝为其子昌意娶蜀山氏之女为妻时，嫘祖亦曾亲临蜀山地域，帮助并促使蜀山氏从驯养野蚕转变为饲养家蚕。

据考古发现推测，中国在新石器时代中期便开始养蚕、取丝、织绸。《礼记·礼运》和《周易·系辞》所记丝绸源自黄帝时代，《淮南子》所引的《蚕经》云："黄帝元妃西陵氏始蚕。"⑦同时，据考证西陵正是现四川盐亭一带。根据相关的史料记载以及出土的相关文物，如三星堆出土的青铜器具、1976年在成都出土的西周"蚕纹铜戈"、1965年成都战国墓出土的铜壶上有采桑的图案等，是巴蜀地区作为丝绸起源地的有力例证。

---

① 郭世谦：《山海经考释·海内经第十八·巴国》，天津古籍出版社2011年版，第728页。

② 《路史》卷14《后继五》，文渊阁四库全书本。

③ 《说文解字》卷13上《虫部》，清文渊阁四库全书本。

④ （宋）乐史：《太平寰宇记》卷78《剑南西道七·茂州·石泉县》，王文楚等点校，中华书局2007年版，第1575页。

⑤ 刘兴林编：《历史与考古：农史研究新视野》，生活·读书·新知三联书店2013年版，第88页。

⑥ 段渝：《四川通史》卷1《先秦》，四川人民出版社2010年版，第42页。

⑦ （元）王祯，缪启愉、缪桂龙译注：《农书译注》卷6《农桑通诀六》，齐鲁书社2009年版，第137页。

## 二、丝绸与绸都南充

在四川盆地东北的丘陵腹地，嘉陵江蜿蜒而过，南充城穿越 2220 多年历史以灵山秀水独显风姿绰约，是川东北区域中心城市，“一带一路”重要节点城市、中国优秀旅游城市。古属巴子国，为蚕丛所在。公元前 202 年汉高祖设安汉县与充国县。东汉建郡后，历代为郡、州、府、路、道、署治所。南充地处嘉陵江中部，以浅丘、河谷、坡地为主，雨量充沛，江河众多，轻工业发展迅速，土地少污染，是中国优质桑茧丝生产基地、丝绸及制品全国外贸转型升级示范基地，具有完整的产学研链条。据《华阳国志·巴志》记载，在 3000 年前的巴国时期，南充已广种良桑，西周时期，南充所产丝织品“帛”已为朝廷贡品。秦汉时生产的“黄润”以质地细薄闻名。《华阳国志》中记载有：“禹会诸侯于会稽，执玉帛者万国，巴、蜀往焉。”①汉唐时期，栽桑养蚕已经成为民间普遍的生产方式，这一时期种植技术不断提高。清光绪《蓬州志》中详细记载了早期南充有完整的“点桑”“地桑”“压桑”三道栽桑养蚕工序。明清时期技术不断改进，至清末已经有了蚕桑传习所、蚕务局等机构，蚕桑产业得以振兴。经过 1949 年后大力发展工业及改革开放的推动，南充丝绸企业星罗棋布，产业发展达到高峰。栽桑养蚕的农户达到了 100 万户，从业人员 10 多万人，成为全国十大蚕桑生产基地和全国十五大丝绸生产、出口基地之一，中国最大的真丝绸生产基地，200 多个产品荣获国家银质奖、省部优质奖和新产品奖。不仅如此，南充还享有商务部颁发的“国家外贸转型升级专业型示范基地”称号和西部唯一的“中国绸都”称号。2012 年，南充市丝绸产品获得国家地理标志保护产品认证，涌现了六合、依格尔、银海、尚好等一大批龙头企业，桑茶、桑果酒、桑枝食用菌、蚕蛾、丝绵被、特色蚕桑产品被大量开发。通过丝绸源点景区、千年绸都第一坊、嘉陵桑梓、蜀北桑海、中国丝绸博物馆、科普示范基地等文化产业实体，带动丝绸文化旅游融合发展。产业集群初具规模的嘉陵丝纺服装产业园、都京丝纺工业园绽放光芒。丝绸喷花工艺伞、丝绸装饰大团扇、蜀绘丝绸服饰等新型经营主体培育渐趋成熟。丝绸传统织染技艺入列“第五批省级

---

① （晋）常璩撰，刘琳校注：《华阳国志校注》，成都时代出版社 2007 年版，第 6 页。

非物质文化遗产项目名录”。丝绸已经成为南充重要的产业形态和文化名片。

### （一）南充蚕丝历史

南充位于青藏高原与四川盆地的过渡带，昆仑山挡住了寒流与风暴，秦巴山阻拦风沙的侵袭，有完整的多样性动植物体系，是多元文化集合之地。南充素有“丝乡”“丝城”美誉，嘉陵江流觞曲水成就南充人文荟萃：落下闳解读天文神秘，陈寿绘制三国画卷，司马相如书写盛世绮丽。据《华阳国志·巴志》记载：“（巴国）土植五谷，牲具六畜，桑、蚕、麻、苎、鱼、盐、铜、铁、丹、漆、茶、蜜、灵龟、巨犀、山鸡、白雉、黄润、鲜粉，皆纳贡之。”①

农桑文明赋予这片土地客家文化、丝绸文化、嘉陵江文化、三国文化等多元文化荟萃，蚕丝产业历史悠久。数千年岁月长河成就其绚烂，丝绸产业体系完善，形成了原料供应、织造、印染、服装、家纺、文化创意产品等完整产业链。丝绸品种丰富，夏禹时的“织皮”，周武王时的“桑、蚕、麻、纻、黄润”，唐宋明清的“连绫、锦绸、丝布、绢、绸縠”等，发展到目前，花色品种达千个，成就卓越。南充素有“巴蜀人文胜地、秦汉丝锦名邦”之称，是南方丝绸之路源点，为海上丝绸之路、南北丝绸之路提供优质货源。上百个产品荣获国家、省部级大奖，享有中国绸都、中国桑茶之乡、中国蚕丝被之乡等美誉，2020年，注册成功南充丝绸地理标志。至2021年底，全市规模以上丝纺企业90余家，销售收入586亿元。在独领川东北城市群风骚、打造成渝第二城的当下，政策的倾斜、资本的进入、学术界的关注，激发丝绸对南充文化发扬光大的热潮。漫长的桑蚕丝绸历史，中国绸都的身份证明，更加彰显南充在“一带一路”倡议中的重要地位。

南充丝绸以手感柔软、织纹清晰、轻薄飘逸、光泽良好、色泽均匀、表面光洁、不易起皱闻名于世，不仅是制作服饰的上好材料，还是书法绘画的优质产品，广受古代书画名家喜爱。正是厚重的丝绸历史、丰富的人文内涵、精美的图案色彩、不断创新的工艺技术织出南充丝绸文化的绚丽多姿。

---

① （晋）常璩撰，刘琳校注：《华阳国志校注》，成都时代出版社2007年版，第41页。

中国素有丝国之称,是世界上桑蚕、缫丝、丝绸的原产地。经过数千年的发展,丝绸以其独特的花色、精美的品质以及丰富的文化内涵享誉海内外。作为文化的象征,中国丝绸业的发展为中华文化织绣了光辉的篇章,为人类文明作出巨大贡献。

南充为亚热带气候,四季分明,地形以浅丘为主,河流纵横,灌溉方便,特别适宜栽桑养蚕,早在3000年前,已盛产桑蚕。唐宋时期,产业发展兴旺,产品门类齐全,品质优异,绫、锦、绢、绸、丝等产品被定为朝廷常贡,"天上取样人间织,满城皆闻机杼声"是其最真实写照。《南充县志》以大量文字记载了南充栽桑、养蚕、制丝、设立管理机构等历史,详细记录了桑树种类、栽桑方法、养蚕技巧等。"清末成立蚕务局,始创桑苗圃于莲池北。民国六年,实业所成立,接收蚕务局桑园,继续经营,皆鲜成绩。民国十年,兴办地方自治,整顿实业所,扩充桑苗圃。"①《苍溪县志》《仪陇县志》《西充县志》《南部县志》《营山县志》都有对本地桑蚕丝的记载。"桑:《典术》桑箕星之精,叶可饲螽。绢:俗名大绸,轻者名二重五色可染。"②"桑:《典术》桑箕星之精,叶可饲螽。丝:《急就篇》注抽引,精兰出绪曰丝。"③距今5000年的桑树乌木在南充嘉陵江高坪段水域出土,如此巨大的树木遗存反映了5000年前嘉陵江区域南充段气候适宜、植被丰富,为人类驯养野蚕及蚕类生长提供了条件,并印证南充地区就是中国蚕桑丝绸发祥地之一。

南充作为中国最早发展蚕业的地区之一,它不仅是三国文化的发祥地,也是丝绸文化的摇篮。自《汉书》到当下各类书籍、报刊、论文等都有对南充丝绸的介绍与研究。南充作为中国中西部地区唯一一个获得"中国绸都"殊荣的城市,其丝绸文化底蕴深厚,是巴蜀丝绸文化的重要组成部分。勤劳智慧的南充人民,在数千年栽桑养蚕缫丝织绸的生产和生活实践中,孕育并发展了具有浓郁地方特色的丝绸文化。在不同的历史时期,南充丝绸呈现不同的功能与价值。

---

① 民国《南充县志》,《中国地方志集成 四川府县志辑 新编50》,巴蜀书社2017年版,第502页。

② 道光《南部县志》,《中国地方志集成 四川府县志辑 新编53》,巴蜀书社2017年版,第423页。

③ 同治《仪陇县志》,《中国地方志集成 四川府县志辑 新编57》,巴蜀书社2017年版,第210页。

### （二）南充丝绸地名与文学记忆

南充是全国著名的丝绸之乡，栽桑养蚕历史悠久，从业人员众多，经济效益显著，文化底蕴深厚，以蚕桑丝绸命名的地名普遍分布在市辖各区县的乡村、沟渠、山谷、街道等，历史上先后出现过的蚕丝地名也有 30 多个。这些真实反映南充的丝绸发展、繁荣状态。

顺庆区是制丝织绸生产及贸易的主要地域，与其相关的地名承载了丝绸文化的历史印迹。“茧市街”，得名于民国十二年（1923），为民国时原南充县城主要蚕茧交易所，坐落于南充城市核心地段，平时为米市，蚕期为每日市。《顺庆风物丛书》记载，在大西街至十字街城墙外有一条环城公路，1921 年前后建成许多以经营蚕茧为业的简易铺面，后被命名为茧市街。“鸡市口”位于南充市二府街，商贾云集，为丝绸交易集市，是当时川东北最大的生丝集散地。“丝绸城”定名于 1985 年，是南充市的别称。“桑树坝”是南充重要的桑叶生产基地，四川省蚕丝学校校园农场。“丝绸路”，因在此地举办南充市丝绸节而闻名。“丝绸一条街”是 20 世纪 90 年代南充市丝绸产品销售中心。“丝绸大厦”是南充市丝绸公司、丝绸研究所、蚕业总站的办公场所。此外，阆中、蓬安、西充、营山、嘉陵因蚕桑丝绸或与蚕桑丝绸业相关而得名的街道、公路、乡村不胜枚举。其中阆中是中国保存最完整的四大古城之一，以“阆苑仙境”“巴蜀要冲”闻名，是“春节老人”落下闳的诞生地，四面山围，三面水绕，是著名的风水文化之乡。

阆中传统产业为丝绸、棉纺、酿造。阆中绸厂规模大，生产技艺先进，丝毯、丝绵被最具特色。阆中丝绸在唐代即为宫廷贡品，到清代，为四川五大丝绸产地之一。因蚕丝业的悠久历史及卓越贡献，阆中留下与丝绸有关的地名最多，共有 11 个，有蚕石、蚕丝庙、桑树街、茧丝山、锦屏山、白绫坪村、蚕丝庙村、蚕丝山村、重锦乡、重锦镇、机房街，其中宋代陆游对锦屏山有“城中飞阁连危亭，处处轩窗对锦屏，涉江亲到锦屏上，却望城郭如丹青”的生动描绘。“蚕丝庙”为阆中祭祀蚕神所在，因方圆几十里出产桑树得名。“桑树街”因街口矗立大桑树闻名。“锦屏山”因石壁面嘉陵江耸立，花开四季，错杂如锦得名。“重锦镇”设置于西魏，是南充地区最早以丝绸命名的地方，因该地盛产重锦而得名，距今 1450 余年。“机房街”是阆中唐宋时期缫丝织绸的主要生产街道。“丝市街”是明代形成的阆中茧丝市场。阆中还有“锦屏乡”“滚锦坪”等与蚕丝相关的地名。

相如故里蓬安县，是历史上的农业基地，许多地名佐证桑树种植的历史与规模。“万桑园”位于蓬安县利溪镇，是历史上南充最大的私人桑园，后在此兴办“万桑园小学”。“桑树湾”因蓬安盘龙乡栽有40余亩桑树著称。“龙蚕镇”是蓬安20世纪产茧量最多的乡镇之一。

西充县的“织机山”“织女洞”是历史上现存史料记载最详细、流传最广、影响较大的蚕丝地。织机山距离西充县城35公里，与苔县（今三台）交界。清康熙六十一年《西充县志》记载有李昭治《织机山行》诗。“织女洞”即石室。清光绪元年《西充县志》记载：“（织女洞）有仙女织机声，凡贫窭者持丝祷于洞口，三日后往取即成绢，然非孝义者不得也。”诉说蚕家渴望因蚕致富的期待。“蚕华山”“蚕丝山村”昭示西充的蚕丝历史。

南部县有“蚕丝窑”“丝公山”，营山县有“染坊”，嘉陵区有“染坊湾”“染坊院”，这些地名犹如一片片彩色丝线织出锦绣南充。

地名不仅代表一定时间空间，是传统文化的组成部分，也是人类历史沧桑变化的活化石。它记录各历史时代人类对世界探索、对自我的认知，蕴含丰富的社会历史、人文地理、语言变化、经济发展、民族演绎等内涵，铭刻着人们对地域范围、特定方位的地理实体的指称，地域符号的展示，积淀民族厚重的文化传统，承载地域文化的发展历程，体现地理、气候、天文、人文特征，表征不同时期人们的生活方式、生产力水平，具有指位性、社会性、时代性。地名既昭示空间位置，表示地理实体的方位和范围，又传递社会历史现象对其命名、更名、发展、演变的影响和制约，同时还受到时代流变、审美偏好的影响。西部区域有关蚕桑丝绸的地名是丝绸发展历史的记忆，是千百年人们勤劳智慧的总结，是人们理想愿望的表达。

便捷的水陆交通及发达的丝绸经济，吸引了文人墨客对南充的关注，留下描写丝绸的名篇巨作。杜甫过南充时作《屏迹》诗，有“桑麻深雨露，燕雀半生成”“杖藜从白首，心迹喜双清”①之句，意境深远，情调高洁，为冠绝一时的丝

① （清）丁映奎等：《苍溪县志》卷4《艺文志》，清乾隆四十八年刻本，第66页。

绸诗作。作者以桑麻为含义丰富的意象,生动呈现清贫闲适的田园生活,表现诗人厌倦官场名利、向往山林隐逸的志趣。贾岛《题嘉陵驿》"蚕月缫丝路,农时碌碡村"①,记述古代农时月令,抒发怀古伤今之情。宋代陆游《岳池农家》对岳池农村婚俗情景作了描述,"一双素手无人识,空村相唤看缫丝"②。以"素手""空村""相唤""看""缫丝"寥寥数笔勾勒出农家姑娘淳朴甜美的样子,赞美了农家生活贫淡清宁,衬托并抒发了自己宦游漂泊、为名利所累的惆怅心情。宋人彭永的小诗《上元》记述了民间这种风俗:"巴人最重上元时,老稚相携看点诗。行乐归来天向晓,道旁闻得唤蚕诗。"③展示上元时节,巴人畅快地扶老携幼参加蚕诗盛会的场景。

### (三)南充丝绸的价值呈现

丝绸有着重要的经济与文化价值。从丝绸本身来看,首先,它的种类多样、图案众多,与棉质化纤类产品相比,丝绸的手感舒适、样式精美、色泽鲜明,彰显其独特的物质属性和文化特质。其次,中国古代统治者将丝绸作为服务于特权阶级的刚需产品,更看重丝绸所带来的附属政治价值。再次,丝绸业也是古代社会经济发展的重要方面,中国古代的劳动人民为了生产生活的需要,既从事农业、手工业、畜牧业等行业,也大力发展丝绸业。在这种社会条件下,统治者阶层对丝绸的现实需求与劳动人民的养蚕、制丝、织布活动之间,就形成了一种密切的联系,进而产生了一种助推社会经济发展的动力。同时,丝绸作为中国古代与其他国家和地区进行贸易的重要物资,由于特殊的产品属性,其成为东西方各国渴求的精品,被赋予一定的经济文化含义,甚至具有一定货币属性,而且影响了中亚、西亚乃至欧洲高级丝织品手工业的发展。

从历史上看,周代之初,周王朝就将南充、西充等地所生产的蚕丝制品作为王朝贡品。而秦汉时期,南充蚕丝业迅速壮大,成为南充社会经济的重要产

---

① 李良俊等:《新修南充县志》卷4《舆地志》,1929年刊本,第79页。名为《题嘉陵驿》的诗不少,但独此贾氏之诗中有蚕桑之语。此县志后文是薛能唱和贾氏的诗,故可知应为贾氏之诗。

② 岳池县人民委员会办公室:《岳池县地方志略·诗歌民谣》,1959年版,第15页。

③ (明)曹学佺:《蜀中广记》卷58,上海古籍出版社1993年版,第591页。

业,但也因此遭受到了官府的重税盘剥。南北朝及隋代,在均田制影响下,南充每个男子被要求种植80亩桑田,而女子也需要负责种植20亩桑田。除元代外,南充丝绸在北宋、明清时期都有一定程度的发展。唐宋时期,南充丝绸业发展达到鼎盛时期,形成家家养蚕、户户缫丝的格局,且产生了绸、绫、锦、绢、丝等10多个品种,有"胜苏杭品质之优,享天宝物华之誉"的美名,①南充地区所生产的"顺庆大绸"享誉京城,该时期南充丝、绸出口量占到了整个四川的50%和80%,且获得了"万能丝""万能绸"的美誉。②

因此,丝绸是赋税缴纳、货物贸易的对象,成为中国古代政府的重要经济来源,也是社会上层人士彰显权势、体现身份地位的名贵物产,代表了美好生活。对于下层劳动者来说,通过供应上层社会的丝绸需要,获得必需生产生活资料。南充丝绸诉说历史,传承文明,养育人民,润泽地方,不仅展示了巴蜀文化的形象,也向世界传播着中华文化。

**1. 承载南充历史,传播南充文化**

南充作为资源不丰富的三线城市,尽管建城历史悠久,但是因深居内陆不发达地区,缺少文化知名度。南充的丝绸文化底蕴深厚,从历史传说、民风民俗、文献记载、考古发现,到现代蚕业教育兴旺、从业人员众多、产品创新,都展示南充的历史文化。"新丝绸之路经济带""21世纪海上丝绸之路"为全面提升南充文化软实力提供了机遇、平台,进而创新产业模式、输送优质产品、增加就业机会。借助"丝绸之路"文化精神遗产及成渝副中心建设,借力"一带一路"倡议、乡村振兴战略,实现工业强市、文化兴市。

从古至今,南充丝绸享誉美名,是巴蜀丝绸文化的重要组成部分,是研究巴蜀丝绸的一个重要领域,同时通过其发展历程也可以窥见巴蜀丝绸的发展过程。此外,南充丝绸作为南充文化的一个重要载体,是南充产业的一个代表,更是南充人民的精神寄托。丝绸文化中民俗色彩浓郁,南充有关丝绸文化的歌谣、谚语、方言俗语数不胜数,如蝶仙与傩傩的故事、营山马桑通天的故事以及"蚕公公、蚕婆婆"的歌谣,等等,它们都是活化的历史,积淀着南充当地

① 杜一普:《灿烂辉煌的南充丝绸》,《南充市文史资料》1994年第1辑,第26—27页。

② 李波:《中国国家地理知识大讲堂.西南、西北和港澳台》,内蒙古大学出版社2009年版,第39页。

浓郁的民俗色彩。同时，代代相传的种植、缫丝、纺织技艺以及在交流发展中技术的不断创新为当代南充丝绸的发展提供了完备的技术，并奠定了良好的文化底蕴。我国积淀了五六千年的丝绸文化，对中华文明乃至世界文明都作出了巨大的贡献。南充作为中国四大蚕桑基地之一，要在日益扩大和频繁的思想文化交流过程中进一步发展壮大，需要进一步的努力与创新。

2019 年 12 月，南充市商务局制定《关于擦亮“中国绸都 · 丝绸文化”名片工作方案》，南充市将通过“六个一批建设”等举措创响“丝绸文化”这一品牌，充分展示南充丝绸文化价值。

**2. 优化产业结构，发展特色产业**

近年来，南充的地区生产总值总量不断攀升，名列四川省第 5 位，对于一个缺少支柱产业、没有交通优势的人口大市，实属不易。但综观全局，南充受地域制约，产业结构单一，迄今第二产业、第三产业发展滞后，民间戏谑“重工业打石头，轻工业打锅盔”，足见南充传统经济基础薄弱。经济技术才是生产力，只有发掘南充的人文资源，擦亮丝绸文化名片，依托丝绸生产发源地坐标，创新第一产业，以生态、环保为目标，以市场需求为调剂；发展第二产业，出台相关政策，引进资金技术，找准产业发展创新点，形成汽车零部件制造、生物医药加工、白酒酿制、桑蚕丝集合等企业版块，尤其是丝绸产业，要充分发挥现有的原料供应优势，综合利用蚕桑资源，改进缫丝、织造、印染工艺，促进服装家纺用品销售，扩大出口贸易，以“互联网+智能制造”的模式，推进产、学、研互动互惠，提升南充丝绸产业的数字化、网络化、智能化水平；做大第三产业。南充有古城阆中、朱德纪念馆、凌云山风景区、升钟湖风景区、张澜故里、丝绸源点等旅游资源，丝绸文化、三国文化、春节文化、红色文化形塑南充，通过内练功夫，外塑形象，让世界走进南充，体验丝绸文化，享受文明成果。

(1)有助于扩大南充丝绸名城的名片效应

丝绸文化展馆的建立有助于反映南充悠久的丝绸发展史，同时，针对当下南充所拥有的“丝绸源点”的优势，南充市商务局及各下属政府部门等单位将全力打造“百年六合博物馆”，筹建都京文化产业园区，以吸引更多的游客、商人。

(2)有助于拓宽招商引资渠道及拉动旅游业的发展

丝绸旅游景点的开发应以高坪、嘉陵、顺庆三大区为主。高坪区的文化旅游价值最为突出,由张澜所创办的“百年六合”“千年古桑”以及南充独特的“丝绸源点”这一核心招牌为依托,通过建成“丝绸文化创意园”“丝绸源点小镇”“仿古丝绸之路”等景区,能够为外地及国际商人、游客了解南充丝绸漫长的发展历程提供物质基础。嘉陵区将重点打造集本土丝绸历史挖掘、生态疗养、商务旅游休闲等众多元素于一体的文化旅游核心区。顺庆区的丝绸文化宣传、建设重点在于面向国际化需求,依靠蚕丝街区古迹及丝绸雕塑群吸引更多国际友人来南充旅游,并借“三国文化”这一品牌突出丝绸文化的特性。

(3)有助于带动周边区县配套产业的发展

打造多个与丝绸文化配套的文化园区,有助于开发南充下属多个区县的丝绸文化发展之产业优势。蓬安将发挥蚕桑种植优势,仪陇侧重生态园建设,南部县需发挥蚕桑及桑果生态产业园特色,西充的有机生态农业发展空间巨大,有助于生成丰富的文旅产品。南充丝绸源点的品牌效应有助于进一步开发本地众多的文旅产品,既有丝绸床上用品、真丝地毯等丝绸旅游产品,也包括桑叶茶、桑葚饮料等桑系列食品,有助于擦亮南充“丝绸源点”“中国丝绸文化名城”等名片,有助于吸引多个研究机构参与丝绸文化研究,从而对南充在历史上丝绸之路发展的重要价值进行深入挖掘。

在“一带一路”倡议背景下,南充作为丝路建设的节点城市,通江达海、连接东西、纵贯南北的地理交通优势,必将带来生机勃发的美好未来。

**3.经济价值与乡村振兴**

南充的丝绸产业,是南充的传统支柱产业、重要民生产业、出口优势产业和承载地域情结产业。据四川丝绸网的相关数据,南充丝绸产量位居全国同行前列,总量位居四川全省第一,已发展成为国内最大的丝绸生产基地。服装产能名列四川第二位,产品出口达112个国家和地区,获国家银质奖、部省优质奖和新产品奖等200多项。为了进一步发展,南充丝绸全面把握在原料、过程、技术、销售中的各个生产环节,不断创新,将“中国绸都”这一称号唱响中外。

（1）带动就业

丝绸业是南充经济发展的重要产业、优势产业，从南充获评“丝绸源点”城市可以看出国家层面对南充丝绸行业的重视。政府的重视以及政策利好可以带动相关人员的就业。对广大农村地区而言，这有助于将种桑、养蚕、织布等传统产业保留下来，依靠农村丰富的劳动力资源，并结合现代大机械化生产，能带动农村地区的青壮年或妇女参与到丝制品生产环节中，既增加农民收入，又促进社会和谐。

南充丝绸的发展不仅仅依靠生产加工等劳动密集型产业的发展，也需要人才、技术的有效支持，有利于带动具备高技术人才及操作、运用高科技丝绸生产仪器人才的就业。对于城市而言，丝织品的加工、宣传、销售是必不可少的三个环节。丝绸行业在城市地区的蓬勃发展，有助于培养相关技术人才。丝绸行业所能带动的就业体量较大，惠及南充的多个区县。从政策上而言，丝绸行业的发展并不会昙花一现，而是会在多年之内持续不断地为就业提供动力支持，带动城市与农村众多妇女、青壮年的就业，它所能贡献的市场潜力巨大。从桑树的种植来看，这有利于带动更多的农民工参与到植桑行业当中来，为他们解决生计问题提供支持，有助于深化践行习近平总书记关于全面推进乡村振兴的重要论述，推动乡村振兴。就生产而言，丝绸行业的壮大需要依靠产业升级，不断产出丰富多样、样式精美的丝绸产品。因此，有助于带动相关厂区、技术院校为培养技术工人而不断努力，能够有效解决这部分人员的就业生计问题，同时为丝绸行业的生产提供强劲动力。

（2）推动其他产业发展

丝绸行业的发展，不仅会带动该行业的崛起，还会对旅游、文化宣传、服务业、机械制造等众多行业提供动力支持。以旅游业为例，丝绸行业的发展与旅游业密不可分，因为当下中国市场经济不断盘活，国外众多资本不断内流至南充地区，外国友商、海外侨胞想要在南充地区投资丝绸产业、丝绸品牌，就需要对丝绸行业有深入的了解。由此涉及的相关丝绸文化宣传、丝绸旅游景区建设、丝绸文化节举办等旅游资源的充分开发，将南充丝绸带向世界，也有利于将资本吸入南充地区，从而推动南充丝绸业的发展。

信息技术时代的不断发展，丝绸行业的快速崛起，能够推动电子商务、高科技技术、智能机械研发、精密仪器制造等行业的快速发展,因为丝绸行业的生产、销售离不开这些环节。就销售而言,丝绸行业想要走向世界,除了依靠电视、报纸等媒体的宣传,还应该借助互联网的优势,发挥视频直播、网络新闻等方面的重要作用,引导更多的人关注南充丝绸,同时信息产业的发展离不开实体产业的支撑,因为信息产业除了提供信息咨询等服务之外,更多的是提供产品支持。就高科技机械研发而言,丝绸行业的生产,无论是生产量还是生产的精美程度、生产效率等常伴随时代的发展而不断提升,这也是南充丝绸富于生命力的重要特性。在几千年的历史进程中,南充丝绸虽遭遇过种种阻遏,却始终饱含生命力,因为南充丝绸发展始终有产品创新意识支持,而创新离不开机械设备的更新换代,离不开高新技术产业的有效支撑。因此,丝绸产业的发展,有助于推动丝绸生产相关仪器的研发与使用,同时有助于吸引高科技丝绸生产仪器制作者,为南充地区丝绸发展提供长期助力。

丝绸产业的发展,还有助于带动房地产业、建造业的进一步发展,因为丝绸行业的宣传展示环节离不开相应场馆、景区、旅游小镇的支持,必须将丝绸文化旅游、颐养度假等优势服务领域进行产业结合。丝绸行业对上述众多领域的组合、构建离不开经济效益带来的产业之间的吸引,也离不开建筑业、房地产业对其的支持。因此,丝绸行业的大力发展不但有助于推动多个建筑项目的开发,充分发挥南充地区的建筑资源优势与资源特色,而且有助于发挥该地区三国文化、“丝绸文化源点”等区位特色的作用。

(3)集合品牌优势

南充丝绸业的发展并不是单打独斗,它有助于将桑茶、桑葚干、桑葚粉、桑葚酒、蚕蛾酒等食品行业与服饰生产企业进行品牌聚合,最终以南充丝绸这块金字招牌为着力点突出产品优势,突出地域特色;从而有利于众多企业进行强强联合,以突出品牌效应,并不断吸引国内外投资者。同时品牌优势的发挥不仅仅局限于丝绸行业,还可借助文化旅游产业、互联网平台进行产业升级。品牌优势的发挥,将有助于增强优势企业的品牌影响力,将效益较差的企业进行整合;有利于在品牌整合中树立良好企业形象,提高销售业绩,并且能够因地制宜将每个区在丝绸行业所能发挥的区位优势不断挖掘出来。例如,各地区在生产加工、销售、宣传等方面有着不同的区位优势,这就需要改变过去各自为营的单一的生产、销售链条，将其转变为集成效益，将每个地区的自身特色发挥出来，就能够不断提高产量并提高该地区在整个丝绸行业的知名度。

在集合品牌优势时还不能忘记丝绸行业的历史发展进程。例如“六合”等品牌在历史上具有重要的地位，就应该深入挖掘该品牌所具备的文化内涵，注重挖掘其产业价值，并不断塑造该品牌对于其他品牌的引领效果，也可通过大品牌企业提供技术指导、资金帮扶的措施带动小中型丝绸企业的发展。

（4）为南充进一步走向世界提供重要契机

南充具有其他地区生产丝绸所不具备的独特优势，既是中国的“丝绸源点”，也是中国丝绸文化名城的重要代表，因此南充丝绸的发展有助于为南充地区进一步走向世界市场提供重要机遇，有助于将南充丝绸文化这一品牌推向全世界，并且为南充三国文化、阆中古城文化等历史文化相关产业的发展提供重要助力。南充想要走向世界，不能仅仅依靠政策的导向，更应该充分认识自身的优势与不足，不断提升历史文化名城带来的知名度，发挥丝绸行业的重要带动作用。自古以来，丝绸之路上所携带的贸易商品就包括丝绸这一重要物品。而到了现代，丝绸同样受到全世界众多国家的热捧，其质量上乘、制作精美且能代表中国独特的民族文化，因此其有着走向世界市场的巨大潜力。南充想与北、上、广、深一样打造国际化旅游区，就需要牢牢抓住“一带一路”倡议下丝绸行业大发展的机遇。要实现这一重大目标就要不断发掘南充丝绸自身的独特优势，以便在国际丝绸市场上争取自己的位置，让更多外国人见识到中国丝绸的独特与精美。

（5）为南充城市特色的发挥提供强劲动力

自古以来，南充在农桑等方面有着巨大的成就，古代南充在桑树种植、蚕丝编织、丝绸贩卖等方面发挥了巨大的经济文化作用，而当下丝绸行业已经成为打造丝绸文化名城的重要手段，要充分利用“丝绸源点”这一品牌、这一名片带来的产业效应，打造西南地区乃至全国不一样的丝绸文化名城。一个城市的发展，除了依靠内部产业消化，更应该走向其他地区、走向世界。因此，这就需要该地区有能够突出产业特点的优势工业产品从而引来国际市场的目光。南充“丝绸名城”名片效应的发挥需要依赖丝绸行业的大力发展，依靠南充地区丝绸生产、丝绸文化旅游的区位优势，借助科学研究为其发展提供技术支撑。而这些方面的发展同样会成为助推形成南充的城市区域特色，为南充丝绸文化名城的建设提供重要的动力。

丝绸行业符合南充地区城市区位特色发展的要求。首先，丝绸行业的污染较小，有利于保护三国文化、阆中古城等历史文化古迹，对文化遗产和自然环境的破坏较少。其次，从经济发展来说，丝绸行业不同于一般的工业、服务业，它将第一产业、第二产业、第三产业三大产业聚为一体。从农业发展来讲，它鼓励蚕桑、种植业大发展，在桑树种植上给予了充分的补贴，且不断扩大桑树种植面积。而对于工业发展来讲，丝绸行业所需要的工业设备、工业原料供给较为便利，甚至能够因地制宜，就地取材。从服务业发展来看，丝绸行业能够带动餐饮、休闲、购物等多种服务业的发展，为南充地区服务业进一步走向国际化提供条件支撑。因此，南充地区发展丝绸行业，有助于将农业产品进行就地加工，提升南充地区农业发展的竞争力，有助于带动丝绸原料加工等轻型工业的发展。进行丝绸产品的开发，同样能够带动相关服务业的崛起，将三大产业并为一体，有助于挖掘南充丝绸的重要价值，也是推动南充地区丝绸行业发展的重大机遇。

(6)为南充参与“一带一路”建设提供地区特色

就“一带一路”政策而言，南充地区想要参与其中，就应该抓住丝绸行业发展这一重大机遇。古代南充地区在西南丝绸之路的贸易路径中能够将丝绸贸易的优势发挥出来，在当下同样有其自身的独特价值，能够在国际丝绸交流中取得重要的地位，实现独特的优势。南充丝绸产业的发展符合我国“一带一路”建设的要求，“一带一路”建设也需要发挥地区优势。而南充地区将丝绸作为本地区最具代表性的特色产业，有利于在国际贸易中发挥自身的贸易优势，将质量上乘、制作精美的丝绸进行输出，并且将国外的资本进行引入同样符合“一带一路”政策的要求。

南充丝绸有利于为南充与国外重要城市之间的交流提供平台支撑，南充地区所生产的丝绸与国外历史文化名城之间、商业贸易城市之间存在着合作的可能性。因此，南充丝绸为南充地区参与对外贸易提供了巨大的条件支撑，并且南充可以依靠“一带一路”带来的巨大运输优势，将丝绸等大宗商品进行贸易输出，同时可换取国外优势的产品原料进行再加工，从而丰富南充地区的丝绸行业的特色。

2016年5月5日，中国丝绸协会批准授予南充“丝绸源点”这一称号。且中国丝绸协会对南充“丝绸源点”的区位建设提出了很高期望，即南充应抓住国家“一带一路”“特色小镇”建设两大机遇，建设产业、文化、小镇、生态、旅游“五位一体”的丝绸文化产业园。

在岁月漫长的河流中，南充茧丝绸经历了一段发端于远古，兴起于秦汉，徘徊于晋隋，鼎盛于唐宋，迟滞于元代，发展于明清，崛起于民国，腾飞于盛世的曲折过程，而今，它又重新焕发出璀璨的光彩。伫立在雕塑大师刘开渠先生亲笔题字的《丝绸之城》雕塑之前，在清风拂面的嘉陵之滨，追寻一段被历史尘封的文化记忆，静静感悟“万家灯火春风陌，十里绮罗明月天”的诗情和画意，陶醉于绸乡南充的“田园牧歌”“锦绣云霞”的美景。

## 三、历史上南充丝绸的发展

南充是我国重要的蚕桑发展传统地区之一，从嫘祖教民育蚕的人文传说到历史文献记载，南充蚕丝历史长达四千余年，与巴蜀文化同源，与华夏丝绸史一脉相承。据《华阳国志·巴志》中记载，南充桑蚕生产始于3000年前的巴子国时期，夏周之际发展日盛。周初，南充的桑、蚕、麻、纻已成为献给周王朝的贡品。秦汉时期，各县县令劝课农桑。到了南北朝，又开始实施均田制度，每人可分二十亩“永业田”作为桑园，故蚕丝之月，女皆事蚕，“蚕桑纺绩，咸勤厥职，不以刺绣为工”①。唐开元年间，南充的丝绸产量和质量均称冠全国，成为全国重要的绫绢产地。其中绸、绫、绵、绢、丝等10多种产品被定为朝廷常贡，人称“胜苏杭品质之优，享天宝物华之誉”。唐朝时期，果州产的红绫从长安东渡日本，日本皇室将其珍藏，存为国宝。明代统治者实施了劝课农桑政策，南充丝绸从停滞到走向发展，并以雄厚的基础重新为世人所瞩目。《续文献通考》记载，四川丝绸以顺庆、保宁地为最盛，南充茧、丝产量超过全省五分之一。这可以明显看出其时南充蚕丝业已恢复发展到相当水平。“惟其疏

① (清)嘉庆《南充县志·舆地志·风俗·女工》，顺庆区地方志办公室2011年点校本，第27页。

松，故最适于书画”，明代书画大家如董香光、杨龙友多用南充所出之绫，绘制出精彩画作。明末清初之际，在清朝镇压大西义军战乱中，南充屡遭掠夺，户口凋零，百业待兴，蚕丝生产近乎毁灭。清朝入主中原后，局势渐稳，民始复业。1915年，南充丝绸首次远涉重洋，吉庆丝厂生产的生丝在巴拿马国际博览会上一举夺魁。1925年，南充六合丝厂的生丝产品相继获得了当年巴拿马国际博览会金奖。1926年，六合丝厂缫制的“金鹿”牌蚕丝又一次获巴拿马国际博览会金奖。南充丝绸产品一次又一次地称誉世界舞台，被推向了世界丝绸业的巅峰。20世纪30年代，南充被四川省列为蚕丝改良的重点基地，带动了全省从土种向良种，从土丝向改良丝转变。后来，抗战爆发，江浙沦陷，大批蚕丝技术人员涌入四川，南充更成为全省、全国丝绸生产及出口中心。

### （一）远古：彰显身份地位或消暑御寒功能

南充丝绸起源于远古，最早记载南充丝绸史料的是《汉书》。在《华阳国志·巴志》中有这样的记载：“禹会诸侯于会稽，执玉帛者万国，巴、蜀往焉。”①意思是大禹在会稽会见各方诸侯，包括巴国和蜀国在内的不少诸侯带去了玉石和丝绸。据《辞源》“巴者，古国名，位于今重庆市及四川省东部一带地方”可知，现在的南充就属于当时的巴国，南充辖区内的阆中市就是曾经的巴国国都。

在今南充阆中渝水一带广泛流传伏羲氏教民渔猎织造的故事。传说，伏羲氏回到他母亲的故乡阆中教人类养蚕制衣、饲养家禽，才有了人类生活方式的转变。《路史》也有关于阆中的记载。据传从前，今阆中七里镇一带还是一望无垠、烟波荡漾、鱼虾成群的湖泊水泽，正因为水美鱼丰，引来华香部落沿水居住，他们用最原始的工具，以原始的方式渔猎为生。伏羲出阆中，在陈州经历许多坎坷当上部落总首领后，仍然眷恋这片故土。他先后三次巡行到阆中，但看到人们依然裹着树皮、兽皮辛勤劳作，极度不便，于是从野蚕吃桑叶吐丝结茧中获得启示，教人们饲养家蚕、缫丝织布，改变了人类的服饰构成，有利于劳作的便捷。

---

① （晋）常璩撰，刘琳校注：《华阳国志校注》，巴蜀书社1984年版，第38页。

### （二）奴隶至封建社会初期：作为王朝贡品

考古发现，有文字记载前的距今五六千年前，人们已经开始养蚕、制丝。《尚书·禹贡》记载有丝绸。《礼记·礼运》："后圣有作，……治其麻丝，以为布帛。"①新石器时代，南充就有早期农耕聚落。夏朝时，南充所产的帛为贡品。春秋时，南充人染制丝绸为浅红色。古蜀王杜宇东征，部族迁徙阆中，南充大力发展丝绸。"巴王族徙都阆中后，巴西地区农业已甚发达，巴人亦从杜宇之教，栽桑养蚕。"②周秦时代，南充蚕业兴盛。春秋已经能生产出用茜草或红花植物染料染成红色的"帛"。秦汉时，为保证贡赋，设置农官，巡视地方。南充各地官吏每年春季，都要亲行属县，劝课农桑。2015 年 10 月，在都京坝嘉陵江边，采砂船挖掘到两根埋藏 5000 年左右的巨大桑树乌木，根部完好、分枝明显，被称为"植物木乃伊""东方神木"，证明南充桑蚕历史的悠久。

周初，南充阆中、西充等地已经把桑、蚕、麻、纻当作贡品进献给周王朝。到秦汉时，南充便享有"巴蜀人文胜地，秦汉丝锦名邦"的美名，统治阶级皆劝课农桑，这些都真实地反映了当时南充丝绸发展的状况。西晋左思脍炙人口的《蜀都赋》里有"百室离房，机杼相和。贝锦斐成，濯色江波"的描写，足见丝绸之兴盛。唐宋之际，丝绸业规模更大，陆游《岳池农家》："谁言农家不入时，小姑画得城中眉。一双素手无人识，空村相唤看缫丝"，生动描绘了岳池一地缫丝盛况和淳朴习俗，南充成为全国两大蚕桑中心之一。

### （三）三国至宋代：走向兴盛

三国两晋南北朝时，战乱频繁，南充经济仍以种植业为主，蚕丝产业发展势头良好，并以丝绢为租税和货币。"蜀锦"成为蜀汉政权最为重要的贸易商品和外交物资，"蜀锦"产业也成为蜀汉的支柱产业，"决敌之资，唯仰锦耳"。张飞坐镇阆中，广栽桑树，改良纺织机械，提高缫丝技术，以富民强兵。蚕桑生产活动逐步规模化、制度化。"蜀布"承载经蜀身毒道与印度及南亚的商品与

---

① 《礼记正义》卷 21《礼运》，（清）阮元校刻：《十三经注疏》，中华书局 2009 年版，第 3066 页。

② 任乃强：《华阳国志校补图注》，上海古籍出版社 1987 年版，第 6 页。

文化交流的历史,佐证南充为丝绸生产贸易的源头。

唐宋的六百多年间是南充丝绸历史发展的繁荣期,每个县以百户为里,并“设里正以课植农桑”。隋唐时期,均田令的颁布,桑树种植遍布田畴沃野,丝织机构的设置、丝绸生产方式的多样,安史之乱,皇族显贵避祸蜀地,促进南充成为四川丝织中心。蚕桑栽种面积扩大,织丝工具工艺改良,产品种类更新。航海技术的发达和海上航线的开辟,推动商人们打开了异域之门,输出中华文明成果,传播了中华丝绸和传统工艺。江南地区、黄河流域、四川地区是丝绸生产重要产区,出现了全国两大桑蚕中心:华西阆中与华东湖州。四川以蜀锦饮誉华夏,驰名海外,在各色蜀锦中,“西蜀丹青”名气最大,而四川蜀红,又以南充地区为佳。朝廷指定果州、阆中、蓬州的10种丝绸产品为常贡品,可见当时南充丝绸技艺、品质上乘。这一时期的蜀红、果州花红绫(现存日本奈良正仓)作为朝廷贡品,并经长安、汉口等地出口日本和南洋各国。果州红花绫,被日本皇室作为国宝珍藏。那时的南充是“天上取样人间织,满城皆闻机杼声”,丝绸品种多样,主要有绸、绫、锦、绢、丝,那个时期可谓南充丝绸的繁荣时期。唐代诗人贾岛曾夜宿南充,在其《题嘉陵驿》中写下了“蚕月缫丝路,农时碌礴村”的诗句。宋宝庆元年,阆中贡士陈澡撰写题为《灵州灵城岩记》的碑文,对阆中三庙乡的茧丝山作了较为详细的记载。

### (四)元明清:短暂繁荣与逆境奋起

元代采取“以农桑为本”的政策,设置劝农司,颁布农桑令。元末,川北抗元斗争十分激烈,对蚕桑业的破坏性很大。明代结束了战争造成的满目疮痍局面,农业、手工业和商业得到恢复,带动了丝绸的生产与贸易。政府设立中央染织机构、地方织染局,保障宫廷和政府每年所需的绸缎,专业市镇纷纷涌现。明清时期,南充桑蚕生产的集中产区主要分布在顺庆、西充、阆中、南部等县,当时从事丝绸生产及贸易的帮会众多,交易繁忙。明朝规定,“五亩以上必植桑一亩”,有助于恢复桑树种植,为丝织品等手工业的发展提供资源支持。明代中期以后,渐趋奢靡的社会风气进一步推动了丝绸生产及学术研究。当时南充所产绢绫等既能为衣饰的制作提供原料,也受到董其昌、杨文总等文人的热捧。明末清初,由于张献忠起义军战乱,导致南充地区蚕丝生产几乎面临毁灭。清代社会分工明细，兴办丝厂，优化设备，工艺复杂，品种多样，纹饰细腻华丽，图案自由灵活，取材广泛。而清代保宁知府马书林、顺庆知府苗颖章等人特别重视农桑业的发展。明清之际，南充顺庆、保宁（今阆中）等地的四川丝绸为最盛，是南方丝绸之路的起点和主要货源供应地。一座明代古墓出土了一些丝绸，其做工精致，在阳光下熠熠生光，这也反映了当时南充丝绸高超独特的技术。

“霞光照处真奇绝，万丈红绡对日明”，清代诗人、顺庆知府袁定远的诗句，表面看是对嘉陵江畔耀目坝丝纺盛况的描绘，实际上深含明末农民领袖张献忠与这里丝绸“第一坊”的恩恩怨怨，从中可以揭示“千年绸都第一坊”的来源之秘。

耀目坝位于嘉陵江中游南充市区以南，现指嘉陵区文峰镇耀目坝村、伍木桥村、渭钟沱村地域，与南充八大景之一的青居烟村隔江相望。该地是嘉陵江的冲积平坝，面积广大，土质肥沃，灌溉便利，这块土地一直是所在州、府的鱼米之乡、“蚕丛宝地”。得天独厚的自然条件使耀目坝成为川东北独一无二的“蚕桑之源”。“绿荫冉冉，女桑姨柔，参差墙下”，近万亩桑海绿浪翻滚，芬芳四溢，掩映其间的农家小院“机杼之声，夜夜欢唱”。这里纺织出来的黄绸、红绫精细光润、色泽丰富，通过丝绸之路源源销往长安、中原及印度、欧洲，乃“天上取样人间织”“胜苏杭品质之优，享天宝物华之誉”的真实写照。

明朝末年，陕西“八大王”张献忠率大军与明军交战，1644年以后，他以今西充、顺庆一带为大本营。传说初夏的一天早晨，旭日东升，薄雾袅袅。张献忠率部下来到顺庆城南，他远远看到耀目坝绿茵如黛，眼前一亮。一行人策马来到坝上，但见绿叶鲜美、青翠闪光，遂情不自禁地发出感叹：“吾之家乡延安府草不生，黄沙蔽日，此地乃人间仙境矣。待抗清得胜，吾愿来此农耕耳！”说话间，村姑见有武士走近，吓得四下逃散。张献忠怕她们给官绅通风报信，于是带众将士在坝上挨家挨户搜寻“家道殷实”的地主绅士，实施“抗则剿绝”的政策。

耀目坝有一批“家道殷实”的人家，主要是经营丝纺者及栽桑养蚕、缫丝织绸高超者，有张飞熊、张老三、李其昆等人。张献忠正巧搜到这几户人，不容分说，令部下悉数收缴银钱，将他们五花大绑，押赴嘉陵江斩首祭江，以求北方战事顺畅。乡人纷纷闻讯而至为乡绅喊冤叫屈，一位老者仰天长啸，一排排织女悲泪长流，坊歌震天。张献忠扫视众人一番，右手一挥，一声大喊：“吾起义剿杀地主官绅已定，开斩！”话音未落，只见这时一条巨大的银蚕突然从天而降，轻盈地横卧江边，但见这条长约六丈、高有丈余的巨蚕，迅速吐出一缕缕长丝将行刑的将士紧紧缠住，拖至江滩；与此同时，嘉陵江中如蚕模样的无数条长鱼涌出水面，掀起阵阵惊涛骇浪，潮水涌上江岸，直冲行刑之地。这时太阳升高了，耀目坝上空金辉闪烁，似有万丈红绡猎猎飘飞，犹如无数旌旗翻卷。有诗为证：“天蚕下凡缚恶人，长鱼掀波满坝惊。”①“霞光照处真奇绝，万丈红绡对日明。”②

张献忠见此情景连忙给三位乡绅松绑并抱拳礼拜。说时迟，那时快，待他礼拜完毕，已不见那银色巨蚕，绑缚军士的白色长丝在江滩上缠绕出“第一坊”的字样。张献忠觉得此乃天意，返回西充，赶制了一块“第一坊”的铁匾，差人连夜送到耀目坝，悬挂于张家祠堂。

蚕农们顺应天意，也为了纪念这次胜利，纷纷仿下凡的天蚕制作了一具长6丈、高2丈的巨蚕耸立江岸，名之曰天蚕、蚕神，又在附近修建了与之般配的十数个“果州绣坊”，将这一带命名为“天蚕部落”。后来，张献忠在南充境内战亡后，清政府做了一块“天下第一坊”铁匾送到耀目坝。“天下第一坊”铁匾在“大跃进”期间被投入火炉炼钢，唯有这个故事流传至今。

如今，南充市嘉陵区文峰镇渭钟沱村的“丝绸文化陈列馆”内摆放着缫丝、织绸的古老设备，南充丝绸的历史足迹化作一张张图片挂在墙面上。不仅如此，还有许多用桑蚕丝制作的服饰、绸扇、蚕丝被等工艺品。既拓展“中国绸都”外延，又丰富“中国绸都”内涵的嘉陵区，承载着南充厚重的丝绸文化，演绎着“破茧成蝶”的美丽童话。

### （五）民国：苏醒与衰落

民国时期，在张澜、盛克勤等倡导下，南充办机构、兴教育、建桑园、推广良

---

① 民国《新修南充县志》卷4，1930年刻本。

② 政协四川省南充市委员会学习宣传文史委员会编：《南充市文史资料 第9辑 南充名胜概览》，政协四川省南充市委员会学习宣传文史委员会2000年版，第59页。

桑、改良蚕种、开丝绸厂，推进桑蚕丝绸生产的发展。南充与成都、乐山成为四川的三大丝绸工业中心。民国四年(1915)，商人何慎之携南充绸缎在巴拿马万国博览会参赛并获金奖。南充吉庆丝厂生产的“醒狮牌”扬返丝、阆中泰丰丝厂生产的“菊花牌”白厂丝、阆中紫云宫嘉陵丝厂生产的“四星牌”再缫丝同时在巴拿马万国博览会获奖，为南充丝绸取得了巨大殊荣。1917 年盛克勤创办了南充丝绸发展业的龙头企业——六合丝厂，而其所生产“金鹿牌”生丝于1925 年取得了巴拿马国际博览会金奖。“一战”时，多个帝国主义国家忙于参战无暇顾及中国，加之 1923 年日本地震导致蚕丝产量减少，进而为中国生丝业发展提供了良好契机。但 1931 年由于日本生丝的冲击，当时南充最大的丝绸生产厂——德合丝厂老板常百万(常俊民)由于国产生丝价格暴跌而抑郁成疾。此后，国民党政府对四川丝绸业巧取豪夺、垄断压制，迫使蚕丝业几乎毁灭。

## 四、1949 年之后南充丝绸发展

在古代的几千年历史中，南充丝绸经历了发源于远古，兴起于秦汉，徘徊于晋隋，鼎盛于唐宋，迟滞于元朝，欣荣于明清的曲折过程。在漫长的历史长河中，生产方式经历了家缫、丝匠、车房(机房)等形式。清末西充县令高培谷的《蚕事备要》，既是集几千年蚕丝生产技术之大成，也是南充蚕丝技术发展水平的刻度线。

南充丝绸历经千年，发展至今，经久不衰，为南充留下了一笔巨大的精神文化财富。如今，我们仍可以在南充市顺庆区潆溪镇的中国蚕桑文化博物馆、嘉陵的中国丝绸博物馆寻访南充丝绸文化的踪迹。陈列馆内不仅有大量的蚕丝文物，还有蚕丝始祖嫘祖和马头娘娘的塑像。同时，“南充丝绸精品展览馆”正在筹建中，以期会聚南充丝绸产品的精品，融合南充丝绸历史文化和科技知识。

新中国成立之后，在党和政府的领导下，南充蚕丝业被注入新的活力，在70 多年的发展历程中，取得了辉煌成就。外地客商人口中流传着“世界市场看中国，中国市场看江浙，江浙丝绸看蜀国，蜀国丝绸看川北，川北有个二丝厂，二厂建在河坝上，丝绸工人日夜忙，丝绸出口好漂亮”的诗句。历史上，丝绸企业是川北的支柱企业。南充由于有丝二厂、丝三厂、绸厂、绢纺厂、印染厂等轻纺企业的存在而扬名四川乃至全国。1978年,经过党的十一届三中全会拨乱反正,全国的工业生产迅速复苏,开始走上了发展的快车道。表现在工业产值上,当时的南充丝二厂平均年生产总值约9000万元,并在1990年一举突破了亿元大关。这一生产规模和产值在当时不仅是行业中的翘楚,甚至在亚洲大陆都堪称是第一大规模的缫丝厂。当时南充丝二厂职工最多时达上万人,也被称为亚洲最大“万人工厂”。

因为丝绸行业兴旺,收入可观,福利良好,很多人都想方设法进入。作为农业大市,南充数百万农民年收入的一半都依靠栽桑、养蚕。而在城内,每4个人就有两个人是“吃丝绸饭”,50%的城市人口从事着和丝绸相关的行业,南充工业的半壁江山都依靠着丝绸工业。可见从业人员之多、规模之大。在全省来看,当时南充丝绸工业的总产值占据全省丝绸工业总产值的三分之一,出口生丝比例达到全省的二分之一,出口绸缎占到全省的四分之三。可以说,南充丝绸外贸购销总值支撑了全省丝绸行业的半边天。

1949年以后,南充丝绸的发展主要经历了以下六个时期。

### (一)恢复生产时期(1949—1956)

1949年12月,随着解放军进军大西南,成都宣告解放,随之中共川北区委、川北行政公署相继成立,南充蚕桑丝绸获得了发展大好时机。川北区委、行署向3家大丝厂派出了军代表,发表复工文告。在社会主义改造的近七年中,川北行署制定了“蚕丝业由维持、恢复走向发展”的方针,努力恢复生产。1950年,川北行署和阆中县人民政府派出监理员,分别接管了四川丝业公司的南充、阆中办事处和西充留守处及丝二厂、三厂、四厂和南充、阆中、仁和蚕种场,并没收了其中占40%的官僚资本。将蚕丝机构和企业改组为中央公私合营,相继开工恢复生产,实行一系列扶持政策,改造了蚕丝行业的经济成分,组成了国营、合营、私营三种经济模式,开展了民主改革、生产改革和“三反”“五反”等运动,恢复了蚕桑指导机构,加大政策扶持力度,增加国营企业所占比重,产生良好效果。

随着社会主义改造的完成，经过公私合营、土地改革、企业改制、设置机构、优选良桑、改良器具、自动育蚕，扩大生产，振兴蚕业。南充蚕丝业发展极为迅速，产量剧增，由 19 吨猛增至 958 吨，丝厂林立，工艺先进、产品多样。

（二）曲折发展时期（1957—1966）

“大跃进”和调整的 10 年中，南充蚕丝业的发展经历了一个马鞍形的曲折过程。从 1957 年起开展的整风、“反右倾”政治运动，直接影响和左右着蚕桑生产，特别是在三年“大跃进”中，瞎指挥、立指标、浮夸风、共产风和蛮干拼设备，打人海战，破坏式生产方式方法严重泛滥，虽然也曾取得了一些成绩，但却带来了明显的后遗症，并在 1959 年至 1961 年三年困难时期，逐步暴露出来。为纠正经济发展的错误，蚕桑生产实行了大队、生产队、社员三结合的养蚕体制和以包产包工为主的“三包五定一奖”的办法，蚕茧收购实行提价和奖优的政策，丝绸工业贯彻“工业七十条”进行企业整顿。在“大跃进”中受到破坏的蚕丝业从逆境中得以恢复和发展，成为这个历史阶段南充蚕丝业的重要转变。

（三）“文革”时期（1966—1977）

在“文化大革命”中，南充蚕丝事业遭受了严重的灾难，蚕丝机构被冲击，企业党政陷于瘫痪，部分工厂停产闹“革命”，各项制度被废除，各种生产设备被破坏，工厂无法进行正常生产，丝绸生产连年下降，各级党组织及绝大多数职工面对困难，抵制破坏，冲破阻力，坚持生产，坚持斗争，从困难中不断发展。由于调整时期的新栽桑投产，蚕桑生产呈现逐年上升趋势，同时还先后建成了阆中丝绸厂、阆中绸厂、南充绢纺厂和南充纺机厂等一大批丝绸生产与配套的骨干企业，从根本上调整丝绸生产结构。丝绸在 10 年中生产量翻了一番，绸产量增加高达 4 成。

（四）辉煌鼎盛时期（1978—1993）

党的十一届三中全会的召开，为南充茧丝绸业发展注入了新的活力。南充丝绸业迅速崛起，甚至走向世界。① 全行业恢复了管理机构和规章制度，改革了丝绸行业管理体制，1983 年成立了贸工农一体化的茧丝绸公司，使生产、经营和管理走上正轨。在丝绸销售方面，面对 20 世纪 80 年代的国际丝绸销售滞留造成生丝积压 1000 吨，绸积压 100 万米的严峻形势，市茧丝绸公司分析原因，争取中央、省的政策扶持，落实了外贸指标，组织企业经营承包，壮大促销队伍，打开了国际、国内市场，积压产品基本消除；后又制定了一系列鼓励蚕桑发展的优惠政策，出台并落实栽桑、养蚕和蚕桑区域布局三项政策，全区推行了改一年四季养蚕为春夏秋三季养蚕，改单一的四边桑为四边桑、小桑园和间作桑三结合的布局，开展产茧万担区、千担乡、百担村的活动，扶持蚕桑重点户和专业户的发展，使蚕桑生产由分散向集中，由副业到专业性转变。在丝绸生产方面，全行业实现了由单一的生产型向计划型与市场相结合的生产经营型转变，坚持以市场为导向，实行“稳丝、上绸、增绢”的方针，提出“调整结构，提高质量，增加品种，开拓市场”的发展方向。

自 1978 年至 1988 年的 10 年间，南充丝绸业取得了巨大收获。1979 年中共南充市委颁布了《大力发展蚕桑生产的决定》文件，南充地区 10 大蚕桑基地县得以建立，促使了南充地区栽桑布局、养蚕布局、区域布局三大方面的转变。同时，这一时期南充丝绸在工业配套发展上也取得了巨大效果。南充地区通过调整生产结构，促进桑、蚕、种，印染、服装，丝绸科研、教学等一条龙产业，有助于将丝绸的生产、研究相结合，从而丰富南充丝绸生产品种。南充地区通过设备更新，引入新型仪器，极大地提高了生产效率，而且南充丝绸业还通过城乡联合等手段将丝毯织造等环节扩散至农村，有助于更好地发挥城市机器化生产的优势。南充地区特别重视丝织业人才培养，先后选送了 400 多人前往成都、浙江等地区进行学习，有助于为南充丝绸业发展积累技术人才。②

20 世纪 80 年代中期南充相继被确定为全国四大蚕桑基地之一、15 个丝

---

① 陈忠民：《南充丝绸历史发展概况》，杨光龙等：《顺庆文史资料》1994 年第 1 辑，第 4—7 页。

② 周受益等：《改革开放结硕果，南充丝绸展新姿》，《丝绸行业改革纪实专集》，大地出版社 1989 年版，第 19—26 页。

绸生产出口基地和 20 个丝绸工业重点城市之一，成为丝绸工业重点发展地区。现在南充不仅是我国西部地区唯一的“中国绸都”，也是四川省三大服装工业基地和服装出口创汇重要基地之一，成为川内成遂南达（成都、遂宁、南充、达州）“纺织走廊”的重要支点。

从 20 世纪 80 年代中后期到 90 年代初的这段时期，是南充丝绸行业快速发展的鼎盛时期。当时，南充丝绸行业的从业人员高达 10 余万人，直接从事栽桑养蚕的农户达到 100 多万，全市丝绸行业总产值超过了 15 亿元，上缴利税超过了 8000 万元，出口创汇超过了 5000 万美元，成为南充纳税创汇大户，占据整个南充地区工业总产值的四分之一、财税收入的五分之一和出口创汇的五分之四，成为南充工业发展之翘楚。丝绸行业不仅是南充的支柱产业，也是四川省丝绸出口创汇的大户，丝产量约占四川的三分之一，绸产量占四川的五分之二；出口生丝总量占四川的三分之一，出口丝绸占四川的五分之三。

1990 年至 1993 年，南充地委、行署连续举办了四届中国 · 四川 · 南充丝绸节，文化搭台，经济唱戏，吸引了南来北往、海内海外的众多客户，共计接待中外客户 1. 8 万人次，丝绸销售额达 20 亿元，1993 年仅南充织绸企业就发展到 81 家，生产坯绸 4747 万米。

### （五）改制脱困时期（1994—2001）

1994 年以后，国际丝绸市场对丝绸需求锐减，出口量年年递减，国内丝绸市场持续疲软，茧丝原料价格上涨，1998 年，全市丝织机开机率仅为 26. 4%，截至 1996 年底，全市丝绸行业累计亏损 5. 23 亿元，平均资产负债率高达 100%。1997 年 1 月，四川省委、省政府派出 26 人调研组紧急赶赴南充市，为南充丝绸业发展困境会诊把脉。同年 2 月，时任四川省省长宋宝瑞亲自来南充现场办公，会商解决深陷困境丝绸业的燃眉之急。同年 3 月，获得第一手讯息并汇集了相关调研资料之后，四川省委书记谢世杰专程前往北京，请求国务院出手拯救南充丝绸行业。时任国务院副总理吴邦国当即作出专门指示“减员增效我赞成，我们来统筹解决”，并先后作了三次重要批示。国家经贸委、纺织总会把南充列为全国丝绸行业解困的重点城市之一，随即国家和省出台了一系列扶持政策，市上作出了“关于扶持丝绸企业 13 条优惠政策”。南充市茧丝绸公司提出了“减员增效，破产重组，一厂一策，分块拉活”的总体思路，强力推进企业改制。在多方瞩目下，南充丝绸行业开始了史无前例的资产大重组，结构大调整和机制大转换，力求破茧重生。1998 年 8 月国家大二型企业之一的阆中丝绸集团破产成为这一自我改革阵痛的标志性事件，随后阆中丝绸集团、南充绢纺集团和嘉丽华丝绸集团等六家企业先后被列入《全国企业兼并破产和职工再就业》，共核销全省银行呆坏账 6.95 亿元，省上给南充丝绸行业解困资金 7800 万元，系统内 23 户国有、集体中小丝绸企业以租、股、并、卖方式全部改制，阆中丝绸厂、南充绢纺织厂、嘉丽华集团和南充纺机厂相继破产重组，南泰集团实施退二进三和用存量土地资源开发房地产，美亚集团国有股出售变现，南充丝绸印染厂减员增效，分块搞活。全市上下的国有大中型企业大约 1.5 万名职工陆续转变国有身份，企办五所各类子弟校全部剥离出来，企业后勤服务也全部纳入社会化，先后化解各种债务 6.4 亿元。

（六）恢复发展时期（2002—2021）

2002 年，按照国务院和四川省政府关于深化蚕茧流通体制改革的要求，南充市委、市政府结合实际情况作出了重大决定，改革现行的茧丝绸管理体制以适应新时期的发展。2002 年 4 月，南充市茧丝绸公司管理体制被打破，其所属的 7 个县市区茧丝绸分公司被整体下放经营管理权，而将茧丝绸行业管理职能分别划归新成立的南充市蚕业管理站和市茧丝绸行业办公室。南充市茧丝绸公司按照现代企业制度的要求，成为经营性企业，从事丝绸贸易。经过大胆的探索突破，改革茧丝绸管理体制，从根本上扭转了原来的政企不分，管理混乱，闭门造车，调控乏力的弊端，有利于茧丝绸业焕发新的活力，做大做强与世界接轨。目前，国有丝绸企业已逐步退出历史舞台，民营丝绸企业异军突起。全市民营企业占 90%以上，营造了良好的发展环境。2006 年以来南充市南部、仪陇、西充、嘉陵先后被列入商务部“东桑西移”工程项目，四个项目获得国家补助达 1000 多万元。2006 年 10 月市委、市政府出台文件，启动了“蚕桑百万工程”。市、县共投资 3 亿元，打造全市 5 大优质蚕茧基地县和 50 个蚕桑基地乡，用 3—5 年时间，建设桑园面积 100 万亩，产茧 100 万担。2013 年，市政府出台了《关于加快茧丝绸发展的意见》的文件，进一步推动了茧丝绸行业发展。全行业投入重点项目 28 个，投资 12 亿元，建设了嘉陵区域南充丝纺工业园和都京镇丝纺工业园，将工业生产、文化旅游融合，变废为宝，推陈出新，为丝绸文化注入活力成分。招商引资丝纺企业 30 余户，经过多方筹措，全市丝绸行业累计投入技改资金共计 10. 5 亿元，同时新增无梭织机 200 余台，全市拥有国家、省、市和企业技术服务中心 8 个，国家干茧、蚕桑、茧丝质等研发中心 4 个，先后获得全国高档丝绸标志 2 个，以及中国驰名商标 2 个，中国名牌产品 2 个，国家资格产品 3 个，国家地区标志产品保护 9 个；并先后在深圳和南充光彩大市场建立了“中国绸都 · 南充丝绸精品馆”，打造了“千年绸都第一坊”、中国丝绸文化公园，中国绸都南充丝绸博物馆等旅游休闲文博场馆。2013 年，丝绸产量位居四川省第一，服装产量位居四川省第二，丝织品产量位居全国前列。同年，商务部命名南充市为国家外贸转型升级专业示范基地，这是全国第一家丝绸类的外贸转型升级示范基地。南充市的“十二五”发展规划同样将丝纺服装产业作为市级三大支柱产业之一，单独为此制定了南充丝纺服装工业发展“十二五”蓝图规划。从 2016 年开始，全市丝纺企业有效实施“互联网+”方式，正式入驻中法跨境电商平台。南充丝绸远销欧洲，成为全国主要的丝绸面料出口商之一，甚至供货给“阿玛尼”等全球奢侈品牌。2017 年丝纺服装出口国家 75 个，收入 7. 79 亿元，同比增长 71%，占全市出口总额的 41. 6%。2018 年，南充蚕茧产量 13267 吨，占全省的 14. 4%，绸缎产量 19642 万米，全省排名第一。2019 年蚕丝产量 5346 吨，占全省的 39. 69%，蚕丝、绸缎产量蝉联四川省第一，加入国际丝绸城市网络，被确认为丝绸优质生产基地领导者。2020 年，蚕茧产量 15013 吨，创历史新高，蚕丝、绸缎、服装名列全省前茅。南充全市丝纺服装产业实现总产值 586 亿元，其中规模以上工业企业实现产值 356. 4 亿元，较“十二五”末的 279. 5 亿元，增长 27. 5%，年均增长 5. 0%，并在国际丝绸城市网络视频会议上做了专题发言，是南充跨入国际丝绸大舞台的标志。“十三五”期间，全市丝纺服装产业链条完成，从栽桑、养蚕、育种、蚕茧生产到缫丝、织绸、印染、服装、家纺加工一条龙，产品涵盖丝绸、棉纺织、服装、鞋类、化纤及其他(含产业用纺织品)行业；并具备科技研发、原料基地、生产加工、销售出口、旅游开发等较为完善的产业体系。大力弘扬丝绸文化，推动丝纺服装与文化旅游融合发展，打造多条“丝绸文化+丝绸工业”

精品旅游线路，相继开发桑蚕食品、防疫物资、蚕业观光、工业旅游、丝绸文创文博等产品和项目。中国绸都丝绸博物馆、中国蚕丝被之乡文化馆、中国桑茶之乡桑文化馆、百年六合丝绸体验馆、蜀绘文化博物馆等企业自建展馆成为丝绸文化旅游的靓丽名片。到2021年，南充丝绸已基本形成了比较完整的行业发展生态，涉及原料供应、织造、染整，以及服装设计、成衣、家纺等的生产与出口贸易，同时也做好在行业科教、休闲旅游、传统文化保护等方面的工作。在南充市“十四五”规划中，丝绸更成为重点发展对象。

回顾南充丝绸发展历程，不难发现茧丝绸业不仅是南充传统的优势产业，也是经济的骨干支柱产业，以及地方财政收入的重要来源，成为当地农村农民经济增收的主要项目。

经过漫长的历史发展，南充丝绸在桑、蚕、种、茧、丝、绸、绢和印染、针织、服装、丝毯、丝织机械、丝绸科研、教学、文旅等方面都比较完备，形成了门类非常齐全的生产发展体系。其总体规模位居全省第一，在我国中西部地区具有举足轻重的地位。

这些成就离不开不断探索、与时俱进的行业管理指导。过去几十年里，在南充市委、市政府的坚强领导下，南充丝绸行业管理机构先后经历了最初的地区丝绸工业公司、地区茧丝绸公司，再到南充市茧丝绸公司、市茧丝绸行业办公室以及市商务局茧丝绸协调办等多次改革。南充茧丝绸行业围绕“脱贫解困，优化产业”的思路，励精图治、负重前行，大胆创新、排除障碍、勇于拼搏，通过跨越式的发展使行业一步步走出困境，步入了新的发展轨道，重现生机和活力。丝绸行业的脱困发展也促进了农村经济建设，有利于蚕农增收、解决就业、扩大出口，丰富了人民的物质文化与精神文化生活。

1995年，南充丝绸登上了中央电视台的荧屏，央视国际频道专题节目“走遍中国”专栏播放了《千年丝绸孕南充》专题片，反映了南充丝绸城破茧重生的发展和喜人的变化。2007年10月，中国西部茧丝绸发展高峰论坛在南充成功举办，时任国家茧丝绸协调办公室副主任王北鹰等领导和全国丝绸界嘉宾200多人出席，一起共商丝绸产业发展大计。本次盛会获得了全国200多个网站13000多条消息的报道，中国丝绸协会也发来贺电，使得“中国绸都——南充”的名片更加响亮，影响力获得了进一步提高，为行业拓展发展奠定了坚实的基础。

### （七）中国绸都命名

南充市作为川东北政治、经济、文化中心，是南充丝绸的重点建设基地和产供销集散中心，是培养全省蚕桑丝绸人才的摇篮，也是全省蚕桑丝绸的唯一基地。不仅辐射川东北地区，而且在全省、全国具有举足轻重的作用。通过长期发展建设，南充市现已初步形成桑、蚕、种，茧、丝、绸、印、染、整，产、供、销，丝毯，服装，机械，教学，科研一条龙的丝绸生产体系，被列为全国四大丝绸出口城市之一，产品远销世界数十个国家和地区。

南充茧丝绸业的历史悠久，具有发展蚕桑生产得天独厚的自然条件。从三千年前的巴子国时开始，发展到唐宋年间，南充的茧丝绸制品就蜚声全国，受到朝廷重视。生产的绸、绫、锦、绢、丝等10余种产品就被钦定为朝廷常贡，成为蜀锦的主要原料。著名的"果州花红绫"以其精美秀丽而蜚声海内外，由长安输往日本等地。

唐代大诗人杜甫通过诗句"桑麻深雨露，燕雀半生成"描绘了当时种桑养蚕的农村耕作，著名诗人贾岛以"蚕月缫丝路，农时碌碡村"的诗句生动呈现当时南充蚕丝产业的盛况。清朝光绪年间的《蓬州志》中记载了古代南充桑农种桑养蚕的方法，如栽桑就要经历从"点桑"育种到"地桑"疏条和"压桑"三道工序。清末，为振兴蚕桑，南充各县先后成立了蚕务局进行统筹管理，同时设立蚕桑传习所培养各类蚕业人才，这些举措大大促进了南充蚕丝业的迅速发展。

1915年、1925—1926年，以吉庆、六合等为代表的南充丝绸分别荣获巴拿马万国博览会金奖。1949年后，南充农村桑农栽桑养蚕的积极性高涨，同期的桑树种植比例和数量以及蚕茧产量都迅速增加。尤其是改革开放后，生产活力释放出来，南充丝绸行业进入快车道，得以迅速发展，开始了突飞猛进、产销两旺的发展盛期并享誉国内外，在全国丝绸界占据非常重要的地位。

20世纪80至90年代，是南充丝绸业蓬勃发展的鼎盛时期，各丝绸厂家不断引进先进技术和设备，改造扩大老区，配套建立新厂。南充先后建立两家茧丝绸公司、南充丝绸批发站和全国织绸规模最大的南充绸厂、南充第三丝绸厂、南充丝绸试样厂、南充丝绸印染厂、南充纺织机械厂、南充蚕种场以及南充果城绸厂、南充市嘉陵绸厂、南充市火花丝绸厂、南充市文凤丝厂、南充市华凤丝厂、南充舞凤绸厂、南充市华凤蚕种场、南充市中山蚕种场，以及配套的蚕桑、丝绸科研、教育等机构，规模大、产值多、辐射力强。

全市从业职工有 10 多万人，桑农蚕农达到 100 万户，有蚕种场 13 家，另外还设立有省蚕丝学校 1 个、省蚕研所 1 个、省工程技术研发中心 2 个。全市从事蚕桑、丝绸等科研、教学、宣传、技术推广的专业技术人员达 2000 人之多。在这一生产背景下南充茧丝绸生产规模年年创新高，据统计，南充年发蚕种 126 万张，产茧 2.71 万吨，缫丝产量 3000 吨，蚕茧年产量占全国总量的 8%、全省的 25%。行业年总产值超过 10 亿元，上缴利税超过 8000 万元，出口创汇超过 5000 万美元……不仅撑起南充工农业的半壁江山，成为四川最大的丝绸工业中心，而且是全国四大蚕桑生产基地和十五大丝绸生产、出口基地之一，成为全国名副其实的丝绸工业中心之一。

这一时期，南充丝绸名下的品牌先后有 200 多个产品获得国家银质奖、省部优质奖和新产品奖，创建丝纺服装中国驰名商标 3 个，中国名牌产品 2 个，中华老字号 1 个，高档丝绸标志认证产品 4 个和国家原产地保护标志 9 个。获得四川省著名商标 3 个，四川名牌产品 7 个。产品远销世界 130 多个国家和地区。

2005 年 4 月 2 日，中国丝绸协会正式授予南充“中国绸都”称号。2016 年，中国丝绸协会再次授予南充“中国优质茧丝生产基地”和“丝绸源点”称号。2018 年 3 月，中国蚕学会授予南充市嘉陵区“中国桑茶之乡”称号。

迄今为止，南充基本形成了原料供应、织造、印染、服装及家纺用品出口贸易、科教等配套的产业链，全市丝绸行业织绸规模、综合利用开发、蚕具生产名列全国前茅。截至 2020 年末，全市规模以上丝纺企业 72 家，蚕桑丝纺服装及相关丝绸文化旅游实现销售收入 586 亿元，较“十二五”末增长 87.82%，年均增长 17.56%。2020 年 3 月，“南充丝绸”地理标志证明商标经国家知识产权局核准注册成功，品牌建设的长足发展，为产业高质量发展注入了新的活力。南充这一西部的“中国绸都”发展动力源源不断，丝绸文化熠熠生辉。

## 第二节　南充丝绸的文化记忆

历史承载丝绸文化，文化传承丝绸文明。梳理南充丝绸历史，感受数千年岁月流淌，挖掘从远古走来的文化遗韵，传统民俗、传说、艺术到节庆都展示了丝绸对南充的影响。

### 一、川北民俗与丝绸文化

“相沿成风，相习成俗。”民俗是沟通民众物质生活，反映民间的社群和集体的习俗和心态，是长久以来所形成的乡风乡俗，它是以人作为载体世世代代习传下来，并保持生生不息的一种文化现象。

蚕桑丝绸习俗是中国丝绸文化的有机组成部分。在中国的生产习俗中，以蚕桑习俗最为重要繁缛。这是因为：蚕桑生产周期短，收益大，俗谓“四十五天见茧白”“上半年靠养蚕，下半年靠种田”“养蚕用白银，种田吃白米”。在不经商、不做工的蚕农中间，辛苦一个半月养一季春蚕，其收入占全年经济收入的一大半。南充蚕丝在数千年的演变中，形成了众多民间风俗，其中有行规业习、方言俚语和栽桑养蚕谚语等，主要有敬蚕神、蚕忌、三皇会、打丝枪、学徒、工匠市、体罚、养成工、占桑叶贵贱、计量术语等。

南充各地均有敬蚕神的风俗习惯。清咸丰《阆中县志》载：“蚕丝庙，各乡有之，皆乡人祈蚕之所。”“文风山，在县东一百里，下有蚕石，其形如茧。每岁上元，乡人多于此祈蚕。”就描绘了每年乡里敬蚕神的盛况。清道光《南部县志》载：“每年正望日，乡民祈蚕者络绎于道，祷之辄应。”民国《新修南充县志》载：“正月初八蚕日，必设盛馔，曰蚕过年。”这一习俗直到 20 世纪 50 年代后逐渐绝迹。清末民初，通过经纪人交易生丝的形式为打丝枪，通过经纪人交易绸缎则称打绸枪。1950 年前，民间还流行了许多蚕忌，有些是养蚕的经验总结，有些是不科学的陈规旧习，据清光绪《西充县志》，就记录了养蚕有 22 忌：忌寒冷，忌食湿叶，忌食雾叶，忌食汽水叶，忌食黄沙叶，忌食肥叶，忌喂叶失时，忌秽气，忌香气，忌灯油，忌面生人，忌在蚕室食姜及蚕豆，忌蚕新生在室内扫尘，忌烟火纸，忌侧近舂杵，忌敲击门窗、槌箔及有声之物，忌哭泣叫唤，忌带酒人,忌切桑烟熏,忌产妇、孝子人家,忌烧皮、毛、乱发,忌酒、酸、膻、腥、麝等物。清末民初,南充丝织业的“匠帮”,他们每年农历九月十三放假一天,在岳王庙内举办“三皇会”,主祭轩辕,以谢“传艺之恩”。到了中午的时候,摆上猪头、鸡、鱼三牲、九礼,燃放香烛火炮,会首会率领全体人员向“三皇”叩头礼拜,祈求保佑“清泰平安,消灾灭病,暗传技艺,丰衣足食”,在拜后会餐,开怀畅饮。机房老板不集中办会,只在家里敬“三皇”。每到了初二、十六的时候就会打“牙祭”,要给每张机子敬刀头(熟猪肉1大块),燃香烛,烧纸钱,祈求菩萨保佑老鼠不咬经丝滚子,俗称祭机头。民国及以前丝绸行业收学徒,要有介绍人和担保人,称老板为师,称老板指定的技工为“教师”。在这期间,学徒办“敬师酒”“出师酒”,并给教师买鞋袜或衣帽等物,作为谢师礼,还要订投师文约。民国期间,有工匠市,每天夜晚8时至9时,南充丝绸工匠聚集在鸡市口十字路口,有的等待雇主来招人,有的或另选机房,机房老板便会聚在邻近的东南角茶馆,物色工匠,由工匠相互介绍,形成雇佣工匠市场,人们亦称其为“人市”。

民国时期,南充缫丝业有一条体罚的行规陋习——因缫折大,惩戒为:男学徒工打屁股,女学徒工打手心,成年工人挨耳光,或者拖下车位被一顿毒打,甚至开除。南充各大丝厂,还招收年满12岁的健康男童为艺徒。学徒3年,只供住食,他们学成后便可以在厂担任技工,名为养成工。有关于栽桑养蚕的谚语也不少,有“要得富栽桑树,要用钱多养蚕”“一年两季蚕,可抵粮半年”。

这些民俗体现人们对蚕事的重视,对神明的敬畏,是中国之“礼”通过仪式、节庆以祭祀、饮食的方式在丝绸生产各环节的具体体现,具有民族性与地域性。

## 二、民间故事与南充丝绸

丝绸文化来自民间,生生不息,又反哺回馈民间。伴随着丝绸文化的成长发展,南充各地也留下极富地域性、人文性的丝绸民间故事和传说,让文化与其产地相得益彰。

### (一)“卓氏锦”成就相如故里美誉(蓬安)

汉朝大辞赋家司马相如故里蓬安,被誉为嘉陵桑梓,文人福地。嘉陵江奔涌不息,绘制出蓬安山、水、城和谐美景。司马相如与卓文君的千古爱情传奇,赋予这片土地以温情与浪漫。传说汉代大辞赋家司马相如与蜀中才女卓文君倾慕相恋,却遭到文君父亲卓王孙的强烈阻挠,两人只好私奔出走,几经辗转,曾因生活困窘,文君不得已当垆卖酒。司马的才情、文君的深情,打动卓王孙,其婚姻得其首肯。为了面子,他"分与文君奴隶百人,钱百万,及其嫁时衣被财物",这百人中有一部分尤善操织,工于织锦,足见当时丝绸制作工艺先进。卓文君家精美的制品被称为"卓氏锦",一时闻名遐迩。唐郑谷《锦诗》中说:"文君手里曙霞生,美号仍闻借蜀城。"渲染文君织锦技术高超,美名远播。"鸣梭静夜,促杼春日""织回文之重锦,艳倾国之妖质"等诗句,则描绘了技艺高超的卓家工奴辛勤织造绮美"卓氏锦"的劳作之状。可见,汉初的南充蓬安地区蚕桑织绸业便已兴旺发达,技艺高超,声名远播。制丝织绸兴盛发展的历史事实也说明南充的地域优势和发展特色,受到世人广泛关注和高度评价。

### (二)"树王"救护李世民(南部)

李世民文武全才,为大唐统一及江山稳固作出卓越贡献,其开创的"贞观之治"开启盛世辉煌,造福黎民百姓。民间留下他的大量传说,如少林僧人救唐王、唐王三请张古老等。南部为南充市人口最多、县域面积最大的县,种桑养蚕历史久远,也留下桑树与李世民的传说。相传李世民一次打了败仗,队伍被打散,他在逃难途中,因为困乏不支走到一棵桑树下时倒头而睡。说来也巧,半梦半醒中一颗桑果恰恰掉落在他张开的嘴里,一嚼之下觉得味道不错,于是将其吞下。神奇的是桑果汁水刚刚被咽下喉咙,李世民就体会到甜滋滋、凉生生的感觉,脑袋一激灵,困乏顿失,人也马上有了精神。他立即又从树上摘了一大把吃下去,顿觉力气倍增,精神大好。他觉得是好兆头,一高兴就对这棵桑树说:"你真是树中之王,我如得了江山,一定挂匾加封于你。"后来,李世民当了皇帝,果然没有忘记当初的誓言,专门做了一块匾,刻上"树王"两个字,然后叫人去给这棵护驾有功的桑树挂上。谁知道前去挂匾的人却根本不认识桑树,糊里糊涂之下就把这款匾误给椿树挂上了。椿树没有想到会得到"树王"的封赠,好事天上来真是太幸运了,高兴之余香气四溢,后人因为它以香气欢迎客人,故名之为香椿。可怜这棵桑树却有功不得封,非常生气，气郁难消，直到气破肚子，所以后来桑树长不了多大就会破肚皮（桑树的树形特点）。

农业社会的家庭往往有耕读传家的文化传统，而栽桑养蚕则是每个农户经济收入的主要来源。种桑取叶—养蚕做茧—缫丝织绸，可见桑树是这一经济劳作过程的基石。所以在这个民间故事里，劳动人民在想象传说中独独对桑树赋予“树王”的称号，就已经说明了一切。农业社会中丝织业的重要性和重要地位无可替代，同时也反映了古代南充丝织业的发达，以及对人民生活的巨大影响。

### （三）长不高的马桑树（营山）

据说花果山水帘洞的猴王，本事十分了得，经常腾云驾雾，东游西荡。这天，他一个筋斗飞上天，四下一看，发现好大一株参天的马桑树，长在阆苑东端的灵山上，并结满了紫色的马桑果，这勾出猴王的馋虫，他便想去吃个饱。于是猴王趴在马桑树上，边摘边吃。说来也怪，猴王每爬上一截，马桑树便长高一截，最后长成了一道长长的天梯，直入天宫。猴王好奇之下也就一蹦一跳地闯进了天宫，一通乱逛来到了雨神殿。但见案台上放着一精致的瓶儿，他一把将它抓在手中倒过来一看，瓶中的水就汩汩地倒出来了。猴王这下可闯大祸了，原来那瓶并非凡物，乃是装雨神降雨用的神水的瓶子。只要倒一滴，人间就毛毛雨飘飞；倒两滴，则是细雨绵绵不绝；倒三滴，就顿成倾盆大雨，而孙猴子倒的可不是几滴水啊，都赶上小半瓶儿了，这下子弄得人间突遭无妄之灾，瓢泼暴雨整日整夜下个没完，漫山遍野洪水肆虐，举目四望一片泽国。天地间一切生物都被水淹而死，最后只幸运地留下伏羲、女娲两个人躲在葫芦瓢里漂着。

玉皇大帝知晓后，气不打一处来，两眼冒火七窍生烟，“咚”地一拍龙案说：“大胆雨神，不管好雨瓶，贬你到凡间当三年农夫，朝耕暮作，面朝黄土背朝天，看表现再行听封。”“你这刁顽泼猴，胆大妄为，竟敢在天庭惹是生非，贬你到一巨石中，修炼五百年。”“马桑树，你修炼三千年才成为树之精灵，你把泼猴引到天上，惹下滔天大祸，从今以后，你再也不能长高了。最多三尺，就横起朝下长。”玉帝一阵龙威发过，犹余怒难消，他气鼓鼓地走下龙椅，念出一段咒语:“马桑树儿长不高,一长长个趴腰腰,不能建房作木料,只能砍下当柴烧。”由此后,马桑树就再也长不高了,只要长到一定高度就马上垂头向下,枝叶旁逸,原来那个长出参天长梯的劲儿就只好用在长出一蓬蓬鲜嫩的桑叶上来。惹祸的孙猴子则被贬入石头中修道五百年后才得以重新蹦出来,由于始终咽不下这口气,后来才演出了“大闹天宫”“偷吃蟠桃”的精彩大戏来。

### (四)马桑树为啥这么矮(营山县)

据说古时候,马桑树长得比其他树都要高,而且高耸入云,所以很多人修房造屋用它来做中梁柱,甚至人们还可以顺着树干爬上南天门去,人间天宫往来无阻。在孙悟空大闹天宫后,其他猴子猴孙也想上天去逛逛,由于没法腾云驾雾,所以它们便从马桑树的树杆子上相继爬上去。这些猴子上天以后,本性调皮,再加上少见多怪,所以处处惹是生非,把个凌霄宝殿、王母瑶池都闹得个乌烟瘴气的,还一天天纠缠玉皇大帝,说什么“孙悟空都封了齐天大圣,我们是它的儿子儿孙、徒子徒孙,未必然不该封个什么小圣吗?”弄得玉皇大帝焦头烂额。

西王母娘娘的瑶池更加悲催,蟠桃树一开花,一群猴子就跑到那里守住,长一个果子吃一个,结两个吃一双,待得王母一年一度的蟠桃大会连蟠桃影都不见,根本不能如期召开。西王母没奈何就去找玉皇大帝告状。玉帝也正为大闹凌霄宝殿的小猴子们伤透了脑筋,一气之下就命令天兵天将把猴子统统赶下天宫,眼不见心不烦。为了免除后患,他又派金甲大力士手执嵌花板斧来到凡间,一斧一根,把原来高大的马桑树,砍了个精光。

好在马桑树虽然树干被砍了,但根并未被完全挖掉,春天一来就又生发出嫩芽。不过由于元气大伤,树芽儿又长得多,养分供应不上,所以从那以后,马桑树再也长不高了。

这些民间故事传说无疑凝聚着古代南充劳动人民淳朴的智慧和聪明才智。他们用文学的想象和艺术的夸张来描绘并解释马桑树的生长特点和习性,渲染桑葚的奇妙作用,突出表明了他们对马桑树的喜爱之情和感激之意。

## 三、丝绸文化节与丝博会

南充是西部“丝绸之城”，蚕桑生产历史悠久，具有厚重的文化积淀，“胜苏杭品质之优，享天宝物华之誉”名动中国，冠绝一时。故而，蚕桑文化成为南充的文化名片，从市内的许多街道、大厦、公园、雕塑等的命名就可以看到这种历史影响。

借助这一文化影响力，南充市政府从 1990 年开始一直到 1995 年止，在每年的 8 月 31 日—9 月 4 日定期举办了“中国 · 四川 · 南充丝绸节”，设想依托这一文化艺术节打响南充的城市名片，依靠“文经结合、以文促经”的经济大舞台达成“文经共荣”的初衷。

“丝绸节”上万商云集，盛况空前，既有丝绸歌舞表演、时装模特展示、龙狮舞展演、大鼓队演奏等，还展销 3000 余种丝绸品的美姿神韵，交易总额一度突破 20 亿元，成为南充历史上隆重难忘的盛会。南充丝绸节上最靓丽的丝绸模特表演团备受瞩目，她们完美地诠释了五彩丝绸与青春活力的魅力，不仅多次参加省市各级比赛，揽获多项大奖，还在 1994 年赴京表演，献礼国庆 45 周年，轰动京城，受到了党和国家领导人的亲切接见和肯定，充分展示了南充丝绸文化的魅力和丰富内涵。

### （一）南充丝绸节举办的背景

中国历史上有三条“丝绸之路”，分别是北方和南方的丝绸之路以及海上丝绸之路，这在史学界获得了大家的共识。

其中，南方的丝绸之路也叫“蜀身毒古道”，蜀就是古代的四川，身毒是古代中国对印度的称呼。之所以出现这一条古代跨国贸易途径，源自古代南充生产的精美丝绸。这些贵重的丝制品，由成都或重庆经由古道运往印度、东南亚等地，逐渐形成南方的丝绸之路。四川史学界部分专家甚而提出南充就是当年南方丝绸之路的起点。当然，这一说法是否准确，现在已难考证，但是从另外一个角度说明，南充自古就是中国最主要的丝绸产地之一，这是确凿无疑的。所以南充丝绸历史悠久，丝绸种类繁多，丝绸文化丰富。秦汉时期，南充就是重要的蚕丝生产地区。唐宋年间，南充丝绸发展到鼎盛时期，果州（南充）的绸、绵、绢、丝成为朝廷指定的贡品。在《华阳国志》中就曾有过记载："禹会诸侯于会稽，执玉帛者万国，巴、蜀往焉。"①帛指的是丝织品，巴指的就是四川东部一带，南充的阆中市就是当时巴国国都。《南充蚕丝志》也指出南充的丝织品成为周王朝的贡品，可以看出当时南充已经成为重要的丝绸生产中心。南充位于嘉陵江畔，是南北丝绸之路的重要中转站，也是海上丝绸之路的货源地，在中国丝绸史上占有重要地位。虽然如今的南充街头巷尾，难以再现当年运输繁忙的景象，但是那些诗句和文字的记载却可以让人们想象到古代的盛况。

古代南充是中国丝绸的主要产地，在隋唐时就制作出了最有名的果州红绫。当时的南充有很多大大小小的手工织绫作坊。南充丝绸早在唐宋时期就成了宫廷贡品。有专家认为，夏禹王在召集诸侯大会的时候，巴人就执玉帛参加。阆中是巴人政治文化经济的中心。昔日的巴国早已消失在历史长河之中，但这块热土依然存在古色古香的人文景观。据说丝绸业发展鼎盛时期，这里可谓"处处可闻机杼声"。

作为古代巴蜀的重镇，阆中的丝绸也是久负盛名。据《明史录》中记载，唐朝时候，山西的绿安州就大量采购阆中所产的阆丝，以之为原料来纺织要进贡的绸缎，当时用阆丝织出的保宁水丝花素大绸远近闻名。如今，在这一著名古城里仍然依稀可见古镇风貌和历史的传承、延续。

为了彰显南充悠久的历史，为了传承丝绸文化，在丝绸行业最辉煌的 20 世纪 90 年代，南充市政府决定每年举办丝绸文化节，以文促经，宣传南充丝绸，带动南充经济的发展，重拾丝绸在人们心中的记忆。

### （二）丝绸节举办的盛况

当年的丝绸节主会场在市中心南充市体育场。在盛大的开幕式表演中，四周的看台上人流如织，场内跑道上是呈四路纵队的行进表演，身着五彩斑斓服饰的姑娘们款款行进，头戴彩色草帽，别或紫或红的胸花……彩旗飘飘热闹非凡。1991 年出版的《中国四川南充丝绸》画册中记录了这一盛况的精彩瞬

---

① （晋）常璩撰，刘琳校注：《华阳国志校注》，巴蜀书社 1984 年版，第 38 页。

间,留下无穷回味。

开幕式结束后,举行盛大的街头行进表演。从画面上看,市内的几条主干道:文化路、人民中路及五星花园一带人潮涌动,众多市民和百姓纷纷前来一睹为快。偌大的五星花园街头转盘,到处拥挤不通,人山人海,绿树、人流、彩旗浑然一体,一时成了欢乐的海洋,交织出一幅绚丽的画面。

丝绸节期间还在市中心的北湖公园举办了系列灯会灯展,别具匠心的艺术家们制作了造型各异的花灯,有历史题材的、丝绸传说的、民俗风采的……多姿多彩的各式彩灯将夜幕下的北湖公园点缀得格外璀璨迷人。

在大小丝绸展馆里面则是另一番景象:南充绸厂、南充第二丝绸厂、南充第三丝绸厂、阆中丝绸厂、南充丝绸印染厂、南充绢纺厂、阆中绸厂、南充丝绸批发站等单位大展身手,奉献了琳琅满目的丝绸产品。其华美的色彩、精致的做工、纤细的手感……让观展的来宾和市民们流连忘返、爱不释手,踊跃抢购。

南充首届丝绸节盛况空前,辉煌无比,对后来产生了深远的影响,尔后的几届丝绸节,无一不是在首届丝绸节基础上力求创新和突破。不过第一届太震撼了,给经历者留下最深刻的印象,也镌刻进南充丝绸发展历史。

**1. 首届丝绸节**

1990 年 8 月 25—29 日,首届中国 · 四川 · 南充丝绸节隆重举行,吸引了省内外 70 余家丝绸企业和其他商家,也吸引了我国港澳台地区和日本、美国、加拿大等中外客商达 5000 多人。活动邀请南充地区群众艺术馆馆长杨受安等美术家设计了会徽,会徽由"丝""绸"的首字母 S 和 C 以及 1990 共同组成一个艺术造型的"丝"字,设计独特。同时丝绸节还创作了丝绸节会歌《走向丝绸城》,正如所唱的"剪下五彩云霞,献上美丽的丝绸",充分展现了南充人民的热情好客。此届丝绸节组织了商展,搭建多个展区,并且围绕丝绸主题制作了彩灯 200 多个、大型灯组 30 多处,展出以丝绸为主题的书画作品 200 多件等,同时还举办了大型文体活动、焰火晚会、大型丝绸展以及"丝绸杯"歌手大赛、丝绸时装模特大赛等活动,更有千人规模的丝绸时装队行进表演,各单位带来的表演精彩纷呈,筑成一道道靓丽的风景线。整个丝绸节可谓规模宏大、盛况空前,在全国都产生了不小的影响力,不仅打响了南充丝绸知名度,还彰显了南充的历史文化魅力,经济和文化联手唱大戏。

开幕式表演从北京邀请了蔡国庆、王洁实、谢莉斯和王庆君等当红明星登台献唱，成为丝绸节的一大亮点。很多南充人回忆起丝绸节，认为那是比过年还隆重热闹的节日，可见丝绸节在南充人心中的地位之重要。

在南充首届丝绸节举办期间，整个文化路道路两边全都是为商品展销临时搭建的展台，南充各地的土特产、名优产品、丝绸商品、服装等让人眼花缭乱，市民纷纷抢购。因为受场馆条件制约，当时的文化路还相对比较宽敞和便利，所以首届丝绸节重头戏之一的商展就设在这条街上，而各代表团的丝绸展销区则集中设在街中段的地区老干部局内。南充各个地方的特产琳琅满目，应有尽有。不少外地客商也前来参加丝绸节，成都的几家丝绸企业在文化路上搭起了展台。种类繁多的商品、云集各地的客商、争相目睹的市民绘制丝绸节的绚烂。

首届南充丝绸节的商业氛围浓厚，商气十足，南充 70 余家丝绸企业几乎都积极参展，国内外客商云集，展会上短短的几天，全地区丝绸行业成交 2.7 亿多元，远超同期。这算是真正体现了文化搭台，商贸唱戏，成为文化与经济共生共荣的典范，其影响波及全国。

**2. 时装模特大赛风采万千**

五星花园万人空巷，整个城市都披上了丝绸的荣光，而备受瞩目的丝绸模特便是这当中最璀璨夺目的明星。南充丝绸的迅猛发展，给了当时正值青春，怀揣梦想的青年男女难能可贵的机会，他们拼尽全力，吃苦耐劳，以求走上耀眼的舞台，成为丝绸节上的惊艳一刻。

丝绸节上最引人瞩目的丝绸时装表演，以斑斓多姿的五光十色与缤纷璀璨的青春之光奏响了一曲充满活力的丝绸狂想曲。来自南充绸厂、南充第三丝绸厂、南充绢纺厂等企业的 1300 名俊俏丝绸儿女尽情展示着丝绸的魅力。他们一个个身着惊艳的丝绸时装、泳装、晚礼服，等等，既雍容华贵，又轻盈飘逸、潇洒，令人眼花缭乱，目不暇接。时装表演将现代色彩与民族特色交织在一起，让人领略天府之国丝绸之乡的奕奕风采。举办丝绸节，亦是通过丝绸媒介，架友谊之桥，谋发展之道。

当时全市共确定了南充第二丝绸厂、南充第三丝绸厂、南充纺织厂、南充棉纺厂、南充丝绸印染厂、南充天歌羽绒厂、南充市纺织系统、南充绢纺厂、南充果城绸厂以及阆中丝绸厂、阆中绸厂等十一支代表队参赛。为了培训好模特队伍,不少企业还聘请专业文化团体的专家和舞蹈老师授课,刻苦训练。从丝绸服装的设计到制作都是员工亲自参与其中。当时大赛组委会原本计划,时装表演每天3场,即上午、下午、晚上各一场,但没想到观众太热情,来的人也太多了。10多元一张的门票,相对于当时人均仅几十元的月工资来说,价格并不低,但每场门票都早早一售而空。为了满足观众的需要,组委会临时决定增加场次,每天加演两场,情况才有所好转。

其实,参赛的时装模特们并非专业选手,主要是南充丝绸企业的职工。丝绸企业本来就是劳动密集型的企业,当年南充号称有“十万丝绸大军”,其中女工占绝大多数,而年轻女工更在多数。由她们所组成的时装模特队成了最亮丽的一道风景。尤其是在人们的思想观念还没有完全开放的年代,时装模特表演仿佛是一股清风让人眼前为之一亮,成为人们追逐的东西就显得不足为奇了。在庆祝中华人民共和国成立45周年之际,南充还组建了时装表演队参加北海公园游园表演,时装队共11人,由10名演员和1名歌唱家组成,主要是南充各个丝绸企业的一线女工。这场表演一共展示了12个服装系列,64套丝绸服装,展现了四川丝绸经济发展的多彩成就,受到了党和国家领导人的一致好评,让首都人民感受到天府之国的丝绸之美,中央电视台的“新闻联播”“焦点时刻”等栏目都对此次表演进行了聚焦报道,此次时装队赴京演出取得了巨大成功,表现不俗,也展示出南充丝绸文化的特有魅力。丝绸模特的风光源于整个丝绸业,在当时南充经济生活中首屈一指,充分展现南充人民多才多艺,积极向上的整体风貌。

**3. 第三届丝绸节**

本届丝绸文化节在“丝绸大世界”举行,丝绸节发挥绸都文化优势,举办丝绸、金融、科技、房地产、劳务等大型商展。丝绸节期间,举办丝绸新产品开发比赛、时装模特设计比赛、产品展销比赛,取得了较好的社会效益和经济效益,同时还举办了大型文艺汇演、大型灯会等活动,突出南充特色丝绸文化。本届丝绸节的展品和参展团体远远超过前几届丝绸节,丝绸产品种类丰富,应有尽有。绫、罗、绢、绸、缎、锦等丝绸产品琳琅满目,美不胜收,吸引了中外大量企业参加。

### 4. 第五届丝绸节

1995 年 9 月 15 日，南充市在南充市丝绸大世界举办了中国・四川・南充第五届丝绸节，这是南充最后一届丝绸节。当时的名优特产品展销、内容丰富的专业市场、门类齐全的合作项目，丰富多彩的文艺表演展，历历在目，使人记忆犹新。

在南充第五届丝绸节开幕之前，南充先后举办了首届“凌立杯”歌手大赛和“万博之夜笑星荟萃大型文艺晚会”。有 9 个代表队 80 多名歌手参加角逐，凌立发展机构的陈菊、陈旭和大学代表队的侯晓琴，分别获得通俗唱法、民族、美声唱法一等奖。国家一级演员熊小田、赵亮、陈立和中央广播说唱团的青年著名演员邓小林、白桦等都亮相“万博之夜”，将晚会推向了高潮。

9 月 14 日，市新闻办举行了丝绸节新闻发布会，《人民日报》、中国新闻社、四川广播电台、四川电视台、《四川日报》、香港《大公报》、香港《文汇报》等媒体前来参加采访报道。

9 月 15 日，21 响礼炮、300 羽飞鸽、高高飘扬的丝绸节会旗以及欢快的迎宾曲，把 3000 余名中外客商带到南充市丝绸大世界广场举行的第五届丝绸节开幕式现场。上午 9 时 30 分，市委副书记蒲显福充满激情地宣布了南充第五届丝绸节开幕。省委秘书长章玉钧、省长助理柳斌杰专程来南充出席了开幕式。世界粮食计划署和国际农发基金会的官员，美国、英国、法国、荷兰、新西兰、澳大利亚、加拿大、以色列等国家和我国台湾、香港地区 20 余名客人也参加了开幕式。开幕式上，南充市政府市长向阳致开幕词，省委秘书长章玉钧致贺词。章玉钧、柳斌杰、希望集团总裁刘永好、楚雄州委书记吴朝顺、向阳市长等为丝绸节开幕式剪彩。开幕式后，来宾和客商们纷纷涌入设在丝绸大世界内的各商展馆参观、指导，进行商贸洽谈。

历时 6 天的第五届丝绸节在南充落下帷幕。丝绸节商展、商贸活跃，参展品种齐全、货源充足，共有 15 个大类的上万种商品，名优特产品走俏，交易额达 3 亿元，占整个销售额的 30%以上。以粮油食品为主体的农副产品销售也是供不应求。个体和私营企业经营活跃，其参展人数和规模远远超过历届丝绸节。地方产品中的名优特新产品占整个商品的 30%。

此届丝绸节招商引资成效明显，共签订合同和协议 55 项、总投资 8.02 亿元，而且大项目多，基建、技改项目占比大。其中大中型企业项目多于集体、乡镇企业项目，涉及引进资金和技术、合资办企业等。

### （三）丝绸文化节衰落的原因

曾几何时，南充丝绸之树枝繁叶茂，丝绸之花竞相绽放。从1990年开始，连续5届的丝绸节把“丝绸之乡”的名片推向了海内外，南充丝绸声誉鹊起。然而丝绸节却并非一个新的丝绸纪的开端，反而是80年代起南充丝绸盛极而衰的一个转折性符号。进入20世纪90年代中期，变化莫测的市场经济大潮冲击着南充的丝绸业，使之由巅峰逐渐滑向低谷。整个行业的不景气风潮也导致南充丝绸业负重前行。丝绸行业急转直下，市场行情出现了极大的变化，1994年以后开始走下坡路，时装模特队也开始半专业化了，璀璨的丝绸之光黯然失色，南充丝绸节很快淡出历史舞台，淡出了人们的视线，留下了遗憾，化作了南充人民心中永恒的记忆。

由于国际丝绸市场需求乏力，再加上国内经济宏观调控失衡，导致国内丝绸价格高位“跳水”，致使栽桑养蚕、缫丝织造、印染设计、服装成衣等整个产业都陷入前所未有的困境之中。这场危机导致的巨大冲击也令南充丝绸受到波及，全行业严重“缩水”难以幸免。丝绸市场疲软，市场秩序混乱，蚕业从事人员改行，丝绸原料供应不足，南充各个丝绸厂遭受重创，大量丝绸企业倒闭，员工纷纷下岗，南充丝绸行业的衰败与当年盛极一时的景象形成鲜明对比，曾经火爆一时的“南充丝绸一条街”也渐渐消失，“胜苏杭品质之优，享物华天宝之誉”的南充丝绸如今变成了鲜有人问津的“地摊货”，南充丝绸发展陷入了困境。

据有关数据统计：南充丝绸的缫丝设备能力由1992年高峰时期的76855绪锐减至2002年的25740绪，织绸设备能力也由4218台降至2698台；丝绸工业产值也由1993年的90108万元减至2002年的64996万元，销售收入由94298万元断崖式下跌至49131万元，近乎腰斩。这导致南充的生产规模大幅缩减，蚕茧收购量仅占全国的2.18%和全省的12.13%；丝绸工业产值占全国不到1%和全省的30%左右。其中丝、绸产量分别仅占全国的3.86%、0.46%和全省的22.33%、55%。危机来势汹汹，影响巨大。

对此,南充业内有识之士指出,经济数字的缩减带来一个不争的事实:南充丝绸在全国、全省的领先地位岌岌可危。根本原因就在于整个行业在原来突飞猛进的扩张中所掩盖的矛盾与问题,那就是总体上呈现出的基础薄弱,产业发展水平不高,缺乏综合实力强的知名企业和品牌,一遇风吹浪打就往往弱不禁风,难以与复杂多变的市场相抗衡。南充的蚕茧生产技术与"江浙沪地区"、国外先进企业相比还有很大差距,表现在科技创新不够,精深加工薄弱,终端产品较少,人才建设滞后,丝绸产品的市场竞争力不强等,这些因素导致南充丝绸发展逐渐陷入困境。

### (四)丝绸文化节的影响

昔日丝绸文化节早已成为南充丝绸记忆中一张靓丽的名片,每年的丝绸文化节都是一场盛大的文化商贸集会,是南充政府、企业、协会、民众共同参与的一场盛大集会,影响广泛,对促进南充经济文化建设具有重要意义。不过在连续举办五届之后,丝绸节因行业整体不景气的影响,很快淡出历史舞台,唯有难以忘怀的印象仍在记忆中留存。

在行业解困的关键时刻,时任国务院副总理吴邦国组织专题会议为南充发展把脉问诊,先后为南充丝绸企业核销呆坏资金 7 亿元。同时,中央和省还为南充注入 3000 万元解困资金。2005 年 4 月,南充喜获"中国绸都"称号,此时的南充丝绸业经过改制的阵痛,已经全面走出了低谷。当时,全国共有 7 个地市获得"中国绸都"称号,而南充是中国西部地区唯一的"中国绸都"。2010 年中国西部茧丝绸高峰论坛在南充举行,此次论坛再次让南充被全国瞩目,200 多个网站相继发布了 1.3 万多条相关信息。南充"中国绸都"的历史不会被遗忘,必将再次大放光彩,要将城市发展与丝绸文化相互融合,打响中国绸都丝绸文化名片,传承和发扬丝绸文化。2016 年,南充被中国丝绸协会认定为"丝绸源点"并授予牌匾。2019 年 9 月,以"新时代、新丝路、新未来"为主题的"中国西部丝绸博览会"在南充开幕,当年南充丝绸节的盛况重新上演,唤起南充人民的美好回忆。本次博览会吸引了美国、意大利、俄罗斯等多个国家的服装企业参展,共设有丝纺产业馆、丝绸文旅馆、区域合作馆、丝路合作馆以及地方特色馆,生动再现南充丝绸千年过往和辉煌。还举办了丝绸服装设计大赛,吸引国内外530名设计师参加,不同风格的参赛选手,用灵感和巧手传递出丝绸的独特魅力,通过丝绸服装设计大赛让文化创意设计与传统丝绸产业相融合,实现融合发展。

当年城市建设把位于五星花园地标的丝绸女神雕像搬走后,市民不断表达将女神请回“家”的愿望,直至2018年丝绸女神终于回到五星花园,引起了市民热情欢呼和点赞,可见人们对丝绸文化的深厚情结。因此,他们对建设丝绸文化名城积极支持,热情参与,尤其是丝绸企业和相关地方做了探索试验,为全市创建丝绸文化名城做了奠基性工作。以六合古院为阵地,建成南充丝绸文化陈列馆,展示企业百年丝绸文物;依格尔丝绸有限公司建设的中国丝绸博物馆,占地12亩,建筑面积5万多平方米,馆内展出自古至今从栽桑养蚕到丝绸服装成品全产业链各个环节的实物与文化,成为目前西部唯一的丝绸文化博览馆,吸引了全国各地游客前往游览购物,开馆期间已接待游客数百万人,旅游购物等收入上亿元。这些活动不断扩大南充丝绸名城的影响力,把丝绸文化名城打造成为南充一张靓丽的城市名片。

### (五)丝绸源点与丝绸博览会

#### 1.丝绸源点

丝纺服装产业既是南充传统优势产业、主要出口创汇产业,也是民生产业、支柱产业。丝绸之路的起源一直以来争议很大,有时代性、地域性。对于南方丝绸之路的路径,史学界有两种观点:一种观点是南充丝绸经阆中、汉中、宝鸡到达西安,融入北方丝绸之路并直达中亚和地中海,因为河西走廊考古曾出土过南充出产的古蜀锦;另一种观点是,南充丝绸向西经成都,过邛崃、雅安出境。

丝绸的起源更是千古之谜。从目前的考古发现,应该是多处起源,从中原到巴蜀到江南。在对蜀文化研究历程及南方丝绸之路的考证中,可以见出嘉陵江流域很早就出现了蚕桑,南充是古老的丝绸生产及贸易地。其原因在于:上古时代,蚕丝始祖嫘祖在嘉陵江畔的盐亭(南充毗邻之地)境内诞生。传说嫘祖发现桑树上有野蚕吐丝作茧,遂将其驯化家养。史学界有一种推断,嘉陵江流域是嫘祖最早驯化野蚕之地,也就是中国桑蚕的发祥地;1987年,文物部门在阆中朱家山整理一个被毁坏的墓葬时，发掘出一块唐代的墓葬碑文，记述了阆水一带蚕业的兴盛；2015 年，南充市高坪区都京镇境内出土了两段 10 多米长的粗大乌木，经鉴定，此木质为桑树，已埋地下 5000 多年。这是古老的桑业和蚕业在嘉陵江流域产生、繁衍，并依存于南充勃兴和发展的重要见证；汉武帝时期，南充人找到一种重要的植物“茜”，其根部赤黄，提取物作为红色染料的原料，它和蓝、芷等染料一起，奠定了蜀派丝绸绚丽壮美的色系基础；唐宋时期，南充“花红绫”名噪一时，与同时出产的绸、锦、绢、丝等 10 多种产品一同被指定为朝廷常贡。“果州花红绫”辗转东渡日本，至今仍有藏品被日本皇室尊为国宝。南充市早年出土的宋代文物“古蜀缫车”，成为丝绸历史最好的见证。可见，南充人当时对丝绸制品的想象及其制作工艺的拓展，已经达到一个高峰。对此繁盛境况，历代文人吟诗作对，深情歌咏，比较知名的诗人有唐代贾岛、杜甫，宋代陆游等，贾岛的《题嘉陵道》中写道：“蚕月缫丝路，农时碌碡村”，杜甫的《泛江》记载“长日容杯酒，深江净绮罗”。宋代诗人陆游在《岳池农家》中云：“一双素手无人识，空村相唤看缫丝”。他们从不同角度记载了南充的丝绸业盛况，同时为后世留下脍炙人口的佳作。

依托这些历史的文化积淀，南充在 2016 年被中国丝绸协会授予“丝绸源点”标志，实至名归。六合集团作为“丝绸源点”牌匾存放地和纪念地，具有深刻的历史意义，百年六合也当之无愧地被称为“中国丝绸工业的活化石”。它不仅拥有规模最大的国营丝绸企业，多种产品在国际国内获得大奖，而且现在的六合集团以文化、旅游促生产，成为南充丝绸行业之翘楚。今天的六合人倾力打造六合院、银杏林、有轨小火车、文化产业博览园等，在幽幽旧时光的浸染下，让冰凉的机器、缫丝的劳作充满诗情画意。这些举措既提升了南充丝绸的知名度，迎来了四方游客，又促进六合集团经济腾飞。

**2. 丝绸博览会**

中国西部，茧丝产量占全国总量的 70% 以上，蜀锦、红菱是四川丝绸名品。南充有辉煌的丝绸历史，是中国最大的生丝生产基地。但因为地域限制、人才流失，不平衡问题凸显。近年来，南充明确发展目标，融入“一带一路”建设，争创全省经济副中心，提出了培育壮大现代农业、丝纺服装等五大千亿元产业集群，以建设“中国绸都”为主线，以结构调整和产业升级为导向，以综合开发利用为突破口，加快了茧丝绸产业的振兴、崛起，增加了丝纺产品的外销数量，提高了质量。建成了集桑、茧、缫丝、织造、染整、加工贸易、旅游文化等于一体的较完整的产业链，成为全国优质茧丝生产基地和全国丝绸类外贸转型升级专业型示范基地。

在国家茧丝办、中国丝绸协会、中国纺织品进出口商会、国际丝绸联盟、四川省丝绸协会等相关部门（单位）的大力支持和帮助下，由中国丝绸协会、中国纺织品进出口商会为主办单位，南充市人民政府、四川国际博览集团、四川省丝绸协会作为承办单位的“中国西部丝绸博览会”在南充举办。博览会以“新时代·新丝路·新未来”为主题，以“丝路链全球，开放赢未来”为姿态，进一步促进南充深度融入“一带一路”建设、长江经济带发展，推动区域开放与合作，展示开放南充新形象，弘扬丝绸文化，展现绸都风采，推进对外开放合作。博览会在2019年9月金秋时节举办，此次盛会规模盛大、措施创新、形式丰富、活动多彩，共设展览面积约1万平方米的五大展馆，分别是丝纺产业馆、丝绸文旅馆、区域合作馆、丝路合作馆、地方特色馆。其中，丝纺产业馆以丝纺面料、服饰、蚕桑综合开发利用展示为主；丝绸文旅馆以丝绸历史文化、旅游景点、地方特色旅游产品展示为主；区域合作馆则以展示国内相关城市及川东北城市经济文化及特色产品为主；丝路合作馆，顾名思义则是以“丝绸之路”沿线国家地区部分企业生产的丝纺服装及特色产品作为展示重点；地方特色馆以南充9县（市、区）经济社会发展成果的展示为主。通过博览会将南充融入“一带一路”的发展快车道。

本次盛会吸引了大量国际知名专家、学者，国际知名丝绸行业协会负责人等参会，还有国际知名采购商和国内外知名企业近千人全程参与布展，吸引300多家国内外客商。主办方精心设计的“1+3+5”重大（专项）活动，包括2019第十届C21论坛、南充市投资推介项目签署仪式、中国茧丝绸产业发展峰会暨“一带一路”论坛等3项重大活动。其中，中国茧丝绸产业发展峰会暨“一带一路”论坛的主要内容是举行与中国茧丝绸产业发展、丝绸非遗文化及“一带一路”有关的主旨论坛，交流新时代中国茧丝绸产业高质量发展战略，交流中国丝绸文化传承与保护经验，探讨推进“丝绸源点”与“一带一路”融合发展具体措施，主题鲜明、内容丰富、形式多样，完美地展示和推介了南充，极大地提升了“印象嘉陵江·山水南充城”和“中国绸都”的知名度和美誉度，达到了“党政满意、嘉宾满意、企业满意、社会满意”的预期效果。

博览会采用高新技术，通过现场直播、互动体验、网络视频等形式，生动、鲜活地将本届盛会全方位地呈现给大众。还引入各类电商平台，将零售、批发、统售、网销等有机结合，灵活高效地满足群众的购物需求。同时举行5项专题活动：一是中国绸都·银海丝绸之夜暨“丝绸女神杯”模特大赛决赛；二是“丝绸女神杯”2019中国丝绸服装设计大赛（决赛）暨颁奖晚会；三是全国桑茶产业发展大会；四是国际时尚丝纺服装穿搭体验暨走秀活动；五是2019“丝路之旅”阆中峰会等，活动精彩纷呈。其中，2019中国丝绸女神杯模特大赛总决赛、2019中国丝绸服装设计大赛和国际时尚丝纺服装穿搭体验暨走秀活动，队伍阵容强大，场景美轮美奂，处处彰显丝绸时尚、高贵、典雅的气质，精彩演绎中国西部绸都浪漫风情，为广大参会嘉宾和市民群众奉上了一道丰厚的“文化大餐”和“视觉盛宴”。博览会还通过现场手工制作蚕丝被、丝绸蜀绘、“丝绸女神杯”模特大赛、丝绸服装设计大赛以及“千人旗袍秀”等多种形式的活动参与，让普通民众可以近距离感受传统技艺、工艺设计、产品制作的魅力，进一步领略丝绸文化的无穷风采。

在第十届C21论坛上，南充“印象嘉陵江”湿地公园荣登“四川十大文旅新地标”榜单；川北大木偶、仪陇客家民宿博览园荣膺“四川十大文创品牌”；南部升钟湖、营山耕读进士文化旅游区、西充纪信广场、中国春节文化主题公园等多地入围“四川100网红打卡地”。中外城市竞争力研究院为此将南充评选为“中国西部最具投资价值城市”。展销会期间，观展人数达30万人次，实现现场交易额2000余万元，订单合同交易额5亿余元。本次丝博会共促成合作项目30个、协议总投资315.4亿元，其中现代农业项目2个、总投资13亿元，丝纺服装、电子信息、汽车汽配等产业项目18个、总投资129.1亿元，文化旅游、现代物流、会展经济等现代服务业项目10余个、总投资173.3亿元，涉及丝纺服装、现代农业、电子信息等多个领域，取得了极其丰硕的成果。2019年12月，南充市与杭州市作为中国两座城市正式签约加入了世界丝绸城市网络，这标志南充市主动融入“一带一路”倡议，成为南充市丝绸面向国际舞台的重要里程碑。

丝博会作为当代南充的丝绸符号，充分展示南充丝绸的价值与地位，扩大城市的影响力，为南充产业发展、文化建设提供了平台。

## 四、丝绸博物馆与南充记忆

南充城市有5000年的文明记载史，有1000多年的建城史，是丝绸之乡、山水之城。在中华文明宝库中，南充是熠熠生辉的明珠。

### （一）博物馆与南充丝绸历史再现

博物馆是历史的见证，文明的象征。桑蚕，自然界中变化最为神奇的一种生物。丝绸，人类创造的最美丽的一种织物，构筑了灿烂的丝绸文化，成为中华文明的重要组成部分。

南充地处川北丘陵地区，独特的地理位置不仅雨量充沛，而且气候温和，具有发展栽桑养蚕的条件优势，早在两千年前的秦汉时期就已是全国重点蚕丝产区，生产的蜀锦名闻天下，素有“丝绸之乡”之称。南充不仅是历史上著名的丝绸之乡，也是当今西部唯一的绸都。这里有着非常丰富的丝绸历史资料和厚重的丝绸文化沉淀。

南充中国绸都丝绸博物馆不仅传承蚕桑丝绸生产的工艺技术、传播古老的蚕桑丝绸文化，收集、收藏蚕桑丝绸产业的文物、珍品，还充分展示出了现代丝绸的魅力、生态，以此纪念为四川、为南充、为南充丝绸作出如此辉煌成绩的先辈们。在这里人们可以循着古老丝绸之路，和先人对话，探寻他们的精神世界，感恩古圣先贤们留给我们的文化遗产，领略他们高超的智慧，也可以置身其境，操作演练行业的全过程，还能够欣赏全球视野、多元文化中丝绸艺术的繁荣，从而激励民族自尊心、自信心，展望丝绸行业和国家民族的光辉未来。

#### 1. 博物馆的构建设想

中国绸都丝绸博物馆为集丝绸历史、文化、展销为一体的丝绸体验馆，位于四川省南充市嘉陵工业园区，是集丝绸文化艺术沙龙、现场参观、生产体验、丝绸精品展示、丝绸产品及其他艺术购置和参观、购物、休闲、健身、餐饮娱乐于一体的特色景点和文化商业区。

四川依格尔纺织品有限公司于2013年筹资5000万元建立该馆，旨在通过丝绸文化、历史及产品的展示，弘扬丝绸文化，传承南充丝绸的悠久历史。

展馆2014年开始动工打造，一期总投资2000多万元，占地6000多平方米。规划二期工程占地3000平方米，建成后成为我国西部面积最大的丝绸馆。该馆自复制出一台大型束综蜀锦花楼提花织机以后，又仿古复制了中国从古到今的脚踏缫丝机、绛丝机、云锦提织机，这些木织机全部用手工操作，能织出壮锦、蜀锦、宋锦、云锦等丝绸制品。

蚕桑丝织是中国贡献于世界的伟大发明，然而，随着科技进步和现代产业的升级发展，传统产业受到很大冲击。传统手工传承的织造技艺面临后继无人的窘况，蚕桑民俗活动也失去了生存空间，当这种状况在现代社会逐渐成为一种普遍现象的时候，我们就知道，它们的传承和保护就不得不提上议事日程了。优秀民俗文化确实值得我们下大力气进行梳理、抢救、保护、传承和创新，因为这是我们民族文化的根脉。当然，想依靠个人来完成是难以为继的，必须依靠政府的力量，需要运用各种文化手段进行全方位的挖掘、保护和推广，否则，在社会发展和时间流变中它们很有可能就会慢慢消逝，徒留遗憾。

非物质文化遗产的传承保护方式多种多样。单纯的民间传承是其中的一种方式，只不过这种自然传承有很大的局限：不仅路径狭窄，而且规模弱小，影响力不强，“自我造血”能力非常有限，一般具有地域性、易变性、脆弱性等不足。因此，往往需要政府文化部门的介入和干预，尤其是充分利用博物馆的优势。

作为南充丝绸文化遗产保护、传承、研究和展示的主要基地，南充丝绸博物馆理应做好蚕桑丝绸文化的文物保存、文化传承、发掘推广等工作，应该利用自身优势来促进各种物质文化遗产和非物质文化遗产的保护，尤其是那些传统技艺的保护、传承与发展。博物馆在对文物实物保护展示方面有天然的优势，而今在非物质文化遗产保护上同样如此，在这方面积累了比较丰富的经验，他们不仅有各种蚕桑、丝绸实物展示和详细介绍，以及生产过程的演示，还组织了专门人才进行生产技艺的展示，不仅融合了实物与文字、图片和声音、视频动画等现代数字技术应用，还结合静态和动态的场景，通过观摩与体验等方式来进行全方位立体展示和推介。同时博物馆还准备投资成立专门研究桑蚕丝织技艺保护的研究中心。

## 2. 博物馆的构建意义

博物馆有着赓续文明、传导文化、引导思考的作用。世界各地存在的大量博物馆是人类文明和智慧的结晶。

(1)弘扬传统文化、传承中国文明

博物馆是通过对人类及其生存环境物证的收藏、保护、研究、传播和展示来推动人类文化的继承与创新的公益性文化机构。不仅是国家、民族、城市展示其文明历史和发展水平的重要窗口,而且是推动文化、经济和社会协调、和谐发展的重要阵地,这些性质决定了它在传承和弘扬民族优秀传统文化中具有不可推卸的职责与不可替代的作用。

日月经天,江河行地;春风夏雨,秋霜冬雪。在历史长河的演变中,人类文明也历经兴衰。对于中华民族这样一个历史悠久的民族,在历经无数个春夏秋冬的洗礼后,其文明源远流长、不断推陈出新。

南充因为悠久的丝绸历史与璀璨的丝绸文化,建设丝绸博物馆势在必行,市政府向有关部门发出了请求,中国丝绸协会在批复文件中指出,南充丝绸发展历史悠久,文化积淀深厚,产业基础扎实,曾先后获得“中国绸都”“国家地理标志保护产品”等称号。南充的丝绸博物馆具有一定规模和特色,依据《茧丝绸行业特色基地评定办法》,经审核,被授予“中国绸都丝绸博物馆”称号。希望“中国绸都丝绸博物馆”充分挖掘保护丝绸历史文化遗产,大力传承弘扬中国丝绸文化,打造融文物珍藏、科普教育、旅游商贸等功能于一体的现代丝绸博物馆,为促进社会主义精神文明建设、推动我国茧丝绸行业稳定可持续发展作出新的更大的贡献。

四川依格尔纺织品有限公司率先收集文物、组织人员,建设博物馆。目前博物馆初具规模,成为企业文化品牌,城市文化坐标。董事长张和才谈道:“中国是世界丝绸的发源地,四川是中国丝绸的发源地,南充是四川丝绸的发源地,是有数千年历史的丝绸之乡,丝绸文化源远流长。”南充市政府在新修建的博物馆内设立了丝绸馆,组织专门人才搜集资料、撰写方案、布置展位。

为了丰富绸都和丝路源点内涵,南充先后举办了四次高规格的“丝绸之源”研讨会,新华社也开展了“一带一路”走进“丝绸源点”的南充主题活动,先后三次组织专家和学者搜集、整理南充丝绸文化历史上的民谣歌曲、谚语典故,以及风情习俗等民俗文化,编辑丝绸历史文化文献 30 万字。

(2)发展文化旅游、带动经济增长

几千年来,丝绸成为东西方文化联系的纽带,不仅美化了人们的生活,还担当着文化交流的使命,以"丝绸之路"传播着发展、合作、宽容、和平的精神,密切了我国和世界的经济、政治和文化的联系,在世界历史上产生了巨大而深远的影响。

旅游业作为第三产业的支柱行业,素有"无烟工业"之美誉,成为许多地方经济发展中新的增长点,越来越受到人们的重视。旅游的形式和种类很多,但总的来说不外乎两大类,即自然风光游和人文景观游。而在人文景观中,博物馆、纪念馆又占有重要一席。融收藏、研究、传承、推广等职能于一体的博物馆往往承载着一个国家、一个地区的历史文化。在一个现代化城市的文化建设中博物馆有着举足轻重的地位,通常被作为这个城市的文化标志。博物馆事业的规模、水平和质量往往成为衡量一个国家、一个民族、一个城市文化教育发达程度的标志之一。

博物馆的建成,不仅仅是一个景点,而且是南充的一张名片,能让更多人了解南充、四川乃至全国丝绸的文化和历史。为进一步对接国家"一带一路"倡议,宣传和弘扬南充丝绸历史文化,四川依格尔纺织品有限公司跳出发展丝绸的营销策略,以创建中国绸都丝绸博物馆为载体,加大旅游市场拓展力度。自 2015 年中国绸都丝绸博物馆正式开馆以来,平均每年接待游客超过 30 万人次,累计达到 200 万人次左右。现在四川依格尔纺织品有限公司正在着力进行中国绸都丝绸博物馆第二期的场馆扩张和建设,将在该博物馆二楼增加丝绸起源、四川丝绸的发展、"一带一路"详解、丝绸之路对传统文化的影响、南充丝绸的发展、四大发明与丝绸、丝绸行业未来展望等元素,进一步弘扬南充历史悠久的丝绸文化。

"文物可持续发展是旅游可持续发展的可靠基础,旅游可持续发展是文物效益的不竭的源泉,两者是共进共荣的关系。"①博物馆对旅游的开发可以促进博物馆工作的开展,通过灵活的经营方式形成自身的特点,增强自身的活

① 苏东海:《文博与旅游关系的演进及发展对策》,《中国博物馆》2000 年第 4 期。

力，能够实现社会效益和经济效益的最佳结合。

(3)打造南充名片、共建城市文化

随着我国社会经济发展，人们的审美追求与精神需求也在发生着变化。很明显的是，在满足对物质产品需求的同时，人们也更加注重对精神文化层次的需求，更强调生活的文化内涵和精神境界。

深厚的文化底蕴是城市具有活力和生命的重要因素，也是城市辐射力、吸引力的重要标志。博物馆则是城市文化的重要组成部分，它与城市往往相生共长，同兴共荣，并在无形中塑造着城市的形象。博物馆往往是城市靓丽的文化名片，其标志性、经典性、纪念性等建筑特征，往往成为当地独特的文化标志和形象符号。博物馆既是重要的人文景观，同时也是民族传统优秀文化的代表，体现鲜明的民族精神内涵和深刻的文化意蕴。

中国绸都丝绸博物馆以其深厚的人文历史积淀、无可比拟的文化凝聚力，赋予南充以城市精神气质和历史文化底蕴，对于丝绸之乡南充的宣传效应可谓起到了积极作用，具有重要的文化坐标意义。

### (二)丝绸博物馆内容展示

丝绸历史绵延数千年，源远流长、底蕴精深、成就璀璨、享誉中外。面对如此久远深厚的历史，如此丰富的演变过程，究竟如何才能条理性、系统化、集中式地梳理丝绸文化的演变，展现丝绸历史的瑰宝，从而让观众在有限的时空中领略到中国丝绸的魅力？唯有始于担当，成于匠心，臻于至美。

中国丝绸博物馆用行动来证明了自己，该馆从沧桑岁月的历史演变，到珍贵文物的静态呈现和生产技艺的动态演示，让丝绸文化犹如娇羞少女从历史长河中款款走来，将历史过往娓娓道来，让前来参观的人们驻足深思、流连忘返。

丝绸博物馆坐落在依格尔纺织品公司厂区内，共分两个部分，各占地3200平方米。

#### 1. 互动演示展区

中国是世界公认的传统手工艺大国，许多传统技艺诸如造纸、织锦、青瓷、紫砂、花丝、景泰蓝、雕漆、泥塑、剪纸、刺绣等，有着悠久的历史和鲜明的区域文化特征，蕴含着各民族地区特有的精神价值、思维方式、想象力和文化意识。传统手工技艺是非物质文化遗产重要的组成部分，是产生并流传于民间社会的、历史悠久的、能够反映一个民族情感及审美情趣的工艺美术技能。绝妙的手工制作技艺及其精致成品，蕴含着各民族劳动人民的智慧与创造力，同时又浓缩了传统文化的精华。

互动演示展区主要内容包括：古代桑、蚕、茧、丝、绸生产方式场景再现，蜀锦、云锦、宋锦织造表演，古代丝绸印染工艺再现，刺绣及地毯编制表演，真丝纤维与其他纤维的性能对比及鉴别，现代丝绸生产过程电视碟片滚动播放，触摸屏幕学习丝绸知识，现代数码印花机现场生产表演，全国丝绸精品展示展销，丝绸纪念品展销等。

而最特别的是手动体验环节，为了让参观者切身体会到古老悠久的丝绸文化艺术，博物馆推出了丝绸扎染、绢丝手绘、织机操作等观众可以参与体验的活动项目。这不仅激发了人们的参与兴趣与热情，而且通过亲力亲为、互动体验，人们还能制作出自己的作品。这一下就成了博物馆新的特色和亮点。

**2. 展示丝绸历史文化**

在丝绸文化博物馆，一共有 9 个文化展示区，它们分别是：巴蜀脊梁、丝绸之路、丝绸与文字、丝绸机器发展与演变、丝绸与四大发明、丝绸印染工艺、近代工业革命与丝绸、蚕的一生以及蚕丝被的生产过程。

丝绸无疑是中国古代最为重要的发明创造之一，是历朝历代最重视的产品之一。丝绸生产和贸易关系到国计民生，丝绸之路文化对世界文明交流意义巨大。故而，丝绸历史文化博大深厚，每一段素丝锦绸都传递着一个个不同的故事，记载着一段段悠久的记忆。

(1)巴蜀脊梁

四川茧丝绸行业源远流长，在其发展的历史长河中，有很多杰出人才，他们为巴蜀茧丝绸业的发展作出了卓越的贡献，也为后人留下了宝贵的精神和物质财富。

①纵目蚕丛

大约西周末年与东周初期，蜀中蚕丛带领族人逐渐定居下来，开始以农耕为主发展生产，又以蚕桑兴邦，遂建立了蜀国。从此以后，蜀国就以丝绸之邦而光耀史册。

蚕丛被老百姓尊为青衣神,是四川第一王。据传其祖先系远古五帝中的颛顼支庶,后被分封到蜀地为侯伯。因为蚕丛巡行郊野时常常身着一袭青衣,因此被人们呼为青衣神。蚕丛见岷江中游和若水流域江边的坝子很适宜桑叶生长,于是到处劝农种桑养蚕。当时蚕桑在经济中占有极其重要的地位,解决了人们穿衣的问题。

当时蜀地居住的民族是从川西北高原上沿邛崃山脉下来的羌人,他们以羊为其民族的图腾。经过蚕丛的劝导,使大部分羌人定居下来,跨入农桑时代。古羌人是非常淳厚质朴的。蚕丛死后,羌人悲恸万分,将其安葬在蜀山,修建了巨大的庙堂——“川主”“圣德”“薄山”“遣福”“万安”来祭祀青衣神,使蜀山成为闻名遐迩的“青羌之祀”。为了永世不忘青衣神的业绩,他们将蚕丛的出生地称为青神县。蚕丛将毕生心血都倾注于若水地区,他们还把这里的若水称为青衣江——这是四川境内唯一一条用人名命名的水系。

成都平原西南部的青神县因奉蚕丛为祖神而得名,从蜀地开始栽桑养蚕,蚕桑文化就深深贯穿于青神县的历史文脉当中。其境内地名汉阳场也是因为有阳氏在场上摆摊设店传授蚕桑,因人聚集而形成集市而得名。到晚清时期,汉阳丝市兴起,成为川南地区最为活跃的交易点之一。这是蚕丛故里给青神人民留下的一笔宝贵遗产。

蜀地的经济勃兴和蚕丛以蚕桑兴邦密切相关,也使得“蜀”字成为地域与邦国之名,人们也以“蜀人”自居,蜀国也因此成为蚕桑丝绸之邦。蚕丛可谓开百代之鸿业,奠定了“天府之国”的基础,以蚕丛为名号的时代持续了几百年,为后人所敬仰。其活动范围遍及成都平原,留下了三星堆、金沙等古代灿烂文明,三星堆遗址出土的青铜纵目面具就是蚕丛的形象特征。可见,蚕丛对后世的巨大影响及其崇高的历史地位。

2005 年 6 月 15 日,中国书画名家、当代著名教育家启功先生亲笔手书“蚕丛故里”和“东坡文化”两幅字赠送青神县高台乡的退伍军人朱继文。十余天之后,93 岁的启功就溘然长逝,这两幅字画遂成启功先生的“绝笔之作”。可见,在启功老先生心目中蚕丛故里也和青神县密切关联,而这些珍贵的墨宝最终由朱继文捐赠给自己的家乡青神县。

②张澜

中国民主同盟的创始人张澜是南充人。作为南充人，张澜曾经对南充丝绸的发展起到过很大的推动作用。因此人们在南充建华职业中学校内为他修建了一座张澜纪念馆。张澜出生在南充一个耕读之家，从小的家庭环境使他对栽桑养蚕抽丝一点都不陌生。为了改变家乡的面貌，张澜开始了一场开办实业、救助家乡的革命。张澜认为发展实业应因地制宜，他在《南充之实业自治》这篇文章中就有非常清楚的论述。他当时的计划就是通过教育与实践相结合，全面实现南充"无地不见有桑，无户不事养蚕"的局面。位于南充西山风景区的四川省蚕丝学校，目前是中国西部专门培养蚕茧业丝人才的中等专业学校，这个学校的前身就是张澜先生创办的南充职业学校。

当年生活在南充的罗瑞卿1923年就考入了这所学校，在校读书期间倡议创办了《蚕丝季刊》，还撰写了多篇有关蚕桑养殖的专业文章。

（2）南充与丝绸之路

丝绸之路是中华民族与世界各民族物质与文化相互交流与融合的产物。从"丝绸之路"的得名可以看出，在东西方贸易的漫长历史中，中国丝绸是最具代表性的商品。这条"丝绸之路"不仅是古代亚欧互通有无的商贸大道，也是促进东方、西方相互交流、友好往来的友谊之路。

"丝绸之路"的商路与南方的茶马古道遥相呼应，自从西汉张骞从长安带队出使西域，开始其"凿空之旅"，本意联合抗击匈奴，却无意中开拓了丝绸之路。随之，丝绸之路成为中原王朝与西域的重要商道，甚至成为古代中国与西方政治经济文化往来通道的统称。如西向交通西域的"西北丝绸之路"，北向蒙古交通中亚的"草原丝绸之路"，四川南向印度的"西南丝绸之路"以及广州、泉州、杭州、扬州等沿海城市经南洋到阿拉伯海与非洲东海岸的"海上丝绸之路"等。

其中值得一谈的是西南丝绸之路，据史书记载，张骞奉命出使西域，在大夏国（今阿富汗北部）很惊讶地发现从印度输入的四川蜀布和邛竹杖，才得知四川商人早已开辟了从云南经缅甸到印度的商路。

张骞将获取的信息上奏汉武帝，具有雄才大略的汉武帝闻之惊喜莫名，决心打通从西南到印度的通道以扩大商业贸易。武帝遂封张骞为博望侯，命其以蜀郡（治所在成都）、犍为郡（治所在宜宾西南）为据点，派遣使者分头探索通往印度的道路，却因遭到西南少数民族的阻拦而未获成功。心有不甘的汉武帝即举兵攻打西南夷等地，历经十余年，结果仅打通了从成都到洱海地区的道路，未能超过大理至保山一带，和印度等的贸易只能以西南夷为中介进行间接交易。

到了东汉明帝永平十二年（69），因为哀牢人内附，东汉王朝“始通博南山、渡澜沧水”，才算打通滇缅通道，可以通过缅甸进入印度，“通蜀、身毒国道”才算全线畅通。

“西南丝绸之路”在我国境内有三大干线：一条是由西安、成都到印度的陕康藏茶马古道（蹬古道），是西南丝绸之路的主线；一条是从成都南出发，经宜宾、曲靖、昆明、楚雄；一条是上述两条路线自大理会合后西行，经漾濞、永平、保山、腾冲入缅甸，从保山至缅甸段称为“永昌道”。四川作为西南丝绸的起点，有专家还指出，当时南充丝绸技术发达、品质优良，是丝绸的重要供给点。

据史料记载，南方丝绸之路以南充为起点，以成都为中转站，经云南，入缅甸，抵印度。史载蚕神嫘祖故里在盐亭，古时盐亭属于古充国（今南充）所辖。在古代，南充有“巴蜀人文胜地，秦汉丝锦名邦”的美誉；唐宋时期，南充丝绸被誉为“胜苏杭品质之优，享天宝物华之誉”，名物海内外。2015 年，人们在高坪区都京街道附近的嘉陵江中发现了距今约 5000 年的桑树乌木。同年 11 月，著名巴蜀文化专家谭继和在“嘉陵江流域丝绸发源地研讨座谈会”上指出，南充具有南方丝绸之路、北方丝绸之路、海上丝绸之路三条丝路重要节点和重镇的特质，从这个意义上讲，南充是“丝路源点”并不为过。

据史载，南充丝绸起源于远古，距今 3000 多年前便有栽桑养蚕的记载。我国最早的地方志《华阳国志》记载了南充丝绸的历史。传说大禹在会稽召集诸侯，包括巴国（治今南充阆中市）和蜀国（今重庆市）在内的不少诸侯带去了玉石和丝绸。周初，南充、西充、南部、阆中等地，桑、蚕、麻、纻已成为敬献王室的贡品。秦汉时期，蚕丝行业发展为南充社会经济的一大支柱。从汉章帝时起，就实行了以布帛为租，是历代用丝绸为田赋的开始。南北朝及隋朝时，南充各县实行均田制，每人另给 20 亩永业田作桑田。蚕丝之月，女皆事蚕。

这种桑田，实际是家庭桑园的雏形，对于稳定地发展蚕桑生产起了积极的作用。

在南充丝绸发展历史上，唐宋的650多年间是鼎盛时期。杜甫“桑麻深雨露，燕雀伴生成”和贾岛“蚕月缫丝路，农时碌碡村”的名句，正反映了当时南充蚕丝的情景。唐开元中，南充已成为全国重要的绫绢产地。南充丝绸的产量和质量，均已称冠全国，有绸、绫、绵、绢、丝等10多种产品被定为朝廷常贡，人称“胜苏杭品质之优，享天宝物华之誉”，并由长安输往日本、名扬中外。

民国初年，张澜回到家乡致力于蚕丝产业发展，准备产业兴乡与教育兴学相结合，实现南充“无地不见有桑，无户不事养蚕”的局面。他兴办学校，筹建桑园，大办蚕社，开办工厂，大力促进南充蚕丝产业发展。所创办的原四川省立南充高级蚕丝科职业学校成为当时中国西部唯一一所培养蚕丝专业人才的中等专业学校。

在张澜的行动影响和一力促成下，大量蚕丝绸企业纷纷兴办，西充县傅骏山在南充都京坝投资开办了规模较大的兴隆丝厂（后改名六合丝厂）。1915年，南充吉庆丝厂生产的醒狮牌“扬返丝”曾轰动巴黎，畅销国外，并在巴拿马万国博览会上荣膺头奖。时隔10年后，六合丝厂的金鹿牌生丝荣获巴拿马国际博览会金奖，再一次让南充丝绸蜚声中外、享誉世界。

（3）南充丝绸与汉字

汉字起源于5000多年前，在已经发现的4000多个甲骨文中，能够识别的有1000多个，而在这1000多个可识别的甲骨文中有100多个来源于蚕桑丝绸，其中一部分在南充中国绸都丝绸博物馆也可以看到。丝绸是最古老的手工业之一，人们在采桑养蚕、缫丝织绸、印染整理的过程中获得收入，并通过这些生产活动认知自然科学，创立文字。这些汉字记录了中国丝绸的历史、文化、艺术。

①丝绸是汉字的造字源泉之一

文字的产生与生产生活实践密切联系，汉字从造字之初就受到桑蚕丝绸生产活动的启发，两者紧密相连。如“蚕”字之所以用“天虫”之意造字，是因为在古人眼里，蚕的生命由卵到蚕，由蚕到蛹，破茧成蝶，轮回往复而生生不息。这正迎合人类一直以来的长生不老、飞升化仙的梦想，因此在先民心中，蚕成了通天的圣物,以“天虫”命之。还有“农”字,繁体的“農”字上面是个“曲”,下面是“辰”。“曲”是劳动人民养蚕时叠起的一块块蚕匾的象形,而“辰”是龙的意思。出土文物显示,古人雕出的龙形玉器,与蚕的外形十分相似,龙最早的原形可能就是蚕。“农”最早的意思就是种桑养蚕。

丝绸曾被誉为“软黄金”,既是贵重之物,也是硬通货,成为最早的货币之一。

丝绸之路开辟以来,由于丝绸价值非比寻常,又便于携带保存,所以具有货币的替代功能而被广泛使用,唐玄宗甚至几下诏书将丝绸钦定为国家的法定货币。

②丝绸是汉字的传播途径之一

中古时期,中国文化向外辐射,朝鲜半岛、日本列岛乃至中南半岛等深受汉文化的影响,由此形成广大的汉文化圈。事实上,正是因为汉唐时期丝绸之路的传播,东北亚、东南亚等国家和地区都曾使用汉字进行阅读、书写和交流,更有不少汉籍在这些地区流传。

2018 年,在第九届 C21 论坛上,位于南充市嘉陵区燕京大道的中国绸都丝绸博物馆荣获“四川十大产业文化地标”大奖。组委会的颁奖词是:“中国绸都丝绸博物馆——绚丽丝绸涌云霞,霓裳歌舞美仙姿。南充丝绸,东方神韵;天上取样人间织,满城皆闻机杼声。古城丝绸历史悠久,浩如烟海的灿烂丝绸文化繁衍流传至今。”

(4)丝绸机械发展与演变

精美丝绸的生产离不开精巧织绸机械的作用。数千年来,我国人民以丰富的想象力、巧妙睿智的设计,创制出大量具有鲜明特色的缫丝、纺织机械,尤其是关于纺纱工艺、丝绸提花织造技术、印染技术等方面,逐渐形成了独特的加工生产体系,在较长历史中一直处于世界领先地位。同时通过丝绸之路传播到西域、中亚、欧洲等地区,对人类纺织生产影响巨大。南充丝绸机械的发展历史再现了中国丝绸史。

①原始织机

世界上原始织机的结构多种多样,常见的有原始腰机、综版式织机、竖机等,前两种织机的经面呈水平状,后一种呈垂直状,结构上都比较简单。

早在新石器时代早期,我国就已经出现了原始腰机与织罗技术、综版式织机,从河姆渡遗址出现的生产工具,以及江苏吴县(今苏州市吴中区)草鞋山、吴兴钱山漾等地出土的织品和编织技术。使用原始腰机进行织造生产,是我国古代纺织技术上的重要成就之一。虽然它的结构相当简单,但是展示了织物技术的一些基本原理。相对于手工编织技术来说,这可以被看成一次技术上的飞跃。

原始腰机使用了提综杆、分经棍和打纬刀的设计,使之初步具有了机械的功能。其功用在于:前后两根横木,相当于现代织机上的卷布轴和经轴,另有一把打纬刀,一个纡子,一根比较粗的分经棍和一根较细的综杆,将奇偶数经纱分成上下两层。经纱的一端系于木柱之上(或织成环状),另一端系于织作者腰部,依靠腹背来控制经纱的张力。

织造时,织工席地而坐,利用分经棍形成一个自然梭口,纡子引纬。纡子可能只是一根木杆,最初也可能是骨针,上面绕着纬纱,用木制砍刀(即打纬刀)打纬。织第二梭时,提起综杆,下层经纱提起,形成第二梭口,打纬砍刀放入梭口,立起砍刀固定接口,纤子引纬,砍刀打纬。这样交替织作,不断循环,从而织造出比较细密均匀的织品来。

织机技术的进步使得纺织生产效率得到极大提高,人类才真正进入穿着纺织品的时代。

②综版织机

我国新石器时代出现综版式织机最重要和巧妙之处就是利用综版起到开口的作用。综版是由几片到几十片正方形或六角形皮版组成。正方形皮版外形尺寸 7 厘米到 9 厘米,厚 2—3 毫米,皮版数由织物的宽度来决定。在每张皮版上部打上孔。孔径约 2 毫米,每孔穿一根或多根经纱,视织品的要求而定。正方形和六角形皮版可织单层或双层织品。织造时还需配备一根核木,系在织工腰部作卷布棍,一把打纬砍刀,一个纡子。丰下遗址和郎家庄一号墓出土的丝织品是单层织物,两根经纱为一组,每织一纬,上下交换一次位置,这大概是古代出现的最原始的绞纱织品。从丝织品结构来看,是采用正方形皮版织制的。

织造的方法非常简单,经纱顺次穿入综版,一端系住木柱,另一端系于织工的腰部,织工手拿皮版,同时顺(或逆)时针旋转半周,形成一个梭口,然后引纬、打纬。又拿皮版旋转半局,形成一个新的梭口,引纬、打纬、不断循环、形成织物。待转至一定次数后,须以同样次数向后反转,以免经纱扭结。这种织机现在仍然能见到,西藏民间还广泛用于织锦带。

③脚踏缫丝机

在宋应星所著的《天工开物》中有具体记载:“丝美之法有六字:一曰出口干,即结茧时用炭火烘;一曰出水干,则治丝登车时,用炭火四五两,盆盛,去车关五寸许。运转如风转时,转转火意照干,是曰出水干也。”详细说明了生丝制作的过程与方法。可以看出当时在缫丝工艺上已经注意运用和掌握温度以保证生丝的质量,运用“出水干”技术使从缫丝锅中缫出的丝迅速干燥,随缫随干,丝质量柔弱而坚韧、白净晶莹。

④丁桥织机

古代为蜀锦产地的四川双流地区,现在仍保留着原始的多综多蹑机具,亦称“丁桥织机”。因其踏板布满竹钉,状如当地过河的石礅子——“丁桥”而得名。主体是用轻质竹材制成的 32 块踏板,主要用来织制一种名为“五朵梅”的窄长花边。

在操作时,花综用织工的左脚趾来控制,而地综则用右脚趾来控制。每织入一根纬线,便提起一片花综和一片素综。丁桥织机至今仍在民间作为一种主要的手工织机代代相传,织造出富有民族风情的花锦、花边等。

⑤蜀锦花楼机

“锦”是丝织物 14 大类中的一类,以经向缎纹为地,多重纬线起花的提花丝织物,外观瑰丽多彩,花纹精细高雅。为何仅有“锦”与“金”有关,其余所有的丝织物都与“糸”有关。这是因为锦的价值和金一样贵重,在古代皇帝赏赐一般是赏黄金多少两,锦多少匹,这就体现了锦与金同价。《康熙字典》载:“《释名》:锦,金也。作之用功重,其价如金,故字从金帛。”

蜀锦与南京云锦、广西壮锦、苏州宋锦并称中国四大名锦,起源于战国时期,距今已有 2000 余年的历史。汉代成都已成蜀锦织造中心,所织蜀锦畅销全国,成为重要的贡赋来源,朝廷因此设立专管织锦的官员,号称“锦官”,并在城西南筑官署,其处号“锦里”,因此成都就被称为“锦官城”“锦城”。

成都的锦工常把彩锦拿到南河中洗濯，洗出的锦颜色更加艳丽夺目，久而久之，南河沿岸成为染后洗涤的集中地，便得名“濯锦江”，亦称“锦江”。

蜀锦历来就有“寸锦寸金”之说，主要是因为蜀锦的生产工艺要求高、织造难度大。蜀锦花楼机是织造蜀锦的主要工具，也是我国古代最具代表性的织机机型，是丝织技术发展的活化石。织机有两三米高，分上下两层，造型复杂。织造时需要两位工人配合进行。上者叫挽花工，提一经线，下者叫投梭工，投梭打纬。挽花工坐花楼提经线拉花，梭工坐机下投梭织纬，一经一纬循环往复，随之织出“方圆绮错，极妙奇穷”的花纹图案，有云气纹、文字纹、动植物等纹样，其中以山形、涡状流动云纹为主，这种纹饰有云气流动、连绵不绝的艺术效果。

蜀锦花楼机的出现不仅使原始织造技术得到重大改进，也为后世各种织机的出现奠定了基础，因此可以说它是现代织机的始祖，对于研究中国乃至世界丝绸纺织技术的起源和发展具有重大意义。

（5）丝绸与四大发明

四大发明是指中国古代对人类文明产生重大影响的四种发明，分别为造纸术、火药、指南针和印刷术。经专家考证，这四大发明每个都与丝绸有着深厚的渊源。

①造纸术

纸，从系，氏声，说明早期的纸与制丝关系密切。据考证，中国的养蚕、取丝开始于新石器时期，西汉时期丝织品对社会经济产生较大影响，东汉蔡伦改进了造纸术，其发明与传播过程都与丝绸有密切联系。在古代，人们以上等蚕茧抽丝织绸，剩下的恶茧、病茧等则用漂絮法制取丝绵。漂絮完毕之后，在青竹篾席上会遗留一些残絮。当漂絮的次数多了，篾席上的残絮便积存成一层柔软的纤维薄片，经晾干之后剥离下来，便可用于书写。这种漂絮的副产物在古书上被称为赫蹏或方絮。这表明了中国造纸术的起源同丝絮有着渊源关系。

东汉和帝元兴元年（105），蔡伦通过摸索前人制造丝织品的经验，实验用树皮、破渔网、破布、麻头等原料来制造出适合书写的植物纤维纸，改进了造纸术，才使纸张被推广开来，成为人们普遍使用的书写材料。为纪念蔡伦，人们将这类纸称为“蔡侯纸”。这类纸后经丝绸之路传入海外。此前,佛经一般以树叶为记录载体,被称为贝叶经。欧洲人以羊皮纸记事。中国造纸术的传入,改善了这些地区人们的书写条件。

②火药

在古代,人们对丝绸进行印染的染料都直接取于大自然,有矿物染料和植物染料,而火药与丝绸印染有着重要的关系。

我们的祖先用朱砂印染丝绸,朱砂又名硫化汞,含有硫和水银,红得像火焰,染出来的颜色非常鲜艳,像人们的鲜血,所以人们就想用朱砂来治病,补充人的气血。为了让朱砂能吃,人们用硝石溶解朱砂,把它们放在水里一起熬,用一根木棒来搅拌,水熬干以后,木棍变成了炭,朱砂就发生了分解,变成了水银和硫磺,这样一硝二磺三木炭就被混合在一起,这就是火药的配方。火药的产生与印染丝绸有关,同时通过丝绸之路传入西方,推进了西方文明的历史进程。

③指南针

在古代,人们常用各类有色矿石来对织品进行染色处理,其中赤铁矿又名赭石,主要成分是三氧化二铁,颜色呈暗红色,因为在自然界中分布较广,所以成为我国古代应用最早的一种红色矿物颜料。有种磁铁矿,里面的主要成分为 $Fe_3O_4$,即四氧化三铁,外面是三氧化二铁,是内部四氧化三铁的伴生矿。人们发现这种矿石富有磁性,中国古代的指南针就是利用这一特性制成的。指南针的制作方法多样,沈括用了水浮法、缕悬法、指甲法、碗唇法,其中缕悬法即在磁针中部涂上蜡,再粘一根丝线,把丝线悬在木架上,针下安放一个标有方位的圆盘,静止时磁针就指示南北。因为丝线纤细而坚韧,成为指南针的重要构件。指南针的出现拓展了人们的视野,延伸了行动轨迹,推动了世界地理大发现。

④印刷术

我们现在所熟知的印刷术,在公元前 2 世纪就已经产生了。长沙马王堆汉墓出土的绸帛上的彩色图案已经采用了漏版技术,可以证实这一点。早期的雕版印刷产生于隋朝,北宋科学家毕昇在前人的基础上总结、发展、完善,形成了活字印刷,可以使用移动的胶泥或金属字块印刷,大力提高工作效率。考古发现,敦煌、吐鲁番出土了雕版印刷的木刻板及纸制品,证明印刷术是随丝绸之路传入世界各地的。

可见，在几千年的文明进程中，丝绸已经渗透到人类生活的方方面面。缫丝织绸本身就是一项伟大的发明，它对世界的贡献，并不弱于传统的“四大发明”。近年，中国科技展览馆、中国丝绸博物馆等单位，以及一些知名学者，都提出重新定义中国的“四大发明”的倡议，认为“丝绸、青铜、造纸印刷和陶瓷”才是中国对世界贡献最大的四大发明。

（6）南充丝绸与印染工艺

我国古代很早就利用矿石、植物等的色泽来染色纺织等物品，使之鲜艳夺目、美丽多彩。在长期的生产实践中，人们逐渐掌握了各类染料的提取、染色等工艺，生产出五彩缤纷的纺织品。

①矿物颜料

我国在服装上着色的历史可追溯到新石器晚期，经过不断总结，终于发展成以彩绘为特点的特殊染色技术。古代曾经用以染色的矿物颜料有赤铁矿、朱砂、胡粉、白云母、金银粉箔、石墨等。

其中赤铁矿又名赭石，是应用最早的红色矿物颜料，分布范围广，获取相对容易。朱砂又名丹砂，也是古代重要的红色矿物颜料，其主要成分为红色硫化汞，主要分布于湖南、湖北、贵州、云南、四川等地。由于色泽纯正，所以朱砂一直深受人们欢迎，有些贵重衣物仍用它染色，如长沙马王堆一号汉墓出土的大批彩绘印花丝织品中，有不少红色花纹都是用朱砂绘制的，其中一件红色菱纹罗锦袍，尽管在地下埋藏了 2000 多年，上面用朱砂绘制的红色条纹，色泽依然十分鲜艳。

②植物染料

植物染料和矿物颜料的作用并不相同，以矿物颜料着色是通过黏合剂使之粘附于织物的表面，缺点是不经水洗，容易脱落；植物染料则依靠化学吸附作用，与织物纤维亲和而改变其色彩，这种染制的优点在于织物虽经日晒水洗，色泽均不脱落或很少脱落，得以长期保持。因其优越性，植物染料遂成我国古代染色原料的主流，不仅数量庞大，而且采集、制备和使用方法记载众多。较有代表性的分别有：

蓝草，学名蓼蓝，一年生草本植物。茎叶含有靛甙，经水解发酵之后，能产生无色水溶性靛白，当靛白经日晒、空气氧化后缩合成有染色功能的靛蓝，是我国应用最早、使用最多的植物染料。早在《诗经》中就有“终朝采蓝，不盈一襜”的记载。《礼记·月令》中也有“仲夏之日，令民毋艾蓝以染”的叙述。

茜草，又名茹藘和茅蒐(《尔雅》)，属于媒染染料，所含色素主要成分是茜素和茜紫素。它是多年生攀缘草本植物，春秋两季皆能收采并被长期使用。所以自西汉以来，开始人工大量种植。司马迁在《史记》里说，新兴大地主如果种植“十亩卮茜”，其收益可与“千户侯等”。茜草收采后晒干储藏，染色时可切成碎片，以热水煮用。如果直接用以染制，只能染得浅黄色的植物本色，而加入媒染剂则可染得赤、绛等多种红色调。长沙马王堆一号汉墓出土的“深红绢”和“长寿绣袍”的红色底色，经化验即是用茜素和媒染剂明矾多次浸染而成。明矾水解后产生的氢氧化铝和茜素反应，能生成色泽鲜艳、具有良好附着性的红色沉淀。

红花又名红蓝花，原产于西北地区，是夏天开红黄色小花的草本植物。西汉时，开始传到内地。红花适用于多种纤维的直接染色，用它染的红色称为真红或猩红，是红色植物染料中色光最为鲜明的一种。五代南唐诗人李中所作《红花》“红花颜色掩千花，任是猩猩血未加”，形象地概括了红花色彩的艳丽。

栀子属常绿灌木，开白花，果实中可作染料的色素主要成分是栀子苷，属直接性染料。将其果实先在冷水中浸泡，再经过煮沸，即可制得黄色染料，可直接染着于丝、麻、棉等天然植物上。也可用媒染剂进行媒染，得到不同的色光，如混合铬媒染剂得灰黄色、混合铜媒染剂得嫩黄色、混合铁媒染剂得暗黄色。由于使用方便，着染织物色彩鲜明多样，自秦汉以来，栀子一直是中原地区应用最广泛的黄色植物染料。

紫草，亦作“茈草”(《尔雅》)，是外表暗紫色的多年生草本植物，断面紫红色，含紫色结晶物质乙酰紫草醌，可作紫色染料。它属媒染性染剂，不加媒染剂，丝毛麻纤维均不着色，而与椿木灰、明矾等含铝较多的媒染剂作用可得紫红色，应用较为广泛。南朝齐、梁间医药学家陶弘景曾说：“今出襄阳，多从南阳新野来，彼人种之，即是今染紫者，方药家都不复用。”明代医学家李时珍也记载:“紫草花紫根紫,可以染紫,故名。”①

此外,人们还以狼尾草、鼠尾草、五倍子等含有鞣质的植物作为染黑的主要材料。其他还有苏木、槐花、郁金、黄栌、鼠李等草本植物也常常用于颜色染制。这些染料的应用,充分说明了我国古代人们的聪明才智和勤劳智慧。

(7)近代工业革命与丝绸

古代中国的丝绸生产虽然起源最早,并对世界文明史产生了深远影响,但其生产方式却始终停留在小规模的手工业阶段,这与资本主义世界在18世纪工业革命中社会生产力的飞跃发展,正好形成鲜明对比。工业革命后世界工业生产发生了根本变化,人们使用大机器生产,提高了丝绸的生产量和质量,减少了对劳动力的需求,西欧和日本等国的丝绸织造技术,都有了创新和发展。我国虽也急起直追,为丝绸现代化开创了一定局面,但在新中国成立以前的国际竞争中,并未能挽回颓势,在生产技术上与世界先进水平还存在很大差距。

### (三)对南充丝绸、中国绸都、“一带一路”倡议的影响

丝绸博物馆的建设是南充作为中国绸都身份的标签,在“一带一路”倡议的具体实施中,有助于增强区域魅力,扩大城市影响,进而推动经济发展、文化繁荣。

#### 1. 对南充丝绸以及中国绸都的影响

南充丝绸历史文化十分厚重,史书方志对此多有记载。如明代很多画家均使用南充产的绫作为画画的原料,以此代替宣纸。清代蓬安县“点桑、地桑、压条”方式,成为桑树繁育新技术。

中国绸都丝绸博物馆的建造对南充丝绸起到了很好的宣传作用,能够进一步推广“南充制造”,这对提高南充丝绸的知名度、树立南充丝绸的优质口碑有很大帮助。

#### 2. 建立“丝绸之路”文博馆

20世纪初以后,古丝绸之路上就不断有许多珍贵文物被考古发掘,令人

① (明)李时珍:《本草纲目》卷52,清文渊阁四库全书本。

叹为观止。可是积弊日深的旧中国自顾不暇,难以保护这些文物,以至于许多都被列强掠夺而去,诚可痛惜!

1949年以后,丝绸之路沿线的考古发掘成效显著。在关中、甘肃、新疆等地都已发掘了数量不等的秦汉俑、汉简、唐三彩、宋瓷以及波斯萨珊朝银币、拜占庭金币等。随着时间的推移,未来必将会有更多的珍贵文物出土。面对如此之多珍贵无比又脆弱易损的历史瑰宝,利用现代化手段对其进行科学储存、管理、研究等,同样是一项迫切的任务。丝绸之路出土的文物是宝贵的文化遗产,对其发掘保护既可以弘扬祖国传统文化,了解历史,又可增强民族自豪感和文化自信,是进行爱国主义教育的绝好教材。

然而,目前存在的问题是:支撑我国文博系统重要体系的地方综合性博物馆往往拘泥于一隅,各自为政,学术气氛和科学研究氛围相对淡薄,并且数字化、网络化构建与展示以及云共享等新技术、新方法都还尚有差距。有的博物馆甚至还没有摆脱等待吃“财政饭”的窘态,与新时代精神文明建设的多维需求相距较远。

近年来,我国丝路学研究取得了重要突破,成果颇丰,1985年敦煌吐鲁番学会的成立把这一研究氛围推向高潮。因此,建立起一个融文物保护和学术研究于一体的“丝绸之路”文博馆,对于丝路学研究无疑是积极有益的。不仅旅游业和博物馆的发展可相互促进,而且以丝绸为核心的专业化、系统化、规模化的丝路文物保护与文化研究将会在国内外产生广泛影响。

近年,随着丝绸之路沿线的四川等地旅游业呈上升势头,尽早建立一批有浓郁特色的博物馆定会受到旅游者欢迎。

南充,一座魅力之城,因为民风淳朴、资源丰富、气候宜人、文化繁荣,居民获得感、幸福感、安全感良好,被评为中国美好生活城市——十大舒适之城。嘉陵江在这里展示柔美,开汉楼在暮鼓晨钟中传唱三国文化,六合丝博园的银杏、小火车写意丝绸文化。近年来,南充倾力打造成渝第二城,融入成渝城市圈,为南充新未来搭建战略高地,临江新区的设立,更推动南充城市建设进入快车道。

## 第三节　南充丝绸行业翘楚

南充丝绸在发展历史中，滋生了各种行业，囊括桑蚕丝绸及人才培养各个环节。任何一个行业的发展都离不开人才积累和教育，丝绸生产离不开技术人才，蚕丝学校的教育是丝绸行业发展的基石。

### 一、人才摇篮——四川省蚕丝学校

南充不仅是绸都，也是巴蜀丝绸教育的福地。西山夜月是著名的南充八景之一，而四川省蚕丝学校原址正是镶嵌在西山风景区的一颗明珠，逶迤西山成就其风骨劲健，烟波西河叙写其风姿婉约，成为城市美丽的点缀。丝绸凝结着南充这座城市的追忆与向往，而张澜、罗瑞卿、张秀熟、任白戈、张梅颖这一串名字，将丝绸文化与近现代南充紧紧地联系在一起。四川省蚕丝学校的百年建校题词“学思结合，手脑并用”，昭示着职业教育的精髓与薪火相传的未来。走过百年沧桑，荟萃历史文化，蚕丝学校成为四川职业教育的旗帜、丝绸文化传承的基地。

四川省蚕丝学校（今四川省服装艺术学校），由张澜于 1913 年创办于四川省南充市，原址坐落于南充市西山风景区陈寿万卷楼遗址旁，新址位于西华大道中段。学校占地近 200 亩，建筑面积 8.2 万余平方米，校园环境优美，师资力量雄厚，现代化教学设施齐全，办学历史超过百年，是四川省最早从事职业教育的学校之一，享有“百年名校、人才摇篮”的美誉。据不完全统计，全省蚕茧主要产地云集 80%以上的蚕校学子。

学校的办学理念是：以服务为宗旨、以就业为导向、创社会满意之校、育时代有用之才，早在 20 世纪 30 年代就“已成为全国之中心蚕丝学校”（张澜语）。从五四时期至解放战争时期，学校都是川东北地区宣传进步思想、提倡民主自由、反对封建专制、传授近代科学、倡导劳工神圣、宣传抗日主张、反内战求和平的前沿阵地，既是南充著名的红色堡垒，又是川东北地区民主革命的大本营和培养进步人士的摇篮。学校从创办到现在经历了 5 个阶段。

### (一)实业兴邦,张澜创办县立中学

在历史上,南充是川东北政治、经济、文化中心,但民国时期,由于军阀割据、时局动荡,经济衰退,民生凋敝,从日本留学归来的张澜认识到要恢复南充经济发展,最根本的出路是通过教育更新人们的观念,以发展实业改变落后面貌。1914 年,张澜与南充地方人士创办南充县立中学。1915 年,四川嘉陵道为振兴地方实业,培养人才,饬令各县创设实业中学,南充县教育局即令在高等小学内开办县立乙种实业学校。设于仪凤街的南充县立乙种实业学校,开办有实业、农业、蚕业三个班,学生毕业后回乡可进行蚕丝生产。

长期研究张澜教育实践和特点的李文锋曾撰文,早在 1899 年,张澜到广安紫荇书院任教时,就积极传播西方社会学说和自然科学,倡办新学,育才维新。南充县立中学建成初期,实施的是普通教育,培养出来的人才缺乏专业技能。张澜决心改变学校教育目的与专业方向,实行职业教育与普通教育并举。张澜认为南充气候适宜蚕桑栽种且蚕桑历史悠久,试图将蚕业的发展作为南充实业发展的重点。但是鉴于设备落后,生产技术水平低下,尤其是人才匮乏,张澜毅然在学校设置农业、实业、蚕业,实行半工半读,学生在学习科学文化知识的同时,将理论与实践相结合,兼修桑蚕等技术。招收对象主要是高小和初中毕业生,到 1919 年,一共毕业 6 个蚕丝班。南充的地理优势和专业技术人才的增多,提高了蚕茧丝绸产品质量,进一步带动南充蚕丝业的发展,促使经济发展迅速。

### (二)兼容并包,有志学子共赴果州盛宴

1921 年,张澜担任南充县立中学校长,当时学校的工业专业主要培养丝绸工业技术人才,力求学用结合、产研一体化发展。为此校内修建有 17 间蚕房、2 间烘蚕房、3 间煮茧房,同时,还建起缫丝房和整理房,购置织机,修建供学生实习的蚕房、缫丝房等基地,并开办 3 年制的蚕丝班、农蚕班。学校在教学中注重将教育与生产劳动相结合,倡导手脑并用。

1924 年,县立中学合并县立乙种实业学校等,开设了普通、师范、工业、农蚕、医学五个分部,培养综合技术人才。1925 年,为了满足地方经济发展的需

要，学校还与本地染织企业合作，合资创办了嘉陵织绸厂，工人大多从本校农蚕部毕业生中招收，这也是南充首家采用机器织绸的工厂。在张澜的推动下，织绸厂发展迅速，促进了南充地方经济的发展。张澜注重发展新学，培养英才，引起了外界关注。他鼓励学生“要挺起胸膛、立起脊梁、站稳立场、做真正的人”，“学好本领、振兴中华”，“陶铸人才，以为国用”，不仅注重专业实践技能的培养，也注重学生的思想教育。首先，张澜实行“兼容并包、学术思想自由”的办学理念，既注重培养科学文化知识，也倡导民主进步的革命思想。他大量聘用进步青年教师，鼓励教师宣传不同的政治思想主张，帮助学生树立正确的思想观念。其次，张澜还支持鼓励学生积极参与政治活动，组织学生团体。如1924年发动学生抵制驻防南充的军阀何光烈等。袁诗尧、张秀熟、吴玉章等进步人士都先后来校任教，传播新思想，影响一大批学生走上革命道路，如开国大将罗瑞卿、中共中央顾问委员会委员任白戈等。罗瑞卿在1923年进入县立中学普通班学习，随后又转入蚕丝班，他在校期间受到进步思想的影响，积极投身学校工作，创办了《蚕丝季刊》，从组稿、编辑、发行皆亲力亲为，一手操办，为南充蚕丝行业的发展作出了贡献。

由于南充县立中学注重立德树人又学有所专，因此享誉全川，吸引大量有志青年跋山涉水、不远千里前来求学。

### （三）“外援”助力，创建蚕丝改良场

1930年，县立中学农蚕部开始独立办校，取名为南充县立初级实业中学校，张澜受到军阀所迫，重回故乡，于1931年再次担任县立中学校长，6月改名为南充县立初级职业学校，并于1934年停办普通科，专门开设职业教育。抗日战争爆发前夕，江苏、浙江等地大批蚕丝界人士涌入四川，聚集南充，在他们的推动下，1936年3月，四川省政府将原县立中学农蚕部及设备与校本部分开，创建了省蚕研所的前身——四川省蚕丝改良场，委任尹良莹任场长。1937年春，四川省教育厅决定实行建、教合作，将学校改组为四川省蚕丝试验场，与南充县政府合办南充职业学校，由尹良莹兼任校长。学校要求招生对象为小学毕业，并且具有良好的心理素质和身体素质，以口试和体检择优录取，男生到乡间实习蚕业，女生在场内养蚕，延长修业年限，开办蚕桑技术人员专

修班。为了适应工作需要，尹良莹提出在教授桑蚕农业知识的同时，也要兼顾数理化等科学文化知识，知行合一，培养全方位发展的专业技术人才。同时，尹良莹还增加学生实习环节，除了利用丝业公司设备进行实践操作外，还在校内增加丝科设备，添置丝车并增修丝厂，为学生提供充足的实践时间与设备设施。后来为解决学校合办过程中的矛盾，1939 年 7 月，学校被再次改组，收为省管，并更名为四川省立南充高级蚕丝科职业学校。为解决蚕科学生实习场地，蚕丝改良场与南充、西充地方人士协商，在南充县双桂、仁和开办合作蚕种制造场，作为学生的实习基地，以解决学生的实习困难。同时，为减轻学生负担，尹良莹不仅减免学费和食宿费，还设置奖学金激励学生。

尹良莹办校始终秉持“以校作国，以校作家”的精神，旨在培养致力于国家丝绸发展的专业人才。他在担任校长期间创作校歌：“果山雄势峨峨，嘉陵江水荡荡。巴蜀人文胜地，秦汉丝锦名邦。吾校巍起，负责改良，英才荟萃一堂。法嫘祖精神，效蚕丛热肠。学术昌明成大业，利民富国赖蚕桑。漪欤吾校，山高水长！”还制定相应的校训、校徽等。他将课程主要分为蚕桑科和制丝科，蚕桑科又分为以公民、国文、外国语、普通昆虫学、生物学为主的普通学科和以栽桑学、桑树害虫学、桑树病理学为主的职业学科，要求学生必须将上课与实习相结合，场校结合，注重教、学、做的统一；同时聘请了大量仁人志士在此执教，包括原蚕丝学会理事长、浙江农业大学陆星垣教授，原浙江农业大学蚕桑系吴载德教授，西南农学院蚕桑系主任王道荣教授，云南省蚕桑研究所所长杨碧楼研究员等。引入名师的举措改善了当时师资不足的现状，提升了教学质量，为社会培养了一大批蚕丝专业人才。

1942 年，蚕丝改良场与学校分离，尹良莹先生辞去校长职务。1948 年，学校更名为四川省立南充蚕丝科职业学校。1950 年学校由南充军管会接管，学校发展进入新的阶段。

### （四）多次迁址，学子遍及川渝两地

新中国成立后，学校先后更名为南充高级职业学校、川北南充技术学校、四川省南充农业学校、川北公立南充高级蚕丝科职业学校、四川省蚕丝学校、四川省服装艺术学校等。

1951 年初，学校有 50 名学生加入解放军军事干部学校。川东、川南、川西、川北等行政区撤销合并为四川省后，学校的专业被调整，其中水利科并入重庆水利学校，土木、交通管理科和会计科部分并入成都交通技术学校。同时，将川北大学的朱家滩农场划归学校，作为实习桑园。1953 年，学校专业再次被调整，来自眉山、江油、三台等农业学校的蚕桑科师生并入学校。此时，学校专业方向敲定，回到专门从事蚕丝教育的轨道，此举成为学校发展史上具有里程碑意义的事件。1956 年，该校提前毕业的学生，全部分到新疆和陕西两地，成为首批分到省外工作的学生，为西部蚕桑事业的发展注入活力。据校庆 75 周年时统计，新中国成立后到 1978 年，该校共毕业学生 2493 名，全部进入以川渝两地为主的蚕桑生产领域，并挑起生产技术推广指导的重担。

1986 年，学校更名为四川省蚕丝学校，专业不断拓展，构建了从栽桑养蚕到缫丝织绸的全套教学体系。为了适应蚕丝行业的需求，学校加快改革，提高教学质量，加快师资建设，扩大教学规模，并且根据教学需求更新教学设备，为学生提供实习基地，突出蚕丝学校的办学特色，培养专业人才。为了适应丝绸市场缫丝和丝绸生产的变化，学校将制丝专业和丝织专业合并为丝绸专业，让学生在学习理论知识的同时也能掌握制丝等生产技能，压缩学生在校的学习时间为三年，第四年时间用于实习，将理论与实践相结合。学校还发挥自身技术人才优势，发挥带头作用，与电大南充分校、省农广校等兄弟院校展开合作，开办桑蚕专业，带动地区桑蚕教育事业的发展。同时学校还组织桑蚕专业师生赴蓬安、剑阁、宜宾、乐山等地进行生产实践和桑蚕技术指导，普及桑蚕养殖生产知识。学校积极开展科研活动，研发新技术，并且承担了“蚕业科普电视系列片”的录制任务，普及桑蚕知识，促进地区蚕业的发展。1999 年，经四川省教育厅批准，增加了四川省服装艺术学校校牌，实行一校双名，以探索中等职业教育发展创新之路。学校逐步发展成为集学历教育、技能鉴定、技术服务为一体的综合性职业学校。

为进一步展示名校效应，学校整体搬迁至南充市区西华大道，新校区设置标准化的实验实习场地，教学办公区域智能化，学生寝室规范化，校园内绿植如茵，生机盎然，师生齐心合力，共创优质示范职业学校。

### （五）联合办学，服装专业获好评

进入新世纪，四川省蚕丝学校审时度势，瞄准服装市场培养人才，先后与苏州大学、西华师范大学、成都纺织专科学校、三亚航空旅游学院等联合办学。学校适应市场需求，增设新专业，不断探索职业教育新方法、新途径。2003年，迎接国家级重点中专评估时，省教育厅专家认为该校服装专业设施领先于全省以及全国同类学校。2013年4月13日，中国工程院院士、我国著名蚕学专家、西南大学向仲怀教授为四川省蚕丝学校题字：“春风化雨、立德育人、时逢盛世、再谱华章”，以示对该校百年历程的祝贺。

一百多年来，一批批仁人志士、社会贤达和时代精英先后在学校任职任教，教书育人。张澜就曾两度出任校长达十年之久。著名蚕丝专家、教育家尹良莹任校长达八年。红岩英烈袁诗尧，原四川省副省长张秀熟先生，无产阶级革命家、教育家吴玉章先生和陆星恒、吴载德、熊季光、王道容等著名教授和专家都先后在校执教讲学。

一百多年来，一批又一批有志青年纷纷来校求学，在此接受进步思想和科学技术教育，并从此走上革命和科教兴国的道路。这当中有无产阶级革命家罗瑞卿、红岩英烈王丕钦、无产阶级革命家任白戈等先辈；有原西南农业大学教授易永、许恩远、林元吉；有中国农科院蚕业研究所专家何斯美、国家级有突出贡献的专家任恩发等知名专家学者；更有遍布全国数以万计的战斗在国家建设第一线的行业骨干和中坚力量。

秉承张澜科教兴国、科教强民的办学宗旨，四川省蚕丝学校始终保持优良的职业教育传统和良好的校风，始终坚持为祖国强盛、为市场经济建设服务，为“三农”服务的办学方向，坚持走教学与生产实际相结合的道路。学校常年坚持组织师生到农村工厂蹲点指导和开展技术服务，大力普及推广新技术、新成果。近十年来，学校主持、参与科研课题攻关和实用技术开发近50项，先后派出专业教师80余人次到全省各地开展技术服务，培训基层蚕桑辅导员和技术工人3000余人次，校内外培训农民工4000多人，组织编写了农民工培训系列教材，2009年被授予省级“现代农业技术培训基地”，受到各地的一致好评。近十年来，本校教师主编、参编各类教材40余种、讲义20余种，在各级刊物上发表和交流论文近千篇。

学校在四川金嘉服饰有限公司、江苏阳光集团、深圳鑫维服装有限公司、东莞联泰制衣有限公司、浙江杉杉、雅戈尔、报喜鸟、宁波凯特机械有限公司、人本集团、安徽奇瑞汽车有限公司、深圳仙朗皮具、广东华尼皮具有限公司、南充蚕种场、三台种场、阆中种场等单位建立了实习基地,长期进行合作。除此之外,学校还与日本熊本大学、九州短期大学、京都短期大学、北九州的日语学校签订了友好交流和合作办学协议,相互往来频繁、交流渠道畅通。近年来,学校已派送近20批次学生到日本研修、留学。四川省蚕丝学校师生技艺出众、表现突出,在各种竞赛和大型表演中屡屡斩获大奖和取得优秀成绩。

学校现开设服装设计、工艺美术、机电汽修、综合部等四个专业部。各个专业部还分设蚕业、制丝、丝织、服装设计与制作、丝绸机械、皮件设计与制作、工艺美术(室内设计、广告装饰)、商务日语、机电技术应用、模具设计与制造、数控技术应用、计算机网络技术、计算机应用技术、物业管理、行政文秘、旅游、酒店管理、电子技术应用等十余个专业。专业的实训基地、实验设备在本地区同行业中处于领先水平,校内设有流水线生产车间、缝制工艺室等进行服装产品设计实训,并且设有师生创意工作室,供师生进行产品研发和比赛技能培训,还设有打板室、立裁室进行实际操作。此外,学校还配备现代计算机信息设备,提供服装CAD实训室,进行电脑绘图、服装CAD教学。除了校内实训基地外,学校与当地企业合作,为学生提供校外实习岗位,开展实训项目。例如,学校与浙江东盟集团有限公司开展产品研发、生产技术及管理等实训项目;与南充六合集团开展服装跟单、生产技术与工艺等项目;与四川德宏商贸公司进行产品设计和技术管理实训;并且根据课程内容和专业要求开发多个实训项目,能满足不同学生的实践需求。而其中的服装设计专业是学校颇具特色的骨干专业,2003年被评为省级重点专业,该专业根据服装市场变化开设了服装营销与电子商务、服装展示设计课程,按照不同民族特色风格还开设了民族手工扎染、服饰手工创作等选修课程。该专业对接南充市的特色纺织产业,与六合、欧尼卡等企业进行合作和产品研发。学校先后与南充六合集团联合成立了服装设计工作室,进行丝绸服装设计与开发,又与现代丝绸国家工程实验室南充研究中心联合承担了南充市科技支撑计划项目“西南域服装用人体数据服务平台研究与建设”。学校与现代企业共同合作培养服装人才，始终遵循“立足行业、服务全省、校企联动、特色发展”的人才培养战略，培养了一批具有服装专业素养的中级技能型人才。学校师生在全国中等职业学校服装技能大赛、全国职业院校技能大赛等多项比赛中获奖，学校也获批为“中国纺织服装人才培养基地”，为南充纺织经济高质量发展提供人才支持与智力支撑，在全省服装行业和职业院校中形成了一定影响力，成为西南地区蚕丝绸技术人才的重要培养基地，获得蚕丝行业的一致好评。

## 二、蚕种场的历史变迁

优良的蚕种是丝绸行业存在与发展的根本保障。南充的蚕桑生产资源丰富，依靠得天独厚的自然资源优势，一大批蚕种厂如雨后春笋般蓬勃发展起来。

### （一）南充蚕种场

1937 年，由四川省蚕丝改良场的制种部门独立出来而创办了南充蚕种场。成立之初的蚕种场专注于蚕种培育和相关产业，如家蚕等新品种培育和三级良种繁育，蚕种冷藏、批发、配送等管理，以及桑树新品种培育、蚕业机具研制、蚕桑综合资源开发等，是一家综合型蚕种场，不仅是四川省蚕桑资源保护单位，也是国家桑蚕改良品种中心的四川分中心。80 多年来，几代南充蚕种人历经风雨，艰苦创业、与时俱进，培育了自成体系的蚕桑产业结构，同时建立了系统的蚕业繁育技术及遍布全国的市场营销网络。南充蚕种场先后成功培育家蚕新品种等，现保存有 101 份桑品种资源、150 份蚕品种资源，蚕业基础材料丰富，蚕种销售市场网络遍及省内外数十个县（市、区），在川南、川北、川东、川西市场享有极佳声誉，为南充以及四川蚕业的发展作出了特殊贡献。

南充蚕种场现有 500 亩桑园以及年产 50 万余公斤桑叶的实力，为蚕桑资源综合开发利用奠定了坚实的基础。进入 21 世纪以来，蚕种场创办“南充纤皇生物科艺有限公司”，专门从事蚕桑综合资源开发。该公司已成功研发出秘制保健酒、保健枕、养生桑茶、桑枝食用菌、雄蚕丝棉被、蚕桑文化旅游等系列产品，为南充“中国绸都”丰富了内涵，拓展了外延。

### （二）阆中蚕种场

四川省阆中蚕种场创建于1938年2月，位于阆中市公园路49号，隶属四川省农业厅，主要承担蚕桑品种遗传资源保护、种性维持和家蚕原良种繁育和新品种培育、研究、引进与试验鉴定、示范推广，以及蚕桑生产新技术的培训、指导、示范推广和蚕种检验、检疫等服务。产品质量誉满大江南北，有口皆碑，各级蚕种畅销国内外，与众多客户建立了长期供求关系。它既是四川省三级繁育和四级制种的国有骨干蚕种场，又是国内最大规模的综合性蚕种繁育基地，具有年冷藏100万张蚕种的现代化蚕种冷库和现代化浸酸场、蚕种检验室、保种室等服务设施。

阆中蚕种场技术力量雄厚，产品科技含量较高，被确定为全省第一家蚕桑遗传资源保护单位，为国家保存蚕品种资源100多个，桑品种资源300多个，先后有10多个桑蚕品种荣获省级、国家和联合国科技进步创新奖。原种质量连续10多年被评为四川省第一名，“蚕蛹”牌蚕种被中国国际农博会授予“名牌产品”称号。除此之外，阆中蚕种场保存完好的陕西会馆为“四川省文物保护单位”，红墙绿瓦、古香古色、气势宏伟、绿树成荫、鸟语花香，是全国历史文化名城——阆中旅游景点之一。

### （三）中山蚕种场

中山蚕种场是南充第一家民营蚕桑企业，自1985年建场以来，从无到有，从小到大，生产能力不断扩大，为满足制种生产的需求，还自建小桑园120多亩。到1993年，该场累计制种达20余万张，创产值100多万元。原蚕基地从建场初期的3个乡发展到文峰、西兴、火花等6个乡，养蚕人家逾千户。中山蚕种场自成立伊始，始终坚持走科研与生产相结合的道路，为保证蚕种质量，不惜投入大量人力、财力、物力等，产出的优质蚕种一直供不应求。中山蚕种场建成以后，除了不断扩大生产规模，帮助农户脱贫致富外，还投入大量资金，无私援助本市和外地养蚕业的发展。当时4分钱一株的桑苗，中山蚕种场以1分钱的优惠价格卖给农民，先后支援西兴、新建等乡10万多株，还采取“无息贷款,分期偿还"的方式,先后帮助几十户农民修建蚕房,购买蚕具,使他们逐步走上致富的道路。此外,蚕种场每年还拿出5万元以上的资金无偿支援农民购买化肥、蚕药、蚕网等必需品,无偿支援广安、仪陇、南充等地种植桑苗10万多株,在取得较好的经济效益的同时,也获得较好的社会效益。

中山蚕种场为推进农村经济多元化发展、为贫困地区人民脱贫致富做出有益的尝试,同时也为今天嘉陵区文峰镇蚕桑生产实现产业化,拓展蚕桑产业链,提升行业竞争力,进而形成四川最大的"蚕桑王国"打下了坚实基础。

## 三、不同时期南充品牌丝绸企业

民国之前,南充丝绸多以私营的作坊式生产方式为主。民国时期,一部分立志工业救国,从国外留学归来的学子,积极筹办丝厂,引进设备和技术,培养专门人才,取得了较好的经济效益和社会效益。尤其是1949年后,国家大力发展国营丝绸企业,丝厂林立,规模大效益好,从业人员众多。20世纪90年代是南充丝绸发展的分水岭。一方面,传统丝绸企业遭遇设备落后、质量下滑、订单减少的困难,陷入关闭、破产的逆境;另一方面,通过对国营企业改制及招商引资,围绕国计民生,为南充丝绸赢来了发展机遇。在南充丝绸发展历史上,国营企业与民营企业携手发展,共同创造了财富,为绸都的创建准备了条件、赢得了机会。

### (一)"百年六合"——南充六合集团

南充丝绸在数千年的风雨中走了过来,旗帜不倒,步履稳健,成为南充经济发展的生力军。在这之中,除了市场对南充丝绸的整体认可之外,关键是有一批挺起南充丝绸脊梁的骨干企业。在我国竞争性企业领域,能够坚挺百年不改弦更张、巍然屹立的企业,寥若晨星,而南充六合集团就是其中的佼佼者,是国内目前唯一具有百年历史的国有大型丝绸生产企业。今天南充高坪区正是依托这些传统企业所积淀的丰富文化,大力招商引资,建成了航空港、工业园区等,美丽的江东新区发展成为城市会客厅。

#### 1. 百年风华

"六合"者,指上下两向和东西南北四方,六向相合,有聚天下之贤、交大地之友、博寰宇精华之意,“六合丝绸”便因此而得名。南充六合集团迄今已有 110 多年历史,被誉为“中国丝绸工业的一块活化石”。沧海桑田,百年风华,六合集团经过不断发展,已建设成为一家以缫丝、织绸、炼染为主,以丝绸商品、旅游商品为主导产品的大型国有企业,是集科研、新品研发、对外贸易于一体的集团公司。缫丝机旁的“丝绸人”已经换了六代,这六代人传承百年丝绸工艺,见证南充丝绸业的变迁,六合集团的历史也是南充丝绸发展历史的缩影。

六合集团始建于 1912 年,正值辛亥革命次年。西充县占山场富商傅俊山投资创办的兴隆丝厂(六合集团的前身)在南充都京坝开张,首开南充机器缫丝之先河。第二年,张澜、盛克勤、王行先、奚致和等人创办的果山蚕业社在南充南门坝开业,引进桑蚕改良品种,开办蚕训班,招收实习生,并购置 60 部脚踏缫丝车,缫制“扬返丝”。当时,张澜确立了“南充全境无地不见桑,无户不养蚕,制丝的精良在本国中,最低限也当与杭产比,南充成为丝蚕业著名产区”的奋斗目标。

1917 年,张澜等人创办的六合丝厂在南充县学院街建厂,随即果山蚕业社并入六合丝厂,由留日归国实业家盛克勤担任厂长。1920 年,常俊民、杨成之等人创办的合计丝厂在县城小北街开业,第二年购买了都京坝兴隆丝厂,更名为同德丝厂。1924 年,同德丝厂招引重庆“德合恒”商号合资办厂并将厂址迁往南充都京坝,1929 年,位于学院街的六合丝厂迁往聚集了多家丝绸企业的都京坝。两年后,六合丝厂与早几年迁去的同德丝厂强强联合,合并为同六丝厂,成为当时四川省第一大丝厂,1933 年,同六丝厂纳入四川大华生丝贸易股份有限公司,成为其中成员。后来大华生丝又改组成四川丝业股份有限公司,1967 年,同六丝厂更名为四川丝业公司第二制丝厂,简称“南充丝二厂”,年产蚕丝占四川丝业公司年产量的 50%以上,被缫丝界同仁誉为“世界缫丝业大厂之最”。至此,南充六合集团完成了创立期间的几次重大重组兼并,走上了稳定发展的道路。

党的十一届三中全会后,六合丝厂抓住机遇,迅猛发展,在 1986 年至 1990 年间,六合丝厂被省政府评为省级先进企业,所生产的 10 个产品被省政府、纺织工业部评为优质产品。然而,随着国际丝绸市场销售不畅,1992 年 12

月18日,“南充丝二厂”改组更名为四川南充嘉丽华丝绸集团公司,但在这之后公司依然是发展受阻并陷入困境。1994年以后,国内丝绸市场疲软,市内又出现多渠道收购蚕茧,茧价提高1倍以上,公司出现巨额亏损。从1996年开始,员工就陆续下岗,然而减员增效的措施并未触动产权机制,收效甚微。至1999年,因连年亏损,集团负债率160%,申请破产。1998年7月,经南充市国有资产管理局同意,南充六合(集团)有限责任公司在嘉丽华公司剥离有效资产7619万元与负债2629万元基础上组建成功,7月15日正式登记注册成立。

至2011年,六合集团注册资金达4540万元,占地165余亩,职工1600余人,有14个独立或非独立的子公司和分公司,年产优质蚕丝250吨。六合集团成为四川旅游产品定点生产企业,并获得了无数殊荣,如四川省政府首批小巨人企业、中国纺织行业先进集体、全国真丝绸企业40强、中国丝绸行业十大影响力品牌等,产品远销美国、日本、韩国以及东南亚等30多个国家和地区。如今,六合集团不仅获得了“六合”“百年六合”两个商标品牌,还获得了“四川老字号”“四川省著名商标”和“中国高档丝绸标志”“中国驰名商标”“全国丝绸创新产品银奖”等称号。

**2.企业产品及销售**

从民国四年(1915)到2004年,六合集团有4个丝绸产品先后获得国际奖项。1987—2010年,六合有19个丝绸产品和六合丝绸系列产品被评为省优质产品,11项产品获部级优质产品称号。六合集团也由最开始的缫丝生产逐渐发展到生产丝绸服装,以及现在融缫丝、织绸、炼染、丝绸成品生产为一体的集团规模企业,不仅拥有完整产业链,而且从原料型生产转变成消费者终端产品生产,成为部分国际著名品牌西部地区最大的出口加工基地。

六合产品包括:蚕丝被、丝绸服装、丝绸领带、睡衣、家纺、商标等,所产白厂丝早在1925年即获得巴拿马国际博览会金奖,“六合”牌丝绸系列产品在2005年获得“消费者放心品牌”和“中国十大影响力丝绸行业品牌”等称号。2005年六合集团生产的蜀绘精品服装、“爱肤尔”贡缎高档蚕丝被、真丝睡袍等产品获得中国国际丝绸博览会金奖,处于国际领先地位。六合集团被评为2006中国工业排头兵缫丝加工行业第三名,四川省政府首批小巨人企业和南充市政府重点扶持企业中丝绸企业唯一龙头企业，并连续获得全国纺织工业先进集体、四川省“五一劳动奖状”等，产品深受消费者和社会赞赏。

1988 年至 2011 年，从在深圳开办第一家丝绸专卖店开始，直到后来六合集团各地丝绸专卖店、加盟店、代销点如雨后春笋般出现，公司销售规模不断壮大，销售额突破 2000 多万元。早在 2003 年，公司就开始利用网络进行销售和宣传，并在 2011 年成立电子商务公司，抓住网络时代的发展机遇，面向国内外展示和销售“百年六合”丝绸系列产品。重视和拓展电子网络商务营销市场，使得公司年销售额也逐步稳定上升。

**3. 企业管理**

1912 年至 1932 年，兴隆丝厂、六合丝厂、同德丝厂、同六丝厂实行家长制管理。1933 年，同六丝厂纳入四川大华生丝贸易股份有限公司，开始采用近代工业管理方法进行管理。1937 年至 1952 年，“南充丝二厂”沿袭大华生丝公司的方法管理工厂。1953 年，“南充丝二厂”按照社会主义计划经济体制的要求，设置管理机构，开展企业管理工作，将重点放在供、产环节上。1979—1993 年，“南充丝二厂”按社会主义有计划的商品经济体制要求，实现由生产型企业转轨变型为生产经营型企业。从 1994 年到 2011 年，嘉利华集团、六合集团按照社会主义市场经济体制的要求，改革管理机构设置，围绕实施“大市场”战略开展企业管理工作，并对产业、产品结构进行调整，狠抓技术进步，注重打造“六合”品牌，这一系列措施让六合文化得以延续。至 2011 年，六合集团在企业管理上着力做好营销围绕客户转、生产围绕营销转的服务工作。

公司在提高经济效益的同时，也极其重视对职工的管理。首先，体现在劳动工资管理上，1992 年推行全员劳动合同制改革，职工与企业全部签订劳动合同，干部实行聘用制和任期制，彻底打破了“铁饭碗”。1993 年，推行岗位技能工资制，工资标准分岗位与技能两类。2007 年，制定了岗位技能工资试行办法，工资由岗位工资、绩效工资、技能工资、工龄以及新进人员工资标准组成，不断增加员工的工资收入。2011 年，再次提高岗位技能工资标准，在安全生产的前提下对职工加强管理，提升效能。

其次，在职工教育上，公司从 20 世纪 50 年代开始扫盲教育，开办高小，初中业余班等文化教育，文盲率由 1950 年的 90%降到 2%。在技术教育方面，每年开工缫丝之前,厂长盛克勤都要对缫丝工人进行技术培训,讲授缫丝操作方法与技术要求。每月初对上月的缫丝生产进行总结,解决缫丝生产中的技术问题,还开办了制丝职业学校。直到 1983 年 6 月,“南充丝二厂”技术学校共开办 6 期,专业涉及 10 多个,招收学员 644 名,学员毕业后均分到厂内工作。为解决后顾之忧,从 20 世纪五六十年代以来,公司就开办托儿所、子弟学校、职工医院、家属宿舍、浴室等配套设施,进一步解决职工的生活问题和子女教育问题等,便于职工安心工作。

六合公司还特别重视劳动保护,从 1950 年起实行工时制,1997 年开始全面实行每天 8 小时、每周工作五天的“周五”工时制,保障了职工权益,促进了企业管理水平的提高。

**4. 企业文化**

20 世纪 50 年代至 21 世纪初,“南充丝二厂”变更了 8 次名称,但都坚持采取办企业报刊,鼓励职工创作,制定建厂方针激励员工奋进,开展品牌建设增强核心竞争力,与时俱进丰富员工的文娱体育活动等措施,加强企业文化建设,培育职工外树形象创品牌、内聚人心增活力的价值观,提炼出了“天地人合争朝夕,百年丝路敢为先”的六合精神。

1954 年 9 月 7 日,“南充丝二厂”创办南充丝绸企业第一份企业报纸——《丝声报》,主要内容是宣传党的路线、方针、政策和表扬新人新事,进行技术交流。为了方便不识字的职工学习,还组织了读报组,职工每天参加半小时的读报活动,同时还定期举办读书会等活动,鼓励员工在业余时间开展阅读,并交流读书体会与感受,还创办了《丝绸之声》《嘉利华报》等。2009 年以后,公司建立六合网站,将六合集团的宣传、销售模式逐步过渡到电子商务模式。在公司的鼓励倡导下,涌现出大量优秀的文学作品,如温清义在 1954 年创作的《这是谁的力量》发表于《西南文艺》,1955 年收入工人出版社的《全国工人文艺优秀作品选辑》;1981 年创作的《走马观花话蚕乡》,载入 1981 年《四川蚕丝通讯》。

20 世纪 50 年代以后,公司成立体育协会,每年组织一次职工运动会,包括篮球、排球、足球等一系列比赛。坚持开展文娱活动,不断丰富活动形式和内容,增强员工的凝聚力,使员工身心愉悦,以身为“六合人”自豪。1958 年自编自演的民间曲艺节目《缫丝五姊妹》参加文化部和全国总工会组织的全国业余文艺调演并获奖，在全省演出 100 多场，并被拍摄成电影在全国各大电影院放映，许多丝厂派人到公司学习经验。1990—1993 年，以职工业余文工队为主，组织管乐队参加了四届中国 · 四川 · 南充丝绸节开幕式与服装表演队，其中服装表演获一等奖，时装队被省经济干部学院特邀参加该院承办的中国和加拿大合作庆典。

除了关注公司员工的文娱活动，六合本着公益之心，积极开展帮扶工作，不仅关怀、帮助困难员工，而且积极参与各项公益事业：如参加元宝山、南瓜山罗家古坡绿化植树，栽植的松树现已成林；20 世纪 60 年代抽调一千多名工人到华蓥修建南溪铁路；为 2008 年汶川大地震灾区积极筹款捐赠等，显示着六合公益爱民之心。

**5. 企业创新发展**

六合集团认识到丝绸行业要发展，企业创新改革是必不可少的。六合集团整合企业内部技术人员，成立创新技术中心，进行产品技术研发，并且对原有技术设备进行改造创新，引进国外先进设备，节能降耗，达到生产最优化，降低成本，提高经济效益。六合集团不断进行摸索创新，自主研发出了生丝、竹纤维等产品，取得了重大突破。

早在 1956 年，“南充丝二厂”成立科研室，改进缫丝技术，推广先进缫丝经验。1974 年，成立自动循环热风烘茧研制小组，这是全国唯一的蚕茧收烘设备科研机构，并承担四川省轻工业厅下达的 CD78—1 型自动循环热风烘茧研制任务。1998 年，科研室更名为六合集团技术开发中心，主要职能是负责技术革新、新产品研制、工艺质量、设备改造更新以及能源管理和考核，如对于烘茧缫丝丝织技术的改进等。

六合集团不断加强新产品的研发，在传统原料的基础上加入新材料，将动植物蛋白运用在生产中并取得重大突破，研发出了竹纤维、生丝等新产品，既保留传统面料的优点，又避免传统丝绸的易缩皱、易褪色等缺点，其中竹豆丝牛仔绸等环保新材料填补了市场空白。在水处理方面，自制吸热器，提高水温 60 摄氏度，每年因此节约水 1500 吨，并在 2006 年投资 360 万元，新建省内丝绸企业第一家污水处理厂，对生产废水做处理，实现了达标排放，保护了嘉陵江的水质。

而在省级刊物发表理论研究成果的就更为丰富，如六合丝绸厂厂长盛克勤的《发展我国之蚕丝业》《日本蚕丝业视察概略》《丝价变动之研究》《蚕桑业将来之趋势》等论文，观点新颖，在国内同行业中引起了较大反响，也引起了政府对蚕桑业的关注与重视，对于蚕丝业的发展具有重要作用。

充足的资金支持是企业发展改革的坚实保障。六合集团为了企业创新改革在2002—2005年先后投入800万元左右，并且积极吸引外部资金用于企业建设，加强财务监管，完善财务管理制度。经过百年建设，六合集团已经成为中国丝绸行业的骨干企业，近年多次获得全国纺织工业集体、四川省“五一劳动奖状”等殊荣，广受好评。

**6. 丝绸源点与六合文化产业园区**

中国丝绸走向世界，南充是重要起源，经过反复论证，中国丝绸协会于2016年授予南充“丝绸源点”牌匾，是对南充丝绸历史的认可与发展的激励。六合身出名门，由张澜创办，是“中国丝绸工业活化石”，拥有百多年的历史。如今，百年六合成为“丝绸源点”所在地，使六合集团不仅是丝绸生产的重要基地，更是丝绸历史文化展示的重要舞台，其所在的南充都京坝因此成为丝绸文化标志地域。

六合集团以百年工业园地为依托，充分利用原有的机器设备、院落、银杏树林等打造文化产业园区，积极弘扬推广丝绸文化产业，打造丝绸文化产业创意园。结合周围的朱凤寺山休闲旅游公园、“359度曲流”嘉陵江自然奇观等景区，六合集团利用地理优势积极打造桑蚕丝绸文化旅游。公司对空闲区域和厂房进行改造，以六合古院为基础，立足六合集团百年历史建设丝绸博物馆；挖掘文化资源，学习借鉴其他地区艺术特色，打造历史文化墙；建设六合标志牌，还原厂区厂房历史原貌，打造丝绸工业特色旅游景区；又恢复重建蒸汽小火车轨道，开放小火车旅游观光，再现生产景象；并且开放染坊，让游客亲自体验织染的过程，普及丝绸知识等，游客在景区内可以学习参观、购物、参与体验活动，等等，打造集艺术参观、休闲娱乐、丝绸展示于一体的特色景点，将生产资源转化为文化旅游优势，将文旅与丝绸产业结合起来，打造自身文化品牌，讲好丝绸故事。游客通过丝绸工业旅游感受传统丝绸工艺的神奇与震撼，聆听南充丝绸的往事与传奇。2019 年，六合集团为了进一步推动丝绸文旅的发展，组织召开了六合丝博园文化和旅游发展研讨会，对打造以六合丝博园为中心的南充丝绸旅游业的相关前景、战略构想做了进一步讨论。

### （二）阆中丝绸厂

阆中丝绸厂简称“阆丝”，其前身为“泰丰丝厂”，也是曾经的“南充丝一厂”。“阆丝”在 1940 年到 1990 年间经历了频繁的企业改革，四川省丝业有限公司第七制丝厂—四川省蚕桑有限公司第四制丝厂—西南蚕丝公司第四制丝厂—四川省南充专区第一制丝厂—四川省阆中缫丝厂—四川省南充地区阆中缫丝厂—四川省南充地区阆中丝绸厂。但不管企业名称如何改变，人们都将这个名声显赫的丝绸企业的前身后世统称为“阆丝”。

“阆丝”之名始于 1940 年“四川省丝业有限公司第七制丝厂”，在此之前，它的前身是“泰丰丝厂”。《阆中县志》记载：泰丰丝厂于清宣统三年（1911）6 月成立。民国初年（1912），废清右营都司署，变卖公产，售于民间，成为泰丰丝厂厂址。泰丰丝厂最初用莲花作商标，继用麻姑鹿，后更为牡丹牌，现用阆字牌商标。1915 年，泰丰丝厂生产的白厂丝，获得巴拿马赛会（太平洋万国博览会）四等奖；次年农商部开全国物品展览会，获得三等奖，并在历年来省劝业会表彰中均列头等；1924 年，获得巴拿马太平洋万国博览会特等金质奖章。

“阆丝”就是“南充丝一厂”，对此说法，丝绸业内许多人并不清楚，业外人士更是不知。据 1993 年《阆中县志》记载：民国二十八年（1939），阆中城乡共有 63 家丝厂，因捐税繁重，物价上涨，蚕茧减产，不少丝厂倒闭。至 1949 年末，全县仅有 5 家缫丝厂。“阆丝”于 1950 年恢复生产，1956 年 3 月并入“丝四厂”，即“西南蚕丝公司第四制丝厂”。1956 年，“西南蚕丝公司第四制丝厂”更名为“四川省南充专区第一制丝厂”，简称“南充丝一厂”，1992 年更名为“阆中丝绸集团公司”。

### （三）阆中绸厂

阆中绸厂位于原阆中保宁镇，1965 年从上海内迁川北阆中。当时，国家投资 1300 万元，于 1966 年建成投产，同年至 1973 年 9 月实行军管。1972 年，由省属下放地区，1988 年，从阆中搬迁至成都。阆中绸厂是南充丝绸企业中唯一从上海内迁的企业，也是南充市重要的丝织品出口厂家之一。

该厂是一家生产军用和民用丝织品的织绸企业，技术力量雄厚，其管理者和技术骨干绝大多数是上海人。不少业界人士称赞阆中绸厂把上海的管理经验和技术毫无保留地传授给内地，如该厂曾派出了不少技术人员到中小企业帮助指导技术攻关。阆中绸厂的管理、质量和先进技术给南充丝绸业的发展带来很大的帮助。

该厂生产的彩虹牌软缎被面于 1977 年、1978 年连续两年被评为全国同行业的织造、染色赶超标样。1978 年，被四川省政府授予产品质量信得过企业称号。1983 年，其丝绸作为航空用阻力伞及救生伞的主要材料，获国家银质奖。除此之外，在全国和部省历届产品质量评比中，该厂还先后获奖 50 余次。

1982 年 10 月 16 日，我国海上发射运载火箭成功，中共中央、国务院、中央军委特向提供运载火箭特品绸配件的四川省南充地区阆中丝绸厂发出贺电，并赠送运载火箭模型一尊，这是全省丝织品生产企业首次获得的最高荣誉。

1985 年，该厂被纺织工业部授予“军工纺织配套先进企业”称号；1988 年，被评为四川省先进企业和国家二级企业，国家级节约能源先进企业，并荣获纺织工业部质量管理奖。

### （四）奇迹美亚

“美亚”丝绸是南充织绸厂的品牌，由美国麻省理工学院学成归国的蔡声白一手打造的丝绸名片，意为“美传亚洲，衣被天下”而百年不衰，简称“美亚”。早年依靠蔡声白敏锐的眼光、独特的经营理念、先进的生产设备、良好的广告效应，美亚创造了巨大的社会效益与经济效益，成为丝绸业之翘楚，在上海拥有 10 个厂区，员工 2000 余名，生产出“美亚葛”“华绒葛”“文华葛”“派立司”“印度绸”等广受市场好评的丝绸新品种。美亚注重广告效应，不惜重金邀请当时明星黎莉莉、陈燕燕加盟，举行专场丝绸时装表演并将之拍成电影《中华之丝绸》在全国放映。同时还举办了规模空前的美亚国货丝绸华南展览会，获得了张学良、刘海粟题词，大力提升了美亚的品牌知名度与商业高度。丝绸产业激发了作家茅盾的创作灵感，蔡声白因此成为《子夜》男主角吴荪甫的原型。为发展民族工业，躲避战乱，蔡声白改美亚集团公司为美亚织绸厂股份有限公司，在华东、华南、华北、华西设五个片区，公司经过不断发展，衍生分厂遍及全国各地。但日本侵华战争几乎摧毁了美亚的绝大部分厂区。1954年，一批从天南地北会聚南充的丝绸人为一个共同目标，与美亚华西片区合作创建亚洲最大的丝绸企业——四川南充织绸厂（后为四川美亚丝绸股份有限公司）。当时，正处于20世纪50年代初期，百业待兴，他们从96台老式铁木织机开始，自己动手搭建厂房，在南充打造了一个全新的丝绸企业。到20世纪80年代初，经过大家的共同努力，南充织绸厂一举成为当时亚洲最大的联合丝绸企业。

南充织绸厂回归"美亚集团"，在改革开放、企业重组中焕发生机，成为国家二级企业，全国纺织行业500家最大工业企业之一，西南地区规模最大的丝绸及印染联合企业，是目前四川省丝绸行业唯一的股份制上市公司。

2004年8月13日上午9时15分，时任中共中央总书记、国家主席、中央军委主席胡锦涛在广安市广安区协兴镇牌坊村亲手揭下覆盖在邓小平雕像上的那块鲜艳的红绸，用的就是南充美亚公司生产的丝绸。

### （五）新锐依格尔

依格尔公司是1989年在海南创立的一家民营企业，集丝绸面料织造、炼染、印花、后整理和成品制作等于一体，是具有全产业链生产、规模最大的中西部地区丝绸联合加工企业。初创时期是以丝巾出口为主，1992年响应地方政府招商号召，搬迁回到绸都南充。企业从小到大，由弱到强，逐步发展成为南充丝绸行业的"脊梁型企业"。通过技术改造，现在已经装备了大量世界先进的织造、印染加工设备，掌握了最先进的、最全面的生产技术，建立了完整的产业链。从一根细丝，通过织造、炼白、染色、印花、整理、检验、裁剪、缝纫等工序都严格把关，其产品行销全球几十个国家，为国家创造了大量的外汇收入。

如今，四川依格尔纺织品公司已发展成为专业的丝绸企业，专门从事各类窄幅、特宽幅面料丝绸家纺所需的各种高支高密素色和提花织造及成品的制作，涵盖从原料到染丝，梭织面料及真丝提花，以及炼整、染色、砂洗、裁剪、缝制、包装等全过程。

该公司拥有自己的开发能力，从花型设计、品种开发到技术更新等都可以配套提供。产品花型大方，手感舒适，做工精细，洗涤方便不脱色，其“丝绸床品”质量达到国际水平，备受各界朋友和客户好评，并入选《2020年四川省名优产品目录》。

到2021年，南充地区丝绸行业正进一步扩大改革成果，以提高经济效益为目标，以技术进步为手段，以创名牌产品为龙头，进一步抓好原料基地建设，合理调整产品结构，通过内联外引，实现三个转变提升，把南充建设成为具有竞争力、辐射力、吸引力的丝绸生产和出口基地。展望未来，南充丝绸工业前程似锦，南充丝绸工业将以更快的速度，飞跃向前。

### （六）生态“尚好桑茶”

茶是古老中国的文化符号，中国素有“农桑立国”的悠久传统。桑是南充的产业基础，桑树栽培历史长达数千年。在古代文献中，农、桑历来是相提并论的。桑叶具有入药、保健、养颜等功效，将桑叶精制成茶，既满足现代人休闲养生的需求，又提高桑树的附加值，是尚好茶业为绸都南充打造的新名片。

在四川省南充市嘉陵区，千年桑梓演绎今世传奇，四川尚好茶业有限公司成就“中国桑茶之乡”的美誉。该公司主要从事桑树种植、桑园高效利用、桑枝环保利用、桑叶桑果利用、桑枝菌产品开发、桑品加工销售、桑蚕农耕文化旅游等多项业务。公司现有员工630余人，加工厂6家，分布在四川名山、重庆武隆、贵州湄潭，以及福建、广西等地，产品种类达100余种，自建销售门店237家，销售网点742个。公司还与中国工程院院士、西南大学向仲怀教授签订“现代蚕桑丝绸产业联合创新项目中心”协议，与中国农科院茶叶研究所陈宗懋院士签订“桑叶茶加工技术与新产品开发项目”等合作协议，以科技推动产业发展，以技术引领企业进步。公司坚持以产品精深加工和茶桑现代农业园发展为基础，秉承建基地、搞加工、创品牌、强科技、促增收的绿色发展之路，借力绿色产业东风，企业稳步前行。

“十三五”期间，公司投入4.5亿元引进意大利剑杆织机、喷气织机、电子提花机100余台，添置了平网印花机、数码印花机等18台，填补全省空白。同时建成国内首条1000吨桑叶茶、桑茶粉生产线，制定了桑茶食品企业标准，通过ISO9001、ISO22000食品安全、质量管理双体系认证；申请国家专利18项，已获得3项发明专利授权、5项实用新型专利授权和10项外观设计专利授权；开发了春桑茶、霜桑茶、桑茶粉系列产品并规模化生产；桑叶面条，桑茶粉小饼、蛋糕等休闲桑食品研发成功并投放市场。桑姜茶、桑菊茶、桑普茶、茉莉桑茶等复合型桑茶系列产品赢得消费者好评，春桑茶还获得"全国文博会丝绸创新产品金奖"，茉莉桑茶获得"花茶产品金奖"，"桑都"桑茶在米兰世博会上获得"百年世博茗茶金奖"称号。2016年，"桑都"桑茶产品获评"第十二届四川省名牌产品"，获得四川省专利三等奖，同年9月21日尚好生产的桑叶茶作为国礼，随李克强总理出访加拿大、古巴等国。作为桑叶茶生产龙头企业，公司以"立桑为业，多元发展"为经营理念，在扩建产业规模的同时注重科研力量提升，2020年9月与科研院所合作实行产学研合作模式，成立向仲怀院士工作站和陈宗懋产品技术研发中心，助推尚好事业上新台阶。公司坚持以农旅融合现代化桑茶产业园发展为主，坚持农业种养循环、农产品精深加工，建立联农、带农共同致富的长效利益连接机制持续发展。

**1. 和谐同行的发展理念**

2020年，尚好茶业入围四川省南充市深入开展"和谐同行"百户企业培育名单，将全面提升企业贯彻执行劳动合同法，推行劳动合同制度，依法签订和履行劳动合同，建立完善劳动用工管理制度、建立职工名册、建立劳动合同台账，实行劳动用工备案制度，完善劳动争议调解组织，建立企业劳动矛盾纠纷内调机制，完善民主管理制度和职工代表大会制度，签订各项专项集体协商协议，加强党建引领工作，建立党员示范岗位，落实企业人文关怀，职工教育培训，弘扬企业文化精神等方面开展指导服务的能力。

**2. "尚好桑茶"现代农业园区建设**

尚好桑茶现代农业园区位于嘉陵区双桂镇，由尚好茶业于2015年投资建设，种植面积1.3万亩，覆盖三龙场、大石沟、邓家沟等村，辐射带动5万亩，受益群众上万人。园区坚持种养结合、绿色发展，2020年被评定为省现代农业园区。

栽桑养蚕,采桑制茶,倚桑兴旅,公司实现了蚕桑丝绸产业重构的重大突破,打破了5000年栽桑养蚕历史,创建了多元高效的新兴桑茶业,形成了桑产业融合发展的良好态势。公司以"两园"建设强基础,以项目为纽带,加强政府、科研院所、企业紧密联系形成合力,构建"龙头企业+研发团队(高校+科研院所)+基地+专合社+农户+产业"发展模式,不断提升科研创新能力,建好基地,搞好加工,打响品牌,推动南充桑产业创新发展。

**3.桑业生物科技园区的创办**

桑业生物科技园区位于嘉陵区食品工业园,一期已建成1000吨桑叶茶、桑茶粉精深加工生产线,占地25亩。为满足市场需求,公司今年又启动了精深加工园区二期建设,二期项目占地面积85亩,规划建设桑叶茶和桑叶粉加工生产区、桑药品饮品加工生产区、仓储冷链物流区、产品检测中心、科创研发中心、文化展示中心等"三区三中心"。园区建成后,可带动10万亩茶桑生产,实现年产值10亿元,将成为集茶桑原料种植、生产加工、科技研发、科普体验、产业旅游、文化展示于一体的现代产业园区。

穿越历史烟云,传承茶道文化,观桑园美景、品桑茶美味、传丝绸文化。南充具有数千年的栽桑养蚕历史,尚好以其东方瑰宝的文化元素,浸润着人们的生活。公司从文化底蕴出发,传递蚕桑发展前沿科技,挖掘蚕桑文明,努力把尚好打造成中国桑茶第一名片。

### (七)绿色银海丝绸

衣食住行是人类基本的生存需要。在经历工业化、现代化之后,人类在享受现代文明成果的同时又受到冲击,健康环保理念开始得到认同。科技的进步,改变了人们的消费结构,由实用过渡到健康审美,自然、健康、环保产品成为广受推崇的物品。传统的棉被易受潮失去松软性,且易滋生螨虫;化纤被不透气、难保暖,难以满足现代人的需求;而蚕丝被因为亲肤性、柔软性、恒温性、生态性历来被人们青睐。每年的3月21日为全球睡眠日,据统计,占总人口约三分之一的人群有睡眠障碍。而长期睡眠紊乱会引发心脑血管病、抑郁症、癌症等疾病,严重影响工作生活,降低生活质量,甚至危及生命。蚕丝因富含18种氨基酸,散发睡眠因子,有效促进睡眠,对遭遇睡眠障碍的现代人是最佳选择。

南充是全国四大蚕桑生产基地和十五大丝绸生产、出口基地之一,在国内外享有盛誉,出产的绸、绫、绵、绢、丝等10多种产品曾被定为朝廷贡品,人称“胜苏杭品质之优,享天宝物华之誉”。南充银海丝绸有限公司成立于2006年,占地30余亩,建筑面积16000平方米,现有员工近200人,拥有各类先进绢纺设备60余台(套),是集蚕桑养殖、蚕丝被制作、绢纺加工、丝绸贸易于一体的专业化综合性丝绸企业,为国际丝绸联盟理事单位。公司位于钟灵毓秀的南充市嘉陵区,系四川盆地东北部、南充市西南部、嘉陵江中游西岸,有数千年蚕丝生产历史,是南充丝绸的主要集聚地。辖区内茧丝绸产业集群数量居全省首位,是商务部命名的“国家东桑西移工程示范基地”和中国蚕学会命名的“中国桑茶之乡”。嘉陵区拥有“中国优秀旅游城市”“千年绸都第一坊”“四川十大产业文化”“中国丝绸文化公园”等地标名片。

银海丝绸是西南地区蚕丝被产量和规模最大的生产厂家,蚕丝被商标分别获得中国丝绸协会授予的高档丝绸标志和四川省名牌产品等称号,是参与国家蚕丝被标准制定单位。其生产的蚕丝被具有丝绸颣节少、光泽一致性好、手感柔软、弹性好、不易起皱等特点,深受广大消费者的喜爱,在国内具有较大的影响力。银海丝绸已成为罗兰、富安娜等品牌商家的主要货源地,也是中国西部地区蚕丝被生产规模最大、品牌最响、效益最好的企业。既是《蚕丝绵》行业标准、《蚕丝被》国家标准制定参与单位,还获得了“中国高档丝绸标志”“全国茧丝绸行业创新企业”“中国家纺家居优秀品牌”“四川省名牌产品”等荣誉,其蚕丝被荣获2020“四川制造好产品”称号,入选《2020年四川省名优产品目录》。

虽然企业历史不长,但依靠创新的理念、先进的技术、科学的管理,仅15年时间,企业已发展为四川省规模最大的蚕丝被生产厂家,建立了近万亩桑蚕养殖基地,保障了制作材料的精良,运用专利技术生产优质精干绵,主打透气性能良好、吸湿贴身抗静电、经久耐用的蚕丝被,广受消费者喜爱。

**1. 企业发展环境**

从产业来看,发展前景看好。蚕丝被是丝绸行业最成熟的终端产品之一,不受季节限制,春夏秋冬均有相应的产品,如婚庆被、子母被、夏凉被等,琳琅满目。随着当今人们生活水平的逐步提高,市场对蚕丝被的需求日益增长。

蚕丝被是天然绿色环保型产品，迎合了大众提高生活质量的基本需求。蚕丝被具有良好的御寒保暖性能，同时具有防螨、抗菌、亲肤等特点，相关研究资料证实使用天然蚕丝做的蚕丝被，确实能改进睡眠质量，有利于身体健康。目前，就全国范围内来看，未来蚕丝被需求市场仍有较大的增长空间，蚕丝被企业一定能在这片广阔天地里有所作为。

从政策来看，经商环境很好。南充是丝绸之都，市委、市政府制定的“155发展战略”，将丝纺服装列为五大千亿产业集群之一，充分体现了南充市委市政府对丝绸行业的关注和厚爱，无论是在产业政策还是在市场拓展方面，都为企业创造了良好的发展环境，并给予了大力的支持。

从企业来看，发展后劲最好。公司有一支优秀的员工队伍，很多来自原南充绢纺厂、棉纺厂、丝二厂等企业，素质较高。在嘉陵区大通镇流转土地建设蚕桑基地，原料质量和成本得到保障，在竞争中占有优势。同时有强有力的技术支撑，公司建立院士（专家）工作站，有四川省丝绸科学研究院、四川省农科院蚕研所的30多名进站专家提供技术支持，确保企业在技术方面领先市场。

从市场来看，经济形势趋好。随着改革开放不断深入，特别是党的十八大以来，国家经济实力越来越强，老百姓收入越来越高，对蚕丝被需求越来越大，整个行业前景非常好。

**2. 企业“十四五”发展规划**

一是发展指导思想。以党的十九届五中全会审议通过的《中共中央关于制定国民经济和社会发展第十四个五年规划和二〇三五年远景目标的建议》为指导，深入贯彻习近平总书记系列重要讲话精神，立足丝绸行业，突出主业，创新驱动，抢抓机遇，注重提质增效，强化内部管理，做精做大蚕丝被行业，擦亮“中国蚕丝被之乡”的金字招牌，打造国内一流的蚕丝被生产商。

二是发展原则。加强党支部建设。增强“四个意识”，坚定“四个自信”，做到“两个维护”，充分发挥党组织在企业中的战斗堡垒作用。加强人才培养和引进，优化企业人才结构，为企业高质量发展提供坚实的人才保障。

坚持科技兴企。以科技创新为企业发展的“第一动力”，充分发挥院士（专家）工作站和技术中心专家团队的作用。强化品牌建设，坚定不移走质量效益型路线，积极推进产品结构优化升级，提升专业化核心技术创新能力，维护南充丝绸的形象，打造高端丝绸品牌。坚定以人为本，坚持发展为了职工，发展依靠职工，发展成果由职工共享，切实维护和保障员工权益，发展成果惠及全体员工，确保员工发展与企业发展协调统一。

三是具体规划目标。企业经营经济指标：企业营收年均增长 4%，争取 2025 年企业营收由 2020 年的 8000 万元增长至 1 亿元；实现利税 800 万元；资产总额 9000 万元。

基地建设。公司计划对大通蚕桑基地进行改扩建和升级，新增流转土地 5000 亩，建成 1 万亩核心示范园，带动周边 3 万亩蚕桑基地建设，建成蚕房面积 15000 平方米，作业道路 15 公里，建好配套交通设施，与赵子河水库紧密结合，大力发展文旅产业。以桑为业，为当地村民提供技术培训，支持带动参与栽桑养蚕，将蚕桑产业发展成为大通镇的支柱产业，助力乡村振兴战略。在 2022 年建成市级农业示范园，2024 年成为省级农业示范园。计划新建厂房 1.2 万平方米，扩大企业生产规模，新增绢纺及蚕丝被加工生产线 4 条，引进先进生产设备 20 套（台），实现年产蚕丝被 40 万床的加工能力。

品牌与营销战略。巩固富安娜核心蚕丝被供应商的地位，加大与上海水星、上海罗莱的合作，力争成为其核心蚕丝被供应商。继续做强电商电视购物平台，开发个性化定制服务。积极参加广交会等，力争实现年出口蚕丝绵和蚕丝被 100 万美元的目标。加大品牌培育力度，力争获得“中国驰名商标”，打造国内知名蚕丝被品牌。

技术创新工作。加大企业研发投入，以现有的陈祥平专家工作站为依托，广泛进行技术研发。重点进行蚕丝新材料、蚕桑自动化养殖等重点前沿领域的攻关，全面提升蚕桑丝绸行业的技术水平。加强与四川省丝绸科学研究院、四川省农业科学院蚕业研究所、四川大学、浙江大学等的产学研合作，为企业培养 10 名专业技术人员，全面提升企业的技术创新能力。力争成功申报两项省级重点科技项目，两项市级科技项目。申报发明专利 3 项，实用新型专利 5 项，力争获得“高新企业”称号。

### （八）顺成纺织——丝绸美誉传承者

丝绸行业经历了 20 世纪 90 年代的无序竞争，严重挫伤蚕农积极性，砍桑毁桑现象突出，大量工厂倒闭，专业技术人员流失，产值产能急剧下降，2006年，从事丝绸面料织造及服装、床上用品、蜀绘丝绸制品的研发、生产、销售一条龙生产及服务的四川顺成纺织品有限公司却逆势崛起，秉承“产品优良、市场领先、科技支撑、持续发展”理念，以市场需求为导向，以产品研发为契机，以订单服务为手段，主动参与各种高规格、高级别的展销会，迅速打开局面，大力引进管理技术人才，积极开发新产品，不断推进传统设备智能化改造，拓展内外销售渠道，完善“蜀绘博物馆”建设，产生良好的经济效益与社会效益。企业拥有三项企业注册商标，“绸都顺成”“大丝之道”“三鹿头”美名远扬。产品外销欧美、日韩等70多个国家和地区，内销全国各地，获得“全国模范职工之家”“中国纺织工业联合会产品开发贡献奖单位”“四川省五一劳动奖获奖单位”等荣誉称号，成为新世纪绸都南充又一张亮丽的名片。

公司现拥有120亩主厂区，9万平方米标准厂房，年产绸缎600余万米，服装、床上用品及蜀绘制品100万件（套），主营销售收入4.5亿元，年上缴税金600万元，外贸出口丝绸近3000万美元/年，并采用自建蚕桑基地及公司与农户订单收购的方式，既保障企业生产有序进行，又为精准扶贫、乡村振兴作出贡献。公司下辖四川顺成丝绸有限公司、南充金富春丝绸有限公司、广安顺成丝绸有限公司，是西部地区最大的真丝绸缎生产基地和外贸出口丝绸骨干企业。其主打产品蜀绘丝绸融技术与艺术于一体，申报市级非物质文化遗产已进入审查阶段。公司在行业不景气的大环境中不仅实现丝绸产业的逆袭，而且致力于丝绸文化的建设，建文博馆、发展工业旅游、申报非物质文化遗产，为南充的经济发展与文化繁荣准备了充分条件。

南充丝绸走过千年历史，经历风云变幻，留下故事传说，创造不朽奇迹，写进华夏史册。尤其是新中国的成立、改革开放的推动、“一带一路”倡议，为企业的诞生与兴旺提供了契机。从栽桑养蚕、制丝织绸，到职业学校的发展壮大、产品的不断推陈出新，绸都南充形成了产学研一条龙，体系完善，规模效应凸显的模式，不仅发展地方经济，也带动文化兴盛，为打造成渝第二城、融入成渝城市圈添砖加瓦。

# 第四节　南充丝绸人才荟萃

在历经数千年的漫漫丝绸之路中,有着太多的英雄人物,他们为开拓丝路上下求索,为发展丝路不断探险,留下了很多可歌可泣的故事。斗转星移,世事沧桑,虽然往昔丝路上商贾来往穿梭繁忙的景象早已成为云烟,悠扬的阵阵驼铃声响也已从我们耳畔消散,但是他们留下的"丝路精神"却被代代承续,流传至今。在川东北地区的现代丝绸历史上就有这么一批人既延续传统又守正拓新,他们用不懈的努力留下一段段佳话,是"丝绸之路"上永远矗立的不朽丰碑,在嘉陵江畔为南充丝绸发展做出了不小贡献。

## 一、近现代南充蚕茧丝绸行业开创者

在南充丝绸发展历程中,近代是分水岭,是从传统手工业生产走向机器大工业生产的阶段,涌现出一大批致力于发展民族工业、增强国家实力的先行者。

### (一)张澜——南充现代蚕桑丝绸事业的开拓者

20 世纪初期,中华民族内忧外患,内部政治腐败、军阀割据,对外则丧权辱国,外国列强步步紧逼让中国陷入半殖民地的深渊。这导致人民生活水深火热,经济萧条,民生困苦,文化教育备受摧残,生产建设人才奇缺,社会生产力水平低下。面对严峻的社会危机,张澜这位中国近现代进步知识分子,铁肩担道义,不仅积极投身反帝反封建的爱国运动,而且千方百计地探索救国富民之路。张澜结合南充历史、地理、实业发展现状等实际情况,奉行实业兴邦的宗旨,一方面大力提倡栽桑养蚕,发展蚕桑事业和丝绸工业,另一方面为了培养蚕桑丝绸技术人才,开设专门技术学校或学习班,同时四处招揽专家名师,引进国内外先进理念和技术以提高劳动生产率。这三大举措很快就卓有成效,推动并提升了当地蚕桑丝绸技术的发展。

**1. 培养技术人才**

地方经济发展离不开专门的技术人才,张澜也始终把职业教育、造就专业人才放在首位。

1913年，张澜创办了“果山蚕业社”，为南充培养蚕丝技术人才，并购置脚踏缫车60部用于缫制“扬返丝”，开南充缫制匀度扬返丝之先河，为南充蚕丝业发展奠定基础。同时，张澜也确立了发展奋斗目标，要求“南充全境无地不见桑，无户不养蚕，制丝的精良在本国中，最低限也当与杭产比，南充成为丝蚕业著名产区”。1924年，张澜又在南充中学设立农蚕部，开设农蚕班、蚕丝班，专门为地方丝业培养和储备制丝精良的专门技师，并附设模范丝厂供在校学生充分实习，后来又相继增设工业班和机械班，培训学员掌握栽桑养蚕缫丝染织的技术和操作能力，以及相应的机械改进制造等技能，提升生产效率。为了迅速扩大生产力，提高行业生产技术能力，张澜还筹办了短期蚕业速成班，培训的一大批学员很快掌握了栽桑养蚕缫丝等技能，成为生产岗位的能手。

在师资方面，他兼容并蓄博采众长，不仅兼顾教师的教学水平，也重视思想进步倾向。在主持原南充县中校务时，张澜大量聘用符合要求的年轻教师从事学校的管理和教学，既增强了学校的办学活力，又提升了学校的发展潜力，其中就有后来曾任中共四川省委书记的张秀熟、中共川北特委宣传部长的袁诗尧，以及李鸣柯、王平树、钟柏良、任乃强、江东之等名师，可谓师资力量雄厚。不仅如此，他还特意邀请著名教育家吴玉章来南充县中举办讲座，专门讲授“马克思主义政治经济学”，让师生领悟到马克思主义进步思想，更加坚定了他们追求进步和以实业救国的决心与信念。

当1931年再度出任南充县中校长时，张澜认为教学不仅需要传播新知识新技能，更重要的是需要传播进步的新思想，以便让学生树立起新的世界观和人生观，也让师生进一步懂得为何而学、学为何用的道理。所以，他聘用的教师多系思想进步、倾向马列主义的成都大学“社会科学研究社”的毕业生。张澜的这些办学举措，不仅促进了师生思想解放，形成了民主、自由、进步的新风气，而且让他们培养了关心国家命运和民族前途的深厚民本情怀、家国情怀。

为了培养学生学以致用的实际动手和操作能力，张澜还想方设法从苏杭、上海等沿海工业发达地区购回各种良种蚕桑和先进的加工机具等，包括缫丝织绸铁机、踏花机、提花机、自卷机及各种零配件等，并建立专门的实习农场和工厂基地，又不惜重金聘请全国著名的蚕桑丝绸技师来校指导。

张澜潜心办学，破家为国，不遗余力地发展家乡的蚕桑丝绸生产和加工技术，他先进的教育理念使得南充的职业技术教育办得有声有色，发展迅速。据20世纪50年代初统计，南充高级蚕丝科职业学校和南充育才高级职校等在校生共703人，达到南充同期全部在校中学生总人数的44.5%，近乎一半。由此可见南充职业教育的发达程度，即使放眼全国这也是相当高的比例。显然这一成就是离不开张澜当年的办学宗旨和殚精竭虑的付出的。

**2. 劝课农桑、发展生产**

创办职业教育无疑可以解决蚕桑丝绸发展的后顾之忧，张澜迫切地想要改变现状，又立即着手建立蚕桑原料基地，培育优质苗木和蚕种，不仅在原南充县城专门开辟了两处规模较大的桑苗圃，还分别在十多个场建立小型的桑苗圃，形成一定规模优势和地域平衡。张澜让人引进适合本地土质和气候的良桑品种，大力推广科学育苗以保证成活率和适应性，并且动员家家户户栽桑养蚕发展经济。

那时农村生活窘困，许多农户有心无力，根本没有余钱去购买种苗。面对这种情况，张澜采取了专门的扶持措施，用类似于“青苗法”方式来推广桑苗栽种，非常有效地解决了现实矛盾。这种做法既不增加农民的经济负担，又解决了栽桑育苗的推行难题，一举数得。

同时，张澜还不惜风尘仆仆地东奔西走，不断呼吁以求得到省市当局的重视与财力支持。1937年，经张澜倡议，四川省建设厅和教育厅正式决定将原南充县立中学和蚕丝改良场合并为南充蚕桑职业学校，使之获得了更大发展。总之，经过张澜的不懈努力，栽桑养蚕之风在南充境内盛极一时，不仅桑蚕产量获得极大突破，而且质量得以大大提高，为南充蚕丝织绸工业的顺利发展奠定了坚实基础。

**3. 学习先进技术**

职业教育、蚕桑推广基本奠定了发展基础，张澜又开始积极筹备缎丝织绸的工业生产。由于经济落后，当时南充丝绸业相对来说并不发达，不仅规模上不去，而且技术也比较落后，难以打破小手工业作坊的生产形式，质量难以提高，所以产品也不具有较大的市场竞争力。

面对这一落后现状，已升任嘉陵道尹的张澜认识到唯有提高技术水平，注重产品质量，以外贸出口为导向，才能增收增利促进地方经济发展。于是，1916年他派人到日本详细学习考察蚕丝行业数月之久，在得到详细考察汇报之后，着手进行了南充蚕丝绸产业的改革改良。首先，从蚕茧品种上进行改良，打破手工作坊式的方式，由地方政府统办制种场，淘汰劣质品种，引进培育良种，筛选的良种紫花茧一跃成为南充制丝的主要品种。其次，改进蚕茧生产技术，并将成果迅速推广到农村，从而让南充蚕茧质量得到了较大的提高。

在育桑、选种、制茧等技术得以发展后，为了使南充织绸业迎头赶上并获得规模优势，1925年张澜又提倡大力发展织绸工业，以理顺入口和出口。为此，他联合社会各界创办了嘉陵绸厂，以地方政府投资为主，从沿海发达地区购买提花机、自卷机等生产机器，改手工织造为机器提花，机器自卷，同时又聘请专业技师设计丝绸图案花样，训练学工。经此一举，织绸的人均日产量较以前的工效增加了一倍以上，由过去手工操作的日产10尺提高到人均日产20尺左右，成效明显。关键是生产的丝绸等不仅板面平滑、光泽明净，而且花色精细而优美，明显提升了产品档次，即便与苏杭绸品相比较，也是有过之而无不及。嘉陵绸厂的试产一炮打响，成功地鼓舞了一大批有识之士，他们纷纷解囊相授、募股集资、合作建厂，一时间，全区先后创办了多家大大小小的织绸厂，有机房达百余家，绸机3000余台，年产各种绸缎达数万匹，形成了较大的规模优势。

南充蚕桑丝绸业的发展也带动了周边相关产业的兴起和发展，像桐油、猪鬃等产业随之兴起，起到了“一业兴带百业旺”的经济效应和社会作用，极大地促进了地方商品经济的兴旺发达。随着蚕桑丝绸业的兴旺发展，南充也很快发展成为川东北蚕茧、丝绸、桐油等多种工业品和农副产品的商品集散地，不仅水陆交通便利，而且南来北往的商贾云集促进了当地商品丰富，经济活跃，老百姓也获得了实惠，收入提高了、生活富裕了。

以至每逢春秋茧期的季节，在市区的茧市街上往往是人来人往、兜筐满载、沿街排列，而设在“鸡市口”的丝绸市场则是银丝绸葛成排成片、花色繁多又光彩夺目，人头攒动。旁边的嘉陵江边码头上则是另外一番景象：油篓油桶堆积如山，往来商船穿梭不断，上可至广元，下可达重庆、万县等地。这番热闹的景象和交易盛况成为南充人的寻常记忆。

南充蚕桑丝绸业能有这种发展盛况，张澜可谓厥功至伟，没有他的亲力亲为、不懈努力，又何来成效？由此可见，张澜作为南充现代蚕桑丝绸事业的开拓者，确实是实至名归。

### （二）傅骏山——兴隆丝厂创始人

南充生产蚕桑丝绸虽然历史悠久，但在民国以前，基本上都处于作坊式生产状态，体现出小型、分散、落后的特点。蚕桑丝绸生产绝大多数属手工操作，很难形成规模，因此产品数量有限，抵御风险的能力较弱。直到民国建立后，随着江南先进生产技术的传入，这种状况才得到改变，涌现出规模较大的丝绸企业。1912 年，南充创办的第一家丝厂位于当地名为“都京坝”的地方，它的创办，开启了南充丝绸快速发展的时代。

这家企业的创办者就是傅骏山。

傅骏山是西充县占山场人，少时家境贫寒，到原南充县城也就是今天的顺庆区当学徒，学徒期满后独自经商，贩卖棉纱、蚕丝、绸缎，渐有积蓄后便在县城小东街购置房屋一幢，筹资开设“傅恒兴”商号。因讲求诚信、生意越做越大，盈利颇丰，远近称道，以至老百姓忘了傅骏山本名，直呼其为傅恒兴。

清光绪年间，原南充县城里缫丝车房、织绸机房兴起，傅骏山抓住时机，在城内小西街玉皇观内兴建缫丝织绸作坊。当时的玉皇观虽香火废弃，但观内仍有多尊神像，修建缫丝织绸作坊要撤出观内神像，但请去的石匠、木匠，没有一个人敢推倒神像。见此情景，不迷信、不崇鬼神的傅骏山亲自上阵，用大绳套在神像身上，一气拉倒观内所有神像，请去的石匠、木匠和经过的路人个个惊得目瞪口呆。傅骏山却满不在乎，随即安排匠人清理现场，赶修作坊。

当时，川北乡间蚕农只养一季春蚕。每年春蚕上市时，傅骏山就雇人到西充、岳池、射洪、盐亭等地收购春茧。春茧收回后，丝匠先用木质缫丝车缫制成“直缫丝”和“摇经丝”，织匠再用木质织机将其织成湖绉、花绸，成品则由“傅恒兴”商号推销，获利十分丰厚。此后，傅骏山进一步扩大缫丝机房，用所赚银币在县城都京坝购置 60 亩土地（今四川南充六合集团有限公司处），成为县城名噪一时的富商大贾，清政府特赐其花翎顶戴和官服朝靴以示嘉赏。

在搞好缫丝织绸生产的同时，傅骏山每年还从南充、西充、射洪、潼川等县的缫丝房购买 100 担生丝,加工成“摇经丝”后,由“傅恒兴”商号运往上海转销海外。

因其经营有方,生财有道,兴隆丝厂越办越红火,成为当时南充境内第一家用机器进行缫丝织绸生产且规模最大的丝绸企业。以至当时流传的民谣唱道:“西充红苕尽是筋,要吃白米下顺庆。顺庆有个傅骏山,干饭都是黄桶蒸。有人保我进丝房,一辈不忘十辈恩。”

### (三)民国丝绸三杰

在南充茧丝绸的历史长河中,一些勤劳、智慧、勇敢的行业开拓者,用他们的光和热为南充茧丝绸业的发展作出卓越贡献,创造了宝贵的物质与精神财富。民国时期,萧条的南充经济因为丝绸行业的发展获得了生机。

#### 1. 江浩哉——蚕茧干燥器的发明者

清末民初,尽管南充丝织业已步入工厂化、规模化时期,但生产所需原料仍由鲜茧加工而成,而将鲜茧加工成干茧,必须在干燥器中完成。当时,烘干鲜茧的设备名叫“鸡罩炕”,俗称烘茧灶或炕茧灶,结构简单,大小不一,一般每次可烘鲜茧 75—240 公斤。这种沿袭多年的烘茧装置,干燥周期长,效率低,安全性差,稍有不慎就有可能引发火灾。

据载,江浩哉为下江人,即长江下游地区的人,在原南充县双桂场(今嘉陵区双桂镇)负责烘烤鲜茧。为缩短烘烤时间,消除安全隐患,提高干茧质量,江浩哉大胆革新,经反复试验,成功设计出“暗火筒烘茧灶”。其结构特点:石为基,砖为墙,四方形,门两道;地下挖坑筑火膛,倒扣铸铁锅其上,又四周砌砖尺许,盖泡石板构热室;在底部中心线上用砖砌成地烟道连接火膛,至炕门再分左右烟道,迂回上墙,呈“之”字形与烟囱相接;地烟道上盖青瓦,糊平,炕底不现烟气道,故称“暗火筒烘茧灶”。该炕灶除原用篾编炕茧箔、改进蜈蚣架外,其他结构与“鸡罩炕”迥异。使用时,火膛燃烧木柴,以辐射热干燥蚕茧,成功率高且避免了火灾风险。“暗火筒烘茧灶”安全、高效,在四川丝业股份有限公司得到全面推广。

“暗火筒烘茧灶”的推广,使南充地区乃至全川得以摆脱“鸡罩炕”的束缚,实现蚕茧干燥技术大提升。江浩哉也被称为现代蚕茧干燥器的开拓者。

### 2. 伊左泉——开创丝织新品第一人

伊左泉，原南充县人，出身织绸世家，排行老四，其父在清同治年间集资创办南充首家较大规模的“裕泰祥”织绸机房，并接纳“荆帮”“浙帮”来南充谋生的织绸工匠，吸收外来技术。伊左泉生性机敏，勤奋好学，幼时放学回家后，常去机房观摩工匠织绸。时间一长，他不仅初步掌握了织造技艺，还能熟练地操作织绸设备。1914 年，伊左泉奉家命辍学协助病父管理机房，3 年后，接任经理职务，全权主持“裕泰祥”。

当时，南充丝品生产工艺较为落后，花色品种单调，质量也不及外来品，售价和销量皆低于江、浙，在市场竞争中处于劣势，被迫在西北、西南边陲地区寻找销路。因此改进工艺、提升质量、创新品种，从而在高端市场上赢得声誉，成为南充丝绸业界的当务之急。作为“裕泰祥”的当家人，为求得生存和发展，伊左泉将市面上最畅销、价格高于本地产品 2—3 倍的杭州“暗花线春”作为研究对象，花费大量时间和精力研究其工艺，并结合自身产品查问题、找差距、改工艺，经不断改进，终于取得突破。“裕泰祥”按新工艺生产的“线春”，不仅可与杭州货媲美，其售价仅为杭州货的七成左右，市场销售旺盛，成渝及万县地区客商竞相采购，供不应求。至此，“裕泰祥”名声大噪，大幅提升了南充丝绸对外的知名度。不久，伊左泉又成功研发“蜂巢绉”，还与其兄改牛角梭为钢质梭，改抛梭为拉梭，并革新生产工艺，延长“钢筘”的使用寿命。

这些革新成果的应用，不仅提高了工效，增加了效益，还惠及全城大大小小的织绸机房，推进了整个南充丝织品的升级上档。伊左泉真可谓开创丝织新品第一人。

### 3. 王益卿——审时度势的丝绸商人

1945 年，抗战胜利后，受国际国内政治、经济环境的影响，丝绸市场异常疲软，价格大幅度下挫。当年秋茧价格大跌，买家纷纷观望，不敢出手，卖家深受其害，无法卖出，市场死水一潭。

在丝绸价格一降再降，跌破成本时，精明的“大亨益绸布店”经理王益卿，凭借在丝绸交易中多年摸爬滚打的经验——“久疲必有一快”，认真分析时局，权衡利弊，果断出手。在同行还在观望之时，他毅然大举借贷，独闯市场、大肆收购，囤积丝绸，以静待变。王益卿此举犹如风吹湖面起涟漪，丝绸无交易的沉寂局面被打破，市价止跌微升。不久丝绸市场经短暂寒冬后突然转暖，需求量大增，价格快速上扬。此时，王益卿看准时机，将大量囤积的丝绸运往成都，以高价售出，获利颇丰，令同行刮目相看。

1949年之前，南充本地机房丝绸用丝多以乡户产品为主，因其条分不一，粗细有别，所产绸缎在品种、长度相同的情况下，重量有轻有重。因绸缎的重量与品质、价格密切相关，所以能准确判断绸缎重量，在交易环境中显得十分重要。当时，交易行规是凭肉眼、手感品评厚薄议价，不用秤称。“大亨益绸布店”之所以能在强手如云的商场上占据上风，注重员工素质的提升可谓重要因素之一。该店规定必须学徒四年，能准确判断绸缎干湿、手感厚薄，方可正式参与前台业务。学徒利用收货、分级、分装等环节，逐一掂量绸缎重量，再用秤称校核，以相差一两为合格，如此反复练习，精益求精。因此，该店店员个个业务精湛、身手不凡，让同行羡慕不已。

“大亨益绸布店”因王益卿的精明能干，始终位居南充丝绸业营销商头把交椅，给人们留下了深刻的印象。

## 二、新中国成立初期南充蚕桑丝绸生产领头人

1949年以后，国家注重经济振兴，人民安居乐业，为南充蚕桑丝绸业的发展提供了良机。在南充丝绸业界，出现了从企业管理到专门人才的优秀群体，他们为地方经济的发展、茧丝绸行业的生机焕发作出了突出贡献。

### （一）李昭——新中国纺织工业奇女子

李昭，是胡耀邦同志的夫人，原名李淑秀，1921年出生于湖南宁乡。1937年，年方16岁的中学生李昭，面对神州大地烽烟四起的情形，巾帼不让须眉，毅然放弃学业，投身战地服务团，参加抗日救亡运动。1939年初，赴延安中国女子大学深造，第二年即加入中国共产党。1941年，与胡耀邦喜结良缘。

1949年李昭跟随南下工作团入川，1950年初又奔赴川北行署首府南充市担任市委副书记兼人事科科长。当时，胡耀邦正好担任中共川北区党委书记、行署主任和川北区政治委员。这是两人结婚以来第一次共事，还成了上下级关系。工作之初千头万绪、百废待兴，但是南充经济该如何发展却成为人们思

考的主要问题。胡耀邦认为:“南充盛产蚕丝,是成都蜀绣丝绸原料供应基地,把丝绸生产抓好了,不仅能带动南充一大批相关企业,还可以搞活川北的经济。”作为市委副书记的李昭责无旁贷,服从组织安排,又受命出任南充第三丝绸厂党委书记,主抓地方经济发展。

当李昭带着一个随员轻装简行地来到丝绸三厂的时候,本来资方代理人听说新任党委书记是行署胡主任的夫人,不免心怀忐忑,一见新书记上任如此没有排场,不免大感意外！李昭和颜悦色地对大家说:“我们是来厂工作的,现在我们就都是一个厂子里的职工了,希望我们共同努力,把厂子搞好!”在场的人们情不自禁地鼓掌欢迎,对工厂的未来充满期待。李昭很快熟悉了工作,和工人们交上了朋友,以真心打动他们,以行动代替言语。她深入车间和他们谈生产、谈发展、谈形势,要求工人们积极发扬主人翁精神,强调要以实际行动支援国家建设、全力以赴生产支援保家卫国。为实现工厂降本增效和生产任务的增产突破,全厂职工一定要团结起来,劳资双方也要团结起来,大家拧成一股绳,积极劳动,努力恢复生产,争取超额完成生产任务。

工厂被接管初期,由于对党的政策理解出现偏差,有的工人认为工农当家作主,一切要工人说了算,资方代理人担心立场问题,不敢加强管理,导致生产的次品增加,工厂管理也松懈了。李昭为此又主动和资方代理人交心,以平等的态度,仔细解释党的政策,让他们放下包袱,要相信生产发展是劳资两利,保护资方的合法利益是党和政府对民族资本家坚定的政策;要从国家利益出发,大胆管理,搞好生产,支援国家建设,支援抗美援朝……资方代表被李昭的真诚打动,放下了思想包袱,大胆在生产上采取严格管理,让生产有序了,产生的次品马上减少了。可是有少数工人却不干了,他们甚至在办公室外高呼“打倒资本家”。加之这个节骨眼上,外面又出现一些农民进城游行批斗地主的事件,资方代表顾虑重重,又退缩害怕了。面对现实问题,李昭不仅用党的政策安抚资方代理人,认真解释党和国家对民族资产阶级的现行政策,以及“民主、平等、两利、契约”的劳资关系政策的内涵,打消他们的疑虑,还热情地对他们说:“如果遇到什么困难,不要担心,我们一起研究解决办法。”

李昭又多次找工人谈话或者开座谈会,给他们仔细讲解党的政策,以及在发展民族工业方面那些民族资本家所起到的积极、进步作用等。经过她积极主动地做工作，对劳资双方起到了很好的沟通作用，大多数工人想通了，仍然有少数不理解……李昭又语重心长地说：“工人阶级是最有觉悟的阶级，是国家的主人。我们一切要从国家的利益出发，发展生产，搞好经济是头等大事，资方代理人肯为国家出力，做对发展生产有好处的事，为什么不支持他呢？不分青红皂白一概打倒，不是破坏了生产吗？对国家不利呀！”她这番道理一讲，大家都豁然开朗，纷纷表示赞同。然后她又当众宣布，市政府召开全市工业生产座谈会，特意邀请丝绸三厂的工人代表和资方代表一起参加，大家拍手赞同，资方代理人也终于心头释然下来。

李昭善于做群众的思想工作，她担任第三丝绸厂党委书记期间，团结职工，协调各方面的关系，使劳资双方合作顺利，生产蒸蒸日上，尤其是资方代理人对她的工作作风和贯彻统一战线的政策水平深表钦佩，十分愿意与李昭长期合作，共同发展南充丝绸工业。但随着胡耀邦的工作变动，李昭不得不离开丝三厂，1953 年，调任北京国棉一厂副厂长，继续从事纺织工作，并成为这一行业的专家，为新中国的纺织工业作出巨大的贡献。

### （二）赵家潘——南充丝绸行业的传奇人物

赵家潘，1930 年出生，盐亭县人，高中文化，高级经济师，曾任南充丝绸三厂秘书科科长、副厂长，南充绸厂副厂长、厂长、党委书记，阆中绸厂筹建处主任、指挥长，南充地区轻工局局长、党委书记兼丝绸联合部门经理，南充地区纺织学会理事长，南充地区茧丝绸公司经理兼党委书记。

从 1952 年起，赵家潘就从事丝绸事业。他注重蚕桑基地建设，狠抓企业设备更新和产品开发利用，经常深入基层调查研究，强调产品质量，提高经济效益。他在南充绸厂工作时，对工作精益求精，一丝不苟，积极推进技术进步，大胆革新设备。1958 年，将 142 台手拉脚踩织机改为电动织机。1962 年，实现了织机的更新换代。1974 年，在主持南充丝绸厂全面工作期间，带领职工发展真丝绸，大抓技术改造，在 300 多台织机上进行了 10 多项重大技术更新。至此，南充市真丝绸出口量占全省丝绸出口量的 85%。因此，纺织工业部选择在南充丝绸厂召开了全国真丝双绉生产技术经验交流会。

他在任轻工局局长兼南充丝绸联系公司经理期间，全区轻工业总产值、税利平均分别以18%和17%的速度增长。1983年，他就任地区茧丝绸公司经理。当时，国际生丝市场滞销欧洲，外商拒绝3A以下低档丝，全区积压生丝一千多吨，缫丝企业处境困难。他果断作出决策，提出并实施调整行业内部结构的措施，使丝绸行业生产出现了一派生机。同时，他还注重人才的培养，提出丝绸要振兴，关键是人才。他先后在丝绸企业管理等各类相关的6期培训班中，亲自授课和动员，为企业培训技术、业务骨干400余人，并选送部分技术骨干到大中专院校深造。在生丝滞销期间，他坚持“巩固提高，积极发展”的决策，使全区蚕茧连年增产。到1985年，全地区养蚕户达152万户，占农户总数的2/3以上，全区拥有缫丝机8.93万绪，丝织机2997台，生产13个大类，200多个品种，数千个花色品种，有160多个品种获得国家和省行业优质奖。至此，南充丝绸总量占据着全省的半壁江山。

赵家潘为蚕丝业的发展倾注入全部心血。他跑遍了每个丝绸企业、茧站，许多蚕桑基地也都留下了他的足迹。因此，他对每个企业生产状况、设备了如指掌。有公司员工称，亲眼看见他每天工作十多个小时。有时研究工作到深夜后，他还深入车间现场与工人交谈，察看现场质量，全然不顾自己身患高血压病。他以“大事讲原则，小事讲风格”自勉，充分发挥集体作用，关心职工，给员工们树立了良好的榜样，为丝绸业的发展作出了突出贡献，至今受到行业内外广泛称颂。

## 三、20世纪90年代南充丝绸行业奋斗者

20世纪90年代后，南充丝绸行业出现新的格局，改制脱困成为主要目标，丝绸文化整合与传播作为重要方式，出现了致力于以文化为纽带，振兴丝绸经济，提升城市形象的践行者。

### （一）张和才——文化企业的代言人

张和才是四川依格尔纺织品有限公司董事长，大学文化，四川省人大代表，省、市优秀企业家，南充市劳动模范。

1965年，他出生于长江边上的宜宾南溪，1985年从中国邮电大学毕业，

1987年在中外合资广艺丝绸有限公司担任英语翻译,从此与丝绸行业结下不解之缘。怀揣梦想的他于1989年辞职"下海",在海南创办了一家外向型公司,专门为欧洲市场提供丝绸杂件等配套商品,产品虽不起眼,可恰为市场补缺,收到了"小商品大市场"的理想效果,通过几年打拼,挖到了第一桶金。虽然工作单位和地点数次变更,但张和才始终都未脱离丝绸行业,这一干就是32年。

1993年,南充市领导赴海南省招商,张和才得以了解到内地丝绸发展情况。南充的产业优势环境以及历史久远的丝绸文化,以及集原料、缫丝、织造、染整、服装和研发、贸易等一体的完整产业链,这些都深深地打动了张和才,同年,他亲率团队将公司搬迁落户南充,并更名为四川依格尔纺织品有限公司,"依格尔"英文为"雄鹰"的意思,从此开始了他在丝绸天空起飞和翱翔的创业历程。他抓住本地劳动力成本较低、原料充足和产业链完整等优势,抓住南充丝绸企业改制、重组的契机,扩大生产规模,收购资产重组和破产企业的织造设备、招聘下岗技工开始批量生产丝绸面料,同时进一步拓展欧美和印度、巴西等国际市场。

公司此前的产品主要是针对丝纺、服装等外贸,大多是代工生产窗帘、丝巾等产品,附加值不高,处于产业链低端。从低端向高端转型,从代工生产向自主品牌转变,这是张和才一再思考的问题。他通过市场反馈发现,国内外市场尤其青睐于特宽幅的高经密、大提花丝绸面料,这种面料宽度是传统丝绸面料的两倍多,最宽可达3.4米,每米售价可达800多元,是普通面料的16倍,利润优厚。于是,他立即抽调精兵强将,产研结合,不断强化科研攻关。公司研发团队为此推出各项新技术、新工艺、新产品达27项,成功推出特宽幅高经密大提花面料制品,属于国内首次,填补了国内高档真丝家纺面料的生产空白。

同时,为了跟上国外的发展形势,突出科技化、自动化、数字化技术含量,公司实现了织造无梭化、印染数字化等新技术、新工艺,先后引进了意大利剑杆织机、法国电脑设计系统和西班牙精密印花机等国际先进设备260多台(套),让企业生产基本实现了产量、质量双提升,引领传统产业稳步走上产业链和价值链的高端,成功实现了公司的战略转型。

“依格尔发展历史是不断技术创新的历史，是以现代科技改造传统产业的典范。”作为依格尔公司董事长的张和才，不仅是现代企业的管理者，也积极推动着企业的科技创新，成为发展的参与者和见证人。由他在全国首创的特宽幅高经密大提花丝绸面料，不仅解决了产业发展的关键技术和瓶颈，成为中国真丝家纺的开创者，而且该成果填补了国内空白，获得中国丝绸协会授予的“高档丝绸标志”证书。公司也被省经信委、省科技厅批准为全省丝绸行业唯一的省级企业技术中心和高新技术企业。

在企业发展的重要时期，张和才的团队抓住技术改造和技术创新，不断以现代科学技术改造传统产业，积极做到“创新发展、调整结构、品牌建设、拓展空间”。为此，在“十二五”期间，依格尔以企业的技术优势和产品优势不仅夺得了企业发展制高点、抢占了市场先机，而且以自主品牌优势提高了产品附加值，提升了利润；同时以高素质管理团队和人才优势引领行业可持续发展。

打上“南充制造”的高端丝绸产品源源不断进入国际、国内市场，张和才与时俱进，开辟了一条又一条新丝绸之路，迅速提高了南充丝绸知名度。如今公司产品已经拓展到欧美等地 40 多个国家和地区，如美国、德国、法国、意大利、西班牙等，数以百计的销售网络也在西方市场星罗棋布。同时和国内的北京、上海、浙江、重庆等地 80 多家公司建立了牢固的合作关系，市场份额达到 50%以上。企业连续 14 年年销售额过亿元，年出口创汇平均达到 500 万美元。

“从事丝绸工作 30 多年，为的是把一件事做彻底。”常以南充丝绸人自居的张和才，几十年为南充丝绸的发展殚精竭虑，为传承丝绸文化，为振兴南充实体经济、推动丝纺服装产业集群振兴繁荣作出很大贡献，开创了中国绸都南充丝绸行业新局面。

### （二）李伟——中国绸都创建者、南充丝绸腾飞见证人

李伟，国际丝绸联盟副秘书长，中国丝绸协会常务理事，四川丝绸协会副会长，南充丝绸协会会长，南充市茧丝绸协调办公室主任，中国绸都南充丝绸文化研究会会长。这些头衔无一例外都与丝绸有关，从 1978 年结缘丝绸，“绸

龄"40余年的李伟,不断为古老的南充丝绸文化注入新的时代元素,不仅为中国绸都的创建立下汗马功劳,为南充丝绸发展编织出锦绣画卷,也为自己的人生增添了一抹亮丽的色彩。李伟评价道,"南充丝绸当之无愧地成为中国丝绸发展史上的'独特见证者',是中国乃至世界丝绸产业链上的一颗明珠,璀璨而闪耀。"

**1. 笔耕不辍,南充丝绸界的文化人**

从原南充丝绸公司的一名普通员工成长为南充丝绸行业的正县级领导,今年66岁的李伟,40多年的人生轨迹都割舍不断他的丝绸情结。谈起长年累月、锲而不舍的那份担当,李伟说,他出生在一个丝绸世家,母亲12岁就在南充丝绸三厂缫丝,父亲与人创办了顺庆区绸厂,他的许多亲戚都在丝绸单位工作,家庭的熏陶、历史的使命,让他在丝绸之路上一直走了下去。

1978年,李伟从部队转业,被安排在原南充地区轻工局丝绸公司当通讯员。为了提高工作能力,李伟利用收发报纸的机会,悉心阅读报刊上发表的文章。每次送信到丝绸企业,看到一场场职工技术比赛,一台台绸机织染出多彩的绸缎,这些深深地打动了他的心。为了把企业火热的场景、动人的故事、精湛的技术宣传出来,他不断摸索钻研并在各级报刊上发表文章,从小新闻到大篇幅的深度报道,为行业宣传立下了功劳。他在丝绸公司工作了24年,虽然工作岗位换了一个又一个,但始终笔耕不辍,把新闻报道当成了自己最大的业余爱好。

2002年4月,李伟从丝绸公司调任市茧丝绸办公室,主持工作并从事行业管理工作。他参与策划、组织实施了南充创建中国绸都全过程,具体承担了全国茧丝绸相关重要会议的承办工作。他投笔献策,2012年,省政府领导和省商务厅主要领导对他撰写的《关于把四川茧丝绸作为特色产业的建议》作了批示。他先后发表丝绸新闻稿和论文1000多篇,被国家、省市报台和网站刊登,并有60多篇获奖。

**2. 不遗余力,南充"中国绸都"的首倡者**

南充丝绸历史定格在2005年4月2日,这是南充成功创建中国绸都的日子。作为创建中国绸都全过程的倡导者、参与者与见证者,李伟为此感到无比欣慰与自豪。

2002年,南充丝绸行业发展面临诸多困难,历史遗留问题较多,市委、市政府出台了一系列扶持行业发展的政策措施。2003年,全行业生产经营由长期亏损转为赢利,民营企业体制、机制不断创新,充满活力。2004年下半年,为了重振丝绸雄风,鼓舞企业发展士气,南充市召开了茧丝绸发展战略座谈会,市委、市政府领导首次提出了打造西部丝绸名城的战略目标。会议结束后,李伟查阅了许多历史资料,得知南充虽然有丝绸之乡和全国丝绸基地之称,但没有一个是国家有关部委或协会命名的,当时全国有杭州、苏州、无锡、吴江、湖州、嘉兴六大绸都,均分布在东部地区。李伟心中萌生了一个大胆的想法:南充能不能也争取国家命名的丝绸之都或丝绸之城呢?

2005年初,李伟几经辗转终于找到了中国丝绸协会副会长樊讯的电话号码。虽然素不相识,但他还是抱着试一试的心态给樊会长打了电话。在电话中,李伟作了自我介绍,向樊会长详细汇报了近年来南充丝绸发展的情况,希望能得到协会对西部地区丝绸业的支持。他满腔激情的话语使樊会长感动万分,表示可以考虑,愿意给协会领导汇报情况。经过李伟多次专程汇报,并通过原南充丝绸公司副经理代中伦向省丝绸科学研究院院长表达了申报的想法,很快得到了院长的支持。不久他专程到北京汇报并得到了中国丝绸协会理事会确认南充申报丝绸基地的决定。

2005年2月,南充市正式启动了申报南充丝绸之城的相关工作,成立了申报筹备领导小组,李伟具体负责筹备办公室日常工作,主持研究并代市政府草拟南充丝绸之城的专题报告,积极准备申报相关资料和数据。

2005年3月24日,从北京传来振奋人心的喜讯,中国丝绸协会决定授予四川省南充市"中国绸都"的称号。这是全国七大绸都之一,也是我国西部地区唯一的中国绸都。2005年4月2日,中国丝绸协会在北京国际服装博览会上举行了"中国丝绸基地"授牌仪式。会上,中国丝绸协会会长弋辉宣读了授予南充市"中国绸都"称号的决定。当天,南充人民沉浸在一片欢庆的喜悦之中。

**3.化茧为蝶,南充丝绸腾飞的见证人**

2005年6月7日,南充市委召开了扩大会议,专题研究了建设好中国绸都的相关事宜,确定了打造中国绸都、构建"两基地一中心"(即构建中国西部蚕茧原料基地、中国西部丝纺服装基地、中国西部茧丝绸交易中心）的奋斗目标，提出了“源远流长嘉陵江，千年绸都南充城”的城市形象宣传主题。

在市委、市政府和李伟等行业领导的争取下，2010 年、2012 年，商务部、中国丝绸协会先后在南充召开了全国茧丝绸工作现场会、中国丝绸协会年会，通过现场参观，学习推广南充丝绸发展经验。2013 年，省商务厅和省丝绸协会在南充召开了全省茧丝绸现场交流会、全省丝绸理事会，总结交流了南充建好绸都的经验。2013 年 12 月，南充获批国家外贸转型专业示范基地称号，成为全国丝绸唯一的外贸基地。

通过李伟的不懈努力，中国绸都不仅大大提升了南充丝绸的对外形象，成为南充一大城市名片和品牌，而且这块牌子也广泛应用到了南充经济文化和社会生活之中。这些都使绸都的影响力大大提升，为南充经济发展作出了重要贡献。2016 年，由中国丝绸协会主办的“中国丝绸大会”表彰了一批对茧丝绸行业作出突出贡献、有着重大影响的先进人物，其中，李伟获“全国茧丝绸行业终身成就奖”，也是南充唯一获此殊荣的人。40 多年来，他一直从事茧丝绸行业管理工作，致力于打响南充丝绸品牌，积极争取商务部和中国丝绸协会、省丝绸协会等对南充茧丝绸行业的支持，先后为南充争取了商务部命名的全国唯一的“丝绸类外贸转型升级专业型示范基地”，以及我国西部地区唯一的“中国绸都”和中国优质茧丝生产基地的称号，“中国绸都丝绸第一镇”的荣誉也被南充市都京镇夺得。多年来，李伟深入调研，曾多次参与了国家和省市对丝绸行业发展的调研工作，发表各类丝绸调研报告、规划、方案和建议达 50 多份。时至今日，尽管年过花甲，他仍然辛勤耕耘在南充丝绸的土地上，考察学习、找准机遇、推出企业、优化产品，为丝绸行业发展殚精竭虑。

一个产业的发展与辉煌，离不开为其艰苦奋斗的人。南充丝绸的发展，正是因为有了他们而更加璀璨夺目。

### （三）李永春——南充丝绸文化图像叙事者

面孔黝黑、身姿挺拔的四川南充六合（集团）有限责任公司工会副主席、高级政工师李永春，眼里是南充丝绸历史的发展历程，心里是深厚的丝绸人情结，手里是回味怀旧与创新发展的记录。他的镜头、他的收藏是南充丝绸文化的历史记忆与现实呈示。岁月苍老了他的容颜,但他的身体里驻扎着南充文化永远的春天,以图像叙述着南充丝绸的历程。

**1. 见证丝绸企业角色转换,熔铸对丝绸的深厚情谊**

从1982年进入南充地区第二缫丝厂开始工作以来,李永春以年轻人奋斗的激情投入丝绸生产、管理的许多环节,积淀出对六合、对丝绸、对南充文化的深情。他先后在集团公司从事缫丝、织绸、电视、团委、工会、宣传、文化、旅游等工作,从最初的一线生产到后来的文化遗产挖掘、整理,文化产业规划、创新,用丝绸人的智慧、勤劳的双手、坚实的步履为六合、为南充文化建设留下珍贵的历史记忆。他经历了南充地区第二缫丝厂、南充地区第二丝绸厂、南充嘉丽华丝绸集团公司、四川南充六合(集团)有限责任公司不同时期的兴衰变化。他见证了南充丝绸企业近40年在计划经济、市场经济、改革开放、下岗分流、破产重组、企业改制、分块搞活、工业旅游等过程中的角色转换。

**2. 挖掘整合丝绸历史资源,打造文化产业园区**

21世纪以来,丝绸不仅是生产对象,更是文化载体。城市建设的加速、丝绸价值的拓展、丝绸企业的多元转向促使李永春去思考六合的未来以及南充文化的发展路径。近年来,利用在六合生产工艺、历史文化、人文故事、工业艺术方面的积淀,他提出了利用百年六合历史文化资源,丰富企业品牌内涵,扩大企业影响力,发展工业旅游,打造城市文化名片,振兴丝绸产业的发展方向。通过六合集团志的编纂,以图片、文字记载六合的百年变迁,纪念创造历史奇迹的劳动者。在南充市中心北湖公园举办了百年六合历史文化影展,数百幅图片展示南充六合的变化历程,彰显劳动者的艰苦与光荣。通过精心策划设计六合丝绸博览园、深挖六合丝绸的文化元素,严格施工建设、科学运营管理等工作,使"六合"成为南充丝绸的文化名片、南充历史的城市记忆。建成了丝绸源点、桑田神木、丝妹雕塑等景观景点,恢复了老建筑风貌、利用之前的小火车轨道修建观光火车。当年机器隆隆的万人工厂转型为集生产、旅游、文化采风、观光为一体的产业链。

**3. 收藏南充丝绸文化载体,传承非物质文化遗产**

文化是需要载体的。近年来,三星堆祭祀坑的考古发现,让《山海经》的传说变成古蜀国的历史,佐证殷商以前古蜀国的灿烂文明。在高科技与高情感不平衡的当下，怀旧意识是人们寄托与宣泄情感的凝聚。南充丝绸沧桑变幻，传统文化很容易遗失在历史烟云中。以丝绸人的情怀，李永春既注重开发历史文化资源，更注重企业历史建筑保护，图文资料收集整理。近几年来，他先后收集六合与南充丝绸相关的不同时期的历史书刊资料120本、历史图片510张、生产生活老物件300多件，抢救性拍摄了高坪区都京坝的风土人情和丝绸企业生产工艺照片近万张，为研究近现代南充丝绸历史提供了丰富资料。同时他还注重丝绸工艺的保护，文旅产品的开发，利用非遗传承人技艺恢复了古法缫丝车取丝工艺，使得丝绸从冰凉的现代化生产中保留原有的馨香。传统丝绸织染技艺被认定为四川省非物质文化遗产项目，由六合院、六合银杏、小火车、六合厂区等组成的六合丝博园被评为省非遗项目体验基地，经四川省工业遗产申报资料编写、参加答辩，现场核实，六合成功申报四川省工业遗产，实现了六合的多元价值。李永春成为行走的南充丝绸名片。

在南充丝绸历史上，能留下名号的微乎其微，更多的劳动者被淹没在岁月长河中，但正是一代又一代丝绸人的奉献，成就了南充丝绸的历史。他们的光，照耀后来者前进之路，他们的热，温暖西部绸都的记忆。

南充丝绸在数千年的发展历程中，作为产业，满足人们生活、审美的需求，通过引进培育桑树品种、蚕种，改进制丝织绸设备，增加产能，吸引劳动力，增加从业者及地方的经济收入；作为贸易对象，是人们获取物质生活材料的保障，不管是以物易物，还是本身作为货币；作为文化，承载区域历史、彰显地域文明，同时，留下大量记载南充丝绸历史的文献，描写南充蚕桑生产的文学作品。因为丝绸经济的重要性、丝绸文化的丰富，南充被命名为“中国绸都”，依托绸都品牌优势，借力“一带一路”建设，在科技创新、乡村振兴、文化复兴时代背景下，南充丝绸文化必将具有更大活力，绽放出令世界赞叹的璀璨光彩。

# 第五章　西部丝绸文化内涵与美学价值

南充丝绸与成都丝绸、古都西安、敦煌丝路、腾冲丝路等共同组成西部丝绸历史，形成灿烂辉煌的西部丝绸文化传统。其丰富多彩的文化内涵，既可以见证中国悠久历史、灿烂文明，又可以展示国人的勤劳、智慧、美德，传递出中华文化兼收并蓄的风度，彰显了中国人民开拓进取的创新精神，充分体现了灿烂华丽、柔软精致、温润生态、图案别致等美学价值。

丝绸被誉为“纤维皇后”，是美丽、经典、时尚、柔和的代名词，因为是天然植物蛋白组成，以生态性、舒适性成为人体第二肌肤。丝绸质地精良、图案绚丽、色彩缤纷、做工精致，是衣料、饰品、家居用品、书画材料的优质选料。文化无形但有声，借助历史记载、地理环境、传统习俗、风土人情、价值观念、文学艺术等展示、传播。丝绸文化既是几千年桑、蚕、茧、丝、绸的历史记忆，也是织造工具、丝绸制品、丝绸技艺的创新展示，同时揭示人类特有的审美期待与人文情怀。丝绸在中国传统滋养下生成内敛含蓄、清丽脱俗的韵味，在与西方文化交流中又焕发出绚丽奢华、高贵优雅的风姿，展示出“浓妆淡抹总相宜”的素质。丝绸业对国计民生、物质文明与精神文明的提升、东西文化交流都有极大影响。“丝织锦绣代表着我国一种古老的文明，一种审美精神，一种集体无意识的审美原型心理。它对于古代文学审美观念、文学创作、文学话语和文学批评都起到了潜移默化的作用。”①丝绸的文化内涵丰富，美学价值突出。

---

① 古风:《丝织锦绣与文学审美关系初探》,《文学评论》2007 年第 2 期。

## 第一节　丝绸的文化内涵

文化,深植于历史传统,是沉淀在民族历史中的集体无意识,外化为个体的语言习惯、行为方式,具有独特基因与气质,可以唤起民族的集体记忆与自我觉醒。文化承载历史,展示并引导社会生活,规范人们的行为习惯,它们的相互滋养、熏陶、汲取,推动人类进步。在习近平新时代中国特色社会主义思想体系中,文化建设是重要组成部分,“铸就中华文化新辉煌”作为《习近平谈治国理政》第三卷的重要专题,“充分彰显了理论和实践相促进、历史与现实相贯通、中国与世界相交融的发展逻辑”①,具有民族性、创新性、开放性。农耕文明传统、宗族制度、儒家思想渗透形成中国独有的文化特质。②“文明的基础是农业,没有农业社会的长期发展,就不可能形成文明。”③中国农耕文明传统赋予中国文化的最大特质是明心见性、家国情怀。通过宗族制度实现了早期社会的阶级分化及财富分配。孔子建构的“仁学”体系奠定了中国人精神的存在基础。丝绸是中国符号、文化标识,中国是蚕丝织物的发源地,丝绸堪称第五大发明,是中国智慧、文化的象征。从现存的考古发现可知,从新石器的史前时期到秦汉时代,中国是世界上唯一的丝绸产地。从战国到秦汉,铁器的出现、生产工具的改良带动生产力的大力提升,而统治阶级为发展经济、强盛国力,提供了较有力的政策支持,带来丝绸市场的繁荣,取得了丝绸历史上的第一次高潮。丝织品种多样、编织技法、印染水平及图案设计的不断优化,出现了绫、罗、纱、锦等不同类型,展示了较高生产工艺,同时开启了世界历史上第一次东西方大规模的商贸交流,对世界文明的发展作出了不可磨灭的贡献。唐王朝依托统一的国家政权、坚实的经济基础、开放兼容的文化风度,成就东西文化交流的全盛时期。长安各地商铺林立、胡人云集,交易活跃,杂

① 袁北星:《〈习近平谈治国理政〉第三卷中的文化观》,《湖北社会科学》2020年第11期。

② 刘怀荣:《中国文化的早期生成及特质》,《山东师范大学学报(社会科学版)》2021年第2期。

③ 陈胜前:《农业文化支持中国文明五千多年绵延不绝》,《中国社会科学报》2019年6月17日。

多的异域文化与中华文化融合，胡风舞蹈、绘画、音乐风靡，同时，唐王朝派遣使者、僧侣吸纳异域文化、传播中华文明成果。政策的大力支持、市场的繁荣活跃推进丝绸生产全盛发展，从朝廷、贵族到民间、艺术领域，丝绸都是彰显身份、装点生活的文化符号。丝绸的影响力开创了独具特色的中国丝绸文化，在其发展过程中不断吸收、借鉴、融合、创新他者的文化因子，绘制出具有民族性、世界性的文化图谱。中国的丝织业为中华民族织绣了光辉的篇章，考古发现，7000 年前已经有蚕桑，5000 年前有了种桑育蚕。丝绸服饰标志着人类从蒙昧走向文明，从兽皮树叶遮羞防寒的实用阶段进入审美阶段。丝绸服饰最初仅流行于贵族阶层，它的华丽和优雅博得了他们的喜爱，所以丝绸也成了当时权力和地位的一种象征，渗透着浓厚的功利性和娱乐性。虽然随着历史变迁，桑蚕丝织业快速发展，普通百姓也能穿上丝织品服装，但是历史积淀下的丝绸服饰还是给人以富贵、精致之感。

## 一、见证中国悠久历史、灿烂文明

丝绸，神奇瑰丽如灿烂云霞，色彩缤纷如芬芳鲜花，是高贵与美丽的代名词。它从史前娉娉婷婷走来，与中华文明相伴相生，摇曳多姿，绚烂如花，见证中国古代文明的历史悠久，凝结民族博大精深的农耕智慧，书写了中华文明的色彩斑斓，提供感知中华文明的独特视角。按照史书记载和历史传说，丝绸出现在距今 5000 多年前，但 20 世纪 60 年代，在河南舞阳县贾湖村，考古人员发现一座距今 9000—7500 年的上古遗址，后来命名为“贾湖遗址”，化验分析墓葬人的遗骸腹部土壤样品，检测到了蚕丝蛋白的残留物。于 2016 年底在国际学刊上，中国科学技术大学研究团队发表了《8500 年前丝织品的分子生物学证据》一文，宣布这一研究成果，引发学术界高度关注。同时，在贾湖遗址中出土了编织工具和骨针，可见贾湖先民已经使用丝绸，并掌握了基本的缝纫、编织技艺。在仰韶文化遗址出土的婴幼儿陶棺内，发现一些遗骨上粘附有碳化的丝织物碎片、残迹以及少量粟粒状碳化物，尽管年代久远，却仍具有丝纤维光泽。这证明距今 7000 年至 5000 年，先民已掌握丝绸纺织技术。钱山漾遗址出土了距今约 4200 年的家蚕丝线。可见华夏先民在 8500 年前左右创造了早期丝绸文明，开始栽桑、养蚕、缫丝、织绸。公元前 5 世纪左右，绚丽的丝绸通过丝绸之路逐渐传播到亚、欧、非各地，对世界文明作出了卓越的贡献。当公元前3世纪轻柔光亮、色彩绚丽的中国丝绸出现在欧洲时，惊艳了上流社会，但因运输成本高昂，商人垄断经营、关卡重税，运抵欧洲之后出售价格居高不下，只有少数贵族和上层妇女才有机会拥有，并作为财富和地位的象征。据记载罗马军事统帅恺撒身着富贵绚丽的丝绸长袍到剧院欣赏戏剧，赢得所有观众的欣赏与倾慕，引发罗马上流社会的丝绸热。在罗马史学家鲁卡努斯笔下，埃及艳后克莉奥佩特拉被描绘成因为华美丝绸服饰增添魅力。古希腊众多女神像，身着透明长袍，衣料柔软，外披薄绢，身姿轻盈曼妙，仪态万千，如巴特农神庙的命运女神、埃里契西翁的加里亚蒂、雅可波里斯的科莱，正是中国丝绸的魅力彰显。

## 二、展示中国人的勤劳智慧美德

中国人的勤劳举世公认，凡有中国人的地方就会充盈生机活力与变化。丝绸生产每个环节都熔铸汗水、辛劳、智慧。蚕吐丝成茧，又化茧成蝶，演绎物化超然的嬗变，这本身传递了美好信念、不舍追求的价值观。而且，桑树因对土壤的水分、营养度要求高难以栽活，桑叶因树干高耸，枝条密集，难以采摘，养蚕不仅需要不舍昼夜的艰辛，还要仔细、严密的态度，科学的方法。制丝织绸不仅凝聚了耐心细致、一丝不苟的精神，更需要高超娴熟的技术，良好的艺术修养。从采桑到养蚕，从缫丝到织绸，整个生产过程都是“一茧一丝养成，一针一线绣织”的纯手工辛勤、艰苦、紧张的劳动，费时费心费力。桑树易栽难活，需要投入大量的人力，后期的修枝剪叶，除草施肥，既要遵循自然规律、不违农时，又要不惜出力流汗。养蚕需要不眠不休地坚守，耐心细致地照顾。制丝织绸更是要忍受湿气的侵扰、噪音粉尘对身体的危害。正因为桑茧丝绸生产需要付出艰辛的劳动，收入却十分低廉，从业者一直是底层百姓，即使到科技高度发达的当下，丝绸业依然是发展中国家的重要产业。“织者何人衣者谁？越溪寒女汉宫姬。”“汗沾粉污不再着，曳土踏泥无惜心。”“遍身罗绮者，不是养蚕人”“春蚕到死丝方尽，蜡炬成灰泪始干”，以及“丝细缫多女手疼，扎扎千声不盈尺”……充分表现古代丝绸工作者的艰辛。

## 三、传递中华文化兼收并蓄的风度

"每种文明都有其独特魅力和深厚底蕴，都是人类的精神瑰宝。"①地球上各国各民族在漫长的历史进程中都积淀了自己的文化内蕴。"和而不同""物一无文""和实生物、同则不继"是中国文化的深层哲学和信念。"学而时习之，不亦说乎？有朋自远方来，不亦乐乎？"是孔子对学习交友的态度，强调通过学习、交流拓展，提升自我。数千年来，中华文化不断自我更新，又不断融合、消化外来文化。当然中华文明对外来文化认同的着眼点在于有益于社会的和谐安定、百姓的民生福利。

中华民族对外来文明是开放的胸襟、包容的态度，以吸收、消化、尊重为要，体现为"中和"的文化风度，其中"中"为不偏不倚的姿态，"和"为融合、调和、整合之意。中国地理位置主要集中在欧亚大陆腹心地带，巍峨的青藏高原、云贵高原及雄浑的大漠、绵长的海岸线形成了独立与独特的地理单元，农耕文明的生产方式决定了文化形态的内向延展与相对隔离，旧石器时代各氏族部落独自发展。历史进入新石器时代，受地理、气候、生产条件的影响，在不同的地区出现不同的经济形式，形成了各具特色三大经济区：北方、西北幅员辽阔、草场众多的狩猎游牧业经济区，黄河中下游地区的旱作农业经济区，长江中下游一带因雨水充沛、田畴密布形成稻作农业经济区。区域文化的形成源于独特的人文地理环境、生产生活方式及历史积淀。

从考古发现到丝绸之路历史演绎，丝绸文化是中国古代文明兼收并蓄、广泛吸纳异质文化的典范。考古发现证明了中国古代文明的土著性、统一性和多样性，也以无可辩驳的事实证明从旧石器时代起，中国古代文化就同外部世界保持着密切的接触，而且随着时代的发展，接触也越来越紧密。自给自足的中国古代农耕文明有自己的源头和发展脉络，文化体系呈现开放性、兼容性。蜀文化中的蜀王蚕丛传说为纵目，在许多考古遗迹中发现纵目形象，是先民渴望了解并走入外部世界的表征。中华民族依靠坚忍不拔的毅力越大漠高山、穿戈壁荒原、行江河湖海，克服各种艰难，建立起与外部世界平等、友好的文化

---

① 《习近平谈治国理政》第二卷，外文出版社2017年版，第544页。

交流。中华民族是多民族、多区域的文化集合体，在数千年的文明进程中，在保持语言、文字、宗教信仰、习俗、艺术等多样性的同时，不断融入异质文化因素，形成中华民族在区域分布交错杂居、经济的相互依存、情感彼此亲近、文化兼收并蓄的多元一体格局。

在漫长的历史发展过程中，中华各民族丝绸的色彩、图案变化见证多民族融合历史，而丝绸之路的开通，不断传入的异域文化更丰富了丝织纹样。从黄帝战蚩尤，中华民族经过三次融合形成独有的文化体系。第一次夏商周古羌、苗蛮、巴蜀、百越、西南夷融合为汉族。周朝建立后，将分布在四周的民族称为“东夷”“西戎”“北狄”“南蛮”，统称为“四夷”。春秋时期，诸侯争霸，迁徙与战争，促进“四夷”和中原大规模的融合，奠定了秦一统的基础。汉武帝时期，经济繁荣，军事力量雄厚，相继开拓了南越、东越、西南夷，打通了河西走廊。百越、西南夷、西羌经过漫长历史融入中华民族。魏晋时期是第二次大规模的民族融合，给中华民族带来新鲜的血液。北方的匈奴、羯、羌、鲜卑、氐等游牧民族开始大规模进入中原地区，并在西晋末年发动“永嘉之乱”，西晋灭亡。晋室衣冠士族南渡，加快了和百越民族的融合，同时北方游牧民族不断吸收汉族的文化习俗，逐渐汉化。隋唐完成了南北方的统一。第三次融合：宋元明清的逐步融合形成中华民族。除了中华民族的不断融合，随着丝绸之路的开拓，开始并加快了东西方文化的交流。中国的物产如茶叶、丝绸，文明成果如指南针、造纸术等传入西方，开阔了西方人的眼界，推进了西方文明进程。西域的农牧产品如茄子、胡萝卜、苜蓿、葡萄、胡瓜、大蒜、家驴等传入中原，增强中原农牧业的抗风险能力，丰富人们的物质生活，音乐、舞蹈的传入，为中原文明输入新鲜血液。胡床、胡凳的传入，改变了先秦时期席地而坐的生活方式。“这种‘和’的哲学和开放、包容的精神是中华文明生生不息的强大生命力的体现。”①正是依托兼收并蓄的风度，才会有中华文明的绵延不衰。

## 四、彰显中国人民开拓进取的创新精神

党的十八届五中全会在原来“科学技术是第一生产力”基础上明确提出

① 叶朗：《中华文明的开放性和包容性》，《北京大学学报（哲学社会科学版）》2014 年第 2 期。

"创新是发展的第一生产力",将创新列入中国发展的首要位置。梳理丝绸文化史,其开拓进取、追求卓越的创新精神贯穿始终。经纬相连,纵横成片,千年不休的机杼声是中华文明的协奏曲。缫丝工具的改良,技艺的提升,丝织品种异彩纷呈,不断刷新历史。丝织纹样由简到繁,色彩由单一到多样,价值观念、伦理情感被符号化为精美的图案。开拓进取源于人们不满足于现状,打破传统思维模式的束缚,用积极、开放、发展的态度对待未来领域,不断设立新的目标,规划不同路径,探索新方法,挑战自我,挑战世界,从而创造新事物,达到新高度,实现自己的理想。创新精神是个体创新思维、创新意识、创新意志、创新情感、创新品德、创新个性的总和。这是人所特有的信念和禀赋,因为人不仅是为了单纯的生存,还需要理想的生活;创造是自由的,只有个体作为独立的主体真正具有自主意识才能有新发现新发明;创新要体现为实践精神,这需要将理念通过新的方式方法转化为具体的实践活动,形成一定的物质或理论载体,而且要接受实践的检验。中华民族5000多年的文明历史,丝绸是浓墨重彩的书写,从制茧而缫丝,到织绸为绫罗锦缎,机械改良,技艺提升,品种不断增加,花色日趋多样,质地更见精美,都凝聚、展示着中华儿女的开拓创新精神。具体表现为以下几方面。

### (一)乐于发现新事物

人类社会的前行,是人类不断发现新事物、探究新问题、创造新方法的结果。追新逐异是人类特有的能力,正是依托这种特质,人类在遵循自然规律的同时,不断发现自然界、社会生活中的新事物、新现象,从而改善自己的生存状态,实现智力、体能的不断进化与提升。在此过程中,人类不断拓展生存空间,从陆地到海洋到天空到宇宙,人类探索的足迹向远方延伸。以服饰为例,当人从动物进化初期,只能以树叶兽皮裹体,仅仅是防寒保暖遮羞实用功能的满足,但其粗糙、僵硬、透气性能差,让人类爱恨交织,人类试图从自然界寻求柔和、细薄的物料满足身体的需求。从神话传说或历史典故可以看出,当人类发现野桑树上野蚕吐丝结茧,也许从蜘蛛织网获得启示,开始饲养家蚕,取丝织绸,虽然工序复杂要付出艰辛的劳动,考验耐心、专心、细心,但丝绸的柔软、舒适、透气、美观,大大推进文明历程,使服饰功能发生巨大变化，由实用性过渡到审美性。丝绸纤维本身具有的生态环保特质，制作方法的古朴，工艺的变化，品种的增加，促使丝绸制品成为深受社会各阶层欢迎的服饰、软装产品。不仅如此，人类从蚕到蛹到蛾的变化历程，感悟生命，发现人性价值，赋予丝绸神性成分，丝绸成为祭祀、巫术的物品。因为丝绸的珍贵、便于携带，人们将其作为货币使用。又因为丝绸的渗透性能良好，又成为上等的书画材料。从蚕丝起源到广泛应用于人类生活，都体现中国人的创新精神。

### （二）勇于开拓新领域

新领域的开拓包括丝绸生产、贸易、使用等领域。人类的生存生活空间随着人类的进步、科技水平的提升、人口的不断增长、人类对未知世界的好奇，不断延伸拓展。早期人类的生活领域主要是陆地，后来不断延展到海洋、天空、太空，变嫦娥奔月、牛郎织女、精卫填海、代达罗斯飞翔的神话为现实。在丝绸历史上，空间的拓展表现为不断开拓新的生产场域、使用领域及产品技艺。早期黄河流域和西蜀为蚕桑基地，后来随政权更迭、气候变化，尤其是海洋文明对陆地文明的强势渗透逐渐南移，浙江、江苏、广西成为丝绸生产重地。再后来，丝绸传向世界各地，印度、日本、越南、巴西等也成为重要产区。同时交易空间也在不断拓展，随着陆上丝绸之路、海上丝绸之路、南方丝绸之路的开拓，中国的丝绸贸易东西连贯、通江达海，遍及欧亚大陆，远达非洲、美洲，直至今日，世界各地都有中国丝绸的踪迹。随着人们对丝绸生态元素的不断发现，其使用领域不断拓展，从服装原料、家居用品、软装饰物品到字画材料及货币，用途日益广泛，其流光溢彩、华丽绚烂是奢华生活的装饰，其清新素朴、清丽婉转是高雅文明的点缀，丝绸成为中国传统文化的代名词，在中国召开的 G20 峰会，以丝绸为主要元素，各国政要着中国唐装，《最忆是杭州》晚会艺术呈现中国水墨丝绸。新领域的不断拓展更能展示丝绸的魅力。

### （三）敢于创造新技法，形成新品种

“丝绸之路对于世界历史的作用和贡献并不仅仅体现在‘通道’上，更重要的是这条道路为名副其实的创新之路，是东西方文化交流、整合、融汇及其

创新衍化和发展嬗变的加工场、孵化器和大舞台，是文化创新的高地。”①西安、敦煌、成都、腾冲的文明史是整合文化资源、融合文化新元素、创新文化智慧的结晶。敦煌壁画的飞天、成都的变文、西安的乐舞都是创新、融汇东西方文化的产物。丝绸品种繁多，不同的类型需要不同的织造、染整技法。不同的划分标准可以有不同的分类结果，而且受时代、工艺水平、外来文化的影响。古代的丝织品基本按织物花纹、织物组织、织物色彩命名。现代丝绸有沿用旧名，如绫、绉、绨、绢，也有用外来语，如乔其纱、塔夫绸等。现在一般根据丝织品种的原料、结构、工艺、外观、质地、用途，将其分成罗、纱、绮、绫、绢、缎、锦、绡、绉、绨、葛、呢、绒、绸等 14 大类。“罗”是较早出现也是最负盛名的丝织品种，在商代青铜器上就有其痕迹，杜甫在《白丝行》中吟咏：“缫丝须长不须白，越罗蜀锦金粟尺。”其纬线平行排列，绞组间无固定绞组，打乱交错；“纱”指经纬密度较稀疏、质地轻薄的平纹织物。“绮”最早出现在《楚辞》中，是在平纹上用斜纹或其他变化组织显花。“绫”是在平纹上显花的暗花丝织品，因“望之如冰凌之理”，表面呈叠山形斜路，故名绫。其织造过程复杂，质地轻薄，价格昂贵。古代用于刺绣、彩绘和锦盒面料，也可装裱书画、包装锦盒，制作服装。唐代以后，绫织物品种不断增加，有以产地、生产者、纹样图案、工艺特点、色泽等命名，如京口绫、杨绫、云花绫、双丝绫、耀光绫等。白居易《缭绫》展示唐代绫的魅力“中有文章又奇绝，地铺白烟花簇雪”“天上取样人间织”“异彩奇文相隐映，转侧看花花不定”。“缎”是以应用缎纹组织，绸面平滑光亮的色织物，称谓繁多，如以工艺特征命名：暗花缎、妆花缎、素缎，以产地命名：京缎、川缎、广缎，以纹样命名：龙缎、云缎、蟒缎，以组织循环大小命名：八丝缎、七丝缎、六丝缎、五丝缎。“锦”是最负有盛名的提花绸，采用重组织以彩色丝线织成，一般以两组或两组以上的经线、纬线交织成绚丽多彩的色织提花丝织物，“织彩为文”。最早出现在《诗经》，现存织锦最早是在辽宁朝阳西周墓地发现的。其质感厚重，图案丰富，工艺复杂，价格昂贵“其价如金”，地位高贵者才可以使用。三大名锦蜀锦以地命名，云锦以纹饰命名，宋锦以时代命名。

① 李并成：《丝绸之路：东西方文明交流融汇的创新之路——以敦煌文化的创新发展为中心》，《石河子大学学报(哲学社会科学版)》2020 年第 4 期。

"绨"是以平纹组织,用长丝作经、棉或其他纱线作纬的丝织物,织纹清晰、质地粗厚,主要有花线绨、素线绨。"绸"是丝织品的总称,用平纹或变化组织,经纬交错,质地紧密的丝织品,平挺细腻,用途广泛。

丝绸品种与人类认知、科技发展、商贸往来、文化交流密切相关,是不断创新的产物。织丝技法也是不断推陈出新,如"缂丝"是采用通经断纬法。"提花"是在花部采用通经断纬显花的方法。刺绣是运用穿刺运针,以针带线,使丝织品更趋精美。染料也在不断革新,从植物染料到化学染料。丝绸制作工具也时移世易,不断改良,从个体原始的简单织机到作坊生产的规模化经营再到现代化的大工业生产。制丝织绸工具不断改进,最初使用的是原始腰机,即将轴用腰带束缚在织造者腰上,用双脚蹬经轴,或将经轴固定,以人的位置移动控制经线。1958 年浙江湖州吴兴钱山漾新石器时代遗址出土了一批丝线、丝带、平纹绸片,专家考证当时已经有了织机。战国时期使用人工手摇脚踏及多综式提花机,即用脚踏板传递动力,解放了双手,提高了产量,可以满足小农户生产需求。唐代采用双综式束综提花机,即用两块脚踏板分别控制两片综。元明时期,出现了开口机构简洁明了的互动式双蹑双综机,即采用下压综开口,让脚踏板连接两片综的下端。《天工开物》再现了脚踏缫丝车的操作场景。清末近代机械化缫丝工具出现,提高了工作效率。1949 年之后,经过不断更新,由坐缫机到立缫机到自动缫丝机,缫丝设备不断改良,缫丝工艺不断完善,从收茧到烘茧、打包、装运、存储,生产分工明细,专业性更强。从丝绸品种的增加到蚕丝生产工具的改良到生产工艺的革新都彰显中国人的开拓创新精神。

丝绸的文化内涵随着时代、文化圈的变化不断丰富,最能体现中国传统文化的多样性、创新性、生态性,是华夏文明最柔美最璀璨的华章。

## 第二节　丝绸的美学价值

审美是人类独具的特质,当原始人从现象世界中感觉到对象的某些属性能引发生理、心理的愉悦时,会以艺术的形式记录下来,西班牙阿尔塔米拉山洞栩栩如生的壁画、埃及宴乐图、中国阴山岩画,都生动展示了先民对生活的真实感受。外在世界的不断丰富、人的智能的发展,促进人类对形式美的理性归纳,就有了对形式美的表现及组合规律的总结。早期人类对美的认知以生活世界为主,蚕丝行业是农耕文明的生产对象、生活保障对象、国家经济依托对象,必然成为审美对象,其价值不断被发现、丰富并高度概括与精细分析。

“不看匣里钗头古,犹恋机中锦样新。”色彩缤纷、纹饰多样的丝绸以其生态性、柔软度、花色齐、品种多成为审美和时尚的代表,又因品质高贵、制作艰难,成为富贵生活显赫身份的标志,流光溢彩、争奇斗艳,或清新或雍容或轩昂,不仅是身份的表征,更是美好的代言。丝绸,在深宫,在别院,呈现它的花团锦簇,它的品质就是它的招牌,一出生就可谓耀眼一方。丝绸,让人联想到湖泊、微风、柔波、团扇、茉莉、蝴蝶、潇湘馆的竹。丝绸应该属于古典女人,尤其应属于东方女子。丝绸正是依托其绚丽多姿展示绝代芳华,成为中华文明的文化标识。

丝绸光泽优雅莹洁,色调深厚纯净,声音清脆悦耳,令人身心愉悦。其触感温润细腻,硬度适当使其富有挺括感,软度合理赋予其悬垂性,既能展示男性身材挺拔、骨骼清奇的力量美,也能表现女性身段婀娜、曲线玲珑的典雅美,被称为纺织品里的“白富美”,在几千年的岁月里以其独特的风姿,登上了“纤维女王”的宝座。

华丽的视觉感、柔软的触感、挺括的质感、精美的花色和丰富的文化内涵,使丝绸成为东方文明的传播媒介和智慧象征。

## 一、丝绸与中国审美意识

没有体验就没有感受,更没有意识,意识的不断丰富、逐渐明晰才发展成文化形态、精神追求。爱美是人的天性,人类的美感来自动物的生理快感,但更丰富、复杂、高尚。受文化圈、时代、地理环境及个体心理等影响,人们既有共同的价值取向,又表现为千差万别的审美偏好。文化圈的不同是族群的历史积淀、文化传承的结果。儒、道、佛是中国古代审美意识的建构基础。儒家重审美的社会价值,道家重审美的自然品格,佛教重心境的开发,使中国审美意识多元呈现。中国古代审美意识的变迁发展是各种动力合力的结果,早期审美受民间滋养具有自发性、直觉性、功利性，表现为审美趣味的通俗性、大众化，随着士子阶层的形成、士人美学的兴起，自觉性、高雅性代替通俗美学，在历史发展过程中又与官方美学相互影响，实现雅俗互动，从而增强了审美趣味的活力，间接促进了社会的和谐与稳定。而地域差异，更使审美趣味具有丰富性、多样性。① 闻一多认为龙是多种动物结合的图腾形象，表明华夏审美意识是多部落以多种方式融合的结果。“燕瘦环肥”折射时代的烙印。地理环境的不同影响审美心理，东方的含蓄内敛，西方的热情爽朗，北方的豪放粗犷，南方的委婉细腻。个体心理的不同更表现出千姿百态的审美观念。“审美意识是主体在长期的审美活动中逐步形成的，是一种感性具体、具有自发特征的意识形态。它存活在主体的心灵里，传达到艺术和器物中。其中既有社会环境的影响，又包含着个体的审美经验、审美趣味和审美理想。天人合一的思维方式在审美意识中起着重要作用，体现了诗性特征。”②审美意识的产生是人类进步的标志，也是美学思想和美学理论的源头。审美意识是抽象的、模糊的、杂乱的，但要借助感性、鲜活的物象表征，文学、艺术是最好的呈现。中国人的审美从早期的神秘、庄严到后来的空灵、飘逸，是与中国文化发展历程一致的。美感的直觉性决定审美从体验开始，先民的图腾符号和冰冷狰狞的青铜器催生先秦庄严、深刻、注重理性和伦理功能的礼教美学，“以‘礼’为旗号以祖先祭祀为核心，具有浓厚宗教性质”③，这种狞厉美与先秦礼乐精神功利性突出，用距离感、恐惧感造成森严、压抑以加强统治意志和政治伦常。温润的玉石体验和蚕丝的细腻柔和是楚汉、魏晋和唐宋空灵飘逸的根源。“这种空灵优美的、重视体验的审美精神我认为跟中国的蚕桑文明有很大的关系，它是这种审美意识的根源，同时又在具体的审美活动当中体现出蚕桑文明的魅力。”④处在金字塔底端的“衣食住行”以“衣”为首，是人类文明的标识。它除了御寒保暖、遮羞外，还是人们的社会形象标志。对服饰舒适的肉身快感及外观的形式

---

① 朱志荣：《论中国古代审美意识变迁的动因》，《山东社会科学》2015 年第 5 期。

② 朱志荣：《论审美意识的特质》，《上海师范大学学报（哲学社会科学版）》2016 年第3 期。

③ 李泽厚：《美学三书 · 美的历程》，安徽文艺出版社 1999 年版，第 39 页。

④ 吴高泉：《丝绸之路为何是中西文化交流之路——蚕桑文明与中国的审美意识》，《湛江师范学院学报》2010 年第 5 期。

美是人类独有的审美需要。

中国是世界蚕桑文明起源最早的国家，丝绸文化以独特的文化方式和审美意识成为中华文明的重要组成部分。丝绸既是物质生活的保障，也是精神生活的外化。李济生认为骨卜、养蚕业和装饰艺术最能体现东方因素。丝绸既是艺术的载体也是艺术表现的对象，丝绸曾是弦乐器的组成材料。“艳丽柔美的绫罗绸缎装饰着男女老少的服装，装饰着家庭中的床褥，装饰着厅堂庙宇等公共场所，装饰着古籍书画等文房用品。甚至小到手帕、荷包等小件，都可以觅见丝绸的踪影”①。蚕丝本身的特质和功能使其在源头上影响了中华民族审美意识的形成。

中国文化特有的礼乐本质、世俗性、融合性决定了中国审美意识在雅俗共赏、地域融合、东西交流场域中成就辉煌与灿烂。丝绸丰富的色彩以及各种不同的编织方法再配以不同形式的花纹图案，形成一个色彩绚烂的感性世界，这对中国审美意识形式感的形成和完善具有重大的影响，同时丝绸在质感上给人柔软、舒适、细致的感受和清新、自然、轻盈等情感上的愉悦，滋生人的自由意识和审美体验，对中国艺术气韵灵动、空灵圆融审美精神的形成影响尤其大。丝绸是中华文明的重要标志，其质地、色彩、纹路成就感性灿烂的世界，形成、完善中国审美意识形式感，而丝绸特有的细腻质地给人柔和、轻盈、飘逸感，影响中国艺术气韵灵动、空灵圆融审美精神的形成。探究蚕桑文明对中国审美意识形成的影响，有助于我们深入了解中国的艺术精神和审美精神的根源及其表现，分析中国审美精神与西方审美精神的区别，更深刻地理解丝绸之路在东西文化交流中的作用和价值，归纳理解中国美学的特色。

## 二、灿烂华丽——“不似罗绡与纨绮”

《霓裳羽衣曲》名闻天下，不仅在于曲调美、舞姿美，更在于丝绸服饰呈现的轻柔、飘逸、灵动、斑斓之美。当年古罗马恺撒大帝身穿中国丝绸长袍在剧院出现的剪影，成为历史上华美的瞬间，全场观众为之倾倒、痴迷、震撼，也掀起了欧洲历史上第一次中国热，罗马贵族以穿中国丝绸为荣，其影响力一直延

① 赵丰：《中国丝绸通史》，苏州大学出版社 2005 年版，第 21 页。

续下来。在西方的雕塑、绘画中，上层统治者及美丽女郎皆以着丝绸长袍为亮点，如断臂维纳斯，丝绸长袍增添了她的魅力。安格尔的《大宫女》、拉图尔的《蓬帕杜侯爵夫人像》，其绘画主体的丝绸服饰使其形象具有灵动美、富丽美。恺撒大帝的轰动效应，引发丝绸在罗马的广泛流行，妇女们穿着色彩艳丽、质地薄如蝉纱的丝绸服饰成为上流社会一景，成为财富、时尚、风流、魅力的象征。罗马帝国嗜好丝绸的现象引起争议和警惕，监察官们认为败坏了社会风气，曾下令禁止男子身穿丝绸衣服，但这种禁令更刺激了丝绸消费，导致其价格高昂。到 571 年，东罗马皇帝查士丁尼为了摆脱波斯人高价垄断经营中国丝绸的局面，联合突厥可汗发动攻伐波斯长达 20 年的“丝绢之战”。丝绸的柔软与挺括也成就了罗马雕塑，既突出贴身、薄、透，以朦胧呈现女性人体美，又以细小皱褶及其垂坠感呈现丝绸衣服的柔顺，以突出身体曲线玲珑、乳房圆润坚挺的优美。据古罗马史学家鲁卡努斯在公元 1 世纪中叶记载，华美亮丽的丝绸衣服成就了埃及艳后克莉奥佩特拉的芳名，也引起许多人的羡慕。这些都是丝绸外观美的证明。

桑蚕丝的天然、纯粹、细腻特征使其可以自由染色，构成色彩斑斓的世界。丝绸以其高贵的品质、灿烂的色彩象征中国文化的雅正、多样，因其质地精良、花色精美、光泽莹润成为中国经典，蕴含丰富的文化内涵，也成为东方文化意味的一种象征。

首先说花纹，纹样是时代的产物，不同的时代有不一样的要求，但大多数的花纹都体现了人们的一种愿望或期盼。中国丝绸纹样的审美特征既注重纹样的社会功利性，又注重纹样给人们带来的审美愉悦；既强调纹样对形状、色彩、对称、比例、节奏、匀称、多样统一等形式美的呈现，又注重传递创造者的意念、情感、心理，期待以多样的形式传达丰富的内蕴内涵，追求二者完美统一。从中国服饰发展历程可以看出，从朝廷、官府到民间都制定了舆服制度，严格规定皇室、百官的服装质料、颜色、样式和纹样。如黄色是帝王之色，丝绸是贵族专利，百姓只能布衣。清朝的文武百官都有严格的花纹图案规定，不得僭越。在百姓的日常生活之中，一些图案纹样代表着吉祥如意，如万字纹、长寿纹、水波纹、火纹、云纹、回纹等。

丝绸纹样在几千年的发展过程中，内容形式丰富多样，绚丽多彩。在装饰纹样上，经历早期的抽象写意到具象写实再到规范严整等阶段，到后来，体现为丰富性、多样性。社会生产力低下的商周时期，丝织业生产技术不成熟，受织造工艺的影响，要对自然事物等进行抽象夸张处理，丝绸纹样主要以简要概括事物特征为主，早期丝绸纹样多以几何图案为主，呈现朴素美、对称美、韵律美，展示古朴、神秘、简约的时代风貌。纹样设计以最能代表中国传统的线条为主，以直线体现端正、严肃情感，折线表达委婉、曲折之意，将对称、均衡的规矩花纹与单色回纹或雷纹有序排列，主次分明，图案连续。在生产工具改良的春秋战国时期，传统丝绸业发展出现一次飞跃，开始初具规模，丝绸纹样展示题材范围扩大，以多样形式呈现时代精神面貌，图案形象更加灵动、充满生机，以大型的态势再现生活，突破了单一化的局面，出现了由夔龙夔凤纹演变成的蟠龙凤纹，也有反映狩猎、祭祀等现实生活的田猎纹，还有伏羲、女娲等传说人物图案。可以看出当时丝织业已经掌握了提花艺术，图案也更加丰富。秦汉时期中央集权制度建立，社会经济快速发展，织绣工艺也发展到了很高的水平，丝绸纹样相比战国时期呈现出灵动之美，多以曲线为主，虚实相生。图案取材广泛，包括动物、植物、几何图案、文字等；图案形象的创作也更加大胆夸张，图案的结构也讲究对称平衡；在图案中还常常夹杂“寿”“万世如意”等铭文，象征吉祥的寓意。魏晋南北朝时期由于各地区之间交流活跃，丝绸纹样受到西部少数民族风格的影响，丝织品在继承传统样式上增加了外来纹样，如莲花纹、卷草纹等。总体风格也更加自由洒脱，追求服饰整体的美感，民族文化的融合也使纹样呈现出多样性，受游牧民族的影响，开始流行以圆圈、小点为主的几何图案。受佛教文化的影响，服饰纹样也发生了变化，开始盛行宗教纹样，有以莲花、佛像、“天王”字样组成的天王化生纹，以忍冬草为元素的忍冬纹，伊斯兰教的圣树纹。隋唐以写实性、装饰性相结合为主要特点，加之工艺技术的发展，使其艺术效果更为显著，主要表现生活中禽鸟、花草、狩猎等美好景象，构图对称，色彩明快艳丽，整体风格更加华贵大气，例如当时盛行的宝相花纹，起源于魏晋南北朝的佛教艺术，以莲花为主体，以其他花瓣、花蕊为辅，以对称放射的形式构成；还有以联珠纹和团窠纹构成的联珠团窠纹。五代两宋的丝绸纹样则是以轻淡自然与端严庄重为其突出的时代风格，反映社会现实，以几何纹为主要代表，如方胜纹、球路纹等纹样，平衡对称，整齐有序，色彩明朗柔和，宋代的服饰图案也体现了儒家理学观念，自然简朴、清淡自然。元代深受唐宋时期影响，并且融入外来纹样，希腊蔓草纹、罗马人像纹，促使元代丝绸色彩艳丽，风格独特。明代纹样丰富多彩，最具代表性的就是“吉祥图案”，将几种不同的图案组合在一起，寄托美好的希望和愿景，更加庄重大方。随着时间的推移，国内各民族进一步融合，民间纹样与宫廷纹样结合、各个美术门类之间相互借鉴模仿，更广泛地接受外来纹样的影响，如“四季花”“十二鸳鸯”等都是当时盛行的图案。元代统治阶级追求富丽豪华，喜好在丝织物上绣以金色花纹，如当时的灵芝团龙纹金锦广受贵族青睐，所以元代的织金工艺达到了历史的巅峰阶段。明代受辽金元审美风尚的影响，丝绸饰金开始流行，加之成化、弘治年间奢侈之风兴起，织金丝绸大大增加。清代的丝绸纹样在明代的基础上有所变化，花草山水、人物、动物等都是清代丝绸纹样常用的题材，“八仙祝寿”“天子万年”等纹样是清代宫廷丝织品常用的图案，也有以“四则龙”“富贵白头”为代表的流行时尚纹样，图案呈现出多样性。由于多种因素的汇集，清代丝绸纹样有着异常繁复的文化内涵和外在形式。清代的纹样风格大致可以分为三个阶段。清代初期，兴起仿古风，丝绸也出现了一些仿宋、仿明的纹样，如落花流水纹、云鹤纹等，在原有的纹样上也进行了改进和创新。清朝中期，随着社会经济水平提高，文化领域也不断繁荣，丝绸纹样丰富多样，有一枝梅、一只凤这类的独幅纹样，也有繁复细密的几何纹样。受西方艺术和少数民族文化的影响，清代纹样也呈现出中西结合，民族融合的特征，例如清五彩花草纹妆花缎具有明显的欧洲巴洛克风格。到了清代末期，社会经济衰退，政治动荡，纺织业也遭受重创，纹样风格繁杂混乱。清代丝绸纹样大多含有吉祥如意的文化内涵，如“绿地彩织金龙凤云蝠花卉妆花缎被面”纹样，金龙纹于图案中心，以云蝠暗八仙纹样饰于左右，多用来象征富贵平安、龙凤呈祥之意，成为当时喜闻乐见的纹样形式。

相传前秦时期，才女苏蕙，字若兰，陕西省武功县苏坊村人，是东晋陈留武功县令苏道质的第三个女儿。苏蕙自幼容颜秀丽，天资聪颖，以创作的回文诗《璇玑图》闻名。十六岁时嫁于秦州（今甘肃省天水市）刺史的窦滔。在《晋书·窦滔妻苏氏传》及李善注江淹《别赋》中的《织锦回文诗序》都有窦滔身世经历的记载。窦滔本有韬略，又具雄心，抓住苻坚当政的机会，试图施展文才武略，在前秦为官，因政绩突出，战功赫赫，受到当朝认可，顺利晋升为秦州刺史，但因才能出众被奸臣所害，被流放流沙。道路阻隔，前途茫茫，未来难期，窦滔与妻苏蕙在北城门外阿育王寺庙前挥泪告别，苏蕙表白对窦滔忠贞不渝的爱情，泪水涟涟、山盟海誓，等待他日团圆。可是自古多情总被无情误，窦滔到流沙后娶娇媚可人、歌喉婉转、长袖善舞的歌妓赵阳台为偏房。后窦滔冤案平复，奉命到襄阳赴任时，身边人唯有赵阳台。空闺独守的苏蕙，面对丈夫感情的背叛，痛苦寂寞的时光只好以吟诗作文打发孤寂。她经反复推敲构思，精心连缀文字，将所写诗词编排整理在 29 行、29 列的文字里，后废寝忘食将寄托满腹幽怨的诗词精心织就在八寸锦缎上，命名为《璇玑图》托人送给远在襄阳的窦滔。尽管旁人难明其意，窦滔手捧《璇玑图》，在缕缕彩色丝线的指引下，读出了图的玄妙和妻子深情苦心，感动于妻子的才情卓越，迅疾派人接来了苏蕙。夫妻冰释前嫌、恩爱如初。可见丝绸与文学的结合不仅展示才华，更成就爱情佳话。

其次是色彩，受官方美学追求宏大与威仪及中原文化强化绚烂的影响，中国古代追求色彩的多样性，如故宫的红墙黄瓦，江南园林的雅致素淡，洛阳以华贵牡丹为美，杭州以清新怡人的桂花为要，表现在丝绸图案的色彩追求强调富丽、绚烂、高雅、素淡、庄重、清新并重，以丰富的色彩美感形成极富民族特色的独特风格，从而彰显丝绸的雍容华贵，着装者的仪态万千。在漫长的历史发展进程中，中华民族不断总结，积累了较为丰富的配色经验，发扬了文化传统，为后世所借鉴。丝绸在染色后非常接近自然色，如葱黄、柳绿等自然色，这是其他材质所不能比拟的，此外，古人还开发出了沉稳大气的秋香色、灿烂华丽的银红色、庄重素雅的石青色、斑斓别致的鬼脸青等带有多重文化意蕴的色彩图谱。当然，色彩的美不仅是自然属性的显示，也离不开组合规律的有序。丝绸图案的色彩美感生成由多种色彩关系有机结合并高度契合主体的审美观念和审美态度。

上古时期因先民对世界认识的单向度及染色技艺的单一，用色以单纯、鲜艳为主调。随着人类对世界认知的多向度延伸，染色技艺的不断发展成熟，用色趋向协调、繁复，逐渐减弱红与绿、黄与紫、蓝与橙等对比色调呈现，大量采用黄绿、绿蓝、红黄临近色彩系，追求局部对比，整体调和，多样统一，色调渐趋凝练、沉稳、古雅，充分展示富丽堂皇、浑朴大方的文化风格。三星堆遗址用色以金黄、碧绿为主调，证实殷商以前色系的单一。马王堆汉墓出土的文物，色档达20种以上，展示汉代色系的多样。到了明清时期，染整方式多样，色系更加发达、色谱丰富，数百种颜色即使小作坊也能染成。中国古代染料大多源自动植物及矿物，以植物染料使用最为广泛，树、花、草等都可以用来当染料，“青，取之于蓝，而青于蓝”，指的就是青色是由从蓝草中提炼出的靛蓝染成，蓼蓝、马蓝、木蓝都可以作为染料。在周代以前，人们只会用蓝草直接染色，而春秋战国时期出现了“蓝靛”工艺，可以提炼出靛蓝再染成青色，当时人们多穿青色衣物，所以开始在全国栽种蓝草。福建、赣州、泉州等地盛产蓝草，“福州而南，蓝甲天下”，可见当时蓝草生产的盛况。黄色被认为是尊贵的颜色，是土地的颜色，是万物之根本，也被视为皇权的象征，唐代以后禁止百姓使用。黄色主要是通过栀子和地黄染成，栀子用来染色的部分主要是果实，通过浸泡、煮沸等一系列工序便可染出黄色，而地黄用于染色的部位主要是根部，《齐民要术》就详细记载了“河东染御黄法”。红色在古代最初是指颜色较浅的粉红，并不是正红，主要采用茜草、红花等植物制成，在商周时期，茜草就被广泛运用于染色，但茜草的颜色不是正红色，而是偏深的暗红色，所以后来又发明了红花染色技术，提取出了正红色。说到南充就不得不说南充的蜀红。“别的也就算了，倒是这蜀锦难得。尤其是这织金镂空的蜀锦。听说蜀中绣娘要十人绣三个月，方能得一匹，一寸之价可比十斗金，平时连见都很难见一面。”在古装电视剧《甄嬛传》中，当甄嬛得到皇上钦赐的蜀锦鞋时，众娘娘们艳羡不已。视甄嬛为眼中钉的华妃甚是嫉妒，私下里还曾千方百计寻来蜀锦，准备为自己制作华服。我们从中可以看出蜀锦的珍贵。四川以蜀锦饮誉华夏，驰名海外。在各色蜀锦中，以蜀红（西蜀丹青）名气最大，而四川蜀红又以南充的最好。在《三国志·魏书》中有关于汉魏时期蜀红染的丝织品传到日本的记载。在1929年修订的《南充县志》中还记载：“自唐时果州之绫已重于长安，由长安输之日本，日本皇室珍藏至今，视其国宝……”可见南充丝绸在唐代就独压群芳，在国内外享有极大的声誉。可以说南充丝绸成为蜀锦中的佼佼者，得力于蜀红，尤其是红花。1981年，南充绸厂“70305川花牌软缎被面”被评为全国“大红闪金染色标样”，乃是蜀红发展的光辉再现。蜀红的发展繁盛也带动了当时红花的种植。蜀锦的染料主要有两种，一种是茜草，另一种就是红花。四川产茜草，南充更是盛产。1929 年修订的《南充县志》中记载："茜草，茎方，叶心脏形而轮生，根为红色之染料，又可入药。"《中国印染史话》中记载："唐代，全国都种植红花，尤以四川红花产量最大，所以当时'蜀红锦'驰名天下。"①蜀中红花又以南充的质好、量大，最为有名。那时是南充各地均广植红花，尤以营山、蓬安、仪陇为胜，为东南诸省染工所重，每年的四五月份吸引大量的客商云集南充。《南充县志》记载，南充各地曾广种红花，有专门经营红花的富商大贾，如"六吉店"，本金达到十余万两白银。清中叶有王氏弟兄，专碾榨加工红花，其家声大震，丁财两旺。大型民俗风情剧《蜀红》通过一对年轻男女相恋的爱情故事展现出了一幅川北民俗画卷，既是蜀红的展示，更是南充风土人情的体现。

被誉为"蜀中三绝"之一的蜀绘，是南充丝绸人在 20 世纪 70 年代独创的一项丝绸织花工艺，通过蜀绘得到的丝绸布料成品能够产生复杂的色彩釉变，层次十分丰富，且能够经久不褪色，而丝绸布料的图案经水洗浮色工艺处理后，色彩更加通透、明快、鲜亮，克服了早期传统方式色块凝固、手感僵硬的缺陷，一件蜀绘旗袍是 20 世纪 80 年代南充女孩梦寐以求的闺中珍品。蜀绘精美的图案、精致的柔滑、精湛的工艺出自一代南充丝绸工艺人的智慧之手，传统的绘画手段在丝绸上另类展开，赋予其不一样的生命力，一幅最简单的图案也要耗费精力。蜀绘作品无法通过机器获得量产，但正是这样的原因，让每一份纯手工出品的蜀绘作品显得更加珍贵。一副好的蜀绘作品丝绸布料图案不仅外观具有"形、色、雅、韵"等自然鲜活的美感，而且图案的手感必须柔和平顺，没有生硬凹凸。蜀绘创作还需要具有较高的中国绘画水准，传统手绘遇水后都会出现不同程度的掉色，机器制造则会带来凹凸不平的手感，而蜀绘一举克服了这两大问题，不仅遇水不掉色，而且呈现和保持了独特的绘画效果，所以一经问世，便获得市场的追捧。

古代封建王朝有严格的尊卑等级制度，服装色彩带有极强的时代特征，对服装用色也有着严格规定。秦代在服装上喜好黑色，这与当时秦代盛行"五

---

① 黄能馥编写：《中国印染史话》，中华书局 1962 年版，第 105 页。

行说"有很大关系,秦代崇尚五行,由"水、火、木、金、土"衍生出了五方正色:黑、赤、青、白、黄。所以服装颜色也受到阴阳五行的影响,秦代服装主要以黑色调为主,到了西汉后期皇室才逐渐多采用黄色。秦汉时,"散民不敢服杂彩",没有身份地位的平民百姓着装多为黑白单调色,没有装饰色,可见当时服装色彩已经带有了社会等级特征。隋炀帝对官员的常服用色也做出了规定,唐代以后对常服用色做出了进一步规范和完善,赭黄是皇帝专用的颜色,而三品以上的官阶常服用紫色,对士兵和民众的服装颜色也做出了规定。宋代在服饰上有更为严格的等级制度,禁止民间百姓穿戴紫色。明代将玄、黄、紫规定为皇家御用颜色,禁止其他人使用这三种颜色。总的来看,古代服装颜色多采用红、黄等鲜明的对比色,大量使用金丝银线,用以彰显大国风范,服装也不仅仅用来装饰和御寒蔽体,还带有政教文化功能。随着清王朝的覆灭,封建社会结束,对于服装用色方面的规定和禁忌也随之取消,民国时期中西方文化不断融合碰撞,中国的政治、经济、社会在很大程度上受到西方影响,国人的审美心理和审美趣味也逐渐发生变化,认为传统的红绿配色过于老俗,开始倾向于清丽淡雅的配色。除此之外,民国时期科技进步,文化教育发展也促进了丝绸行业的发展,为服装纹饰的设计提供了更多可能。受西方"包豪斯"文化的影响,丝绸配色注重科学分类,结合色彩理论学相关知识,从服装配色的定性定量分析转向滚珠服装整体配色系统的协调,色彩的明暗对比、色块面积的大小都会影响到服装整体配色风格。缫丝工艺迅速发展,设备不断更新,纺织印染工艺传入中国,使得民国丝绸的染色工艺水平上升,固色工艺不断优化,丝绸色泽的饱和度、色牢度也不断提升,色泽有质感。民国时期相比于古代染色色谱拓宽,古代传统的色谱数量多,但是颜色之间差异不大,服装配色局限,开始在原有的基础上加入化学染料,丰富多样的颜色为服装配色提供了多种可能性,用色号命名代替古代原有的实物命名法,并且按照颜色的明度、纯度进行分类,为服装配色提供了便利条件,这一时期的丝绸色彩逐渐呈现出复色的特征。

最后,丝绸光泽的优雅是丝绸品质与美丽的外显。依托天然动物纤维及特别的断面形态,丝绸获得如同珍珠的莹润感以及耀眼的色泽、色度、色调。据实验表明,将由蚕的吐丝孔吐出的茧丝与横截面植物棉线、人造丝作对比,发现显微镜下棉线的截面呈耳朵形，不发光，人造丝的截面呈圆形，光感过于明亮，蚕丝是两个三角形，因而光泽柔和，与三角形断面比较接近的特点及在丝素粒子纤维化过程中不断进行化合反应进而生成纤维状的层状结构，体现纤维集合体的优异品质。其光感形成过程与珍珠以核为中心、通过薄层反复渗透不断累积生长方式相同，当光线源投向丝素皮层逐渐进入中心层时，光线在各层迅速发散，通过反射与吸收，导致发散的反射光相互作用，进而产生如同珍珠的深度色调及稳定光泽，这也使得丝绸在不同光线下能够呈现出不同的色彩光泽，产生明暗对比。例如古代丝织物，品类繁多，在不同时代不同地域都有代表，锦因为色泽光亮纹饰绚烂，如云如霞，成为古代丝绸最高技术水平标志。

当然丝绸的花纹和色彩并不是简单的结合，是时代、文化圈及个体心理与色彩本质属性与社会属性的有机结合。一方面表现积极向上的情感倾向，另一方面是多种色彩风格的契合，既有大红大绿的浓墨重彩渲染，也有淡雅、清新、宁静的素淡朦胧呈现，充盈着丰满的审美张力。“红间黄，喜煞娘；黄靠紫，臭狗屎”“紫是骨头绿是筋，配上红黄色更新”，这些民间流传的搭配技巧充分展示了丝绸色彩与纹样的搭配规律，诠释人们对审美愉悦的人文追求，凝练古人丰富的审美经验。

中国不仅是最早养蚕缫丝的国度，也是最早用植物汁液染织丝绸的国家。到商周时期，丝绸的织染技术已经比较成熟，品种丰富、色泽鲜亮、规模较大。绫罗绸缎、锦绣在中国的文化语汇中代表品质高贵、色彩华丽。中国文化深受丝绸色彩感的浸染。“至晚在战国时期，中国已经有了提花织机，丝织品品种更为丰富。与此同时采用矿物颜料染色的石染技术与采用植物染料染色的草染技术都已经相当成熟，为丝绸产品提供了丰富的色彩。丝绸产品中，绢、罗、绮、锦、绣、缀、编等已经形成了完整的体系。”①阐明了战国时期就有环保的植物染料，完整的丝织品体系。汉字中有大量表示色彩的词语。《说文解字》注：红，“帛赤白色也”；绛，“大赤也”；绿，“帛青黄色也”；紫，“帛青赤色也”②

① 赵丰：《中国丝绸通史》，苏州大学出版社 2005 年版，第 33 页。

② （汉）许慎撰，（清）段玉裁注：《说文解字注》，上海古籍出版社 2003 年版，第 1111—1113 页。

等。色彩的物理含义、文化含义与不同的编织方法形成品类繁多丝织品,纱、锦、绣、纨、绢、縠、练、绡、缟、绮,不同种类的丝绸制品成就一个色彩绚烂的丝绸世界。锦、绣、绮是形式美最高典范的代名词。中国人对丝绸的形式美感可以说是中国文明发展的产物。丝绸美的明喻、暗喻、借喻、转喻性审美批评出现在对各审美领域形式美的判断中,成为较为普遍的审美准则和典范。它们经常以比喻或参照的方式出现在审美判断的领域,"锦绣山河""风月同天"是对自然美的评价。在文学批评上,以丝绸之美论及文艺作品成为常态,从魏晋以来人物品藻也用茧丝为喻。丝绸斑斓的色彩、缤纷的图案培养了中国审美意识对灿烂感性的美感。花团锦簇、光彩夺目、熠熠生辉、活色生香是呈现美的代表性词语,尤其对文学影响巨大。魏晋南北朝的"诗赋欲丽""诗缘情而绮靡"的传统等,都可见出丝绸对审美形式的影响。

## 三、柔软精致——"线软花虚不胜物"

丝绸标志着古老中华文明的美丽、经典、时尚、优雅、华贵。丝绸文化与5000多年文明相生相成,相互确证。演绎数千年绵延数千里的丝绸之路构建古代中国与外部世界交流对话的桥梁,用柔软、洁白、坚韧的丝线连缀起中国与印度、波斯、希腊、古罗马、日本、东南亚等地,推进各种文化的融合与繁荣,为人类文明进步和社会发展作出了贡献。如果说缤纷的色彩、美丽的图案是丝绸外在美的呈现,质感温润、生态环保就是其内在美的彰显。在漫漫岁月里,丝绸如同女神一般,外表高贵冷艳,内心却温柔多情,娉娉婷婷,摇曳生姿,飘逸在红尘世界之中。丝绸美在质感,其软密轻厚如烟似水缥缈含蓄、柔和纯净,其温润婀娜如同从旧时光走出的淡妆美人,面容精致,话语清婉,眉梢含韵,在隔与不隔间增强审美效应。

人是感觉的动物,各官能组织为人提供不同的感受体验。质感源自触觉或视觉对不同物体表面特征的感知,主要包括经由肤觉体验累积形成的"触觉性质感"、在经验积累基础上产生的"视觉性质感"。质感不同给人的感觉有异,如软硬、滑涩、韧脆、细腻柔和、粗糙僵硬等。一些研究表明,人以触觉感知柔软和光滑,会刺激大脑中与情绪和奖赏相关的区域。人的快乐感觉是由中枢神经系统主导外周神经参与,柔软是愉悦"源泉"之一,是一种很好的感觉体验。人孕育于柔软的母腹,又以柔软的身姿来到世界,有着对柔软的自发喜爱,柔软的对象总给人亲切、温暖、舒适的感觉,引发人类对柔软的自觉体验,所以婴幼儿及少女的肌肤总是被艺术家们高度赞美。

从游牧文明到农耕文明,人的生活方式变化首先是衣食住行的改变,在寻求坚固、厚实、保暖防寒的游牧时代,主要以兽皮、兽毛为衣服,但因古代制作工艺的落后,具有不舒适、易虫蚀、难保存的缺陷。而农耕时代蚕桑文化的兴起让人体会了丝绸的柔软、轻便、舒适、滑弹、透气等特质,丝绸成为上层社会人人追求的制衣材料。被称为"纤维皇后"的丝绸,主要成分是蛋白质、氨基酸,富含18种氨基酸,是天然纤维中唯一的长丝,以其制作产品,色泽明亮、鲜艳,因质地光滑、柔软细腻,是人体的"第二肌肤",是各种纤维中摩擦系数最低的,因表面光滑与人体生物自然相容,具有美容、抗衰老、保湿润肤、镇静助眠的功用,优雅又舒适。丝绸面料因孔隙率大,可以耐热、吸音、防尘,常成为室内软装的材料,如地毯、挂毯、窗帘、壁纸等,既能减少房间的灰尘,又能保持房间的安静。蚕丝具有吸湿、透气和防潮、抗吸风和多孔性等特征,可以调节温度,吸收有害气体、灰尘和微生物,同时丝绸还可以抗紫外线。丝绸能够使中国从古至今始终在国际贸易中处于主导地位,源于蚕丝手感滑爽、质地轻柔、吸湿透气。丝绸源于自然,是蚕吐丝结茧的产物,拥有肌理细腻、质地柔软、色泽明亮的特征。不断改良的加工工艺、染整工艺和花纹色彩的协调,身体触觉感受丝绸的细致、柔软、舒适、服帖,体现为人体皮肤与外部世界的均衡、和谐、多样统一的形式美,是最贴近自然、感受身心的解放。情感上获得温馨、轻盈、清新、自然、高贵、自由、典雅的超越感、愉悦感。同时,因为桑丝材质细腻,触感柔软,色泽光亮,细腻轻薄,用其制成的各类织物,能充分凸显女性线条优美、身躯珠圆玉润、身材纤细、曲线玲珑的形体特点,展示或优雅婉约,或富贵华丽的气质神韵;其滑爽、高贵、坠性良好的特点能展示男性的尊贵地位与挺拔身材,既是中国古代皇族官员的官服标配,也是显贵们热衷的衣料。在古代中国,服饰是个人身份的标志,也是财富权位的象征,是政治的一部分,有制度规定及资源保障,以朝服、公服、祭服、常服划分天子、诸侯、文武百官,是维持政治秩序的方式,人人要遵守,不得僭越。如补服用高超工艺将丝绸缝缀在官服的前胸和后背上,是甄别官位品级徽识的标志,有用金线织和彩色丝线织的补子,有用金线和彩色丝线刺绣的补子,有的根据图案用金线或彩线缂织而成。从历史文献到文学作品,都记载了丝绸为古代进贡朝廷、赏赐百官、馈赠好友的重要物资。

柞蚕丝织物能够淋漓尽致地体现出织物本身的材质感,既具有桑丝织物淡雅、轻薄的舒适感,又具有厚重、华丽的风格;同时,丝绸的轻盈感、通透感可以让人获得摆脱“物”对身体束缚的轻松感、人体融于物体的快适感,由官能感受上升到对柔和、轻盈、飘逸、自由、闲适、放飞的审美心理体验,从而深刻影响到中国传统审美精神。如从道家的“鱼之乐”“逍遥游”“羽化”飞升“庄周梦蝶”的境界,到儒家的“孔颜乐处”“吾与点也”的归宿意识。徐复观《中国艺术精神》认为“中国艺术精神主体之呈现”的重要代表就是庄子的“精神的自由解放”的“游”的精神。丝绸的质感与特征使得丝绸文明与中国审美意识密切结合,形成了空灵飘逸、圆融、气韵灵动的传统审美精神。桑蚕丝质地柔软清透、生态环保,从古到今都是贴身衣物的上等材料。所以在中国的审美意识中,轻盈快感占有主导地位,这种气韵灵动体现在艺术当中就是具有中华民族特色的审美精神。中国的绘画、书法就是最直接体现丝绸空灵飘逸的审美精神艺术。在绢帛上作画本身因质料产生流畅、灵动感,而中国人注重情韵、境界的美学精神与中国画技法强调线条、神韵的原则,以及画家受丝绸品质的启发更具有生命的流动感和轻盈飘逸的韵律,更突出中国画的含蓄空灵、韵味无穷。如古代的人物画中,水墨画、工笔画、水粉画都以线条流动、人物顾盼生辉、衣袂飘飘取胜。西汉帛画中“高古游丝描”画风清新,魏晋顾恺之的“春蚕吐丝”生动传神,曹仲达的“曹衣出水”玲珑有致,最负盛名的是“画圣”吴道子的“吴带当风”,画中人物衣带临风飞扬、飘逸洒脱、盈盈若舞。敦煌石窟当中大量的“飞天”形象着丝绸衣衫质感光滑细腻、身姿轻盈、衣袂飘飘、轻歌曼舞,丝绸披肩和飘带迎风飘动、舒卷自如、变幻多端、凌空飞扬、满壁飞动,是中国“气化”美学的现象呈现。在中国审美精神中,霓裳羽衣、飘带、衣袂、广袖等往往是美的形象外化和飘逸精神飞跃的象征。李白《古风》“素手把芙蓉,虚步蹑太清。霓裳曳广带,飘拂升天行”,是李白诗风的展示,也是盛唐气象的诗意写照,更彰显中国道家美学的深远影响。

中国书法独特在于通过线条的变化组合表现汉字的形意美,注重向大自然中撷取美的意蕴，从篆书、隶书到行书，尤其是草书，笔随意到，若行云流水，书法家蔡邕《九势》中强调："为书之体，须入其形，若坐若行，若飞若动，若往若来，若卧若起，若愁若喜，若虫食木叶，若利剑长戈，若强弓硬矢，若水火，若云雾，若日月，纵横有可象者，方得谓之书矣。"①古代书法家们观察自然万物、感悟生命，概括出"如屋漏痕""夏云奇峰""如壁坼"等意象。王羲之的《兰亭序》流畅、飘逸，钟绍京的《灵飞经》柔和，娟秀、赵孟頫的行楷书轻盈、超逸，黄庭坚的草书，王铎、傅山的行草书，跌宕多姿、舒展自如，具有节奏感、韵律感和空间感，颜真卿的楷书饱满笃实，丰润敦厚，端庄雄伟。诗书舞乐都崇尚轻盈、空灵、飘逸的审美精神，源于对丝绸的审美体验。丝绸作为中国文明的一大标志，丝绸的纹路和色彩形成了一个华丽又感性灿烂的世界，对中国审美意识形式感的形成和完善具有重大的影响。探究蚕桑文明对中国审美意识形成的影响，有助于我们深入地了解中国的艺术精神和审美精神的根源及其表现，了解中国审美精神与西方审美精神的区别，更深刻地理解丝绸之路在中西文化交流中的作用和价值。

丝绸，有着超越自然物的纯洁、优雅、高贵、华美，像一个蒙着面纱的美女，吸引着受众的期待，又召唤着受众的诠释，同时，以无形的明眸审视世界。它纯粹的光泽、多变的花纹、细腻的质感，带给人水波荡漾、花团锦簇的视觉美及清风拂面、艳阳初升的触觉美，如梦如幻，如珠玉吐辉、清潭生烟。丝绸因为生产过程的繁复、运输的艰辛、保存及清洁的困难，价值昂贵，散发无可替代的魅力，历来被作为皇室赏赐百官馈赠异域的佳品，获得人们的崇拜与追逐。它的色泽光彩照人、外表柔软亮丽，女性的温润与柔美荡漾其上，一丝一丝交织缠绕，尽是温柔缱绻，在与皮肤亲密接触中让人获得最细腻的呵护，慰藉人的身体与心理。

服装的质感是指服装的质地、材质带给人的主观感受。人类制作服饰的材料主要有天然纤维和人造纤维，天然纤维主要有动物制品、植物制品，丝绸正以其动植物兼备的特性深受人们喜爱。因纤维材料本身属性差异大，纤维的长短、粗细、力的大小等，在加工和生产过程中，首先必须充分尊重质料的纹

① 倪涛等：《六艺之一录》，上海古籍出版社 1991 年版，第 2822 页。

路、肌理等特点，采用科学的生产方法，形成厚、薄、轻、滑等特点，给人们不同的视觉、触觉及心理上的感受，体现出不同的材质风格，材料的丰富性能使服装呈现出不同的质感。自然界有多种纤维，包括植物纤维、动物纤维、矿物纤维等，不同的纤维有迥异的质感。如棉织物为植物纤维，具有易染色、长保暖、吸水性强、耐洗耐磨、冬暖夏凉的特性，有益于皮肤健康，使人产生柔软、轻薄、朴实、深厚、亲切、温暖的美感效应，是四季服饰的上好选择。尤其是我国新疆因纬度高、温差大、阳光炽烈，所产长绒棉质量上乘。由植物的茎纤维构成的麻织物具有韧性好、强度高、热传导快、易吸水、抗湿的性能，是高贵凉爽的化身，给人大方柔和、凉爽挺括、粗犷、肃然之感。毛织物因外层有鳞片保护，光泽自然、手感柔软，保温性、伸缩性、抗皱性、吸湿性良好，其美感特性表现为温暖、高贵、庄重、大方。桑蚕丝为唯一天然的动物蛋白质构成的纤维，外表光滑手感柔软，光泽莹洁，延展性、耐热性良好，冬暖夏凉，独有的“丝鸣”现象增添其魅力。丝绸纹理细腻，常常带给人柔软平滑的视觉质感，而不同的丝织物也会有不同的视觉质感，如机织丝绸较为细腻，所以反射光能力更强，会给人冰冷华贵的视觉质感，而人工丝绸相比机织丝绸则更为粗糙复杂一些，所以反光能力较差，给人一种深沉含蓄的感受。不同的设计、制作工艺都会影响视觉质感，通过发散、变异等纺织工艺造成不同的质感，不同的丝绸视觉感观也不同，都具有轻、薄、透的特点，都展现出丝绸的轻柔之美。没有哪一种布料如丝绸般可以如此轻柔，随波成形，又像植物一样呼吸自如。

丝绸中的丝素和丝胶具有特殊的蛋白结构，使得丝绸具有吸湿性、多孔性等特殊性质。蚕丝纤维也与其他天然纤维不同，由微细复杂的高分子蛋白质组成，所以蚕丝具有良好的光泽、悬垂性，柔和细腻的皮肤触感，带给人体舒适的享受。蚕丝结构结晶化程度适宜，分子凝集能大，实验表明，蚕丝的单位横截面积的断裂程度可以堪比钢丝，所以蚕丝相比其他纤维具有较好的机械性能。蚕丝纤维的长度远超其他天然纤维，所以蚕丝纺织物强力更好，使用时间更长。

丝织物因由天然动物蛋白纤维构成，手感柔软、温润、细腻，且吸湿性强，光泽度好，呈现出轻盈、透明、润泽、雅致、华美、精致、高贵等审美效应。丝绸有着珍珠一样的光泽，这是在光线照耀时，因波长不同的光在外层面的反射，及渗透内部的光反射在不同层次并相互影响形成层状结构及复杂的微细结构，进而生发莹润、优雅的光泽，如水波流动，潋滟生辉，如月色皎洁，娇俏迷人。同时，大小不同的三角形断面所产生的棱镜效应，使丝绸如云霞艳丽多姿。汉代曾有把丝绸织成薄如蝉翼，轻若烟霞的纱，这些纱看上去就像薄雾一般。这也就不难理解为何汉代文献称它为"雾"。汉代著名文学家司马相如的《子虚赋》记载："于是郑女曼姬，被阿锡，揄纻缟，杂纤罗，垂雾縠。"①晋郭璞注："言细如雾。"唐颜师古注："雾，言其轻细若云雾也。"②由此可以看出我国古代丝绸制作技术之高。

丝绸如此轻薄，同它的成分有极大的关系。丝绸的主要成分是蚕丝，这是由熟蚕结茧时所分泌丝液凝固而成的连续长纤维，是一种天然纤维，人类利用最早的动物纤维之一，以桑蚕丝为主，还包括柞蚕丝、木薯蚕丝、蓖麻蚕丝等。这种成分使得丝绸有着幽雅的珍珠光泽，手感柔和飘逸，并且还会随着光线的敏感强弱而变化，摩擦时还会有"丝鸣"现象，优雅悦耳。丝质光洁匀称，织纹清晰，光滑有弹性，是制作服装的优良面料。相比较而言，化纤织物虽然光泽明亮，不易褪色，手感硬挺，不易起皱，但透气性、吸水性、保暖性差。仿真丝织物绸面暗淡，手感粗糙，难以成为上乘服饰原料。

织物的悬垂性是影响服装美观的一个重要因素，指的是织物因自重而下垂的特性，在服装设计中，服装廓型与服装面料是紧密相关的，人们在对丝绸和其他织物进行悬垂度测试时，两者之间的悬垂系数相差较远，丝绸的悬垂度较好，丝绸服装具有悬垂美，能够很好地贴合人体曲线，丝绸服装曲面流畅，比例均匀和谐，轻柔飘逸。

## 四、温润生态——"异彩奇文相隐映"

丝绸以其卓越的品质、精美的花色和丰富的文化内涵闻名于世，是东方文明的传播者和象征。自然界中集轻、柔、细特点的天然纤维唯有蚕丝，从桑到丝绸产品具有广泛的生态价值。桑树因品种繁多、根系发达、吸水固土、枝叶

① 《史记》卷117《司马相如列传》，中华书局1982年版，第3011页。

② 《汉书》卷22《礼乐志》，中华书局1962年版，第1054页。

繁茂，可以固沙防风、涵养水源、绿化环境、净化空气。有资料表明，桑树根系发达，网络密布，4年生黄鲁桑根系的垂直深度超过80厘米，15年生高干桑树根系的垂直深度超过4米，既可以是山乡荒漠的发财树、生命树，也可以是城市的防尘树、遮阳伞、风景线；桑叶是家蚕的主要饲料，也是人类健康的守护者，既可以入药，具有解痉、降脂、降压、降糖、消炎的作用，也可以制成桑茶、桑粉、桑叶枕等；桑葚因营养丰富、功效多样被称为“民间圣果”，可补肝肾、乌发、软化血管，可鲜食，也可制成桑葚干、酿制桑葚酒；蚕丝是天然可再生纤维资源，既能替代非再生自然资源，减少非再生自然资源的消耗，又能减少生产性污染及消耗性排放。同时，桑蚕丝成分天然，能有效护理人体；通过产业链中与农业等三产业经济的循环利用，提高附加值，充分实现生态价值。丝绸制作过程复杂，染整方法及花纹设计多样，成就其高贵华丽，是帝王朝服、百官补服、西方贵族锦衣绣服的材质，彰显身份尊贵，其温润生态从栽桑结茧到缫丝织绸的全过程，都体现生态环保价值。桑树栽培一般在山区丘陵地带，要求空气清新、土质无污染，桑叶采摘要求清洁，尤其是养蚕期间，从蚕房清理到蚕具消毒到桑叶的选取，对卫生条件要求相当严格甚至苛刻。在全国各地保留的禁忌、习俗都与保持养蚕期间的高度清洁、希望蚕业丰收的愿望有关。蚕丝提取与纺织、织绸、染色等过程都离不开传统的机械与工艺。蚕丝被誉为“美的源泉”，作为天然纤维，着色容易、性能独特、面料光滑、色彩斑斓、生命力旺盛，生态无污染，具有舒适透气、隔热防尘、保暖散热的特性，是各种高级成衣、室内软装饰品以及工艺美术品的上选材料。

丝绸从生产过程的材质美、工艺美，劳动者的智慧美、力量美，到产品形态的造型美、装饰美、光泽美、色彩美、纹饰美，到营销方式的理念美、设计美都离不开遵循美的规律，实现审美价值。丝绸的材质为天然纤维，细腻光滑，本身具有生态美；缫丝织绸通过精细的编、结、织等方式，面料制成品依赖织、染、绣、编、印等方法，都需要高超的技艺，蕴含劳动者的智慧与力量。作为艺术形式，根据不同的线状、片状、面状、体状制作中需要精心构思，完美造型，利用丝造型艺术语言传达艺术旨趣，表现丝绸独有的艺术况味。丝绸天然纤维着色容易，不易消退使其色彩缤纷，既表现生活的多姿，也呈现艺术美的丰富性、多样性；其纹饰是人类审美意识的外化；其营销也需要凸显丝绸之美，主要体现为观念的创新、宣传的到位、展品陈列的优化美化。丝绸之美的绽放，是科学、艺术、技术的有机结合，实用、审美功能及工艺条件和产品影响艺术家的构思。丝绸组织结构从平纹、斜纹到缎纹的变化及各种复杂重结构、特殊绞纱结构、双层结构、起绒结构的发展，图案的不断丰富多彩都是审美的物化形态，受中国传统文化及时代、地域、民族等价值观念的影响。

《周礼·考工记》中有这样一段话："天有时，地有气，材有美，工有巧。合此四者，然后可以为良。材美工巧，然而不良，则不时，不得地气也。"①这或许就是中国最古老、最精辟、最有价值的"造物"理论。"天时"是生产设计必不可少的，进行生产活动时要顺应天时，根据四季变化调整。"地气"是指自然环境、地理位置、文化传统，因地制宜。"材美"指的就是材料的优劣好坏。"工巧"点点滴滴都体现着匠人智慧，它甚至可以作为指导今天农业生产、工业制造、设计工艺等行业的生产哲学，可以看出中国古代工匠在进行生产设计活动时就已经开始关注季节、气候、环境、自然等因素，除了要有适用性和美观性，还要遵循自然社会发展规律，而中国最古老的蚕桑就最能够体现这种造物理论。尤其是在遭遇人类中心主义冲击困扰的今天，人们更加追求环境保护、建设生态文明，而中国天人合一的文化哲学、古老发达的蚕桑产业，给我们的生态建设带来诸多启发。

西方的工业文明曾经一度辉煌，是以重型机器设备、大型矿山开采以及大面积的土地使用为代价的，造成世界的坚硬与冰冷。在人与自然的关系上，西方主张征服自然、改造自然，强调人能够支配自然；而中国古代主张天人合一，敬畏自然，遵循自然发展规律，物尽其用而不浪费，提倡持续循环发展。正如桑蚕，蚕以桑叶为食，结茧可缫丝。桑蚕在中国历朝历代经济发展中占据重要地位，在桑蚕的生产过程中，体现出人们对自然的尊崇爱护，将养蚕、农作、缫丝结合起来，实现循环利用，既保护了生态环境，又促进了经济发展。蚕桑带给中国人的是永远的宁静温馨，是一种人与自然同构的生存关系。桑是再生资源，是植物原料，蚕是循环不已的生命。采摘—饲养—纺织—印染成为一个良性循环体系。生产—工作—生活—艺术也在这个循环之中自然产生并发展

---

① 万剑：《中国古代缠枝纹装饰艺术史》，武汉大学出版社2019年版，第85页。

提高。蚕桑自开始就是一种灵活的生产、生活方式:既可以规模化、大批量生产,也可以是以家庭为单位小作坊、小规模作业;既可以只生产原材料(比如提供生丝),亦可以生产成品。一切根据自身的条件和能力,自己决定所在的生产环节。并且蚕丝纤维主要成分是丝胶,属于天然纤维,降解速率快没有毒性,不会对环境造成污染,符合自然环保的理念。

丝绸因品质良好被誉为“纤维皇后”。以丝绸为原料制作的衣物光滑柔软,质地轻薄,透气性、保温性、防水性良好,为夏装舒适、凉爽,为冬装保暖、柔和,为家居饰品,高贵典雅。千百年来,人们倾心其魅力。现代科学技术更打开丝绸的生态之门、保健之门。在越来越讲求环保的当下,人们在服装面料选择方面也越来越注重舒适、健康。面料的独特、设计的精心、制作工艺的复杂,使丝绸成为现代人生活的最佳选择。服装材料的不同不仅仅能够展示不同的服装风格,展现出不同的效果,还能带给人不同的心理和生理感受,良好的服装要能够满足人的生理和心理需求,也就是说人们在选择服装时,不仅要穿着感到生理舒适,还要有心理方面的舒适。

### (一)服饰心理特性的舒适愉悦

在现代社会服装的审美性、装饰性早已超越实用性成为最受人们关注的特性,不仅装点生活,更滋养心灵。其良好的视觉感受与触觉体验,集合了人的多种感官效应,是心理、视觉、触觉的综合感受。现代人除了追求衣物的实用性之外,还要追求心理的舒适感、愉悦感。服装的材质、色彩、挺括性等都会影响心理舒适性。例如不同服装色彩会有不同的表达效果,带来不同的心理,红色热烈、绿色希望、蓝色宁静、粉色秀丽、白色纯洁、黑色神秘。服装的材质也会对心理舒适性产生很大影响,化纤材料的服装刺激人体肌肤,产生不适感,而丝绸色泽光洁、和谐美丽、雅致高贵,媲美珍珠、象牙;同时丝绸触感柔软滑爽,美丽轻盈,给人心理带来极大的舒适感,更加自然舒适。

丝绸面料独具的吸湿性、保温性,能有效吸收并释放皮肤水分、汗液等,消除身体对外界温湿度的敏感反应,从而保持皮肤清洁、抑制细菌增长,具有品位独特、品质卓越、品相美观、功能多样、个性突出的特点,是高档内衣的最优选择。古代,丝绸是财富身份的外化,只能为极少数人拥有,但随着生活水平的提升，环保意识的增强，人们对衣食住行的要求越来越追求品质的优良，健康舒适代替了经久耐用，丝绸以其独特属性成为广受欢迎的日常用品及馈赠佳品。

在高倍的扫描电子显微镜下，人们可以观察到真丝纤维平滑光洁的表面，可见其不会刺激人体肌肤，贴合身体的品性能轻微柔和地按摩皮肤，经由神经末梢产生愉快感。相比之下，羊毛纤维因表面不规则的瓦状鳞片的覆盖，产生针刺皮肤感，化学纤维透气性差、与身体的贴合度低，不适感突出。真丝含有蛋白纤维，对人体皮肤的刺激性在所有的衣服面料中是最低的，而且人体的pH值通常在6到6.5之间，呈微酸性，而真丝面料的服装在洗涤后的pH值也在6左右，所以人体皮肤接触到真丝服装会感觉到舒适。

### （二）服装生理属性的健康环保

衣服与皮肤之间微小空间的湿度、温度、气流等形成的微气候直接影响人们对服装的生理感觉。有专家通过案例分析研究，获得了气候对贴身衣服（内衣、睡衣、袜子）穿着舒适感的影响，强调了服装微气候和人体舒适感的必然联系。人体含水量很高，又通过食物、空气等获得水分，出汗是体内大部分水分热量的排出方式，并通过服装微气候进行调节，让人体产生不同感觉。服装的质料、款式制约调节能力，如果调节能力不好，汗液难以排出体外，人体就会闷热不适，进而产生细菌，引发皮肤病甚至心脑血管疾病。不同类型的纺织纤维性能各有差异，直接影响服装微气候。化学类纤维不吸水、透气性差，不利于微气候的调节。动植物纤维排湿性、吸湿性、保温性、延展性表现突出，给人明显的舒适感，愉快的审美体验，尤其是真丝纤维作为唯一的动物纤维，舒适度高，美感效应凸显。国内外众多研究者采用仪器测试、数据分析、案例评价深入研究丝绸服饰的舒适性，通过测定湿热阻值、吸湿和放湿比例、透湿效果、透气性能等数据，分析其与人体微气候的关系，出现许多有代表性的观点，如袁观洛认为丝绸织物因为其突出的吸湿、透湿效果，可以有效吸收并排放人体内的汗液，夏季可隔热防暑，凉爽肌肤，冬季防寒保暖，保护肌肤；钱军利用专门的织物动态热湿传递测试仪，以科学的方法研究织物吸湿、透湿干燥过程中的动态热传递性能，以翔实的数据分析不同纤维的热传递性能，研究过程复杂,研究方法多样,结论可信度高;张怀珠以比较的方法研究织物在不同风速下的模拟吸汗率、热湿传递性能,得出风速对织物功能的影响差异;李栋注重以皮肤温度、生理饱和压差、发汗量和热阻值为参数分析热舒适性特征,进而研究不同织物对服装内小气候区的影响,结论是真丝绸的各项参数水平均更为优异,微气候最接近于人体,舒适度更高。基于丝绸的科学研究成果,进一步证明丝绸对人体的健康环保价值的呈现。

**1. 舒适温馨的体验**

舒适性是指人体产生的热量、湿度与周围环境的热量、湿度之间达到一种平衡状态,从而使人体产生的一种舒适感。由于外部环境不断变化,所以人体需要借助服装来调节,例如需要借助服装来抵御外界的寒冷,从而达到热平衡,还可以通过服装对人体湿度进行调整,从而达到干湿平衡,人体的舒适性主要是通过服装的舒适性来实现的,所以人们对服装的舒适性的要求越来越高。

人体恒温在36℃至37℃,但是由于外界温度的改变,人体温度也会发生变化,要使人体皮肤感到舒适,保持恒温状态,一是靠人体内部自身进行调节,二是靠服装来保持体温,这就需要在外界环境与人体之间营造人体感觉最为惬意的“微环境”,给肌肤创造最舒适的体验。人体作为含水量极高的个体,又不断吸收水分,只有通过不断排出才能实现新陈代谢。人体每天排出1.5—2升的汗水及其他水分,如果皮肤表面散发的水汽不能透过衣物排出,就会在衣服与皮肤之间形成水汽凝聚的高湿区,让人产生闷湿不适感,并滋生大量细菌,引发皮肤病,进而产生头晕胸闷感。市场上的许多以高分子物质为原料合成的化纤面料如腈纶、氨纶、锦纶、氯纶、涤纶、维纶等吸湿透气性差,难以排出水汽,容易刺激皮肤。但由天然纤维形成的真丝服装因为在皮肤与服装间的微气候能有效调节人体湿度,达到与人体皮肤新陈代谢需要的平衡,特别适宜制作贴身衣物,具有独到的使用优越性、身体适应性、感觉舒适性。研究人员通过实验证明,当在设置室温为29℃、相对湿度为70.5%的人工气候室内,人体穿着不同材质不同类别的服装时,衣料不同带来皮肤温度的差异,其中真丝衣物品质最为优异,与棉质服装比,更能调节人体温度。实验结果证明,如果皮肤温度降低2℃,腿腋温度就会相应降低1℃,如果体温上升1℃,

身体不适感就会产生，自然界的2℃、1℃的差别不甚明显，但人体对温度的差异非常敏感。就如同我们夏季平日开空调一般，26℃刚刚好，而27℃则明显感觉燥热。蚕丝纤维与棉织物相比，具有独特的三角形截面结构，并且每根蚕丝都是由极细的多根单丝纤维构成，所以具有较大的比热面积，便于气体流通，所以丝织品具有良好的透气性。此外，纺织物中间的空隙和纤维之间的管道的流通性对液态水汽的传输起着关键作用，由于蚕丝纤维横截面表面有凹槽，为液态水汽的传播提供了有利条件，所以丝织品的透湿性要优于棉织物，并且实验表明，蚕丝的回潮率比普通棉纱织物要大。所以蚕丝具有良好的吸湿和吸热功能，能够及时调节人体温度和湿度，达到人体皮肤的舒适度。实验表明，蚕丝的导热系数要低于大多数纤维，在冬季寒冷时，如果服装保温性能差，会导致人体热量流失，严重的可能导致热量失衡，危害健康。而丝绸向外导热速度最慢，有利于维持人体温度，所以保暖性较好；同样，在夏季炎热时，外部温度高于人体温度，所以环境将大量的热导入人体皮肤，导致人体皮肤温度升高，从而使人感到炎热不适，这就需要服装有良好的隔热性，减少外部热量传输，蚕丝在纤维中具有较好的隔热性，且含有较多空纤维，空气占的体积大，能够很好地隔绝热量，吸收外部热量也较慢，能够保持人体的舒适凉爽，所以穿着丝绸服装有“冬暖夏凉”之感。丝绸由蛋白纤维组成，与人体能够极好地相容，并且丝绸柔软光滑，真丝面料在所有面料中对人体皮肤的摩擦系数是最小的，所以给人肌肤的触感是非常舒适的，能够完美贴合人体曲线，呵护肌肤。真丝服装还具有良好的弹性，能够满足日常活动的需要，不会有压迫感和负担，穿着舒适。

**2. 保健治疗的功效**

丝绸与其他材料相比，对人体具有卫生保健功能，对皮肤不刺激，不会损害皮肤，是当之无愧的“保健纤维”。

丝绸具有很强的抗静电性。在日常生活中，当人体活动时，皮肤与衣物之间不断产生摩擦，而当皮肤与人体分开时，两者接触处就会形成电性相反的双电层，产生静电。许多服装材料容易产生静电，例如腈纶、涤纶等，静电对人体健康有很大影响，会影响人的机体平衡，长期的静电干扰会使血糖升高，使血液的碱性升高，导致情绪不稳定、胸闷、皮肤瘙痒等问题，对于心血管疾病患者还会加重病情。除此之外,静电还会使服装相互缠绕,影响服装美观,同时还会增加不适感,影响日常活动。衣服带静电后,吸附大量的灰尘、细菌,既影响人体健康,又缩短服装使用时间。静电会导致人体体表电位差的改变,导致心脏电传导的不平衡,引起心律的波动,进而损害健康。当人处在易燃易爆的高温环境中时,还有可能导致火灾爆炸,危及人的生命健康,甚至产生不可逆的严重后果。而蚕丝化学结构中带有大量的-OH、-COOH、-NH2 等带电的亲水基团,能够较快吸附空气中的水分,静电荷不易结聚,所以静电压低,相比其他纤维具有较强的抗静电性。

大气中的污染物硫酸雾、烟尘、甲醛等都会对人体呼吸道造成损害,长期刺激下会引发呼吸道疾病,实验研究显示,在同等条件下,丝素蛋白对烟草中有害气体的吸附力大于羊毛蛋白、玉米蛋白等物质,表明丝绸对大气中的甲醛、烟尘等有害气体有较好的吸附功能,可以调节大气中的温度、湿度,环保健康,将其用于窗帘、地毯中,可以有效调节室内温度,提升空气质量,还能减少空调使用,节省能源。并且蚕丝具有较好的阻燃性,实验表明,蚕丝纤维在加热到 100 摄氏度时,只有 5%到 8%会发生脆化,即使加热到 200 摄氏度或 300 摄氏度也只有 10%到 30%脆化,在同等的高温条件下,相比其他纤维具有更强的耐燃性和耐热性,并且其他纤维纺织衣物在燃烧时还会产生大量刺激性气味和有害气体,吸入后对人体产生伤害,而丝绸服装的多孔性纤维空隙可以减少有害气体对人体的侵害,丝绸衣物在遭遇火灾时,还能够对人体皮肤起到保护作用,减少烫伤、烧伤。

蚕丝富含大量氨基酸,与皮肤的贴合可增进并推动细胞活力,加速血液运行,阻止血脂凝聚,血管不易硬化。天然蚕丝纤维孔隙密布,亲水性基因良好,有利于吸湿、排湿,增强透气性能,调节皮肤干湿,同时吸收空气中有益身心的元素,排出因新陈代谢产生的二氧化碳,有益人体健康。

丝绸服装也有护肤、益身、养颜的功能。蚕丝富含高于珍珠的蛋白质,为人体防病治病提供天然屏障,有高于珍珠 37 倍的含氮量,富含人体所需的 20 多种氨基酸,满足人体健康的各种需求。亮氨酸,能加快细胞新陈代谢,促进伤口愈合,高级别的医疗制品以真丝制成;而赖氨酸、谷氨酸、丝氨酸、苏氨酸等能防止皮肤衰老,现在用真丝制成的种类繁多的美容产品,如面膜、乳液、面霜、眼霜等，广受消费者青睐；乙氨酸、甘氮酸、绷氨酸等可防止紫外线辐射，阻碍黑色素形成，让皮肤更光泽滋润，并按摩皮肤，加速血液循环，增加皮肤水分，延缓皮肤细胞老化，防止皮肤皴裂及增加角质，从而保障皮肤细腻柔软、弹性良好、光滑洁净、白皙自然；丝素低聚肽能够增强人体免疫功能，调节血糖，抑制糖尿病，可以缓解静脉曲张等症状。通过医学临床试验发现，蚕丝对人体具有药用保健价值。将丝胶清除后就可以得到丝素，其富含氨基酸，有降低血压，降低胆固醇等功能，日本已经把丝素添加到食品当中，在市场销售，受到广大消费者的青睐；此外，蚕丝中的氨基酸散发出的“细微分子”又有安神效果，预防失眠，被称为“睡眠因子”，因为蚕丝含有纤维中最好的“丝容积空隙”，具有良好的御寒恒力和保温性能，是制作被褥的最好选择，长期使用可促进睡眠，提高睡眠质量。因其优异的排湿性、保温性，蚕丝是四季适用、冬暖夏凉的被褥用料。冬天能降低热传导率，其保暖性能优于羊毛、棉花及化纤制品，比羽绒更贴合人体肌肤。夏季较强排湿性可保持舒适的温度。蚕丝具有抗菌、防螨、抗过敏成分，是过敏体质者的福音，不仅可以促进人体皮肤的细腻光滑，而且具有防止螨虫和病菌滋生的功能。

实验表明，蚕丝丝素与人体的角蛋白、胶原蛋白的结构相仿，并且与人体相容性极好，很少出现排斥反应，不致癌、不致敏，又被称为“仿生材料”，所以被应用到外科医疗手术中，上海丝绸研究所根据手术需要和人体特点制定了不同类型的蚕丝人造血管，用于血管搭桥移植、动脉治疗等手术，都取得了较好的治疗效果。除此之外，研究人员还将丝素运用特殊手段制成丝素膜，其透气性、相容性、无刺激性等优点都优于其他动植物或化学材料，用于治疗烧伤皮肤修复。

**3. 紫外线吸收与放射的作用**

太阳光线含有大量的紫外线，由于太阳活动、环境污染等因素的影响，导致臭氧层遭到破坏，大气中的臭氧正在逐渐减少，照射到地面的太阳光中紫外线大量增加，据统计，全球臭氧层平均每十年减少约 3.5%，对人类身体健康造成了极大的威胁。适量的紫外线照射对人体是有益的，但是照射过多的紫外线，容易引起皮肤老化，起皱、黑斑、眼疾，严重者可导致日光性皮炎、皮肤癌，过多的紫外线还会影响免疫系统，影响身体健康。所以人们开始重视对皮肤的保护，减少紫外线的照射，防晒衣、防晒霜等减少紫外线伤害的产品应运而生，真丝中含有的色氨酸、酪氨酸能防止紫外线的辐射，从而有效隔断并减少对人体的侵害，避险黑色素的产生，减少皮肤癌的发病概率。丝素中含有芳环的酪氨酸、色氨酸和苯丙氨酸等氨基酸，在日光照射下，与紫外线发生光化反应，在这个过程中，蛋白质分子主链的肽键发生断裂，分子链裂解，造成丝纤维的强力和伸度下降，光化反应过程中产生的色素会使蚕丝泛黄变色，这也是蚕丝相比于其他纤维氧化快、容易变黄的原因。丝绸制品应避免日光照射，因为蚕丝吸收了紫外线容易变色、褪色。除此之外，人体表层的黑色素细胞在紫外线的作用下能够发生作用，从而使皮肤变黑，蚕丝可以减少紫外线，抑制黑色素，减少色素沉着，所以将蚕丝通过化学加工处理提取到化妆品中，能有效阻挡紫外线，保护肌肤。

**4. 皮肤病治疗的奇迹**

蚕丝自古以来就用于丝绸服装制作，由于具有良好的生物相容性和力学性能，也逐渐被开发运用到生物医学领域中。蚕丝的丝蛋白含有多种氨基酸，可加快人体皮肤的新陈代谢，提高角质细胞的增殖能力，并且与人体皮肤的化学构成十分相似，具有良好的生物相容性，不会对人体皮肤产生刺激。由两根平行的单丝经丝胶袍合成的蚕丝纤维，含70%—75%的丝素，提供人体所必需的远高于珍珠的18种氨基酸，有利于人体健康。在多种氨基酸中，亮氨酸具有增强细胞活力，促进细胞新陈代谢的功能，有利于伤口愈合；苏氨酸、丝氨酸能有效保护皮肤预防老化；甘氨酸阻隔日光辐射。使用真丝产品，能预防并治疗皮肤疾病、促进伤口愈合。临床试验证明：丝织品治愈妇女妊娠期瘙痒症及老年性全身皮肤瘙痒症有效率达100%，对儿童痱子、小儿荨麻疹等有效率为80%以上。真丝袜子，因透气吸湿排汗效果良好，可以防治脚癣、脚气的发生。丝绸还具有防菌抗菌性，通过丝织物与其他织物的对比实验，发现丝织物具有更强的抗菌防菌能力，能够使伤口保持清洁，加速伤口愈合。丝素蛋白还具有独特的机械性能，拉伸强度和韧性强，吸水性好，将其运用于皮肤创面修复，可以减少细菌侵入，有效预防感染。

## 五、图案别致——“水波文袄造新成”

艺术以其独特的表现形式及较高的美学价值彰显人类的审美经验，承载人们发现美、创造美的历程。丝绸的美可描述为绚丽多姿、花团锦簇、清新雅致、含蓄隽永。丝绸图案强调形式的美感作用和自身的审美价值。丝绸是自然物与人自然融合的充满“和谐”之感的产物。根据织物组织、经纬线组合、加工工艺和绸面表现形状,丝绸划分为 14 大类,按照绸面的表现划分为 35 小类,每一类丝绸都有其独特的表现形式。丝绸形式美的真谛,就是单纯和多样的对立统一美。人们在劳动中认识了它,顺应自然法则,加工、发展,并且强烈地表现了这种美。

人们根据不同的织法,经纬交错,将一根根蚕丝组合成纹路各不相同的图案,质地各不相同的面料,创造出样式精美的丝绸,此外,人们还对蚕丝进行染色,颜色深浅、浓淡不同,这无不体现了人们对自然的加工与创造。艺术品的美感价值以情感为内驱力、以外在形式为媒介符号。丝绸花纹、图案有规律组合产生的美感效应直接作用于人的视觉感官,激发人的审美愉悦。在社会的发展过程中,人们赋予了丝绸社会意义。在古代中国,服饰是尊卑等级划分的重要标志,丝绸的发展在一定程度上反映了中国礼制的变化。《周易》记载:“天玄(天青色)地黄(土地色)。”指的是天子祭天时要着黑色上衣,黄色下裳,上衣下裳共十二章纹图案,后来的朝代基本延续了这些图案,成为帝王专用的纹饰。在中国古代服饰中,清代官员的补服尤其能反映丝绸与社会等级制度的关系,文官用飞禽,武官用走兽,文官是一品鹤,二品锦鸡,三品孔雀,四品云雁,五品白鹇,六品鹭鸶,七品鸂鶒,八品鹌鹑,九品练雀;而武官还用单兽,一品麒麟,二品狮,三品豹,四品虎,五品熊,六品彪,七品、八品犀牛,九品海马。

事物外部能被视觉所感知的形式即形态。设计丝绸图案通常采用具象形态和抽象形态。具象形态表现对象的直观性、生动性,包括自然界的山水、花鸟、虫鱼等动植物,经过艺术加工更增加张力;抽象形态脱离了自然物的本真形貌,是理性思维的结果,其基础是点、线、面、体的综合运用,包括偶然形、有机形、几何形等类型,可以生发广泛的审美空间,给人丰富的视觉美感效应。中华传统文化的基因为农耕文明,赋予我们的思维方式为具象思维,影响到中国艺术以具象为表现形态,历代丝绸图案以具象为主。当然,随着东西文化的交流,人们的思维方式呈现变化性、多元性,抽象形态的图案设计更多出现在丝绸产品中。正如黑格尔在谈到建筑形式的美时说:"……在这种比例关系方面保持恰到好处的中庸,使简单朴素之中寓有符合尺度的丰富多彩。"①对建筑的装饰他指出:"建筑也是许多地方要靠装饰。古代人,特别是希腊人,在这方面总是保持最美的尺度。"②这些观点诠释了黑格尔艺术美的标准,强调比例关系的恰当能形成丰富多彩的世界,虽然是以欧洲建筑为例,但具有普适性;能启迪丝绸图案的装饰形式设计,呈现艺术形式的标准,展示比例在艺术中的应用。这昭示设计者应遵循视觉美感规律,通过美的属性和组合法则创造出最舒适、最能形成审美期待、最调动审美感官参与契合美感形态的组合。

丝绸还体现了人们的真情实感。在社会发展中,人们逐渐赋予了丝绸各种意义。同时,丝绸的发展推动了丝绸文化的发展,人们创作的相关诗歌,流传的神话传说与民谣等,都将丝绸文化作为一种意象融入文学作品创作之中,是人们精神文化的体现。唐代是中国丝绸发展史上的繁荣时期,丝绸种类繁多,工艺精密,丝绸产业迅速发展,对文学创作产生了巨大影响。"锦"因其色泽艳丽,制造工艺繁复,价格昂贵成为唐代上层社会所青睐的丝质品之一,这一丝织品成为唐诗中常用的意象,如李白《感兴六首》:"锦衾抱秋月,绮席空兰芬。"刘希夷相和歌辞《白头吟》:"光禄池台文锦绣,将军楼阁画神仙。"我们从这些诗歌创作中可以直观形象地感受到"锦"的绚丽多姿。唐诗中也多将丝绸与女性形象联系在一起,如李白的《赠郭将军》:"爱子临风吹玉笛,美人向月舞罗衣。""罗衣"本是指代用丝绸制品做成的上衣,诗歌中用罗衣描写了光彩照人的贵族妇女形象,逐渐成为一种象征女性形象的文化符号。除此之外,还有描写丝绸工艺的诗歌,"捣衣"是古代常见的丝绸工艺,在唐诗中通常与宫怨、闺怨等联系起来,白居易的《闻夜砧》:"谁家思妇秋捣帛,月苦风凄砧杵悲。"表现了思妇为远方服兵役的丈夫捣帛做衣的愁苦之情。丝绸深深浸入到文化创作当中,为文化创作提供了丰富素材,促进了文化艺术的繁荣。由此看来,丝绸也是静态艺术美的一种表现形式。

---

① [德]黑格尔:《美学》第3卷上,朱光潜译,商务印书馆2017年版,第76页。

② [德]黑格尔:《美学》第3卷上,朱光潜译,商务印书馆2017年版,第75页。

丰富多彩的世界赋予人们审美对象的多样，审美观念的不断变迁，自古以来，人们就懂得用花纹装饰艺术甚至身体，如纹身、纹面等。服饰作为人的形象外观，最直接展现文化传统，世界上许多民族的服饰印制着本民族的文化符号，如象征生命力、权力、氏族的图腾标志等。中国历朝皇帝龙袍以龙为纹，皇后以凤为图，彰显皇权的威严与龙凤崇拜；古埃及、亚西利亚等以莲花及“生命之树”为图案，展示对美丽世界的注目及对生命起源的追问；古印度、波斯以所产之石榴、椰子、菠萝等为装饰图案，再现生活场景；古代欧洲的纹章，表现狩猎文化的影响。文化圈、历史环境制约丝绸织物纹饰的意义，形成不同的审美价值，正如车尔尼雪夫斯基在《生活与美学》中强调的：美的概念生成及价值呈现是一个历史范畴，不同时代呈现不同时代的美。① 丝绸织物从新石器时期走来，穿越历史烟云，获得文化滋养浸润，图案呈现不同寓意。例如，在我国古代，因龙凤崇拜使其图案成为皇权的象征，延续数千年之久，但变迁的历史让龙凤图案回归民间还给了人民，代表喜庆与爱情。可见历史会改变丝绸图案的传统文化内涵，其象征意义不断转换，直接制约纹样的审美价值。

综观我国丝绸图案，它们集合了历代设计者对生活的体验与提炼，人们主要采用花样繁多、变化多端的四方连续图案。从战国的几何纹、动物纹到魏晋的连珠纹到唐代的联珠团窠，再到宋元的团花窠。其图案既是本民族情感的寄托，也体现外来文化的影响。唐宋以后，随着人们对世界认识的变化，更愿意在丝绸织物中使用寓意图案，抒发感情，寄托理想。如唐朝的“陵阳公样”主要特点是图案上下左右对称，数量也是成对出现：对羊、对龙、对马等，象征吉祥、祥和之意，也是大唐盛世时代精神的反映。从魏晋人物品藻开始，被誉为岁寒三友的松、竹、梅，因为植物的耐寒属性与人的品格的联系，梅兰竹菊被称为四君子，也以其高洁的品性、端庄的姿态、沁人心脾的幽香成为装饰图案。传统文化积淀下具有浓厚民族色彩的动植物纹样，充分体现在明代尤其是明末清初的丝绸织物纹样上，通过自然物本身的内外属性与语言谐音的结合，赋予其崭新的含义。如凤凰与太阳的联合绘制成“丹凤朝阳”；蝙蝠与云的结合

---

① ［俄］车尔尼雪夫斯基：《生活与美学》，周扬译，生活·读书·新知三联书店 2012 年版，第 58 页。

表示“福从天来”;海棠与金鱼生成“金玉满堂”;青莺鸟栖息结果的桃树名“青鸳献寿”等,表达中华民族传统文化对美好、祥和、吉庆的追求。“八宝”“八仙”展示古人的认知方式、审美对象与观念;万年青、芙蓉、桂花图案的搭配,代表荣华富贵的长盛不衰。旗袍为中国国粹,最能展示中国女性的典雅气质、高贵身份、婀娜身姿,自清王朝兴起,到近代兴盛。其面料以精美的丝绸为主,科技的进步带来丝绸面料种类的多样,例如上海美亚丝绸厂就包括缎、绉、葛、绸、绒等品类,其他各大丝绸厂也推出了维纳斯、美玉缎等新面料。在纹样上,也发生了变化,相比于古代传统的平面纹样,近代时期的纹样更加写实化、立体化,利用泥地点光、撇丝影光、渲染影光等技法来实现光影变化,在视觉上营造立体感,使服装上的纹样更加逼真写实。近代东西方文化交流频繁,纹样也呈现出中西合璧的特点,既继承了中国古代的传统纹样,又带有西方艺术的影响。例如,“花大叶小”是明清时期缠枝纹和串枝纹的表现技法,近代受到西方叶纹的影响,逐渐增大叶的面积,缩小花的面积或者以叶组成花状,叶成为纹饰的重点,这与西方认为叶能够彰显生命意义的文化传统是分不开的。随着清王朝封建统治被推翻,丝绸纹样的等级象征性也逐渐消失,不再是身份尊卑的象征,也不仅仅局限于花草、动物等图案,更多是满足于人的需要,不仅展示人体的风姿,也强调服装与生活环境的协调融合,相得益彰,更凸显丝绸的魅力。

丝绸的美依托视觉感官获得,其审美效果离不开形式美的三元素,尤其是形与色关系的巧妙设计,是通过形与色、形与形、色与色的有机搭配获得的。形式美的属性及组合规律的有机统一赋予丝绸以无穷魅力。在强化丝绸纤维形态的强弱、虚实、主次、大小相间的对比、节奏、比例、均衡等规律组合的同时,经艺术加工,赋予动物、植物、花卉、人物、几何图形既清晰又模糊,既庄重又妩媚的审美效应,产生含蓄蕴藉的局部美感与和谐整齐的多样统一效果,实现最丰富最有感染力的美感价值。

## 第三节　中国丝绸与文化自信

中国丝绸有着丰富的历史文化价值,既是先民满足生活需要的一种物产,也是勤劳质朴的人们寄寓个人精神追求与美好祝愿的载体。商代甲骨文中已有对“丝”“桑”“帛”的记录,约成书于春秋战国时期的《尚书·禹贡》为最早记载中国丝绸的传世文献,已经提到各种丝绸类型,包括“丝、织文(有花纹的丝织品,即绮)、玄纤缟(纤细的黑白缯和白缯)、玄纁机组(黑色和浅红色的丝织品)等”①。《尚书·禹贡》将当时的中国分为冀、兖、青、徐、扬、荆、豫、梁、雍九个州,提到贡品中有丝织物的就有六个州。② 由此可见丝绸作为春秋战国时期的重要手工业产品,在古代中国的生产发展中起到重要作用。同时,对权贵阶层而言,它作为一种贡品,能够彰显自身的权威与经济地位。丝绸,不但可以作为赋税缴纳的替代物,还被视为特定阶层身份的象征。

丝绸之路诠释文化自信。只有高度的文化自信,才能热情、坦荡地接受外来文化,如历史上大汉风流、盛唐气象,就是多种文化交融的结果。如敦煌莫高窟220窟的舞乐图,画面中中原式灯楼及西域式灯轮并出,不同肤色的乐人,演奏着中原的乐曲,从外国传入的弹拨乐及西域少数民族的吹奏乐、打击乐。舞伎的舞姿体现胡旋舞和胡腾舞的魅力。可见,丝绸之路以跨文化的传播方式展示了兼容并蓄的文化自信。习近平总书记在党的十九大报告中提出文化自信这一最具哲理性、民族性、世界性的命题,并明确倡导:“全党要坚定道路自信、理论自信、制度自信、文化自信。”③强调“文化自信,是更基础、更广泛、更深厚的自信”。④ 阐释了文化是一个国家、一个民族发展中更基本、更鲜活、更深沉、更持久、更具伟力的强大力量,呼吁并号召各社会组织、学术团体等集中智慧,深入挖掘、精心整合中华优秀传统文化,解读其中蕴含的丰富道德规范、思想观念、传统价值、创新意识及人文精神。文化自信整体看是强化对本民族文化的自我认可,崇尚、坚守文化理想,只有结合时代不断创新,才能展现中华文化的时代风采及永久魅力。具体而言,文化自信是一个民族、一个国家以及一个政党对自身文化价值的充分肯定和积极践行,并对其文化的生命力持有的坚定信心,从而对国家和民族未来发展以及自身走向具有高度自信与强大信念。

---

① 黄明:《奇迹天工—养蚕缫丝》,天津教育出版社2014年版,第8页。

② 王翔:《晚清丝绸业史》,上海人民出版社2017年版,第43页。

③ 《习近平谈治国理政》第二卷,外文出版社2017年版,第36页。

④ 《习近平谈治国理政》第二卷,外文出版社2017年版,第36页。

“坚定文化自信,其价值在于,这不仅是凝聚中华儿女坚定统一思想信念的文化根源,也是实现伟大中国梦的最深厚的、来自中华民族历史文化基因的源动力的支撑,更是使人们坚定文化价值认同,使其能够蓬勃发展的重要精神动力。”①当然,真正的文化自信要尊重差异、认同发展、接受实践检验,不仅是自觉传承与创新发展自身文化传统,也体现为海纳百川、博采古今中外优秀文化遗产的恢宏气度,同时要有立足当下、创新未来的勇气和实践。文化自信的三重意蕴:文化主体的自我相信与身体力行,文化客体的千姿百态,文化态度的兼收并蓄,这是对国家、民族、历史积淀的文化精神、文化传统、文化资源的高度认同与珍惜,进而产生自豪感、尊严感、荣誉感。

“没有哪一种文化体系,在缺乏强大自信的状态下能够真正挺立于人类文明的源头;没有哪一个民族和国家,不将文化自信的培育激发置于提升文化力量、赢得文化优势的重要位置。”②文化自信是文化发展的动力机制,涉及的对象众多、内涵丰富。有丰富内容和深厚基础的当代中国文化自信是中华优秀传统文化创新性发展、创造性转化的结果。正如习近平总书记一再强调的,“要坚定文化自信,推动中华优秀传统文化创造性转化、创新性发展,继承革命文化,发展社会主义先进文化,不断铸就中华文化新辉煌,建设社会主义文化强国”③。文化历史、文化理念、文化模式、文化现象及价值、信仰、风俗习惯等都蕴含其中,且呈动态、能动的演绎,处于不断发展变化之中,这是文化命运的群体性建构与主体性自觉。中华文化几千年的发展历程,赋予文化自信充实的资源,四大发明推动世界历史进程,丝绸之路发挥人类物质文明互通、精神文化交流的作用。对中华文化的传承是对民族文化理想的信仰、坚守,对民族文化价值的认同与传播,对民族文化创新的信念执着与方法追求。我们应该坚持发展与反思、传承与创新的结合,以辩证方法对待历史文化,既不执拗于传统文化的泥古守旧,也不执迷于外来文化的盲目崇拜。

---

① 冯颜利:《文化自信与中国共产党人初心使命的文化认同逻辑》,《理论与改革》2020 年第 6 期。

② 花建:《文化软实力——全球化背景下的强国之道》,上海人民出版社 2013 年版,第 15 页。

③ 习近平:《在教育文化卫生体育领域专家代表座谈会上的讲话》,人民出版社 2020 年版,第 5 页。

# 第六章　“一带一路”视野下西部丝绸文化发展的挑战与机遇

“一带一路”为西部丝绸生产和文化发展提供了难得的机遇，也带来了不少挑战。西部丝绸应当在总结过去经验教训的基础上，勇于立足现在，大胆面向未来，用博大的心胸迎接百年未有之大变局，争当时代弄潮儿。

文化为立国之本，改革开放40多年来，在中国经济获得快速发展、国力逐渐强盛之际，文化建设被提到前所未有的高度。2017年，中共中央办公厅、国务院办公厅印发《关于实施中华优秀传统文化传承发展工程的意见》，提出了中华优秀传统文化传承发展的重要意义和总体要求，明确中华优秀传统文化的主要内容及实现创造性转化、创造性发展的重点任务。在新的历史时期，绝不能在我们这一代让传统文化发生梗阻，甚至断流，务必确保中华文脉绵延不断、枝繁叶茂。习近平总书记多次强调文化传承与建设的重要性。2021年12月14日，在中国文联第十一次全国代表大会和中国作协第十次全国代表大会上，习近平总书记强调，要增强文化自觉，坚定文化自信，展示中国文艺新气象，铸就中华文化新辉煌。中华民族精神，总能凝聚千千万万中华儿女，奋勇向前，前赴后继，使中华民族得以生生不息、发展壮大。传承发展传统文化是弘扬民族精神、实现民族复兴中国梦的必由之路，是坚定文化自信的时代要求。传承发展传统文化是坚定文化自信、丰富人民精神家园的时代要求。现代化、全球化、城市化进程令人应接不暇，商品经济日益繁荣，追求物质享受远远超过精神需求，精神空虚后再度充斥着更多的物质享受，传统文化逐渐淡出日常工作与生活。计算机技术突飞猛进，互联网进入千家万户，智能手机等终端设备普遍使用，有的人热衷于快餐式文化，追求即时的满足感，选择用网络取代阅读，用游戏代替思考，不知不觉中无暇顾及传统文化；加之社会竞争激烈，人们更多追求实用性技术，传统文化很难在现代社会各行各业多个领域中发挥其应有的作用；同时学校教育受升学率影响，传统文化教育被显性弱化；有些从事传统文化工作的"文化人"的文化精神普遍淡化，文化更多是谋生的工具；历史虚无主义试图解构中华传统文化的价值认同，"中国传统文化衰落论"也影响中华文化的根基。事实上，以美国为代表的西方国家实施文化霸权，唱衰中国经济，诋毁中国文化，不择手段地推广所谓的普世价值，不断颠倒是非，意在颠覆马克思主义意识形态在中国特色社会主义建设中的主导地位和引领作用，使我国文化生态受到挑战，传统文化同样受到冲击。日漫、韩流、欧美文化不断盛行。外来文化的影响已经深入到社会经济和文化生活的各个方面，冲击着传统文化的价值观念，特别在青少年人群中，存在片面追求西方文化的现象。工业化、现代化、城市化进程的加快，大大压缩了传统文化传承发展的空间，一些传统文化面临失传和消失的危机。

## 第一节　丝绸文化发展的现实困境

从辩证法的角度看，任何事物的发展都不是一帆风顺的，往往是曲线结构，有高潮，也有低谷。纵观丝绸文化历史，其历程与政治制度、国家统一状况、经济条件、科技发展水平等密切相关。一般体现为，越是国力雄厚、民众富裕，丝绸行业形势良好，越是国弱民贫，往往行业萎缩。1949 年以后，特别是改革开放以来，丝绸行业取得了辉煌成就。但一段时期内，因创新能力不足，科技含量有限，缺少核心竞争力，很多传统产业都遭遇困境，丝绸也不例外。在城市化进程中，衰败的乡村、流失的人口、萎缩的低端产业格局直接导致原材料匮乏、从业人员大幅减少、产值产能下滑，丝绸企业大量倒闭、亏损，出口量暴跌，利润微薄。要解决这些困局，必须正视现实，深究原因，探求变革路径。

### 一、乡村衰退引发资源匮乏

乡村，通常指居民从事农业活动，人口分布较为分散的居住场所，新石器时代就有了原始村落，常以血缘为纽带，逐水而居，这是农耕文明的载体，也是中华民族精神上的原乡。“今天的中国农村，正在经受着前所未有的巨变，其变化关系着农村传统存在方式的存亡，以及农民连根拔离土地以后的出路何在。”①乡村文化是在长期社会交往互动中逐渐沉淀的精神产品，具有规范乡民行为、调整乡村关系、维持乡村稳定、凝聚民心、促进社会发展的作用。近代以降，工业化、城市化、全球化、现代化的进程，改变了乡村格局，呈现为相对性的逐渐衰落。当然，“从人类文明发展史来看，乡村衰退是一个世界性的问题，是城市化和工业化驱动的必然结果”②。

蚕桑业历来是农村经济的重要模式，具有季节性强、劳动强度大的特点，需要具有勤劳品质、专业技能、强壮体能的从业人员。桑树栽培不管田间地头还是房前屋后必须土地肥沃，桑叶采摘、养蚕取茧是高强度劳动。土地的荒芜，青壮年劳动力进城务工，导致蚕桑从业人员严重缺失，毁桑成为普遍现象，养蚕也变成一种回忆。产业链的断裂使行业发展受阻，上游产业的萧条必然带来下游产业的失衡、无序，导致大量丝绸厂倒闭，失业人员增加，产值产能严重下滑。丝绸产业由传统的支柱产业演变为边缘产业、夕阳产业。

## 二、设备落后致使产能不足

设备精良是生产力水平提高的重要条件，从历时层面看，以石头为工具是人类发展的契机，铁器的出现推动人类前行的进程，工业革命带给人类翻天覆地的变化，极大地改善其生存状态，高科技文明让人类摆脱繁重的劳役束缚，拥有享受生活的时间和方式；从共时层面看，先进设备是社会经济增长、国力强盛的依托，目前世界上发达国家和地区机器设备普遍技术水平较高。丝绸业的发展离不开设备的不断改进，从人工到工业机器再到智能化设备。民国时期，南充地区以张澜、何慎之为代表的蚕业复兴者都是从引进日本设备技术开始。中国的改革开放在转变观念的同时，考察西方国家工业生产状况并引进先进设备。但丝绸行业在走过20世纪90年代的辉煌后，一直起伏不定，甚

① 陈思和：《中国现当代文学名篇十五讲》，北京大学出版社2013年版，第345页。

② 姚云云、东波、曹隽：《城市化进程中乡村地域的相对性衰退与振兴——基于发展社会学视域的思考》，《沈阳大学学报（社会科学版）》2019年第6期。

至走向急需拯救的边缘。除去市场原因，设备陈旧，技术创新不够，导致产能严重不足是重要因素。现代分子技术、仿生学、基因遗传学的发展，为丝绸科技提供了广阔空间。但长期以来，我们对科技创造的认识及投入不足，设备技术过度依赖进口、模仿，缺乏自主知识产权，自主技术成果转化速度慢、能力弱，一旦国际局势变化，就很容易被卡脖子。如民族品牌华为，因芯片进口通道关闭，艰难开拓的市场、保持的拥有量很快就被别的品牌占领，市场一旦失去，要再夺回，不亚于虎口夺食，艰难倍增。丝绸业如果静观其变，不寻找改革创新的路径，很容易陷入恶性循环。目前国内丝绸生产设备远未能适应、满足消费者的多元需求。原有的国营大厂本身设备陈旧，改制后生产商追求短期效应，投入不足。民营中小企业因观念及财力限制，缺少对设备的更新换代，加上国际市场的风云变幻，丝绸行业形势变化莫测，企业不愿意冒险投资。设备落后带来一系列严重后果，产品质量受到严重影响，数量难以满足市场需要，远未能适应、满足消费者需求。

丝绸加工具有原始性、粗放型特征，是几千年中国传统产业，是农耕文明自给自足的产物，一直以来技术装备水平提升缓慢，从早期的农户个体运作到后来的作坊生产再到工厂织造，因为生产流程简单、制作方法单一、技术含量不高，成为大众生产方式。现代科技的发展，新材料合成技术、加工织造技术、自动化设计技术、人工智能技术的日新月异，促使需要改进丝绸加工设备，推进现代化水平的提升。但因丝绸行业本身属于粗放式生产，人力成本高，利润低，加之国企生产时期税收比例大，积累有限，导致缺乏对设备升级换代的经济基础。民营企业经营者追求短期效应，缺乏更新设备、改造技术的内驱力与前瞻性，导致技术进步缓慢、设备更新延迟，产品结构调整力度小、效果差，品种开发难度高、动作慢。

生产观念的滞后、经济基础的薄弱更制约了丝绸产业的现代化转型。丝绸企业缺乏高端技术装备，印染技术水平低下，且结构不合理，质量低，档次差，主要以原材料生产为主，或者给沿海企业代工，缺乏高品位、高附加值的新产品，难以获取较高利润。产品结构趋同化严重，多大众产品，少特色产品，难以树立品牌形象。并且中低档同质化产品的过度竞争，导致市场饱和度高、库存积压严重。过度依赖薄利多销的恶性厮杀，必然增加资金压力、削弱竞争力,市场占有率低。20 世纪 90 年代,丝厂林立,产业兴旺,原材料匮乏,引发蚕茧大战,导致竞争无序,供求关系失衡,最后的结果是大量丝绸厂倒闭,行业严重萎缩。这些充分说明在以质量、品牌、技术为竞争实力的年代,缺乏创新必然被市场淘汰。

近年来,全国同行业先进无梭织机发展迅猛,而作为“中国绸都”之一的南充设备较为滞后,仍然以 K251 型有梭织机为主,处于 20 世纪 80 年代中期技术水平,现代化程度较高的无梭织机数量仅为 48 台,在全市织机总数中仅占 1.26%,无梭织机与有梭织机的比例严重失衡,仅为 1 : 96,远低于全国的 1 : 15,日本的 1 : 1.6,美国的 6 : 1。设备的落后必然影响产业发展,难以制造出精品、名品,只能是粗加工,更多的利润转手下游。江浙丝绸历史悠久,尤其是观念转变迅速,各企业注重设备的更新换代,尽量与国际接轨,强化产品的创新,抢占丝绸行业高端市场,努力实现“织绸无梭化、产品终端化、销售国际化”的现代生产经营方式,使丝绸经济成为江浙经济的重要组成部分。近年来南充市政府比较注重丝绸产业的发展,各企业着力技术改造,但由于企业转型、从业人员技术水平不高,银行支持力度小及被作为夕阳产业没有能够获得投入,没有实力施行大的技改项目,整体设备远远落后于发达国家及地区,缺乏新产品研发,产品以原料或半成品为多,质量低、效果差,少有精深加工,不能彰显特色和品牌效应,附加值不高,生产经营方式多数以来料加工为主,难以做强做大。如六合集团经历百年沧桑,曾经名冠亚洲,多种产品获国际大奖,却走上破产倒闭重组的路。阆中绸厂、美亚集团等因执着于原材料、半成品的生产,缺乏前瞻性,都消失在企业改制、调整的潮流中。

## 三、品牌萎缩产生无序竞争

品牌是企业的灵魂,集中体现其综合实力、软实力,能满足人民群众日益增长的对美好生活的需要,也是企业核心竞争力、综合影响力的载体,是企业依靠优质的产品、优良的用户服务赢得特定市场消费者的有效方式,是企业信誉累积的结果,是核心竞争资源,传递着企业形象、企业精神,是产品品质水准的标志,企业无形资产的重要构成因素。品牌是企业在激烈的市场竞争中赢得客户、提升企业经营效益的支撑,是企业知名度、美誉度及用户忠诚度的保证,被视为现代企业宝贵的信誉财富。很多欧美企业品牌受到法律法规的保护和企业经营者的珍惜,大多具有长效性。尤其是一些高端品牌百年不衰,如奔驰、宝马、大众、丰田汽车,香奈儿、LV 时装饰品,苹果系列电子产品等。中国品牌由于知识产权法的滞后,企业管理者的频繁更换,民营企业过分追求短期效益等原因,缺乏对品牌建设、维护的理念和投入,品牌的创立、延续、发展、传播难度很大。同时,科技的高速发展,消费者诉求变异加快,使品牌转换周期缩短,昨日名动江湖,今天无人问津。网络的发达,也诱导、制约品牌的形成与传播,近年不断出现的网红品牌,绝大多数是名噪一时。当然,人类追新逐异的本能导致品牌延续的不易,但经营者自身的意识及行为才是关键。

德国霍克海默的《启蒙辩证法》界定了文化产业的概念,即以创新为依托以市场商品化为基本方式,内容表征为无形文化,保障著作权。他的定义主要集中在知识的转化与权利的保护。2019 年 3 月,国家发展改革委在《2019 年新型城镇化建设重点任务》中提出,要保护、传承优秀农耕文化遗产和非物质文化遗产,在此基础之上对其进行适当开发利用,将特色文化产业化,振兴乡村传统工艺。[①] 改革开放改变了生产结构,改变了人们的生活方式,大力提升了人们的文化素质。网传媒体的普及,扩展了人们的视野。传统产业需要文化的渗透、包装,传统文化需要借助产业才有普适性,从而满足大众的消费需求。比如张艺谋的“印象系列”遍布名山大川的旅游景点,以艺术为载体,以特色地域文化为纽带,以发展经济为目的,以实景为依托,在相对开放的空间里艺术地呈现人文历史、地理风光,将旅游资源、地域文化与各门艺术有机结合,产生了良好的社会效益和经济效益,不仅提升了当地的知名度,传播了传统文化,而且增加了就业率,提升了各项经济指标。

在经济全球化、文化多元化的背景下,伴随第三产业的崛起,文化产业在世界经济结构中的占比不断增大,已发展为最具增值潜力、最具环保价值、最能体现人类创造力的新兴产业。文化产业能创造出人类财富新形态,支撑发达国家经济,为发展中国家提供经济增长渠道,成为国际公认的朝阳产业,与

---

① 《国家发展改革委印发〈2019 年新型城镇化建设重点任务〉》,《决策探索》2019 年第 9 期。

信息结合形成世界潮流,产生巨大又影响深远的扩张力,能全面有效提升综合国力。改革开放以来中国社会从温饱奔向小康,产业不断转型升级,尤其在文化自信的场域中,统筹发展成为新亮点,但规模、效果、方式与发达国家比较距离较大。人才是基础也是动力,直接影响品牌的塑造与完善,因为人才流失将导致创新无力。部分企业研发投入不多,队伍不强,产品品牌塑造乏力,缺乏核心产品和核心品牌。企业将主要生产力用在半成品加工和代工消费中,自有品牌研发力度不足。现实中,在各大丝绸企业的销售展厅,销售的真丝睡衣、丝巾、床品等,从品类、图案到款式大同小异。终端产品市场竞争力不强,当下西部丝绸产业整体的开展现状就是一半强壮,一半衰弱,真是“丝绸丝绸,越做越愁”。

品牌作为企业无形资产,是企业文化、企业科技水平、发展理念的集合体,是企业拓展国内外市场、提升知名度获得美誉度的保障,不仅可以带来丰厚的物质利益,更可以引领精神生活。如盛泽丝绸是江浙丝绸的代名词。当然,质量是品牌的基础,只有质量领先、产品超前、服务优良才能成就被认同受青睐的品牌效应。单纯依靠媒体造势或商标设计是不可能占有市场的。如茅台作为品牌本身就是一种无形资产,LV 的价格中很大成分是品牌因子。丝绸产品必须依靠质量优先、花色多样、款式新颖、功能全面赢得消费者。

21 世纪是“品牌战争时代”,尤其是数字媒体阶段,品牌是生产与消费的动力。品牌意识的模糊加速竞争的无序。很多生产企业追求短期效益,以贴牌、代工为主要方式,不仅加快自主品牌的衰退,更带来行业局势的危机。

基于丝绸行业的总体状态,企业更应该高度重视品牌战略,采取切实有效的战术与灵活的方法,强化品牌意识、加强品牌研发、设计品牌标志、构建营销网络,如积极参加各种展会,提升知名度。“中国国际丝绸博览会”参展国家众多,“中国丝绸节”具有行业领先效应,“中国丝绸交易会”可构建有利平台。多方式、多渠道展示自身优势,充分利用线上线下结合获取更为广泛的销售渠道,赢得更多终端客户;同时广泛收集市场信息,分析市场需求,总结管理经验,提供营销决策依据;建立适应市场需求的质量高、品种多、批量小、交货快的快速反应机制,应对市场的千变万化;投入力量,重视产品开发。创新是高科技时代占领市场的法宝,应有针对性地研发高性能多用途的产品,优化其功能性、文化性、民族性、礼品化、配套化特征，满足不同群体不同层次的需求；以展示西部丝绸文化，规模大、种类多的西部茧丝绸交易市场，汇聚西部丝绸资源，扩大西部影响力。企业内部应加快设备的更新换代，为品牌建设提供坚实基础，可采用设备注册制度，监管设备折旧，完善设备淘汰与更新机制；加大科技创新力度，构建产学研链条，优化产品结构；拓展销售渠道，形成从栽桑养蚕到制茧缫丝织绸一条龙开发服务。通过高科技手段增强丝绸产品的抗皱性、保色性、防缩性，提高后期印染、加工工艺，实现服装的功能多样化、外观审美化、质地精良化。

## 四、人才流失导致创新乏力

人在向死而生的过程中，总是在不断反思过往、发现未知。从人的自然属性看，“人往高处走，水往低处流”，人类具有选择更利于自我生存环境的天性。从社会科学看，人口迁移受推力—拉力理论影响，个人发展状态、迁出地的条件、迁入地的因素、中间阻碍因素等都会制约人的前行方向。2020 年初热播的电视剧《山海情》诠释了人类趋吉避凶的本能。近年乡村治理有一项有效的方式就是易地安置，“悬崖村”的整体搬迁意味着“一步跨千年”，直接改善了当地人们的生活方式，提升了其幸福指数。太过恶劣的生存条件必然制约经济发展，更不能吸引人才。迁出地和迁入地的推力和拉力左右迁移行为的发生。促成人口流动的因素有：自然社会环境、基础设施建设、区域经济条件、工资收入、生产成本、教育成本、就业机会等。西部地区虽然有着辉煌的文明历史，丰富的文化基因，但原有的综合型工业基地迅速衰减甚至消失，资源性城市主导使产业衰退、企业设备和技术老化、竞争力日趋下降、就业矛盾突出，丝绸行业人才流失严重、品牌形象模糊更为凸显。“有关资料显示，我国中小企业平均人才流失率大约在 50%，而中小企业正常的人才流失率应在 15%以下。”①丝绸行业人才流失的原因主要有：平台不高。随着高科技社会生活的到来，人们更倾情于高产出的职业，丝绸企业由于传统制约，大多属于低端密集型产业，很难吸引、留住人才。所属区域相对偏僻，信息传播缓慢，人

① 薛晓明、汪余学：《中小企业人才流失及对策分析》，《河北企业》2021 年第 11 期。

员就业途径单一。大多是小微民营企业,很难给高端人才提供施展才能的平台。总体薪酬偏低。生存是人的基本要求,薪酬是衡量企业吸引力的重要指标,有留住老员工、吸引新人才的作用。西部丝绸行业粗放化生产方式突出,又地处内陆经济不发达地区,员工薪酬普遍比较低;城市活力难以满足求职者的期待。近年来求职者逐渐年轻化、知识化、专业化,思维活跃、自主意识强,选择职业注重发展空间,更倾向机会多、创新活力较强、交通网络完善、经济发达的一线城市。西部丝绸企业多集中在三、四线城市甚至乡镇,难以获取人才资源。追新逐异是人的本能,审美疲劳是人类独有的特质,新颖是驱动市场运行的重要动力,创新是企业不懈的追求。人才的缺失必然带来创新乏力,导致恶性循环,拉大沿海与内陆、高新技术产业与传统产业的差距。

## 第二节 丝绸文化的发展机遇

中国的气化哲学,玄之又玄的道赋予中国文化的变通性。被称群经之首、大道之源的《周易》,其哲学思想的核心是“易”,即“变”,主张“穷则变,变则通,通则久”,认为世间万物处于永恒的变化中,没有永远的阳光灿烂,也没有永远的阴霾密布,只有不断变革才会通达,通达才能长治久安,“唯变所适”。人必须遵循变易规律,建立变易的世界观,人类才会进步,社会才会发展。历史是螺旋式上升的,西部丝绸文化发展历程也经历了反复的盛衰变化。针对东部高新技术产业发展迅猛,传统蚕桑基地缓慢萎缩的情况,相关部门实施“东桑西移”,重新布局蚕桑产业。特别是“一带一路”倡议在国内外的影响及产生的广泛效益,文化自信方略的全面落实,20 多年西部大开发积累的丰富经验与丰硕成果,以及近年来精准扶贫、乡村振兴缩小了城乡差异,减少了东西不平衡,改变了人们的生产生活方式,为丝绸文化的再造奇迹提供了有利契机。

### 一、“一带一路”倡议、文化自信方针的提出

古丝绸之路开启了中华民族探索联通世界的方式,通过货物贸易、文化交流,搭建东西方文明汇聚、融合的桥梁,形成了平等、互通、互惠、互信的“丝路

精神”，促进欧亚大陆之间经贸往来，促使不同种族、不同文明包容、和平、有序发展。新时代中国根据经济全球化的潮流趋势，提出“一带一路”倡议，致力于具有包容性地构建合作共赢的全球价值链，为经济全球化发出中国声音，作出中国贡献。改革开放以后，我国大力发展经济，提升中国形象，但随着改革的深入，产能过剩、外汇资产过剩等问题突出，对国外的油气、矿产、粮食等资源过度依赖，沿海工业和基础设施过度集中，缺乏保护屏障，容易遭遇外部打击，需要通过更加体系化的对外开放扩大市场空间、化解矛盾，实现发展上新台阶。在“一带一路”沿线各国政府和人民的共同努力下，“一带一路”倡议正在逐步从创新理念转化成为实际行动，从宏伟愿景转变为现实图景。通过建设内通外联的开放发展格局，使西部地区成为海陆内外联通的“中心”。“我国西部地区是‘一带一路’倡议的主要参与者、建设者和成果惠及者，具有举足轻重的地位。”①“一带一路”串联世界上多个经济圈，强化各区域的繁荣稳定，促进了东西部经济的平衡发展，加速东西部产业移动。交通网络的构建、基础设施的完善、国际合作的顺利、文明的互动发展都取得了卓越成效，“一带一路”成为当前全球最受欢迎的国际公共产品、最大的务实合作平台。截至 2023 年 1 月，我国已与 151 个国家、32 个国际组织签署 200 多份共建“一带一路”合作文件，扩大原有双多边经济贸易合作协议的覆盖范围和影响力。

党的十九大报告指出，必须坚定文化自信，从历史典籍、民间生活中挖掘、整合、更新中华优秀传统文化，号召全国各族人民积极参与文化建设，深刻认识自己的过去，相信民族文化的深厚伟力和力量之源。习近平总书记明确指出，文化自信必须根植于厚重深邃的民族传统文明，必须向古老的乡村寻找文脉和根基。“一带一路”倡议的提出，体现了复兴中华文化的坚定决心，是文化自信的明确表述。从历史语境看，文化始终是一种更深厚、更纯真、更具活力、更持久的内在精神伟力，以其自觉性、先导性、人文性、鼓动性为民族复兴伟业、乡村振兴战略提供了道德滋养、精神动力、智慧底蕴。从现实场域看，以道路自信、理论自信和制度自信为基点，明确文化自信的基本内核，精心构建

① 郑嘉禹、沈蕾：《新时代推进西部大开发形成新格局的三个维度：历史成就、时代意义和实践理路》，《石河子大学学报（哲学社会科学版）》2021 年第 4 期。

精神标识,融合中华优秀传统文化与地域文化、民族文化、革命文化,社会主义建设时期积淀的先进文化、乡村文化,复归、构建、更新新时代文化大系。

## 二、西部崛起国家战略出现

西部地区生态资源丰富,境内水源较为充足,是黄河、长江、珠江、澜沧江等重要河流的源头,山脉纵横,植被丰富,喜马拉雅山、阿尔泰山、祁连山、横断山、贺兰山各显风姿,四大盆地集聚,草原、森林、冰川、湿地等异彩纷呈,南水北调、西气东输、西电东送工程为全国资源配置贡献突出。“我国西部地区的发展,事关我国国家发展战略全局,特别是扩展了我国国家发展的战略回旋空间。”①为了西部地区经济振兴,“西部大开发”战略于2000年正式推行,“十五”“十一五”“十二五”“十三五”等规划纲要都强调要优化西部地区产业结构,加大西部地区建设力度,从基础设施建设到生态环境保护,提升西部地区知名度、美誉度,进而缩小收入差距,推动经济增长。为此,国家先后编制了兴边富民、重点扶贫、扶持人口较少民族等专项规划。经过20多年的努力,国家政策的扶持,东部地区的全力支持,西部地区自身的发愤图强,成效显著,产业转化加快,GDP增长率逐渐高于非西部地区。2020年5月17日,中共中央、国务院印发接续推进西部大开发的升级版和增强版——《关于新时代推进西部大开发形成新格局的指导意见》,从全局出发,以协调发展、统筹区域的高度及各民族共同发展两个维度,系统回答了新时代西部地区的相关问题,包括新发展理念、民族大团结、重点领域大改革、对内对外大开放、生态环境大保护的创新举措。依托“一带一路”倡议,西部多个省份被纳入建设规划,由老少边穷的落后“边疆”转变为联通海陆内外的繁荣“中心”,产业结构优化,人均收入增加,经济总量跃升,从改革开放的“末梢”步入“前沿”。

## 三、生活水平提升,生活方式转变

人类总是在负重前行,但文明程度始终在进步。生产方式、生活方式是人

① 《中共中央、国务院关于新时代推进西部大开发形成新格局的指导意见》,《人民日报》2020年5月18日。

类生存方式的表征，而生活方式凝聚生活主体、生活条件、生活形式，目的是直接满足作为主体的人的需要，其发展规律与人的需要的发展密切相关。科技的昌明，人类逐渐摆脱对自然的依赖，以自然主人身份开启了对自然的无序开掘、索取，带来消费方式的变化，享乐主义盛行，从而造成人与自然的冲突，瘟疫、地震、海啸等灾害频传。中国传统的天人合一哲学基础、人与物齐的观念、农耕文明的生产方式影响中国人生活方式的选择：遵循自然规律，顺应自然发展。但20世纪以来，遭遇西方文化的强势冲击，自身产业结构的转化，中国人的生活方式出现两个极端，要么完全西化，要么坚持守旧。随着西部大开发战略的实施，“一带一路”倡议的践行，精准扶贫的收官，西部地区的经济发展提速，基础设施改善，产业布局多元，经营方式改良，消费结构升级，民众的生活水平快速提升，由温饱过渡到小康，乡村面貌迅速变化，基础设施建设成效显著，实现公路“村村通”“户户通”。厕所革命带来卫生理念、状况的极大改变，生态环境、住房条件得到极大改善，生活水平不断提高。物质条件的改善，引发人们对精神生活的更高追求，不再满足于简单的生存，而追求舒适、生态、环保、美化的生活样态。这些为丝绸文化建设提供了动力。世界丝绸产业链逐步由上游向下游蔓延，经过不断完善、发展，产业领域更为广泛。早期丝绸生产以种桑养蚕、缫丝织绸为主，工业化的到来、国际贸易的发达促使丝绸商品生产覆盖丝绸产业链的每个环节，经济全球化的到来、纺织品服装市场的持续增长，使丝绸商品成为发达经济体的必然选择。以服饰为例，粗放型经济模式追求结实耐用，化纤类产品广受推崇，丝绸产品只能供应高端市场需要，制约了其产销量。科技的发展，不仅赋予丝绸产品多样化、精美化，改变其原有的不利属性，更让人们充分认识到健康与生态产品的关系；经济条件的改善，给人们提供了“美其服”“居其宅”的可能，丝绸不再是小众产品，而是可以满足各层次各群体的大众产品。消费升级反向推动产业链的发展，而现代规模化生产方式、产品多元化形态进一步促进产业的发展。

服饰这一词只是现代人的称法，在更早前它有个让人耳熟能详的名字——“衣服”，它的出现原本是为了满足人们生活的最基本要求，那就是保暖。2020年是全面建成小康社会和“十三五”规划的收官之年，生活水平的提升，促使人们的生活方式回归自然，人们对衣服的要求已经更上一层楼，追求生态环保、健康舒适,展示人体线条,丝绸的特性很好地契合了人们的需求。

丝绸生产环节繁复,产量有限决定其价格相对高昂。在消费领域,丝绸性能优良、品质高雅、外观华丽,获得"纤维皇后"桂冠和"人体第二肌肤"雅号,具有穿着舒适、吸放湿性好、吸音、吸尘、阻燃、抗紫外线、保健等优点,又有易起皱、易褪色、不耐用的缺点,在漫长历史中,呈现小众化、贵族化倾向。现代社会,人们生活水平逐步提高,思想观念、消费理念都发生变化,衣食住行都以健康至上,环境意识增强,追求绿色食品,崇尚天然纤维衣用材料,丝绸服饰进入寻常百姓家。茧丝绸行业契合低碳的发展理念,具有发展的可持续性。当今国际国内知名品牌大多使用真丝面料,就是很好的佐证。

有着数千年历史的汉服,承载着丰富的历史文化信息,能唤起强烈的民族文化认同感,能极大地满足当下以时尚青年为代表的新兴阶层对民族自豪感的追求以及对着装的精神文化需求,是中华民族特有的民族服装。而丝绸,作为汉服的高级面料,由来已久。近年来,汉服的光复已有区域性、集群性的发展势态,它始于一些经济比较发达的地区,如北京、上海、江浙、福建等地,主要集中在学生、白领等群体中,体现了这些群体的价值观念。同时,它与经济发达地区兴起的休闲潮流、追求个性与时尚的生活方式有关。汉服的光复,是生活水平提升、精神价值多元的外显。

## 四、生态文化与地域文化

后工业化时代,资本无孔不入,文化也不例外。布尔迪厄强调,文化资本以三种形式表现:具体的状态、客观的状态、体制的状态。"具体的状态,以精神或肉体的持久的'性情'的形式存在;客观的状态,以文化商品的形式存在;体制的状态,以一种客观化的形式存在。"①物质财富的丰富带来人类消费的增长,环境污染、海平面上升、水土流失、生物链断裂等生态问题急剧增加。"生态文明建设"在党的十八大已经被纳入中国特色社会主义事业"五位一体"总体布局中,"建设生态家园并推进生态建设是进一步促进中国可持续发

① [法]布尔迪厄:《文化资本与社会炼金术——布尔迪厄访谈录》,包亚明译,上海人民出版社1997年版,第192—193页。

展的战略选择"①。人类是智慧的动物,在长期的生产生活实践中,人与自然的依存关系被认知与重视,"泛爱众""天人合一""齐万物""道法自然"等传统生态文化意识觉醒。改革开放以来,高速增长的经济带来了一些生态不平衡,高科技带给人类便捷的生活,但环境的破坏、食物的污染也带给人类深重的灾难。尤其是2020年以来新冠肺炎疫情的世界性蔓延,导致经济形势严峻,让绿色、健康、环保成为人类共同的诉求。习近平总书记在2018年全国生态环境保护大会上指出:"中华民族向来尊重自然、热爱自然,绵延5000多年的中华文明孕育着丰富的生态文化。"②丝绸具有先天的绿色环保优势和重要地位。西部地区现代化进程、生活节奏相对缓慢,原生态呈现地域广泛、方式多样、资源丰富,利于开发。源于乡土、存于乡土的西部生态文化是人类与自然协调发展、和谐共生的文化,在绿水青山就是金山银山的治理理念下,西部经济发展、文化建设赢得了契机。

在全球化、一体化的时代,区域文化遭遇浸染、阉割甚至解体,但只有民族的才是世界的,极富特色的地域文化遭遇危机,也赢得了机遇。地域文化是在特定的地理环境与时间创造的具有独特价值体系的文化,历史悠久、体系博大,潜移默化地影响着人们的观念形态、行为习惯、生活方式、自我认同。中国数千年的历史、广大的地理空间,不断形成各具特色的地域文化,如齐鲁文化、中原文化、吴越文化、荆楚文化、赣文化、闽粤文化、晋文化等,是优秀传统文化的符号。中国西部经历了历史上的大融合,但因历史进程、地域特征、民族风貌的不同,草原文化、走廊文化、敦煌文化、吐鲁番文化、巴蜀文化、滇文化、藏文化、彝文化、东巴文化等,是中华文化宝库中的一颗颗明珠,构筑了中华民族的精神高地,闪耀中国传统文化的璀璨光芒。

经济条件的改善带来生态文化的复苏,丝绸的天然属性能充分满足人们的生态追求。在全球化的同时,地域文化更是地方经济发展的绿色路径,二者的叠加,相得益彰,共同推进丝绸文化的普适性,进而推动西部的全面发展。

---

① 马胜男:《共享经济生态价值的思想分析》,《汉字文化》2019年第8期。

② 《习近平在全国生态环境保护大会上强调 坚决打好污染防治攻坚战 推动生态文明建设迈上新台阶》,《人民日报》2018年5月20日。

## 五、精准扶贫与乡村振兴战略实施

关注弱势群体是现代社会共同认知，贫困问题是极具挑战性的世界难题，“既是衡量国家发展状况的标尺，更是国家治理水平的反映”①。全球反贫困的核心议题之一是引导、帮助贫困人口提高收入、摆脱贫困，这也是我国自1949年以来力推的民心工程。从20世纪到21世纪，我国取得的重大成就包括发展与减贫，引发了全球的广泛关注讨论。国家层面在不同阶段进行了一系列规划部署、顶层设计、政策支持、财政投入，尤其是改革开放以来，以市场为导向、以让人民幸福生活为目标，使中国从旧时代的积贫积弱变成世界上第二大经济体，国内生产总值位列全球第二。但思想观念、地理位置、资源配置的差异，导致城乡发展不平衡。中国在城市改革取得卓越成效后，为提升全民生活幸福指数，改变不平衡的现状，全面建成小康社会，习近平总书记先后提出“精准扶贫”和“乡村振兴”两大战略，各级各部门制定了具体的实施方略，全社会统一认识、群策群力、各个击破，脱贫攻坚战取得全面胜利。找准了贫困人口的病因，改变了思维方式，落实了政策措施，建立并完善了社会扶贫、行业扶贫、专项扶贫等多维度体系，并因时因地制宜适时调整，更新具有针对性、适宜性、有效性的政策，强化协同攻关，提升脱贫质量、巩固脱贫成效。扶贫理念逐步由救济式扶贫转向开发式扶贫，从封闭式扶贫转变为开放式扶贫，形成了完整的精准扶贫体系，涵盖广泛的政策领域。从2014年实施精准扶贫战略以来，倾举国之力实施脱贫攻坚，连续7年每年减贫1000万人以上。贫困率由10.2%降至0.6%，贫困人口从2012年底的9899万人，减至2019年底的551万人，尽管受到新冠疫情的冲击，2020年中国仍打赢了脱贫攻坚战。习近平总书记在庆祝中国共产党成立100周年大会上庄严宣告，我们历史性地解决了绝对贫困问题。通过更新扶贫理念、探讨扶贫方法、革新扶贫工具的探索与实施，实现了现行标准下人口全部脱贫的目标，显著提高和根本改善了贫困群众的生活水平、方式，进而构建了比较成熟、高效的减贫工作机制，为进

---

① 王亚华、舒全峰：《中国精准扶贫的政策过程与实践经验》，《清华大学学报（哲学社会科学版）》2021年第1期。

一步实施乡村振兴战略准备了条件，推动我国社会治理体系的创新发展，重塑了国家与社会、干部与群众的良好关系。使占全球人口总量近 1/5 的中国彻底消除绝对贫困，是中国历史的又一奇迹，赢得了国际社会普遍赞誉。

生活富裕、产业兴旺、生态宜居、社会和谐、民众幸福是乡村振兴战略的目标。多年的脱贫攻坚，极大地改善了民生，党的十九大报告首次提出实施乡村振兴战略。乡村振兴是一项体量庞大、任务艰巨、时间漫长、体系复杂的工程，影响社会发展全局和“两个一百年”奋斗目标的实现进程，必须依托顶层设计、中层部署、基层落实，层层把关，才会顺利推进。2018 年中央一号文件发布了《中共中央、国务院关于实施乡村振兴战略的意见》，2018 年 5 月 31 日中共中央政治局召开会议，审议了《乡村振兴战略规划（2018—2022 年）》，要求“推动脱贫攻坚与乡村振兴有机结合相互促进”。一系列顶层设计让乡村振兴从战略构想走向了政策实践与制度安排阶段。乡村振兴涉及几亿农民的民生，保障农业农村用地，让人口大国告别饥荒，实现粮食自由，改变了农民的生活状态，实践并见证中国智慧，展现中国经验。受制于历史进程、观念形态、地域条件、经济方式，西部地区贫困度远高于中东部地区，全国百强县市中西部占有份额极小，贫困人口众多。丝路沿线地区绝大部分土地贫瘠、经济落后，精准扶贫与乡村振兴为西部的社会发展、生活改善、文化层次提升提供了机遇和条件，如何抓住这一有利契机，是各级政府、部门、企事业团体及大众必须全力对待的问题。需要解决因缺乏产业支撑，农民在本地就业困难，因劳动力价值低廉，农民收入水平低下的问题。

党中央从国家层面强化、优化乡村振兴战略，以政策实践及制度安排保障这一战略构想的实施。党的二十大报告强调，全面推进乡村振兴。乡村振兴战略意义重大，在全国经济发展不平衡的状态下，直接关系我国发展全局，尽快缩小并消除城乡差别，是打好新时代防范化解重大风险攻坚战、精准脱贫攻坚战、污染防治攻坚战的基础，为全面建成小康社会，建成社会主义现代化强国的第二个百年奋斗目标准备条件。必须调动社会各阶层力量，启迪全社会智慧，凝聚全部共识，通过集体奋斗，最终实现这一目标。工业化、城市化进程一方面大力提升了经济发展水平及居民生活水平，但另一方面又出现乡村衰落问题，只有通过实施乡村振兴战略，改善乡民居住条件、增加就业机会、保障弱势群体权益，才能实现全社会共同富裕。

十八大以来，党中央以空前力度推进脱贫攻坚，作为全面建成小康社会的标志性指标及底线任务落实到社会各层面。各部门相继制定切实可行的方案，明确目标、落实责任、重点耕耘、全面解困，投入大量人力、物力、财力，转变贫困人口观念，提高教育质量，创建绿色产业，增加就业机会，从而取得了全面建成小康社会的成就。扶贫先扶智，文化是脱贫的内因，文化和旅游部等部委相继出台了《中国传统工艺振兴计划》《关于大力振兴贫困地区传统工艺助力精准扶贫的通知》和《关于支持设立非遗扶贫就业工坊的通知》，目的在于贯彻落实党中央关于深度贫困地区脱贫攻坚工作的总体部署，挖掘乡村文化遗产、整合文化资源，以非遗助力精准扶贫。西部地区文旅部门从坚决打赢脱贫攻坚战、坚定实施乡村振兴战略的高度，着眼于推动优秀传统文化保护传承发展，持续推进非遗扶贫就业工坊建设，帮助贫困群众学习传统丝绸技艺，提高内生动力，促进就业，增加农民收入。

涉及衣食住行的传统工艺作为非遗的重要组成部分覆盖千家万户，承载厚重历史，凝结劳动者智慧，关乎日常生活的各个方面。“非遗”与“扶贫”的结合，不仅让更多人走上了致富道路，也让宝贵的非遗技艺代代传承、发扬光大，实现文化产业发展和群众增收致富的双赢。2020 年，尽管遭遇新冠肺炎疫情，面临他国的经济围堵，在全球经济严重下滑的时期，我国依托制度优势，经过全民顽强奋斗，取得了脱贫攻坚战的全面胜利。虽然在乡村文化建设方面还存在生产基础薄弱，专业人才匮乏的问题，导致产品设计理念陈旧、生产管理缺乏科学化、推广渠道单一，但乡村振兴带来了新机遇，需要全社会关注乡村文化，探索新路径，落实责任，拓展扶贫就业工作坊的规模及范围，重视并设立专门机构开展传统工艺技能培训，充分调动投资、研发、设计、销售资源，整合旅游与非遗项目资源，以有序性、长效性、自主性助力乡村振兴。

## 第三节　西部丝绸文化复兴的路径

在“一带一路”背景下，西部丝绸文化获得了前所未有的发展契机，同时还需要依据政策导向、资金投放、方案设计、谋略实施等环节，从顶层设计到民间集思广益,共同推动西部丝绸文化的复兴。

## 一、优化顶层设计,合理布局西部

"顶层设计"原为工程术语,指运用系统论的方法,以全局为重,统筹规划某项任务或项目的各要素、各方面、各层次,目的是集中有效资源,统揽全局,在最高层次上寻求解决之道,高效快捷地实现目标。在中共中央关于"十二五"规划的建议中,"顶层设计"首次作为新名词出现。有学者在现有研究基础上定义顶层设计为"在高层领导下,以基层建议和专业论证为基础,就目标模式、体制机制、重点领域、重大工程和关键项目等,作出战略性、系统性和实践性总体安排与部署"①。新中国成立后,国家对老少边穷的西部投入大量人力、物力、财力,以剿匪、治沙、教育、移民、建设等为抓手,取得了可喜可贺的成绩。尤其是近些年来的西部大开发战略、"一带一路"倡议,为西部发展制定了顶层规划。但丝绸作为传统产业,在整个国民经济体系中由于积压问题太多,又并非主导的、高新技术类产业,产值产量比重不足,从而影响整体经济指标,导致顶层设计不够细化。要破解西部内陆地区区域经济劣势,建设西部丝绸之路特色文化示范区,应该顶层设计大政方针、公共制度、基础设施和激励措施,大力保护文化资源,构建西部新高地。一是提升布局西部产业链,优化第一产业,创新第二产业,大力发展第三产业,挖掘、整理西部大量的历史文化资源,依托西南西北的地域特色文化,注重丝路节点城市如西安、敦煌、吐鲁番、成都、南充、昆明、大理、腾冲等地资源的开发、利用,设计优质的旅游线路,建设增强丝路文化的吸引力;二是依托现代交通网络,打造丝绸之路特色产业带,以产业带动经济,以经济促进地方建设,活化区域魅力;三是建立健全多方位、多层次、多区域合作体系,提升丝路沿线品牌效应,按照资源优势合理功能定位,重点培育部分城镇、乡村,打造富有特色的文化产业项目,让地方文化建设与生态产业、旅游融合发展;四是周密布局西部丝路特色经济文化示范区,充分挖掘西部历史文化名城深厚底蕴,精心建构文化示范区域,将天山南北、河西走廊、关中平原、成渝、贵昆等城市群体联合开发,形成集产业、科贸、旅

---

① 王建民、狄增如:《"顶层设计"的内涵、逻辑与方法》,《改革》2013 年第 8 期。

游、特色农产品开发等于一体的完善体系。

## 二、优化产品结构，满足多元需求

在市场经济时代，企业占据市场的条件是保持商品的重构创新、质量过硬，才能在严酷的市场竞争中获得承认、成长的机会，商品应以良好的技术优势、人性化的设计、无可挑剔的质量满足不同群体的多种需求，从而占有市场，获得更多价值回馈。多元的社会结构必然会形成多层次的需求，蚕丝产业历史上主要以服饰、书画材料、货币等方式出现，消费层次也贵族化、小众化。但随着观念的改变、科技的进步，人们发现桑蚕丝拥有更多的价值，如保健食饮品：桑茶、桑果、桑葚酒、桑茶粉、蚕蛹、蛾宫酒等；家装软材料：挂毯、绣品、饰物；美容护肤品：蚕丝面膜、保湿水、面霜、蛋白精华液等。消费层次也是多元化，其丝滑亮丽、流光溢彩是高端商务、礼仪的标配；其生态环保、柔软精致是中产阶层的选择；其凉爽透气、健康卫生也可以是大众的热爱。政府及企业在精心调研市场需求基础上，挖掘蚕丝可能的利用价值，以“文化创造”代替“产品制造”，形成“健康丝绸、生态丝绸、艺术丝绸、文化丝绸”的产品新格局，走出“传统丝绸+特色创新+文化润泽+移动互联+科技融入的经典丝绸产业”新模式。同时，不断拓展商品的内涵与外延，提供不同层次商品，尽力挖掘蚕丝的附加值，以中低端商品作为基础，以高层次为主营产品，满足不同人群的需求。只有充分了解不同消费主体的消费动机，丰富商品的内涵，拓展商品的外延，注重设计的针对性、时尚性、创新性，才能打造一条新丝路。

## 三、引进专业人才，建立多维研究机构

创新是企业发展的关键，人才是企业的核心，尤其在企业日常运营与转型升级中如何留住有经验、有情怀的人才，如何引进创新型高素质人才，如何培训、提升人才质量，都是企业获得成功的关键。只有不断加大人才“内培外引”力度，建立健全奖励和激励机制，提供创新平台，增强开放互动，才会改变产业格局，突出优势。行业形势的不景气，待遇不太好，平台偏低，尤其是企业改制导致人才流失，给丝绸企业的后续发展带来极大的不利因素。任何企业生存发展需要传统优质资源的继承，更需要企业适应社会进步，不断更新理

念、技术、设备,这样才能保证企业活力、满足市场需求。要保障企业的良性发展,应该设置成熟专门的人才管理机构,逐渐形成良好的人才管理机制,为企业的中长期发展奠定扎实的人才基础。从企业内在构成及发展势态看,企业人才问题主要表现在:首先,丝绸企业观念更新不力,企业主认识不到位,缺乏对人才的尊重和保护。其次,大量丝绸企业由传统的国营变为民营,性质的转变降低了企业认同感、吸引力,造成人才流失。再次,目前大多数丝绸企业仍然以集约化形式生产为主,生产效益低下,待遇普遍不高,引发企业员工选择离职。所以,只有管理理念的与时俱进,人力资源管理体系的健全、完善,以及严密的组织行为学和管理科学充分、全盘考虑,合理配置岗位,制定有效的岗位职责与薪酬分配方案,才能保障甚至优化员工的生存与发展。又次,制定并落实规章制度,形成并发挥企业文化的作用,以刚柔相济的方式让企业获得长远发展的先机。最后,让优秀人才在信念和待遇中与企业同步发展。现在国内许多优质企业选择给员工配股,让员工有归属意识和认同感,员工不仅是打工人,也是股东,能激发员工对企业的热爱与忠诚,极大调动员工的积极性,保证企业的长远发展。西部本身经济比较落后,基础设施相对也不太完善,薪资待遇普遍偏低,尤其缺乏共享的资源平台,再加之东部企业主动以极为优惠的条件招徕人才,在很长时期内造成严重的“孔雀东南飞”的局面,人才的流失让西部企业雪上加霜,只有建立健全人才管理机制,落实人才激励措施,才能充分调动人才积极性,服务于西部丝绸文化建设。

## 四、打造规模化企业,培养优质上市公司

规模化经营可以降低能耗、节约资源、增加效益,但现阶段中国社会企业整体呈现出机构规模小,年收入低,资产总额小,融资水平差,资金匮乏等特征,在一定程度上限制了其作用的发挥。[①] 尤其是丝绸企业,改制及机械化程度加快,削弱甚至消解了原有的规模。如何通过打造规模化企业吸引资本,开发规模经济,引起更为广泛的社会创新与社会变革,已经成为当前国内社会企

① 中国社会企业与影响力投资论坛:《中国社会企业与社会投资行业扫描调研报告2019》,http://www.cseiif.cn/Uploads/file/20190415//5cb42a12becf4.pdf.2019-04-15。

业面临的重要议题。规模化经营有利于科技创新、优化资源配置、转型升级等。传统的蚕丝系列生产规模较小,从早期的家庭式到后来的作坊式再到工厂式,规模始终被制约。中国虽然是世界上最早栽桑养蚕缫丝的国家,但随着世界经济一体化的到来,原有的高成本、低附加值的生产方式不足以应对高速运转的时代节奏,尤其随着生产国家或地区的增加,丝绸不再是中国独有,何况在世界科技高度发达的时代,中国丝绸还主要停留在初加工阶段,利润微薄。随着人口红利减少,劳动力成本上升,传统经营方式很容易走上被淘汰的命运。要改变这种格局,只有打造规模化生产企业,摒弃单兵作战的劣势,以规模促效益。

现代社会高科技、高增长、高消费的特征,使企业发展离不开资金链的完整、市场的拓展、产品的不断创新,资本是最为有效的催化剂、黏合剂,需要强大的平台支撑,而上市公司必备的条件可以聚集人力、财力,规范企业运行,助推企业发展。传统蚕丝行业平台较低、区域性强、个体化生产突出,需要地方政府政策的长效性,企业理念的先进性、投入的科学性,以资本促创新,通过培养上市公司增强凝聚力,传播知名度,带动中小企业发展。规模扩大、效益显著,既能增加就业率,为社会减负,又能为地方经济创收,储备发展资金。在很多地方,出现一家上市企业带动一座城的效应,如茅台酒使得遵义甚至贵州经济指标及美誉度大幅提升,哈药集团成为东北的一颗明珠,伊利、蒙牛是西部畜牧业发展的符号,五粮液、泸州老窖成就了川南经济地位。但西部丝绸企业因生产方式传统,效率、效益不高,缺少资本投入,难以摆脱发展滞后的现状。当下发达的交通布局、互联网络,带给人们更为广阔的视野,如果产业兴旺,必然经济繁荣。东部沿海广大地区因产业门类多、规模大、效益好,能吸纳优质人才,繁荣地方经济。

## 五、建成旅游景点,配套文化产业园区

随着社会的发展,科技的进步,生活水平的提高,人们有了更多的时间与更大的经济实力休闲娱乐。而“游”是古今中外人们放松身心、饱览世界风光、感受人间美好最有效的方式。孔子的“乐水乐山”,老子的“小国寡民”生活愿景,庄子的“逍遥游”,海德格尔的“诗意栖居”,体现人类超然于尘世沉重

生活的理想。旅游经济作为第三产业,具有稳经济、促增长、保民生的作用。地域经济、文化是国民经济的重要组成部分,是国家保民生、促发展的基石,发展程度直接影响整体经济。改革开放40多年来,我国经济发展迅速,民生大力改善,产业分布格局更趋合理,居民收入水平稳步提升,激发了人们对物质文明与精神文明需求的增加,旅游越来越受到推崇,成为休闲时间放逐身心的重要方式,旅游业已成为国民经济重要产业,对拉动经济增长、促进消费、保障就业、开发利用环保资源、重塑城乡形象、优化产业结构等具有重要作用,并带动第三产业的发展。“一带一路”倡议激活丝路文化资源,激发、引领“丝绸之路”的全域旅游开发、利用热。我国西部地区地域辽阔、文化多元、地形地貌多样,名山、大川、草原、湖泊交错,民族特色浓郁,因为历史、地理等原因,开发滞后,经济不发达,但外界污染和破坏不突出,自然风光旖旎,民族文化多彩,给旅游留下宝贵的资源,充分开发这些资源,可以增加人们的收入,促进地域经济发展,进而减少东西部地区差距,促进社会和谐、进步,提升文明程度。

现代旅游受大众文化的影响,更多体现为体验化、休闲化、娱乐化、审美化的趋势。“自然环境优美、社会治理和谐”“网络及数字化设施便利”“交通设施完备”“文化底蕴深厚”“文化民俗体验”“友善好客”“特色文化表演”“特色物品丰富”是现代人旅游的选择指标,精神文明期待远超物质文明需求。西部丝绸历史悠久,文化资源丰富,依托得天独厚的生态优势,可以建成以三条丝绸之路为纬,以节点城镇为经的旅游网络,推出配套设施完善的文化产业园区,打造特色旅游路线,营造亮点,吸引大众。同时充分发挥网络功效,加大对媒介传播的投入,强化“网红”效应,如“丁真”现象,带红甘孜理塘,《可可托海的牧羊人》带红歌词中涉及的多个地区。尤其是很多西部丝绸企业在行业萎缩的大环境下,产值产能下滑,要盘活企业,可以做足文化功夫,如南充六合集团,曾经是万人大厂,名列全国第一位的国营丝绸企业,随着现代技术的发达,劳动力成本的增加,企业人数大幅减少。但该集团变废为宝,将曾经的生产场地变为文化园区,成为旅游热点,既提升企业形象,带动企业经济效益增加,又让城市形象更为独特。

为加快对外开放步伐,吸引外界目光,可以依托丝绸文化资源,结合地域特色,探索产业融合发展模式,将产、学、研、游一体化经营,开展以产业为主导，带动农事体验、工业研习、休闲娱乐、科普推广等多元活动。蜀绘丝绸是南充独具地域特色的丝绸工艺新品类，目前已经有蜀绘丝绸服饰、丝绸喷花工艺伞、丝绸装饰大团扇等系列产品。蓬安以蚕桑融入司马相如传说，打造蜀北桑海，六合集团依托原亚洲最大丝厂——南充丝二厂发展工业旅游，建设六合丝绸小镇。四川省农科院蚕业研究所打造的四川省蚕桑科普教育基地，正在创建四川省级科普示范基地。依托产业集群效应，南充蚕桑丝绸文旅产业进展迅速，聚焦南充文旅产业融合发展，深入发掘和整合蚕桑丝绸文旅资源历史，凝聚丝绸文化元素，以文化带动南充蚕桑产业一二三产业融合发展。重点发展以栽桑养蚕为体验的乡村旅游，以享受品牌企业文化为主题的工业旅游，打造一批蚕桑丝绸文化旅游景点，创建一批省级科普示范基地。继续建设和提升都京坝丝绸文化产业园、中国绸都丝绸博物馆等丝绸旅游景区，支持都京丝绸特色小镇建设。推动现有高档品牌产品融入南充文旅产业，重点打造桑茶系列产品和丝纺服饰生产，推动形成南充文旅精品品牌。继续排演以丝绸为主题的大型歌舞剧《嘉水绸韵》，开展中国绸都·丝绸源点丝绸旗袍文化活动周等活动，产业发展与丰富文化生活并举。

一站式、体验式的园区经济，不仅可以积攒人气，聚集财富，更能提升城乡形象，带动相关产业的发展。西部广大地区可以根据各地的人文资源、产业格局打造特色鲜明的综合体，推动经济发展。

## 六、扩建改造蚕丝博物馆

以孔子、老子为代表的，以儒道文化为主体的中华优秀传统文化，承载中华文明成果，中华民族伟大复兴梦蕴含传承和发扬传统文化。一个博物馆就是一所思想观念先进、学科门类齐全、专业分布广泛合理的大学，是历史传承、保护、研究的重要机构，承担诉说历史，传扬文化的重责。其馆藏精品和特色文物是我国古代人民勤劳智慧的结晶，承载优秀传统文化。文物是民族传统文化的基因库，演绎文明的进化历程，昭示文化底蕴，传承与发展传统文化。我国旅游业的不断发展，特别是文旅融合的背景，在一定程度上促进了博物馆的发展。通过改扩建博物馆，更新经营理念，完善管理体制，才能赢得市场，促进发展。蚕丝历史悠久，资源丰富，通过博物馆的展览陈列，不仅是对历代丝绸文物的保护、丝绸文化的传承，也是对历史的尊重，对当下人们民族情感养成、强化具有重要意义。西部拥有辉煌的丝绸历史，在丝路沿线保留和发现了大量的丝绸文物，但迄今没有成规模、上层次，可以媲美江浙一带的丝绸博物馆，即使有一些比较小型的博物陈列，也大多是企业的营销行为，注重功利因素，缺乏文化内蕴。2017 年 1 月，中共中央办公厅、国务院办公厅联合发布了《关于实施中华优秀传统文化传承发展工程的意见》，首次以文件的形式强调对传统文化的重视，是当前社会主义精神文明建设和发展的主要内容，引起地方政府的高度重视，需要建立符合社会发展且有效的传统文化传承体系，要不断加大投入，有效开发、深入研究、合理利用，给相关部门、相关领域提出了明确要求，也给予了发展机遇。2021 年 4 月，国家发展改革委等七部门联合印发《文化保护传承利用工程实施方案》，强调整合文化资源，促进文旅发展的重要性，并提出建设目标，明确建设任务。博物馆在传承传统文化方面具有得天独厚的优势，所以，地方政府要高度重视，企事业单位要积极支持配合，优化软硬件设施，利用文物和资源优势，不断发掘传统文化价值，尽可能完善管理制度、经营制度，拓宽文物搜集的渠道，开发特色文创产品。博物馆可以聚集人脉、传承文明，提升城市品质、塑造区域形象，促进经济发展。

## 七、增设蚕丝体验中心，丝纺服装集散中心

经济技术才是生产力，是撬动世间万物有序运行的杠杆，作为上层建筑的文化传承与弘扬必须以产业做支撑，蚕丝不仅是文化方式，更是物化产品。现代人消费观念转变，重视直观感受体验，直播带货风靡网络，成效惊人，足见良好的视觉、触觉体验对消费者的良性引导。为弘扬丝绸文化，畅销行业产品，可以设置蚕丝体验中心及服装集散中心，为生产者与消费者搭建互通共荣的舞台，沟通各环节，彰显企业风貌，实现人文关怀。由政府主导、产业集团主持完成线上线下从桑树种植到制作丝织品全过程的展示、体验、销售，结合集散中心加强道路建设，优化广场建设，规划设计富有特色的城市雕塑、图文等，通过消费者的互动、直观感受，不仅以场景上吸引、体验扩大影响，而且可以增加附加值，促进主导产业发展，提高就业率，拉动地方经济发展。

快节奏的生活样态改变了人们的消费观念，推动了网络经济的发展，催生

了大型综合体的出现，一站式购物成为常态。在“一带一路”沿线城市，打造丝纺服饰交易中心，满足消费者的多元需求，完善相关产业链，优化地方经济模态。目前已建设成功的义乌小商品市场、昆明花卉市场、寿光蔬菜中心等，以规模大、产品门类多、价格优惠力度大，美名远播。在西部建设丝纺服饰集散中心有利于资源整合、人员就业、城市形象塑造，推动经济文化发展。

丝绸作为物质文明产品，是中华民族最富特色的创造之一，演绎华夏文化的脉络，承载中华文明历史记忆。正是先民对丝绸产品的客观需求，推动丝绸产业的历史变迁。农耕时代，生产力水平低下，人们能发现、创造的生产生活资料极为有限，难以保障丝绸的数量、质量，丝绸以其稀缺性、特殊性、精美性，成就产业的不可替代；现代社会，科技的高速发展，工业化进程的加快，高科技高技术产业在经济总量中占有重要份额，纺织原料呈现多样性、变化性、创新性，导致丝绸产业从传统支柱产业演变为次生产业，其生产规模缩小、从业人员减少，单纯依赖其经济效益很难再造辉煌。只有不断开发新产品、拓展新领域，尤其是探究其文化内蕴，才可能重塑形象。当然，丝绸文化研究、传承、创新关乎多门学科，是社会学、历史学、文化学、工学、艺术学、经济学的交叉联合。丝绸产品作为物质形态是静态的存在，但其发展历程体现时代性、民族性、科学性、艺术性、个体性，正是“科学技术和文化艺术”的完美契合。只有遵循市场经济的规律，挖掘丝绸产品的美学特征，建立“艺工商”一体化价值体系，不断探究丝绸的经济、文化艺术、科学技术价值，提升产品附加值，吸引消费者，才会焕发行业新机。在中华民族伟大复兴的宏图伟业中，丝绸文化是光彩夺目的系统工程。

西部的天空深邃、浩渺，大地苍茫、博大，文化厚重、灿烂。雪域神秘、汉唐气象、敦煌飞天、大漠胡杨、沙海驼铃、长河落日、巴山奇峻、蜀水秀丽、滇黔斑杂。天地灵气与地域人文相得益彰，在数千年的岁月里孕育了灿若星辰的丝绸文化。丝绸历史的悠久、传说的多样、民俗的多彩、文学艺术的美好呈现，彰显其独特魅力。文化因交流而具有生长性，丝绸之路的开掘，不仅是古老智慧的结晶，也体现中华文化的内向经营与外向拓展特质。中华文化正是在不断自我更新、重塑，又广泛吸纳、消化、融合异域文化的基础上，形成独具特色的中国文化传统。但在生产方式改变、科技高度发达、经济全球化加剧、人类需求日趋多元的时代,丝绸文化遭遇发展困境,行业的衰落带来文化建设的艰难。“一带一路”倡议为西部丝绸文化再铸辉煌提供了前所未有的契机,生态文明建设、乡村振兴战略为西部崛起、中华民族伟大复兴创造了充足条件。时不我待,只有抓住机会,未来才是崭新的西部。

# 主要参考文献

## 一、著　作


1. 习近平:《携手推进“一带一路”建设——在“一带一路”国际合作高峰论坛开幕式上的演讲》,人民出版社 2017 年版。

2. 习近平:《深化文明交流互鉴 共建亚洲命运共同体——在亚洲文明对话大会开幕式上的主旨演讲》,人民出版社 2019 年版。

3.《习近平谈“一带一路”》,中央文献出版社 2018 年版。

4. 习近平:《齐心开创共建“一带一路”美好未来——在第二届“一带一路”国际合作高峰论坛开幕式上的主旨演讲》,人民出版社 2019 年版。

5. 习近平:《在教育文化卫生体育领域专家代表座谈会上的讲话》,人民出版社 2020 年版。

6.《习近平谈治国理政》第一卷,外文出版社 2018 年版。

7.《习近平谈治国理政》第二卷,外文出版社 2017 年版。

8.《习近平谈治国理政》第三卷,外文出版社 2020 年版。

9.《习近平谈治国理政》第四卷,外文出版社 2022 年版。

10. 任洁:《“一带一路”倡议》,人民日报出版社 2020 年版。

11. 张奕、王小涛主编:《全球化视野下的“一带一路”研究:理论与实践》,科学出版社 2019 年版。

12. 赵磊:《“一带一路”:一位中国学者的丝路观察》,人民出版社 2019 年版。

13. 傅梦孜:《“一带一路”建设的可持续性》,时事出版社 2019 年版。

14. 南充市商务局编:《丝绸源点——南充茧丝绸发展简史》,四川民族出版社 2019 年版。

15. 沈壮海:《论文化自信》,湖北人民出版社 2019 年版。
16. 林毅夫:《“一带一路”2.0:中国引领下的丝路新格局》,浙江大学出版社 2018 年版。
17. 齐小艳:《丝绸之路历史文化研究》,煤炭工业出版社 2018 年版。
18. 何一民、王毅主编:《成都简史》,四川人民出版社 2018 年版。
19.《丝路古韵》编委会:《丝路古韵——延绵千年的丝路荣光》,电子科技大学出版社 2018 年版。
20. 龚贤:《中国文化导论》,九州出版社 2018 年版。
21. 王利明主编:《新丝路 · 新格局——全球治理变革的中国智慧》,新世界出版社 2018 年版。
22. 茅惠伟:《丝路之绸》,山东书画出版社 2018 年版。
23. 王义桅:《王义桅讲“一带一路”故事》,人民出版社 2018 年版。
24. 王义桅:《大国担当》,人民日报出版社 2018 年版。
25.《大国战略》编委会编:《大国战略:“一带一路”再创丝绸之路新辉煌》,电子科技大学出版社 2018 年版。
26. 柳斌杰主编:《学习十九大报告:经济 50 词》,人民出版社 2018 年版。
27.《中国共产党第十九次全国代表大会文件汇编》,人民出版社 2017 年版。
28. 新华通讯社、新闻信息中心:《图说十九大 视频图文版》,人民出版社 2017 年版。
29. 陶红亮主编:《海上丝绸之路》,海洋出版社 2017 年版。
30. 王蒙:《王蒙谈文化自信》,人民出版社 2017 年版。
31. 李伟:《穿越丝路:发现世界的中国方式》,中信出版集团 2017 年版。
32. 颜亮:《一带一路 丝绸之路:神话 · 宗教 · 媒介 · 哲学》,金城出版社 2017 年版。
33. 黄剑华:《西域丝路文明》,成都时代出版社 2016 年版。
34. 朱丹丹:《三星堆——文明的侧脸》,巴蜀书社 2016 年版。
35. 杨言洪主编:《“一带一路”黄皮书 2015》,宁夏人民出版社 2016 年版。
36. 季羡林:《季羡林谈东西文化》,当代中国出版社 2016 年版。
37. 王义桅:《世界是通的——“一带一路”的逻辑》,商务印书馆 2016 年版。
38. 王义桅:《“一带一路”机遇与挑战》,人民出版社 2015 年版。
39. 杨晓强、许利平:《海上丝绸之路与中国—东盟关系》,社会科学文献出版社 2015 年版。
40. 荣新江:《丝绸之路与东西文化交流》,北京大学出版社 2015 年版。
41. 刘迎胜:《丝绸之路》,江苏人民出版社 2015 年版。
42. 肖东发主编,胡元斌编著:《天府之国——蜀文化的特色与形态》,现代出版社

2015 年版。

43. 李炎:《西部文化产业理论与实践》,云南大学出版社 2015 年版。

44. 冯辉:《文化概论》,中国言实出版社 2014 年版。

45. 杨铭:《西部民族、文物与文化研究》,民族出版社 2014 年版。

46. 田澍、何玉红主编:《丝绸之路研究——交通与文化》,甘肃文化出版社 2013 年版。

47. 花建:《文化软实力》,上海人民出版社 2013 年版。

48. 王胜明、金生杨:《西部区域文化研究》,四川人民出版社 2013 年版。

49. 徐德明主编:《中华丝绸文化》,中华书局 2012 年版。

50. 黄懿陆:《滇国史》,云南人民出版社 2004 年版。

51. 李学勤:《中国古代文明十讲》,复旦大学出版社 2003 年版。

52. 孙华、苏荣誉:《神秘的王国——对三星堆文明的初步理解和解释》,巴蜀书社 2003 年版。

53. 黄剑华:《丝路上的文明古国》,四川人民出版社 2002 年版。

54. 肖平:《古蜀文明与三星堆文化》,四川人民出版社 2002 年版。

55. 黄剑华:《古蜀的辉煌——三星堆文化与古蜀文明的遐想》,巴蜀书社 2002 年版。

56. [德]马克思:《1844 年经济学哲学手稿》,人民出版社 2000 年版。

57. [美]霍尔姆斯 · 罗尔斯顿:《环境伦理学:大自然的价值以及人对大自然的义务》,杨通进译,中国社会科学出版社 2000 年版。

58. [美]克利福德 · 格尔兹:《文化的解释》,纳日碧力戈译,上海人民出版社 1999 年版。

59. 四川省地方志编纂委员会:《四川省志 · 丝绸志》,四川科学技术出版社 1998 年版。

60. 冯宝志:《三晋文化》,辽宁教育出版社 1991 年版。

61.《蜀锦史话》编写组:《蜀锦史话》,四川人民出版社 1979 年版。

## 二、论 文

1. 王亚华、舒全峰:《中国精准扶贫的政策过程与实践经验》,《清华大学学报(哲学社会科学版)》2021 年第 1 期。

2. 刘红岩:《中国产业扶贫的减贫逻辑和实践路径》,《清华大学学报(哲学社会科学版)》2021 年第 1 期。

3. 武家壁:《古蜀的"神化"与三星堆祭祀坑》,《四川文物》2021 年第 1 期。

4. 张赛群:《精准扶贫与乡村振兴战略:内在关联和有效衔接》,《武汉科技大学学报(社会科学版)》2020 年第 2 期。

5. 金民卿:《当代中国文化自信的具体总体性》,《中原文化研究》2021 年第 1 期。

6. 刘再聪:《“丝绸之路”得名依据及“丝绸之路学”体系构建》,《西北师大学报(社会科学版)》2020 年第 11 期。

7. 庄学村:《新型城镇化进程中乡村文化传承困境与路径分析》,《西安建筑科技大学学报》2020 年第 4 期。

8. 蔡尚伟、张昕:《成都产业深度融入“一带一路”建设的路径研究》,《华北水利水电大学学报(社会科学版)》2020 年第 2 期。

9. 房林:《浅谈中国“一带一路”倡议的理论基础与实践意义》,《全国流通经济》2020 年第 8 期。

10. 何玉红:《走向“以人为中心”的丝绸之路研究》,《西北师大学报》2020 年第 6 期。

11. 李并成:《丝绸之路:东西方文明的交流融汇的创新之路——以敦煌文化的创新发展为中心》,《石河子大学学报(哲学社会科学版)》2020 年第 4 期。

12. 张崇琛:《丝绸之路甘肃段文化资源的开发与利用》,《天水师范学院学报》2020 年第 2 期。

13. 毛新国、毛燕、金炳镐:《新时代西部大开发与中华民族共有家园建设》,《北方民族大学学报》2020 年第 6 期。

14. 王晓芬等:《“155 战略”背景下南充现代蚕桑产业发展研究》,《四川蚕业》2020 年第 2 期。

15. 周廷封、何婷:《南充丝绸文化“一带一路”倡议中价值输出研究》,《文化产业》2020 年第 18 期。

16. 王雯雯:《论南充丝绸的现代化转型》,《品牌研究》2020 年第 3 期。

17. 李姝睿:《丝绸之路青海道的多元文化发展研究》,《青海社会科学》2020 年第 1 期。

18. 施劲松:《论三星堆—金沙文化》,《考古与文物》2020 年第 5 期。

19. 徐丽曼:《文明交流互鉴视域下中华文化认同初探》,《广西民族研究》2019 年第 4 期。

20. 周赳、金诗怡、肖元元:《浙江丝绸历史经典产业的文化传承与创新发展》,《丝绸》2019 年第 10 期。

21. 李社教:《宗教“传神”与艺术“传神”——三星堆器物造型的文化美学透视》,《武汉理工大学学报(社会科学版)》2019 年第 4 期。

22. 王春宇:《蜀地蚕神研究综述》,《重庆文理学院学报(社会科学版)》2019 年第 2 期。

23. 欧阳湘:《“一带一路”倡议的历史渊源与实践基础》,《党史与文献研究》2018

年第 1 期。

24. 王启涛:《天府之国与丝绸之路》,《西南民族大学学报(人文社会科学版)》2018 年第 2 期。

25. 王茹芹、兰日旭:《陆上丝绸之路》,《时代经贸》2018 年第 2 期。

26. 周宏蕊:《继承传统、弘扬国粹——中国丝绸文化变迁研究》,《包装世界》2018 年第 5 期。

27. 苏宁:《唐诗中的丝绸之路与天府之国》,《文学评论》2017 年第 4 期。

28. 何一民:《古代成都与丝绸之路》,《中华文化论坛》2017 年第 4 期。

29. 王雪梅、文建刚:《南充蚕桑丝绸文化考论》,《地方文化研究》2016 年第 1 期。

30. 谭继和、刘平中:《天府之国丝绸起源与发展的文化解读》,《中华文化论坛》2015 年第 5 期。

31. 肖怀德:《关于西部文化发展观的思考》,《西北师大学报》2015 年第 2 期。

32. 李希光:《"一带一路"文化建设与丝绸之路文化复兴》,《当代传播》2015 年第 6 期。

33. 孙振民:《历史变迁视角下陆上丝绸之路地名文化研究》,《兵团党校学报》2019 年第 2 期。

34. 李亮:《在西部的天空下:丝绸之路宁夏段的文化场域》,《民族文化》2018 年第 4 期。

35. 禄永鹏:《"一带一路"背景下甘肃黄金段地域文化资源与发展战略选择》,《甘肃高师学报》2018 年第 4 期。

36. 朱志荣:《论审美意识的特质》,《上海师范大学学报(哲学社会科学版)》2016 年第 3 期。

37. 陈曦:《丝绸之路经济带建设背景下陕西文化软实力发展研究》,《理论导刊》2015 年第 6 期。

38. 肖怀德:《关于西部文化发展观的思考》,《西北师大学报(社会科学版)》2015 年第 2 期。

39. 李伟:《南充建成名副其实的中国绸都》,《纺织服装周刊》2015 年第 3 期。

40. 李发、向仲怀:《先秦蚕丝文化论》,《蚕业科学》2014 年第 1 期。

41. 叶朗:《中华文明的开放性和包容性》,《北京大学学报(哲学社会科学版)》2014 年第 2 期。

42. 南宇、杨永春:《构建西部丝绸之路沿线非物质文化遗产传承保护开发体系研究》,《宁夏社会科学》2011 年第 5 期。

43. 曾艳红:《丝绸文化视阈中的唐代丝绸与唐诗》,《广西民族大学学报(哲学社会科学版)》2010 年第 2 期。

44. 陶红、张诗亚:《蚕桑文化的符号构成及礼治内涵解析》,《西南大学学报》2007

年第6期。

45. 谢倩云、温优化:《中国古代诗词与蚕桑文化》,《安徽文学》2007年第5期。

46. 梁中效:《蜀道——中国西部文化的轴心》,《文史杂志》2005年第3期。

47. 解晓红、范友林:《解读〈山海经〉中的蚕桑文化》,《丝绸》2005年第1期。

# 后　记

西部，是我成长生活的家园，在乡间看桑之沃若，品桑葚美味，观蚕吐丝结茧，是儿时动人的体验。在城市车水马龙的人群中，感受丝绸人特有的丰韵，在机器轰鸣的车间，感动于丝绸工人技艺的熟练与劳动的艰辛。丝绸是我赞美的对象，其炫目的光泽、斑斓的色彩、璀璨的花纹、温润爽滑的触觉体验，早已穿越时空积淀为中华民族的物质文化与精神追求。因为刻骨铭心的丝绸情结，西部丝绸文化研究是我着力探究的目标。从最早申报四川历史文化科普中心项目《川北丝绸文化研究》，到接受四川南充电视台大型丝绸文化讲座《丝风绸韵》（20 集）任务，再到申报西华师范大学英才项目《南充丝绸文化研究》，南充市“十四五”社科规划重点项目《南充丝绸文化在成渝经济圈的创新与发展研究》到专著写成，历时七年有余。这期间我经历了严重失眠、手肘粉碎性骨折的痛苦，但传承文化的意愿，对西部、对家乡南充的深挚情怀，敦促我多方收集资料、潜心思考问题、精心搭建框架、用心琢磨文字，努力完成研究任务。本书梳理了丝绸文化历史与西部的关系，挖掘整理了西部的丝绸文化资源，分析了丝绸的文化内涵及审美价值，探究在“一带一路”倡议的场域中，西部丝绸文化建设中遭遇的困境、复兴的机遇与路径。我期待能够为传播优秀中华传统文化，为西部崛起和乡村振兴，付出我的心血以略尽绵薄之力，而非做一个旁观的过客。

在这全过程中，我有幸得到了所在学校西华师范大学及所在学院文学院的全力支持，得到了南充市电视台、南充市丝绸协会、南充市商务局的鼎力相助，得到人民出版社的支持，在此，深表感谢，同时还要衷心感谢我的老师、文化研究专家、北京大学王岳川教授不吝赐序；感谢中国社科院李斌研究员的助力；感谢人民出版社翟金明编辑的信任、点拨；感谢南充丝绸协会会长李伟、秘书长任光明，六合集团文化部部长李永春的支持；感谢友人罗文军、韩斌育、杨小平、刘小霞等的热情鼓励、倾力帮助；感谢我的研究生唐建芳、陈茂艳、马驷驹、孙何、彭也芝、唐雪、李雪柔等付出的努力。

新冠疫情在全球的肆虐，让我更珍惜生命中的所有遇见，是祖国让我们拥有平安、祥和的岁月，有专心科研的氛围与空间。文化研究的过程是一场跨越时空的心灵之旅，可以静静地聆听与品味中华民族在历史长河中洪钟大吕的乐章与低吟浅唱的音符。

世界给我以阳光，我将报以温柔！

责任编辑:翟金明
封面设计:汪　阳

**图书在版编目(CIP)数据**

“一带一路”视野下西部丝绸文化研究/李仕桦 著. —北京:人民出版社,2022.12
ISBN 978 - 7 - 01 - 024906 - 3

Ⅰ.①一…　Ⅱ.①李…　Ⅲ.①丝绸-文化-研究-南充②丝绸-文化-研究-南充　Ⅳ.①TS146-092

中国版本图书馆 CIP 数据核字(2022)第 131556 号

**“一带一路”视野下西部丝绸文化研究**

“YIDAI YILU” SHIYE XIA XIBU SICHOU WENHUA YANJIU

李仕桦　著

人民出版社 出版发行
(100706　北京市东城区隆福寺街 99 号)

北京九州迅驰传媒文化有限公司印刷　新华书店经销

2022 年 12 月第 1 版　2022 年 12 月北京第 1 次印刷
开本:710 毫米×1000 毫米 1/16　印张:21.5
字数:360 千字

ISBN 978 - 7 - 01 - 024906 - 3　定价:88.00 元

邮购地址 100706　北京市东城区隆福寺街 99 号
人民东方图书销售中心　电话 (010)65250042　65289539